气相沉积薄膜强韧化技术

Strengthening and Toughening Technology of Vapor Deposition Thin Film

杜 军　朱晓莹　底月兰　编著

国防工业出版社

·北京·

图书在版编目(CIP)数据

气相沉积薄膜强韧化技术/杜军,朱晓莹,底月兰编著. —北京:国防工业出版社,2018.5

ISBN 978-7-118-11522-2

Ⅰ.①气… Ⅱ.①杜… ②朱… ③底… Ⅲ.①气相沉积—薄膜技术 Ⅳ.①TB43

中国版本图书馆 CIP 数据核字(2018)第 051332 号

※

国防工业出版社出版发行

(北京市海淀区紫竹院南路 23 号 邮政编码 100048)

三河市腾飞印务有限公司印刷

新华书店经售

*

开本 710×1000 1/16 **印张** 19¾ **字数** 376 千字

2018 年 5 月第 1 版第 1 次印刷 **印数** 1—2000 册 **定价** 86.00 元

国防书店:(010)88540777 发行邮购:(010)88540776

发行传真:(010)88540755 发行业务:(010)88540717

致　读　者

本书由中央军委装备发展部**国防科技图书出版基金资助出版**。

为了促进国防科技和武器装备发展，加强社会主义物质文明和精神文明建设，培养优秀科技人才，确保国防科技优秀图书的出版，原国防科工委于 1988 年初决定每年拨出专款，设立国防科技图书出版基金，成立评审委员会，扶持、审定出版国防科技优秀图书。这是一项具有深远意义的创举。

国防科技图书出版基金资助的对象是：

1. 在国防科学技术领域中，学术水平高，内容有创见，在学科上居领先地位的基础科学理论图书；在工程技术理论方面有突破的应用科学专著。

2. 学术思想新颖，内容具体、实用，对国防科技和武器装备发展具有较大推动作用的专著；密切结合国防现代化和武器装备现代化需要的高新技术内容的专著。

3. 有重要发展前景和有重大开拓使用价值，密切结合国防现代化和武器装备现代化需要的新工艺、新材料内容的专著。

4. 填补目前我国科技领域空白并具有军事应用前景的薄弱学科和边缘学科的科技图书。

国防科技图书出版基金评审委员会在中央军委装备发展部的领导下开展工作，负责掌握出版基金的使用方向，评审受理的图书选题，决定资助的图书选题和资助金额，以及决定中断或取消资助等。经评审给予资助的图书，由中央军委装备发展部国防工业出版社出版发行。

国防科技和武器装备发展已经取得了举世瞩目的成就，国防科技图书承担着记载和弘扬这些成就，积累和传播科技知识的使命。开展好评审工作，使有限的基金发挥出巨大的效能，需要不断摸索、认真总结和及时改进，更需要国防科技和武器装备建设战线广大科技工作者、专家、教授、以及社会各界朋友的热情支持。

让我们携起手来，为祖国昌盛、科技腾飞、出版繁荣而共同奋斗！

国防科技图书出版基金
评审委员会

国防科技图书出版基金
第七届评审委员会组成人员

前言

在装备表面材料制备强韧化薄膜具有重要的现实意义。薄膜/基体体系在温和的工作环境中(尤其是静载荷)能够正常服役,薄膜韧性差的问题并不突出(此即为何微纳米薄膜研究往往强调硬度的原因)。但如果要保证微纳米薄膜在动载荷下具有可靠性,韧性与硬度同样重要,而二维薄膜材料韧性研究基础相对薄弱,逐渐成为薄膜应用的瓶颈。具有高硬度和高韧性的新型超硬薄膜才是未来最具有工程应用价值的薄膜材料体系。

本书总结了近年来作者在气相沉积强韧化薄膜方面的工作,参考了国内外最新期刊、书籍中硬质薄膜、韧化薄膜的研究进展,对薄膜强韧化的方法、机理,强韧性能表征方法进行了较为系统的总结和梳理,对于强韧化薄膜的研究具有重要的参考意义。同时,虽然本书主要论述了气相沉积技术制备的厚度为若干微米以下薄膜的强韧化,但本书所论述的强韧化方法、机理、表征方法对于喷涂、刷镀、堆焊等其他厚涂层制备技术同样适用,对于上述技术的研究具有重要的参考意义。

本书分六章。第 1 章薄膜制备方法,简要介绍了物理气相沉积和化学气相沉积技术的原理、设备和工艺。第 2 章薄膜强化技术,概述了强化的意义和目的。论述了薄膜的强化方法,具体讨论了细晶强化、强化晶界、固溶和析出强化、离子束辅助轰击强化、多层强化五种强化方法的原理和技术特点。介绍了常见硬质薄膜类型。第 3 章薄膜韧化技术,介绍了韧化的重要概念及其内涵,分别讨论了韧性相韧化,纳米晶结构设计韧化,成分梯度韧化,多层结构韧化,相变韧化,压应力韧化,碳纳米管韧化的机理、技术和应用。论述了高韧性薄膜设计的一般准则。第 4 章讨论了薄膜的强韧力学原理,介绍了硬度、结合强度、韧性强韧化关键力学指标,介绍各种方法的原理、方法步骤和影响因素。第 5 章薄膜内应力对强韧化的影响,首先介绍了薄膜内应力概念、产生原因和测试方法,然后讨论了内应力对强韧化力学性能的影响,并介绍了典型薄膜体系内应力与力学性能研究。第 6 章薄膜强韧化技术实例,以氮化铬基(CrN)耐磨损薄膜、氮化锆基(ZrN)耐冲蚀薄膜和非晶碳膜(a-C)三类典型硬质薄膜为例,介绍了前述强韧化技术的具体应用。

本书既讨论了强化技术,又讨论了韧化技术。从写作意图上说,本书更针对硬质薄膜的韧化,即如何获得具有较高韧性的硬质薄膜,以及如何来定量或定性地评价薄膜的韧性。

本书由杜军担任主编。第1章由底月兰编写,第2、4章由杜军、朱晓莹编写,第3章由杜军编写,第5章由杜军、王红美编写,第6章由蔡志海、底月兰编写。全书由杜军、王红美、王鑫统稿。在编写过程中于鹤龙、周新远、闫世兴、宋占永、何东昱等讲师,王尧、杜林飞、叶雄等硕士生参与了文献收集整理工作。

本书研究成果受到国家自然科学基金青年基金项目(基金号:51401238,51102283)的资助,本书出版获得国防科技图书出版基金资助。在此对上述基金表示感谢。

由于作者水平有限,本书中的不足之处在所难免,我们衷心希望得到读者的指正。

作者

2017年10月

目　录

Contents

第1章　薄膜制备方法

薄膜是指厚度与表面尺寸相差甚远,可近似为二维结构的材料[1]。本书所述硬质薄膜是指为了提高构件(或材料)表面耐磨损、耐腐蚀和耐高温性能而施加在表面的覆盖层。其厚度可依据作用而有所差别,通常是几纳米到几十微米[2]。

按薄膜的用途,可以将其分为功能性薄膜和保护性薄膜两大类。功能性薄膜指具有特殊光、电、热、声和磁性能的薄膜。功能性薄膜在现代科技和生活中的应用不胜枚举。尽管功能性薄膜不以力学性能为主要性能指标,但力学性能对某些功能性薄膜的应用仍具有重要意义。以微机电系统(MEMS)为例,薄膜材料在MEMS中使用频繁,其电学性能评价工作已能满足半导体器件的研究需要,但薄膜材料的力学性能评价工作还十分有限。而评价力学性能对MEMS的器件性能和可靠性有重要影响,对MEMS器件实用化有着显著的意义[3]。保护性薄膜主要利用薄膜的强度、耐磨性和耐腐蚀性赋予机械零件更好的表面力学性能。提高表面的耐磨性、耐腐蚀性是表面工程的重要任务。薄膜技术为完成这个任务提供了高效、节能、环保的技术手段。

薄膜技术是通过某些特定工艺过程,在物体表面沉积、附着一层或者多层与基体材料材质不同的薄膜,使镀膜之后物体表面具有与基体材料不同性能的技术。本书所述薄膜技术,主要指物理气相沉积(PVD)和化学气相沉积(CVD)技术。简单地说:物理气相沉积包括热蒸发、离子镀、溅射镀等,这些方法中原子都需要在低气压环境中运动,并在基片上沉积成膜;化学气相沉积是一种化学气相反应生长法,通过不同方法使原料气体裂解后发生化学反应并沉积成膜。

硬质薄膜的宏观强韧性能由微观组织结构决定,故可以通过微观组织调控宏观力学性能。不同制备方法、不同工艺所得到薄膜的微观结构差别很大,可根据需求选用合适的制备方法。理解薄膜的生长过程和薄膜结构模型对于薄膜微观组织结构具有重要作用。本章对薄膜生长过程、薄膜结构类型和等离子基本概念,以及物理气相沉积和化学气相沉积技术的原理、工艺、技术特点进行简要的介绍。

1.1 基本概念

1.1.1 薄膜生长过程

薄膜生长过程直接影响到薄膜的结构及性能。简单地说,薄膜生长是沉积原子在基体表面吸附、扩散、凝结、形核与长大的过程[1,4]。

1.1.1.1 吸附、扩散与凝结

(1) 吸附。固体表面的原子或分子间化学键在表面中断,称为不饱和键或悬挂键。这种键具有吸引外来原子或分子的能力。入射到基体表面的气相原子被这种悬挂键吸住的现象称为吸附。如果吸附仅仅是由原子电偶极矩之间的范德瓦尔斯力起作用,则称为物理吸附;若吸附是由化学键结合力起作用,则称为化学吸附。

与固体内部相比,固体表面具有一种过量的能量,称为表面自由能。固体表面吸附气相原子后自由能减小,从而变得更稳定。伴随吸附现象发生而释放的一定能量称为吸附能。将吸附在固体表面上的气相原子除掉称为解吸,除掉被吸附气相原子所需的能量称为解吸能。

入射到基体表面的气相原子都带有一定的能量,它们到达基体表面之后可能发生三种现象:①与基体表面原子进行能量交换被吸附;②吸附后气相原子仍有较大的解吸能,在基体表面做短暂停留(或扩散)后,再解吸蒸发(再蒸发或二次蒸发);③与基体表面不进行能量交换,入射到基体表面上立即被反射回去。

当用真空蒸镀或溅射镀制备薄膜时,入射到基体表面的气相原子,绝大多数都与基体表面原子进行能量交换而被吸附。一个气相原子入射到基体表面,能否被吸附?是物理吸附还是化学吸附?除与入射原子的种类、所带的能量有关外,还与基板材料、表面的结构和状态密切相关。

(2) 扩散。入射到基体表面的气相原子被吸附后,它便失去了在表面法线方向的动能,只具有平行于表面方向的动能。依靠这种动能,被吸附原子在表面上沿不同方向扩散。在扩散过程中,单个被吸附原子相互碰撞形成原子对后产生凝结。吸附原子的表面扩散运动是形成凝结的必要条件。

(3) 凝结。指吸附原子在基体表面上形成原子对及其以后的过程,具体地说,是气相原子形核与长大的过程。

1.1.1.2 形核与生长

形核与生长的物理过程可用图 1-1 说明,可分为四个步骤:

(1) 气相原子入射到基体表面,其中一部分原子因能量较大而弹性反射回去,另一部分则吸附在基体表面。吸附原子中有一小部分因能量稍大而再次返回气相。

(2) 吸附气相原子在基体表面上扩散迁移,互相碰撞结合成原子对或小原子团,并凝结在基体表面上。

(3) 原子团时而团聚长大,时而分解变小。一旦原子团体积超过临界值,会向着长大方向发展形成稳定的原子团。临界体积的原子团称为临界核,稳定的原子团称为稳定核。

(4) 稳定核再捕获其他吸附原子,或者与入射气相原子相结合使它进一步长大成为小岛。

形核过程若在均匀相中进行称为均匀形核;若在非均匀相或不同相中进行称为非均匀形核。在固体或杂质的界面上形核时都是非均匀形核。薄膜在基体表面形核与水滴在固体表面的凝结过程相类似,都属于非均匀形核。

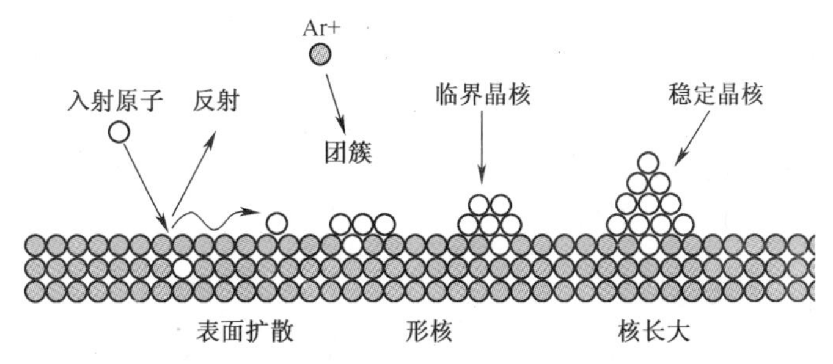

图 1-1　沉积粒子在基材表面的成膜过程

1.1.2　薄膜结构模型

如上所述,薄膜沉积过程中,入射原子首先被衬底或薄膜表面所吸附。若这些原子具有足够的能量,它们将在衬底或薄膜表面进行扩散运动,除了可能脱附的部分原子之外,大多数被吸附原子将到达生长中的薄膜表面的某些低能位置。在薄膜沉积的过程中,如果衬底的温度条件许可,则原子还可能经历一定的体扩散过程。因此,原子的沉积过程包含吸附、扩散以及体扩散过程。由于这些过程均受到激活能的控制,因此最终薄膜结构与沉积时衬底相对温度 T_s/T_m 以及沉积原子携带能量密切相关。这里,T_s 为衬底温度,而 T_m 为沉积物质的熔点。

薄膜的组织结构决定了薄膜的(力学)性能。在研究薄膜的过程中,人们提出采用结构区域模型(SZM)来描述气相沉积薄膜的微观结构与沉积工艺的关系。蒸发镀膜和溅射镀膜都有相应的结构区域模型。由于溅射镀膜是本书所述硬质薄膜的主要方法,下面就溅射镀膜结构区域模型(图 1-2)进行讨论。

图 1-2 中,主要分为四个区域,分别是疏松纤维状区域Ⅰ、致密纤维状区域Ⅱ、柱状晶状区域Ⅲ和等轴晶状区域Ⅳ。区域Ⅰ:在温度很低、气压较高(真空度低)的条件下,入射粒子的能量较低,原子扩散能力有限,形成的薄膜组织为区域Ⅰ型的组织。低温沉积时,临界核心尺寸很小而形核密度很高,原子表面扩

散及体扩散能力很低,吸附原子失去了扩散能力。加上沉积阴影效应的影响,沉积组织呈现出细纤维状形态,晶粒内缺陷密度很高,而晶粒边界处的组织明显疏松,细纤维状组织由孔洞所包围,力学性能很差。区域Ⅱ:随着温度的升高,原子扩散增强。因此,虽然因阴影效应仍保持纤维状的特征,但晶粒变得致密,孔洞和疏松逐渐消失。区域Ⅱ与区域Ⅰ的分界线与真空室内真空度有关,真空度越高,入射粒子能量越高,分界线越向低温区域移动。区域Ⅲ:温度进一步升高,原子可进行长距离扩散,抵消了阴影效应的影响。开始出现柱状晶组织,晶粒内部缺陷密度低,致密性好。区域Ⅳ:原子的体扩散开始发挥重要作用,晶粒迅速长大,出现贯穿薄膜厚度的粗大柱状晶,晶粒内缺陷密度很低。由上面讨论可知,基体温度和真空度对溅射薄膜的结构起到非常重要的作用。

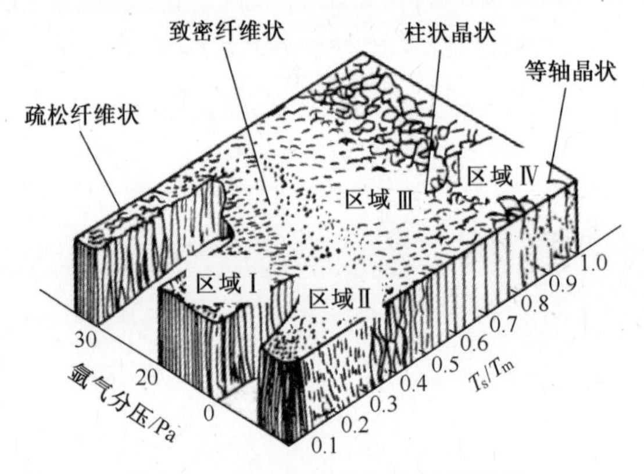

图 1-2　溅射镀膜的结构区域模型

从能量角度看,薄膜生长时沉积原子能量(E)主要有两部分,分别是衬底热传递的能量E_s和粒子轰击传递的能量E_P,即$E=E_s+E_P$。E_P包括离子轰击能量E_{bi}和中性粒子轰击能量E_{fn},即$E_P=E_{bi}+E_{fn}$。因此,薄膜制备时,若衬底不加热,则传递的总能量$E=E_P$。实验证明,衬底不加热的条件下,可以制备表面光滑、致密、结构无序的纳米晶薄膜,满足 Thornton J. A. 所提出的结构区域模型(SZM)中的区域Ⅱ的制备条件。随着氩气压力P_{Ar}降低,以及T_s/T_m值逐渐减小,进入结构区域模型中的区域Ⅱ中,在这种情况下可以制备晶体薄膜。这是由于当薄膜的制备气压$P_{Ar}\leqslant 0.1$Pa 时,粒子运动的平均自由程远大于衬底到靶材的间距,粒子之间无碰撞或有极少的碰撞,能量损失较小,因此粒子的全部动能都转化为薄膜生长和结晶的能量。此时的轰击能量E_P使薄膜制备满足结构区域模型(SZM)中区域Ⅱ的条件,能够制备出晶态薄膜。这说明,利用粒子轰击和冷凝所传递的能量,使得薄膜制备由平衡的基体/薄膜加热方式,转变为非平衡的原子尺度加热方式(E_P),能够在未加热的基体上制备纳米晶薄膜,这对需低温条件制备薄膜的情况具有特殊意义。

1.1.3　等离子体

等离子体的概念在薄膜技术领域具有重要意义,溅射、离子镀及等离子辅助化学气相沉积中物料从靶材到基材表面的输运过程都是通过等离子体方式进行的。

等离子体是区别于气体、液体和固体存在的物质第四态,指许多做随机运动的自由带电粒子集合[5]。就平均效应来说,等离子体在宏观上呈电中性,如图 1-3(a)所示。图 1-3(b)给出了一个简单的放电装置原理图。在两极板间电压驱动下,气体产生放电现象,电流从一个极板流向另一个极板,气体被“击穿”而产生等离子体。由于这种等离子体的密度远远小于气体分子密度,故称为弱电离等离子体。与常态物质相比,等离子体处于高温、高能量、高活性状态。薄膜制备技术中应用到的辉光放电和电弧放电形成等离子体的密度为 $10^8 \sim 10^{14}/cm^3$[6]。

薄膜技术中所用的等离子体,一般都是通过气体放电形成的。在真空室中,使反应性气体保持在低压状态,施加直流电场或进行射频输入、微波输入等进行激发,发生气体放电,使加速的电子与气体碰撞,并使其激发和电离。以等离子体激发形成方式不同,分别称其为直流等离子体、射频等离子体和微波等离子体。

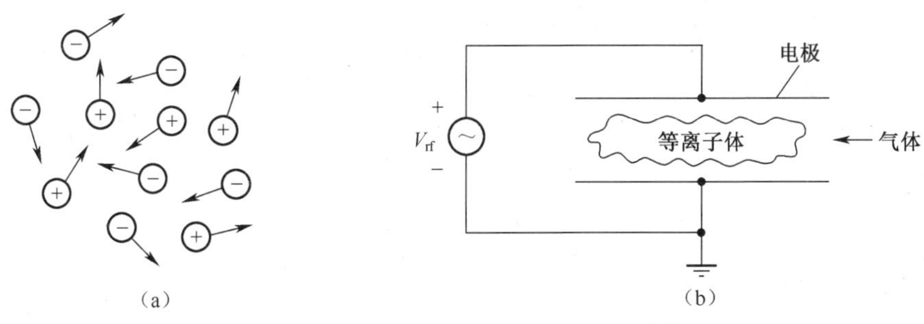

图 1-3　等离子体及放电装置示意图[5]
(a)等离子体;(b)放电装置。

等离子中的气体分子(原子)、离子、电子等处于不停地相互碰撞及运动之中,涉及的反应包括各类粒子间的物理和化学反应,尤其是能量的交换和粒子之间的碰撞。物理气相沉积中利用辉光放电、射频放电、低气压弧光放电等方式产生的等离子体称为低温等离子体,电子的能量相对较高,且电子质量小,因此平均速度较大。电子与气体分子进行非弹性碰撞,使气体电离,产生的新电子继续参与到气体化学反应中,这是一种非平衡热过程。另外,还有一些改性等离子体和异质反应参与进来,这些过程产生了活性反应物、表面改性、亚稳态和稳态的产物。

1.2 物理气相沉积

物理气相沉积技术主要分为蒸发镀膜、溅射镀膜、离子镀膜、离子束辅助气相沉积以及电子束物理气相沉积等几类。其发射的离子种类、离化率、离子携带能量等参数对薄膜的结构和性能具有重要作用。表 1-1 列出了几类技术的离化率和粒子能量参数。

表 1-1 物理气相沉积技术的离化率和粒子能量参数

气相沉积种类	离化率	粒子能量/eV
蒸发镀膜	零	10^{-1}
溅射镀膜	低	10
离子镀膜	高	10^{2}
离子束辅助气相沉积	高	10^{3}

1.2.1 蒸发镀膜

真空蒸镀[1]即真空蒸发镀膜。这种方法是把装有基片的真空室抽成真空，气体压强达到 10^{-2}Pa 以下加热镀料，使其原子或分子从表面气化逸出形成蒸气流，入射到基片表面，凝结形成固态薄膜。

1.2.1.1 真空蒸镀原理

（1）膜料在真空状态下的蒸发特性。单位时间内膜料单位面积上蒸发出来的材料质量称为蒸发速率。理想的最高速率 G_m（单位为 $kg/(m^2 \cdot s)$）：$G_m = 4.38\times10^{-3}P_s(A_r/T)^{1/2}$，式中，$T$ 为蒸发表面的热力学温度，单位为 K，P_s 为温度 T 时的材料饱和蒸发压，单位为 Pa，A_r为膜料的相对原子质量或相对分子质量。蒸镀时一般要求膜料的蒸气压在 10^{-2} ~ 10^{-1} Pa。材料的 C_m 通常处在 10^{-4} ~ 10^{-1}Pa，因此可以估算出已知蒸发材料的所需加热温度。

（2）蒸气粒子的空间分布。蒸气粒子的空间分布显著地影响了蒸发粒子在基体上的沉积速率以及基体上的膜厚分布。这与蒸发源的形状和尺寸有关。最简单的理想蒸发源有点和小平面两种类型。

1.2.1.2 真空蒸镀方式

（1）电阻加热蒸发。它是用丝状或片状的高熔点金属做成适当形状的蒸发源，将膜料放在其中，接通电源，电阻加热膜料而使其蒸发。对蒸发源材料的基本要求是：高熔点，低蒸气压，在蒸发温度下不会与膜料发生化学反应或互溶，具有一定的机械强度。另外，电阻加热方式还要求蒸发源材料与膜料容易润湿，以保证蒸发状态稳定。常用的蒸发源材料有钨、钼、钽、石墨、氮化硼等。

(2) 电子束蒸发。电阻加热方式中的膜料与蒸发源材料直接接触,两者容易互混,这对于半导基体元件等镀膜来说是需要避免的。电子束加热方式能解决这个问题。它的蒸发源是 e 形电子枪。膜料放入水冷铜坩埚中,电子束自源发出,用磁场线圈使电子束聚焦和偏转,电子轨迹磁偏转 270°,对膜料进行轰击和加热。

(3) 高频加热。它是在高频感应线圈中放入氧化铝或石墨坩埚对膜材料进行高频感应加热。感应线圈通常用水冷铜管制造。此法主要用于铝的大量蒸发。

(4) 激光加热。它是用激光照射在膜料表面,使其加热蒸发。由于不同材料吸收激光的波段范围不同,因而需要选用相应的激光器。这种方式经聚焦后功率密度可达 10^6W/cm^2,可蒸发任何能吸收激光光能的高熔点材料,蒸发速率极高,制得的膜成分几乎与材料成分一样。

1.2.1.3　真空蒸镀工艺

真空蒸镀工艺是根据产品要求确定的,一般非连续镀膜的工艺流程是:镀前准备—抽真空—离子轰击—烘烤—预热—蒸发—取件—镀后处理—检测—成品。

镀前准备包括工件清洗、蒸发源制作和清洗、真空室和工件架清洗、安装蒸发源、膜料清洗和放置、装工件等。这些工作是重要的,它们直接影响了镀膜质量。对于不同基材或部件有不同的清洗方法。例如:玻璃在除去表面脏物、油污后用水冲洗或刷洗,再用纯水冲洗,最后要烘干或用无水酒精擦干;金属经水冲刷后用酸或碱洗,再用水洗和烘干;对于较粗糙的表面和有孔的基板,宜在水、酒精等清洗的同时进行超声波洗净。塑料等工件在成型时易带静电,如不消除,会使膜产生针孔和降低膜的结合力,因此常需要先除去静电。

工件放入真空室后,先抽真空至 1~0.1Pa 进行离子轰击,即对真空室内铝棒加一定的高压电,产生辉光放电,使电子获得很高的速度,工件表面迅速带有负电荷,在此吸引下正离子轰击工件表面,工件吸附层与活性气体之间发生化学反应,使工件表面得到进一步的清洗。离子轰击一定时间后,关掉高压电,再提高真空度,同时进行加热烘烤,控制在一定温度,使工件及工件架吸附的气体迅速逸出。达到一定真空度后,先对蒸发源通以较低功率电流,进行膜料的预热或预熔,然后再通以规定功率的电流,使膜料迅速蒸发。蒸发结束后,停止抽气,再充气,打开真空室取出工件。有的膜层如镀铝等,质软和易氧化变色,需要施涂面漆加以保护。

上述为真空蒸镀的一般工艺,针对具体膜层成分组成,有合金蒸镀、化合物蒸镀和高熔点化合物蒸镀;根据工艺过程,还有离子束辅助蒸镀、激光束辅助蒸镀、单晶蒸镀和非晶蒸镀法等。

1.2.2 溅射镀膜

溅射镀膜指在真空室中,利用荷能粒子轰击靶表面,使被轰击出的粒子在基片上沉积的技术,实际上是利用溅射现象达到制取各种薄膜的目的[1]。

1.2.2.1 溅射镀膜原理及特点

用几十电子伏或更高动能的荷能粒子轰击材料表面,使其原子获得足够高的能量而溅出进入气相,这种溅出的、复杂的粒子散射过程称为溅射。它可以用来刻蚀、成分分析和镀膜等。被轰击的材料称为靶。由于离子易于在电磁场中加速或偏转,因此荷能粒子一般为离子,这种溅射称为离子溅射。用离子束轰击靶而发生的溅射,则称为离子束溅射。

以平行金属板直流二级溅射为例(图 1-4),分析溅射镀膜的原理和基本过程如下:

①在真空室等离子体中产生正氩离子,并向具有负电位的靶加速;②在加速过程中离子获得能量,并轰击靶材料;③离子通过物理过程从靶上撞击出(溅射)原子,靶具有所要求的材料组分;④被撞击出(溅射)的原子迁移到基体表面;⑤被溅射的原子在基体表面凝聚并形成薄膜,与靶材料比较,薄膜具有与它基本相同的材料组分;⑥额外材料由真空泵抽走。

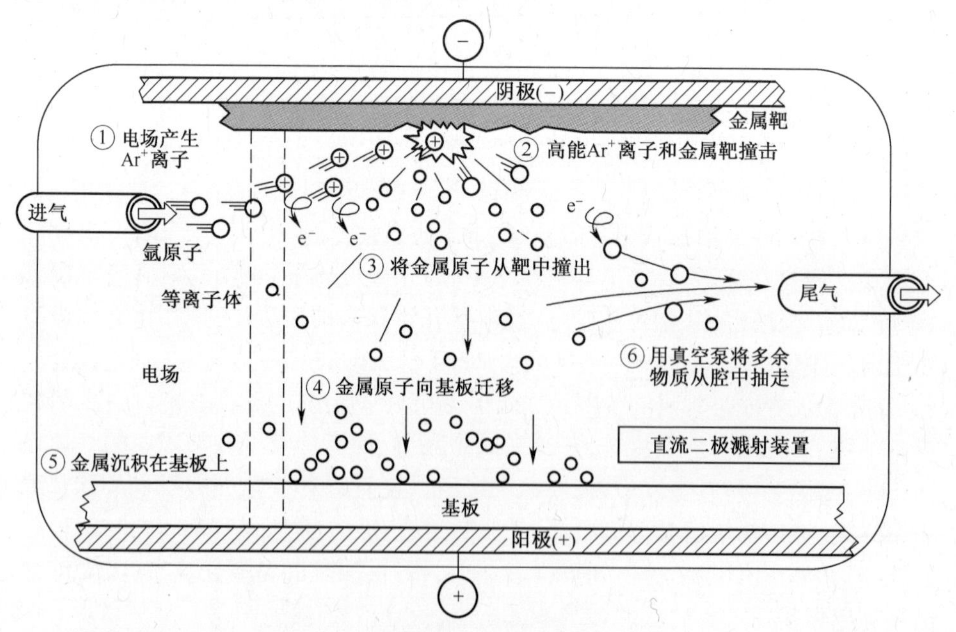

图 1-4 溅射镀膜的原理和基本过程[1]

溅射镀膜与真空蒸镀相比有以下几个特点:

(1) 溅射镀膜是依靠动量交换作用使固体材料的原子、分子进入气相,溅射出的粒子平均能量约为 10eV，高于真空蒸发粒子的 100 倍左右，沉积在基底表面上之后，尚有足够的能量在基底表面上迁移，因而膜层质量较好，与基底结合牢固。

(2) 任何材料都能溅射镀膜，材料溅射特性差别不如其蒸发特性的差别大，高熔点材料也容易进行溅射，对于合金、化合物材料易制成与靶材组分比例相同的薄膜，因而溅射镀膜应用非常广泛。

(3) 溅射镀膜中的入射离子一般利用气体放电法得到，因而其工作压力在 10^{-2} ~ 10Pa 范围，所以溅射粒子在飞行到基底前往往已与真空室内的气体分子发生过碰撞，其运动方向随机偏离原来的方向，而且溅射一般是从较大靶表面积中射出的，因而比真空蒸镀容易得到均匀厚度的膜层，对于具有沟槽、台阶等镀件，能将阴影效应造成膜厚差别减小到可忽略的程度。但是，较高压力下溅射会使薄膜中含有较多的气体分子。

(4) 溅射镀膜除磁控溅射外，一般沉积速率都较低，设备比真空蒸镀复杂，价格较高，但是操作简单，工艺重复性好，易实现工艺控制自动化。溅射镀膜比较适宜大规模集成电路、磁盘、光盘等高新技术产品的连续生产，也适宜于大面积高质量镀膜玻璃等产品的连续生产。

1.2.2.2　常用溅射镀膜方式

溅射镀膜有多种方式。按电极结构分类，可以分为直流二级溅射、三级溅射、磁控溅射、对向靶溅射和电子回旋共振（ECR）溅射等。在这些基本溅射镀膜方式的基础上，进一步改进可成为反应溅射、偏压溅射、射频溅射、自溅射和离子束溅射等。本书不介绍每种溅射镀膜方式的具体情况，仅就其特点进行简单讨论。

(1) 直流二级溅射。这是最简单的溅射镀膜方式。方法虽然简单，但放电不稳定，沉积速率低。为了提高溅射速率，改善膜层质量，又制作出三极溅射装置（在直流二极溅射装置的基础上附加热阴极）和四极溅射装置（在直流二极溅射靶和基体垂直的位置上，分别放置一热阴极和辅助阳极）。如采用射频电源（频率常为 13.56MHz）作为靶阴极电源，又可做成直流二极或多极射频溅射装置，这种装置能溅射绝缘材料。

(2) 磁控溅射。磁控溅射又称高速低温溅射，与直流二极溅射相比具有沉积速率高，工作气压低，镀膜质量好，工艺稳定的优点，便于大规模生产。磁控溅射镀膜是当前制备硬质薄膜的主要方法。该方法既可以实现低温溅射，又可以实现高速溅射。这里的低温和高速都是相对直流二级溅射而言。

(3) 射频溅射。射频溅射可在低气压（1 ~ 10^{-1}Pa）下进行。同时，射频溅射可沉积绝缘体薄膜。

(4) 反应溅射。反应溅射是在溅射镀膜中，引入某些活性反应气体与溅射粒子进行化学反应,生成不同于靶材的化合物薄膜。反应气体有 O_2、N_2、CH_4、CO_2、H_2S 等。反应溅射的靶材可以是纯金属,也可以是化合物。反应溅射也可采用磁控溅射。

1.2.2.3 溅射镀膜工艺

以磁控溅射为例,如果是间歇式的,一般工序为:①镀前表面处理,与蒸发镀膜相同;②真空室的准备,包括清洁处理,检查或更换靶(不能有渗水、漏水,不能与屏蔽罩短路),装工件等;③抽真空;④磁控溅射。通常在 0.066~0.13Pa 真空度时通入氩气,其分压为 0.66~1.6Pa。然后接通靶冷却水,调节溅射电流或电压到规定值时进行溅射。自溅射电流达到开始溅射的电流时算起,到时停止溅射,停止抽气。这是一般的操作情况,实际上不同材料和产品所采用的工艺条件是不一样的,应根据具体要求来确定,有些条件要严格控制。⑤镀后处理。连续式溅射镀膜是分室进行的,即先将基材输送到低真空室,然后接连地在真空条件下进入加热室、预溅射室、溅射室,溅射结束后工件又回到低真空室,最后回到大气下。这种镀膜方式生产率高,又可防止人工误操作,产品质量容易得到保证,但投资大,适合于大批量生产。

在溅射镀膜工艺方面尚需指出的是:①靶的选择和镀膜前处理十分重要,制备靶的方法有多种,不能有气泡,靶表面应平整光洁;②靶的冷却也很重要,特别是磁控溅射靶;③对于热导率小、内应力大的靶,溅射功率不能太大,溅射时间不能过长,以免局部区域的蒸发量多于溅射量,更要避免靶破裂;④在正式溅射时,常进行预溅射(此时减少冷却水量或通热水,并适当提高溅射功率,以除去靶面吸附气体与杂质;⑤为使基底表面洁净以及有微观的凹凸不平,增强膜层结合力,有时可对基底进行反溅射(即在基底上加相对等离子基体为负的偏压)或离子轰击;⑥在预溅射或溅射前,必须对镀膜室内所有部件进行严格的清洗和干燥。

1.2.3 离子镀膜

1.2.3.1 离子镀膜基本原理

离子镀是在真空条件下,利用气体放电使气体或被蒸发物质部分离化,在气体离子或被蒸发物质离子轰击作用的同时把蒸发物或其反应物沉积在基底上。它兼具蒸发镀的沉积速度快和溅射镀的离子轰击清洁表面的特点,特别具有膜层附着力强、绕射性好、可镀材料广泛等优点,因此这一技术获得了迅速的发展。

实现离子镀有两个必要的条件:①造成一个气体放电的空间;②将镀料原子(金属原子或非金属原子)引进放电空间,使其部分离化。目前,离子镀的种类是多种多样的。镀料的气化方式以及气化分子或原子的离化和激发方式有许多类型;不同的蒸发源与不同的离化、激发方式又可以有许多种的组合。实际上许多溅射镀从原理上看,可归为离子镀,也称溅射离子镀,而一般说的离子镀常指采用蒸发源的离子镀。两者镀层质量相当,但溅射离子镀的基底温度要显著低于采用蒸发源的离子镀。

1.2.3.2　常见离子镀技术

离子镀膜的基本过程包括镀料蒸发、离化、离子加速、离子轰击工件表面、离子或原子之间的反应、离子的中和、成膜等过程,而且这些过程是在真空、气体放电的条件下完成的。一般情况下,离子镀设备由真空室、蒸发源(或气源、溅射源等)、高压电源、离化装置、放置工件的阴极等部分组成。不同类型的离子镀方法采用不同的真空度;镀料气化采用不同的加热蒸发方式;蒸发粒子及反应气体采用不同的电离及激发方式等。这里简略介绍几种常用离子镀的主要特点。

(1) 空心阴极离子镀(HCD)。它是利用空心热阴极放电产生等离子电子束。这种离子镀技术具有下列特点:①HCD 空心阴极枪既是膜料气化的热源又是蒸发粒子的离化源,离化方式是利用低压电子束碰撞;②用 0V 至数百伏的加速电压,离化和离子加速独立操作;③能良好地进行反应性离子镀;④基材温升小,镀膜时还要对基材加热;⑤离化效率高,电子束斑较大,各种膜都能镀。

(2) 多弧离子镀。它是把真空弧光放电用于蒸发源的镀膜技术,也称真空弧光蒸镀法。蒸镀时阴极表面出现许多非常小的弧光辉点,把这种技术实用化的美国 Multi-Arc 公司的译名译为多弧,所以一般称为多弧法。如果在工作室中通入所需的反应气体,则能生成膜层致密均匀、附着性能优良的化合物膜层。多弧离子镀可设置多个弧源,为了获得好的绕射性,可独立控制各个源。这种设备可用来制作多层结构膜、合金膜、化合物膜。

多弧离子镀的特点是:①从阴极直接产生等离子体,不用熔池,弧源可任意方位、多源布置;②设备结构较简单,不需要工作气体,也不需要辅助的离子化手段,弧源既是阴极材料的蒸发源,又是离子源,而在进行反应性沉积时仅有反应气体存在,气氛的控制仅是简单的全压强控制;③离化率高,一般可达 60%~80%,沉积速率高;④入射离子能量高,沉积膜的质量和附着性能好;⑤采用低电压电源工作,较为安全。多弧离子镀的应用面广,实用性强,特别在高速钢刀具和不锈钢板表面上镀覆 TiN 膜层等方面发展最为迅速。

多弧离子镀制备薄膜的主要问题是存在大液滴现象。图 1-5 和图 1-6 分别显示了电弧离子镀制备 ZrN 和 TiAlN 薄膜的截面和表面形貌。可以观察到贯穿整个薄膜厚度的大液滴形成的大颗粒。大颗粒增大了薄膜的表面粗糙度,显著恶化薄膜的性能。为了消除大液滴现象,提出了磁过滤真空阴极电弧离子镀。

(3) 磁过滤真空阴极电弧离子镀。为了减少电弧薄膜中的大颗粒,改善薄膜的表面质量,可以采用如图 1-7 所示的磁场过滤技术,即在真空阴极电弧蒸发源的后面装有数千个曲线形的磁过滤通道。在沿轴线分布磁场的作用下,电弧等离子体中的电子将呈螺旋线状的轨迹绕磁力线而通过磁过滤通道。电子的

图 1-5 电弧沉积 ZrN 薄膜截面照片

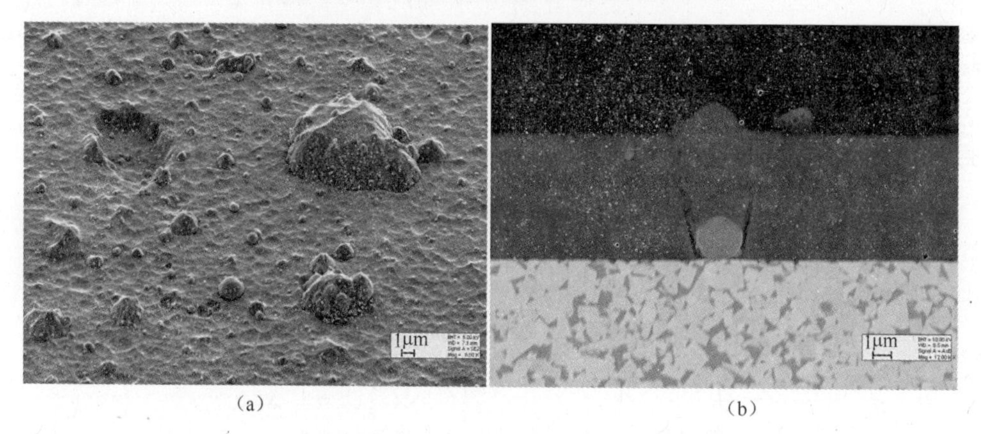

(a) (b)

图 1-6 电弧离子镀沉积 TiAlN 薄膜表面和截面形貌[7]
(在表面形貌中可见到大的液滴在表面露头;截面形貌可见一大的液滴贯穿薄膜)
(a)表面;(b)截面。

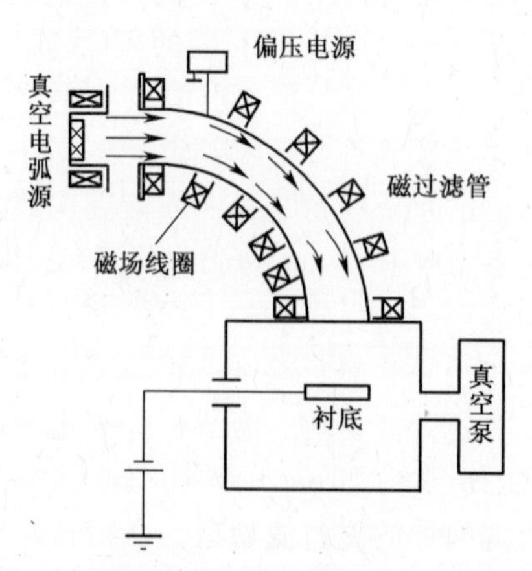

图 1-7 磁过滤真空电弧薄膜沉积装置示意图[2]

这一运动将对离子形成静电引力，引导其通过通道，喷射产生的颗粒则被过滤器所阻挡，因此在磁过滤的出口处，可以获得纯度极高、不含有喷溅颗粒的 100% 离化的高纯粒子束以用于薄膜的沉积。但磁过滤技术大大降低了薄膜的沉积速率，提高了设备成本。

1.2.3.3　离子镀膜的特点

作为小结，表 1-2 对离子镀、溅射镀膜和真空蒸镀三种基本方法做了对比。

表 1-2　离子镀、溅射镀膜和真空蒸镀三种基本方法对比

<table>
<tr><th colspan="2">分类
项目</th><th>真空蒸镀</th><th>溅射镀膜</th><th>离子镀</th></tr>
<tr><td rowspan="2">沉积粒子能量</td><td>中性原子</td><td>0.1～1eV</td><td>1～10eV</td><td>0.1～1eV
（此外还有高能中性原子）</td></tr>
<tr><td>入射离子</td><td></td><td></td><td>数百至数千电子伏特</td></tr>
<tr><td colspan="2">沉积速率/
(nm/s)</td><td>0.1～70</td><td>0.01～0.5
（磁控溅射可接近真空蒸镀）</td><td>0.1～50</td></tr>
<tr><td rowspan="5">膜层特点</td><td>密度</td><td>低温时密度较小但表面光滑</td><td>密度大</td><td>密度大</td></tr>
<tr><td>气孔</td><td>低温时多</td><td>气孔少，但混入溅射气体多</td><td>无气孔，但膜层缺陷较多</td></tr>
<tr><td>附着力</td><td>不太好</td><td>较好</td><td>很好</td></tr>
<tr><td>内应力</td><td>拉应力</td><td>压应力</td><td>依工艺条件而定</td></tr>
<tr><td>绕射性</td><td>差</td><td>较好</td><td>较好</td></tr>
<tr><td colspan="2">被沉积物质的气化方式</td><td>电阻加热、电子束加热、感应加热、激光加热等</td><td>镀料原子不是靠热源加热蒸发，而是依靠阴极溅射由靶材获得沉积原子</td><td>辉光放电型离子镀有蒸发式、溅射式和化学式，即进入辉光放电空间的原子分别由各种加热蒸发、阴极溅射和化学气体提供。另一类是弧光放电型离子镀，其中空心阴极放电离子镀是利用空心热阴极放电产生等离子电子束，产生热电子电弧；多弧离子镀则为非热电子电弧，冷阴极是蒸发、离化源</td></tr>
</table>

（续）

分类 项目	真空蒸镀	溅射镀膜	离子镀
镀膜原理及特点	工件不带电；在真空条件下金属加热蒸发沉积到工件表面，沉积粒子的能量和蒸发时的温度相对应	工件为阳极，靶为阴极，利用氩离子的溅射作用把靶材原子击出而沉积在工件（基片）表面上，沉积原子的能量由被溅射原子的能量分布决定	沉积过程是在低气压气体放电等离子基体中进行的，工件带负偏压。工件表面在受到离子轰击的同时，被沉积蒸发物或者其反应物覆盖而形成镀层

1.2.4 离子束辅助气相沉积

1.2.4.1 离子束辅助气相沉积原理

离子束辅助气相沉积（IBAD）是将离子注入与镀膜结合在一起，即在镀膜的同时，使具有一定能量的轰击（注入）离子不断地射到膜与基材的界面，借助于级联碰撞导致界面原子混合，在初始界面附近形成原子混合过渡区，提高膜与基材之间的结合力，然后在原子混合区上，再在离子束参与下继续生长出所要求厚度和特性的薄膜。这种技术又称为离子束增强沉积技术（IBED）、离子束辅助镀膜（ICA）、动态离子混合（DIM）。

离子束辅助气相沉积工艺的目的是为了独立地控制沉积参数，特别是离子轰击基底的特性参数。离子束不是来源于等离子体而是来源于高真空中的离子源。

离子源通常有两种不同的模式：第一种模式是使用惰性气体离子束对靶材原子进行可控的溅射，促进靶原子供应以利于沉积；第二种模式中，惰性或反应气体离子直接瞄准基底，通过轰击、反应、注入的综合作用，实现对生长膜表面的改善。

将离子束的两种功能运用在同一个系统中，结合了高速蒸发沉积和偏压溅射离子轰击的特点，同时又具有离子束的方向、能量可调的优点。

1.2.4.2 离子束辅助气相沉积的工艺

在离子束辅助气相沉积技术中，使用单独的离子源完成对衬底表面的轰击。一种是直接离子束辅助沉积，使用一个离子源对衬底进行轰击，而待沉积的物质则来源于一个蒸发源。电子束蒸镀离子束辅助沉积是最常见的离子束辅助气相沉积方式。即采用电子束蒸发源，在薄膜沉积过程中，利用离子枪发出的离子束对膜层进行照射，以实现离子束辅助沉积。离子束入射方向与镀料蒸发方向可有多种布局。典型的沉积速率为 0.5～1.5nm/s。优点是可获得较高的镀膜速率,缺点是只能采用单质或有限的合金或化合物作为蒸发源,由于合金或化合物各组分蒸气压不同,不易获得原蒸发源成分的膜层。

另一种常见的工艺是离子束溅射辅助沉积(IBSAD),也被称为双离子束沉积。该系统中使用了两个离子源,一个被用来对靶材进行溅射从而提供沉积所需要的物质,另一个离子源被用来对衬底实施离子轰击。这种方法的优点是:被溅射粒子自身具有一定的能量,故其与基体有更好的附着力,任意组分的靶材均可溅射成膜,还可进行反应溅射成膜;便于调节膜层成分;等等。不足之处是沉积效率较低,靶材价格较贵,且存在择优溅射等问题。

由于离子源的限制及离子束的直射性问题,离子束辅助气相沉积技术尚存在不足之处,目前研究者提出了许多新型离子束辅助气相沉积技术,如将磁控溅射与离子束轰击系统相结合从而提高沉积速率的溅射型离子束辅助气相沉积工艺、等离子体源离子束辅助沉积(PSIAD)工艺、多弧离子源与离子束辅助轰击相结合的弧源——多离子束工艺、离子团沉积技术等。

1.2.4.3 离子束辅助气相沉积的特点

离子束辅助气相沉积除具有离子镀的优点外,可在严格的控制条件下连续生长任意厚度的膜层,能更显著地改善膜层的结晶性、取向性,增加膜层的附着强度,提高膜层的致密性,并能在室温或近室温下合成具有理想化学计量比的化合物膜层(包括常温常压无法获得的新型膜层)。这种技术具有下列优点:

(1) 原子沉积和离子注入各参数可以精确地独立调节。

(2) 可在较低的轰击能量下,连续生长几微米厚的、组分一致的薄膜。

(3) 可在室温下生长各种薄膜,避免高温处理对材料及精密零部件尺寸的影响。

(4) 在膜和基材界面形成连续的原子混合区,提高附着力。

离子束辅助气相沉积所用的离子束能量一般在30~1000eV之间。对于光学薄膜、单晶薄膜生长以较低能量离子束为源,而合成硬质薄膜时要用较高能量的离子束。还可用来合成梯度功能薄膜、智能材料薄膜等新颖的表面层材料。

1.3 化学气相沉积

化学气相沉积(CVD)技术是一种化学气相反应生长法。在不同温度场、不同的真空度下,将集中含有构成薄膜材料元素的化合物或单质反应源气体,通入放有被处理工件的反应室中,在工件和气相界面进行分解、解吸、化合等反应,生成新的固态物质沉积在工件表面,形成均匀一致的薄膜。通过控制反应温度、反应源气体组成、浓度、压力等参数,就能方便地控制薄膜的组织结构和成分,改变其力学性能和化学性能,满足不同条件下对工件使用性能的需求。

1.3.1 化学反应原理

利用化学气相沉积技术制备薄膜的过程中会发生不同的化学反应,根据化学反应类型的不同,得到薄膜的组成及结构也有所不同。化学气相沉积所涉及的化学反应可以分为如下几类:①热分解;②氢还原;③金属还原;④基材还原;⑤化学输送;⑥氧化;⑦加水分解;⑧与氨反应;⑨合成反应;⑩等离子基体激发反应等。

在实际应用中,最常见的 CVD 反应方式有以下几种:

1. 氧化还原反应

在沉积过程中,至少有一个元素被氧化或还原,如果在反应中涉及氢,通常叫氢还原反应。例如,$SiCl_4$在单晶硅基底上的还原反应,用来外延生长硅薄膜:$SiCl_{4(g)}+2H_{2(g)}\rightleftharpoons Si(s)+4HCl_{(g)}$,利用氧化反应生成氧化铝涂层延长刀具的使用寿命:$2AlCl_{3(g)}+3H_{2(g)}+3CO_{2(g)}\rightleftharpoons Al_2O_{3(s)}+3CO_{(g)}+6HCl_{(g)}$。

2. 歧化反应

若元素在气相中存在两种氧化状态,利用变价特点,可以提纯或沉积某些物质,如:

$$2GeI_{2(g)} \rightleftharpoons Ge_{(s)} + GeI_{4(g)}$$
$$3MoO_{2(g)} \rightleftharpoons Mo_{(s)} + 2MoO_{3(g)}$$

3. 合成或置换反应

$$SiH_{4(g)} + 2O_{2(g)} \rightleftharpoons SiO_{2(s)} + 2H_2O_{(g)}$$
$$3SiBr_{4(g)} + 4NH_{3(g)} \rightleftharpoons Si_3N_{4(s)} + 12HBr_{(g)}$$

4. 金属有机化合物反应

为了降低化学气相沉积沉积温度,可以选用金属有机化合物(MO)进行热分解,称为有机化合物气相沉积(MOCVD),如:

$$2Al(OC_3H_7)_{3(g)} \rightleftharpoons Al_2O_{3(s)} + 6C_3H_{6(g)}$$
$$Ga(CH_3)_{3(g)} + AsH_{3(g)} \rightleftharpoons GaAs_{(s)} + 3CH_{4(g)}$$

化学气相沉积法的化学反应过程中,参与反应的各种物质必须是气态(也可由液态蒸发或固态升华为气态),反应的生成物除了所需的硬质薄膜材料为固态外,其余也必须为气态。在足够的沉积温度下,参与反应的各种物质必须有足够的蒸气压,这样才能保证反应的顺利进行。通过各种化学反应,化学气相沉积法可控制薄膜的各种组成及合成新的结构,可制备半导基体外延膜、SiO_2、Si_3N_4等绝缘膜、金属膜及金属的氧化物,碳化物,硅化物等。化学气相沉积法原先主要用于半导基体等,后来扩大到金属等各种基材上,成为制备薄膜的一种重要手段,应用很广泛。

1.3.2 化学气相沉积技术的分类和简介

化学气相沉积技术有多种分类方法。按激发方式可分为热化学气相沉积

(TCVD)、等离子体化学气相沉积(PCVD)、激光(激发)化学气相沉积等。按反应室压力可分为常压化学气相沉积、低压化学气相沉积等。按反应温度的相对高低可分为高温化学气相沉积、中温化学气相沉积、低温化学气相沉积。有人把常压化学气相沉积称为常规化学气相沉积,而把低压化学气相沉积、等离子体化学气相沉积、激光化学气相沉积等列为"非常规"化学气相沉积。也有按源物质归类,如金属有机化合物化学气相沉积、氯化物化学气相沉积、氢化物化学气相沉积等。除了上述分类方法外,还经常按目前重要的、以主特征进行综合分类,即分为热激发化学气相沉积、低压化学气相沉积、等离子体化学气相沉积、激光(诱导)化学气相沉积、金属有机化合物化学气相沉积等。下面就按这个分类方法分别介绍这几类化学气相沉积技术的概况。

1.3.2.1　热化学气相沉积

热化学气相沉积(TCVD)法的原理是,利用挥发性的金属卤化物和金属的有机化合物等,在高温下发生气相化学反应,包括热分解、氢还原、氧化、置换反应等,在基板上沉积所需要的氮化物、氧化物、碳化物、硅化物、高熔点金属、金属、半导体等薄膜。在反应过程中,以气体形式提供构成薄膜的原料,反应尾气由抽气系统排出。通过热能(辐射、传导、感应加热等)除加热基板到适当温度之外,还对气体分子进行激发、分解,促进其反应。分解生成物或反应产物沉积在基体表面形成薄膜。

热化学气相沉积按其化学反应形式又可分为三类:化学输运法、热解法、合成反应法。其中:化学输运法虽然能制备薄膜,但一般用于块状晶基体生长;热解法通常用于沉积薄膜;合成反应法则两种情况都用。热化学气相沉积应用于半导基体和其他材料。广泛应用的化学气相沉积技术如金属有机化学气相沉积、氢化物化学气相沉积等都属于这个范围。

1.3.2.2　低压化学气相沉积

低压化学气相沉积(LPCVD)是在常压化学气相沉积的基础上,为提高膜层质量,改善膜厚与电阻率等特性参数分布的均匀性,提高生产效率等而发展起来的。低压化学气相沉积的主要特征有:

(1) 低压化学气相沉积的压力范围一般在 $0.0001\times10^4\sim4\times10^4$ Pa 之间。由于低压下分子平均自由程增加,因而加快了气态分子的输运过程,反应物质在工件表面的扩散系数增大,使薄膜均匀性得到改善。对于表面扩散动力学控制的外延生长,可增大外延层的均匀性,这在大面积大规模外延生长中(例如,大规模硅器件工艺中的介质膜外延生长)是必要的。但是对于由质量输送控制的外延生长,上述效应并不明显。

(2) 低压外延生长,对设备要求较高,必须有精确的压力控制系统,反应器采用扩散炉型,温度容易控制。在低压下更容易实现基片的均匀加热,特别是可以大批量地装载基片，从而可靠性及生产效率大幅度提高。低压外延有时是必须采用的手段，如当化学反应对压力敏感时，常压下不易进行的反应，在低压下变得容易进行。低压外延有时会影响分凝系数。

(3) 由于Si基片垂直装载，即使硅圆片直径变大，也不影响其处理能力。随着基片尺寸的进一步增大，为了抑制颗粒的产生，可采用纵型反应器。

1.3.2.3 等离子体化学气相沉积

在常规的化学气相沉积中，促使其化学反应的能量来源是热能，而等离子体化学气相沉积(PCVD)除热能外，还借助外部所加电场的作用引起放电，使原料气体成为等离子体状态，变为化学上非常活泼的激发分子、原子、离子和原子团等，促进化学反应，在基材表面形成薄膜。PCVD由于等离子体参与化学反应，因此基材温度可以降低很多，具有不易损伤基材等特点，并有利于化学反应的进行，使通常从热力学上难于发生的反应变为可能，从而能开发出各种组成比的新材料。

PCVD法按加给反应室电力的方法可分为以下几类：

(1) 直流法。利用直流电等离子体的激活化学反应进行气相沉积的技术称为直流等离子体化学气相沉积(DCPCVD)。它在阴极侧成膜，此膜会受到阳极附近的空间电荷所产生的强磁场的严重影响。用氩稀释反应气体时膜中会进入氩，为避免这种情况，将电位等于阴极侧基材电位的帘棚放置于阴极前面，这样可以得到优质薄膜。

(2) 射频法。利用射频离子体激活化学反应进行气相沉积的技术称为射频等离子体化学气相沉积(RFPCVD)。供应射频功率的耦合方式大致分为电感耦合方式和电容耦合方式。在放电中，电极不发生腐蚀，无杂质污染，需要调整基材位置和外部电极位置。也采用把电极装入内部的耦合方式，特别是平行平板方式(电容耦合)在电稳定性和电功率效率上均显示优异性能，得到广泛应用。反应室压力保持在0.13Pa左右，基材与离子体之间加有偏压，诱导沉积在基材表面。射频法可用来沉积绝缘膜。

(3) 微波法。用微波等离子体激活化学反应进行气相沉积的技术，称为微波等离子体化学气相沉积(MWPCVD)。由于微波等离子体技术的发展，获得各种气体压力下的微波等离子体已不成问题。现在有多种MWPCVD装置。例如，用一个低压化学气相沉积反应管，其上交叉安置共振腔及与之匹配的微波发射器，以2.45GHz的微波，通过矩形波导入，使化学气相学积反应管中被共振腔包围的气体形成等离子体，并能达到很高的电离度和离解度，再经轴对称磁场打到基材上。微波发射功率通常在几百瓦至1kW以上，这可根据托盘温度和生长过程满足质量输运限速步骤等条件决定。这项技术具有下列优点：①可进一步降低基材温度，减少因高温生长造成的位错缺陷、组分或杂质的互扩散；②避免了电极污染；③薄膜受等离子体的破坏小；④更适合于低熔点和高温下不稳定化合物薄膜的制备；⑤由于其频率很高，因此对系统内气体压力的控制可以大大放宽；⑥由于其频率很高，在合成金刚石时更容易获得晶态金刚石。

除了上述的直流法、射频法、微波法三类外，还有同时加电场和磁场的方法，为在磁场使用下增加电子寿命，有效维持放电，有时需要在特别低压条件下进行放电。

PCVD 最早是利用有机硅化合物在半导体上沉积 SiO_2，后来在半导体工业上获得了广泛的应用，如沉积 Si_3N_4、Si、SiC、磷硅玻璃等。目前，PCVD 已不仅用于半导基体，还用于金属、陶瓷、玻璃等基材上，作保护膜、强化膜、修饰膜、功能膜。PCVD 另两个重要应用是制备聚合物膜以及金刚石、立方氮化硼等薄膜，展现了良好的发展前景。

PCVD 技术与 TCVD 技术相比，具有以下特征。

（1）可以在更低的温度下成膜。如沉积 TiC、Ti(CN)、TiN 和 Si_3N_4 的反应温度可分别在 700K、550K、520K 和 530K 下进行，而用常规化学气相沉积则分别要在 1200K、1000K、900K 和 1200K 以上。PCVD 之所以能够在较低温度下进行，是因为在等离子体化学气相沉积的情况下，不是靠气体的温度使气体激发、离解，而是等离子体中的电子的能量。大多数 PCVD 都是使用非平衡等离子体，电子温度很高，而气体温度较低，甚至可以接近室温。在辉光放电的范围，所形成的等离子体的电子温度在 1~10eV，足以打断气体原子间的化学键，实现气体的激发和离解，形成具有很高化学活性的离子和各种化学基团（原子团）。降低化学气相沉积反应的温度在技术应用上具有十分重要的意义，很多衬底材料，如铝或有机聚合物，如温度过高，前者就会熔化而后者可能分解或变质、脱气。有些金属和合金，在温度较高时则可能发生相变，结构变化所引起的体积变化造成的应力可能使膜层开裂或剥落。

在半导体工艺中所用的掺杂元素，如硼和磷，在温度超过 800℃ 时就会发生显著的扩散，使器件的性能变坏。采用等离子体可以很容易地在这些掺杂的衬底上沉积各种膜层。

（2）可以大大减小由于薄膜和衬底热膨胀系数不匹配所造成的内应力。

（3）即使对于采用热过程难以成膜的反应速率极慢的物质，也可以采用 PCVD 技术在一定的沉积速率下成膜。这是因为在多数 PCVD 的情况下（辉光放电）所用的压力较低，增强了反应气体和生成气体产物穿过边界层在平流层和衬底表面之间的质量输运，而且使膜厚均匀性也得到改善。低沉积温度有利于得到非晶态和微晶薄膜，而非晶态或微晶薄膜往往具有独特的优异性能。此外，对于热分解温度不同的物质，也可以按不同的组成比合成。

PCVD 也有不足之处。其一是在等离子体中，电子的能量分布范围很宽，除电子碰撞外，在离子碰撞作用和放电时产生的射线的作用下也可产生新粒子，因此PCVD反应未必是选择性的，很可能同时存在几种化学反应，使反应产物控制变得困难，反应机理也往往难于解释。因此，采用PCVD难于得到纯净的物质。由于沉积温度较低，反应产生的副产物气体和其他气体的解吸进行不彻底，往往残留在沉积的薄膜中（特别是氢）。而在化合物（如碳化物、氮化物、氧化物、硅化物等）沉积的情况下，很难保证准确的化学计量比。一般情况下，这是不利的，将改变其物理、化学性质，降低抗腐蚀性和抗辐射能力。其二，PCVD往往倾向于在薄膜中造成压应力。对于在半导体工艺中应用的超薄膜来讲，应力还不至于造成太大的问题。对冶金涂层来讲，压应力有时反而是有利的。但涂层较厚时应力有可能造成涂层的开裂和剥落。PCVD另一缺点是对某些脆弱衬底，如半导体工艺中用的Ⅲ－Ⅴ族和Ⅱ－Ⅵ族化合物半导体材料，容易造成离子轰击损伤（特别是当离子能量超过20eV时）。此外，等离子体可能和沉积中的涂层表面有强烈的作用，这意味着薄膜沉积速率及薄膜的性质依赖于等离子体的均匀性。最后，PCVD装置一般来讲较复杂，价格也较高。

总的说来，PCVD的优越性是主要的，现在正获得越来越广泛的应用。

1.3.2.4 金属有机化合物化学气相沉积

金属有机化合物化学气相沉积（MOCVD）是一种利用金属有机化合物热分解反应进行气相外延生长的方法，即把含有外延材料组分的金属有机化合物通过载气输运到反应室，在一定温度下进行外延生长。该方法现在主要用于化学半导基体气相生长上。由于其组分、界面控制精度高，广泛应用于Ⅱ－Ⅵ族化合物半导基体超晶格量子阱等低维材料的生长。

金属有机化合物是一类含有碳-金属键的物质。它要适用于MOCVD法，应具有易于合成和提纯，在室温下是液体并有适当的蒸气压、较低的热分解温度，对沉积薄膜沾污小和毒性小等特点。现以生长Ⅲ－Ⅴ族化合物为例。载气高纯氢通过装有Ⅲ族元素有机化合物的鼓泡瓶携带其蒸气与用高纯氢稀释的Ⅴ族元素氢化物分别导入反应室，衬底放在高频加热的石墨基座上，被加热的衬底对金属有机物的热分解具有催化效应，并在其上生成外延层，这是在远离热平衡状态下进行的。在较宽的温度范围内，生长速率与温度无关，而只与到达表面源物质量有关。

MOCVD技术所用的设备包括：温度精确控制系统、压力精确控制系统、气体流量精确控制系统、高纯载气处理系统、尾气处理系统等。为了提高异质界面的清晰度，在反应室前通常设有一个高速、无死区的多通道气体转换阀；为了使气体转换顺利进行，一般设有反应气路和辅助气路，两者气体压力要保持相等。

根据MOCVD生长压力的不同，又分为常压MOCVD和低压MOCVD。将MOCVD与分子束外延（MBE）技术结合，发展出金属有机化合物分子束外延

(MOMBE)和化学束外延(CBE)等技术。

与常规化学气相沉积相比,MOCVD 的优点是:①沉积温度低;②能沉积单晶、多晶、非晶的膜层和超薄层、原子层薄膜;③可以大规模、低成本制备复杂组分的薄膜和化合物半导基体材料;④可以在不同基材表面沉积;⑤每一种或增加一种 MO 源可以增加沉积材料中的一种组分或一种化合物,使用两种或更多 MO 源可以沉积二元或多元、二层或多层的表面材料,工艺的通用性较广。MOCVD 的缺点是:沉积速度较慢,仅适宜于沉积微米级的表面层;原料的毒性较大,设备的密封性、可靠性要好,并谨慎管理和操作。

1.3.2.5　激光激发化学气相沉积

激光激发化学气相沉积(LCVD)是一种在化学气相沉积过程中利用激光束的光子能量激发和促进化学反应的薄膜沉积方法。所用的设备是在常规的化学气相沉积设备的基础上添加激光器、光路系统及激光功率测量装置。为了提高沉积薄膜的均匀性,安置基材的基架可在 x、y 方向做程序控制的运动。为使气体分子分解,需要高能量光子,通常采用准分子激光器发出的紫外光,波长在 157nm(F2)和 350nm(XeF)之间。另一个重要的工艺参数是激光功率,一般为 $3\sim10W/cm^2$。

LCVD 与常规化学气相沉积相比,可以大大降低基材的温度,防止基材中杂质分布受到破坏,在不能承受高温的基材上合成薄膜。例如,用 TCVD 制备 SO_2、S_3N_4、AlN 薄膜时基材需加热到 800~1200℃,而用 LCVD 则需 380~450℃。LCVD 与 PCVD 相比,可以避免高能粒子辐照在薄膜中造成的损伤。由于给定的分子只吸收特定波长的光子,因此,光子能量的选择决定了什么样的化学键被打断,这样使薄膜的纯度和结构就能得到较好的控制。

1.3.3　化学气相沉积过程及特点

无论是何种形式的化学气相沉积技术,其工艺过程都会包括如图 1-8 所示的几个步骤:

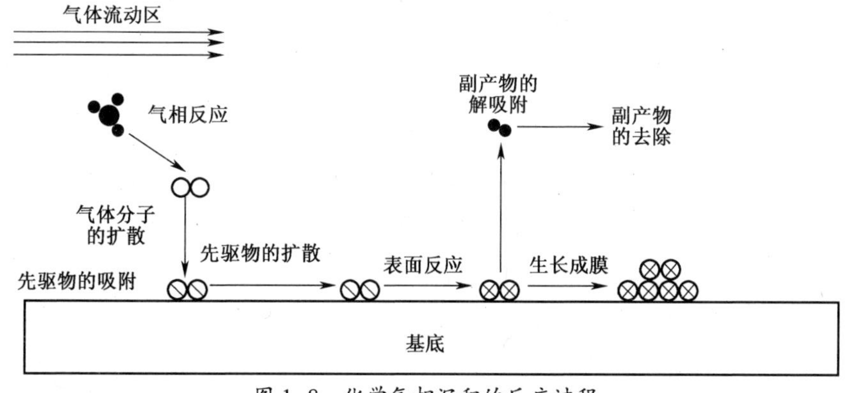

图 1-8　化学气相沉积的反应过程

(1) 反应物的传输。反应物从反应室入口到反应区的流动与扩散。

(2) 产物的生成。发生气相的化学反应并产生新的反应生成产物及副产物。

(3) 原始反应物及反应产物的附着。原始反应物及其反应产物运输并附着到基底表面。

(4) 物质的扩散。基底表面上的物质向生长区域的扩散。

(5) 薄膜的形成。表面催化的多相反应形成薄膜。

(6) 副产物的解吸附。化学反应的挥发性副产物从表面解吸附。

(7)副产物的移除。反应的副产物通过对流和扩散从反应区排出。

在实际生产过程中,化学气相沉积反应的时间长短很重要,生产速率受到温度的影响,基于化学气相沉积反应的有序性,最慢的反应阶段会决定整个沉积过程的速率。当反应温度和压力较低时,此时驱动表面反应的能量降低,表面反应速率会下降,最终,反应物到达基底表面的速率将超过表面化学反应的速率,在这种情况下,沉积速率受反应速率控制。

化学气相沉积气体流动对沉积速率及膜层质量有重要影响,其主要因素需要考虑反应气体是如何从主气体流输送到基底表面的,即输送量与化学反应速率的相对大小。如果化学气相沉积的反应气压较低,反应气体到达基底表面的扩散作用会显著增加,从而增加反应物到基底表面的输运(同时加速反应副产物从基底表面的移除)。因此,在实际的化学气相沉积工艺中多采用低压化学气相沉积(LPCVD),而较少采用常压化学气相沉积(APCVD)。

化学气相沉积具有如下优点:

(1) 既可以沉积金属膜、非金属膜,又可以按要求沉积多成分的合金膜。通过对多种气体原料的流量进行调节,可以在相当大的范围内控制产物的组分,因此可以制备梯度膜、多层单晶膜,并按成分、膜厚、界面匹配要求实现多层膜的微组装。同时能制备其他方法难以得到的优质晶体,如 GaN、BP 等。

(2) 成膜速度快,一般几微米每分甚至达到几百微米每分。可同时沉积大批量、成分均一的涂层,这是其他薄膜制备法,如液相外延(LPE)和分子束外延(MBE)等方法所不能比的。

(3) 工作条件是在常压或低真空条件下进行的,因此镀膜的绕射性好,形状复杂的工件均能均匀镀膜,这点与 PVD 相比要优越得多。

(4) 由于反应气体、反应产物和基体的相互扩散,可以得到附着强度好的镀膜,这对于制备耐磨、抗蚀等表面强化薄膜是至关重要的。

(5) 有些薄膜生长的温度远低于膜材的熔点,在低温生长的条件下,反应气体和反应器器壁及其中所含不纯物几乎不发生反应,因此能得到高纯度、结晶度好的膜层。

(6) 化学气相沉积可以获得平滑的沉积表面。这是由于化学气相沉积同 LPE 相比,前者是在高饱和度下进行的,成核率高,成核密度大,在整个平面上分布均匀,从而产生宏观平滑的表面。同时,在化学气相沉积中,分子(原子)的平均自由程比 LPE 要大得多,因此,分子的空间分布更均匀,有利于形成平滑的沉积面。

(7) 辐射损伤低,这是制造金属氧化物半导体(MOS)等器件的必要条件。

虽然化学气相沉积具有许多优点,但也存在一些缺点,主要体现在其反应温度过高,一般在 1000℃左右,甚至高于部分基体材料的熔点,因此基体材料的选择上受到很大限制。即使对于高温硬质合金(如 TiN),也会由于高温造成晶粒粗大,生成脆性相,对性能造成影响。同时由于高温导致基体中的元素发生扩散,例如,在硬质合金刀具上蒸镀 TiC 时,基体中的碳元素会发生扩散,当扩散出的碳较多时会形成脱碳层,导致涂层韧性差、抗弯强度低,大大影响刀具的使用寿命。因此,在进行化学气相沉积时,应在沉积温度、处理时间及元素的添加等方面严格控制。

1.3.4　化学气相沉积技术在工模具上的应用

化学气相沉积的应用很广泛,下面着重介绍化学气相沉积技术在工模具上应用的一些情况。

工模具在工业生产中占有重要的地位,如何提高工模具的表面性能和使用寿命一直是材料与工艺研究的重点之一。用 TCVD 法可在硬质合金和工模具钢的基体表面上形成由碳化物、氮化物、氧化物等构成具有冶金结合的耐磨耐蚀涂层,使硬质合金刀片的寿命提高 1~5 倍以上,而冷作模具的寿命可提高 3 至数十倍。

要使化学气相沉积涂层工模具生产达到规定指标,必须具备以下一些条件:

(1) 合理选择涂层材料,即根据工件的服役条件选择具有相适应的物理、化学性能的涂层材料。上述的 TiC、TiN、Ti(C、N)、Cr_7C_3、Al_2O_3以及其他涂层都有一定的性能特点,可供选择;有时根据需要,可选用一定匹配的多层膜。

(2) 选好基体材料,首先要考虑服役条件以及涂层与基体之间的匹配性,如两者的热胀系数、界面能、化学性、冶金性以及两者之间是否会生成脆的或软的中间过渡层等。由于 TCVD 的处理温度较高,必须考虑基体材料的耐热性和组织结构变化情况,因此一般选择硬质合金、高速钢、高碳高铬工具钢、气淬工具钢和热模钢等为基体材料。

(3) 确定合适的涂层厚度。太薄的涂层不能获得最佳的性能和寿命,而太厚的涂层将呈现脆性以及涂层与基体之间结合力变差。通常用的高温化学气相沉积涂层厚度范围:TiC,2~8μm;TiN,5~14μm;Ti(C,N),4~10μm;$\alpha-Al_2O_3$,2~

10μm;Cr_7C_3,7~12μm;复合涂层,3~15μm。具体厚度要根据服役条件来选择。

(4) 选用良好的设备和正确实施工艺。除达到技术性能指标外,力求用计算机自动监控设备工艺参数与程序,可靠地保证涂层质量和工艺的重现性。

1.4 气相沉积技术的应用及进展

气相沉积技术的应用涉及多种领域。仅在改善机械零件耐磨抗蚀性能方面,其用途就十分广泛。如用上述方法制备的TiN、TiC、Ti(CN)等薄膜具有很高的硬度和耐磨性,在高速钢刀具上镀制TiN膜可以说是高速钢刀具的一场革命,在刀具切削面上镀覆1~3μm的TiN膜就可使其使用寿命提高3倍以上。目前在一些发达国家的磨刀具中有30%~50%加镀了耐磨层。其他金属氧化物、碳化物、氮化物、立方氮化硼、类金刚石等膜,以及各种复合膜也表现出优异的耐磨性。物理气相沉积和化学气相沉积法制备的Ag、Cu、Culn、AgPb等软金属及合金膜,特别是用溅射等方法镀制的MoS_2、WS_2及聚四氟乙烯膜等具有良好的润滑、减磨效果。气相沉积获得的Al_2O_3、TiN等薄膜耐蚀性好,可作为一些基体材料的保护膜。含有铬的非晶态膜的耐蚀性则更高。目前,离子镀Al、Cu、Ti等薄膜已部分代替电镀制品用于航空工业的零件上。用真空镀膜制备的抗热腐蚀合金镀层及进而发展的热障镀层已有多种系列用于生产中。作为离子束技术的一个重要分支,离子注入处理已使模具、刀具、工具以及航空轴承、轧辊、涡轮叶片、喷嘴等零件的使用寿命提高了1~10倍。

与堆焊、热喷涂、涂装、电镀、化学镀等表面涂敷技术相比,气相沉积技术具有如下3个主要特点。①气相沉积膜层常为高质量的金属、化合物膜层。为了提高产品的服役性能,通常用气相沉积方法在金属或非金属材料表面制备金属、合金或碳、氮、硼、氧、硅化合物膜层。这些膜层在不同领域中获得了广泛的应用。②气相沉积膜层一般为薄膜层。工程上用气相沉积方法制备的膜层厚度多在零点几微米至几十微米。装饰用的金黄色的TiN膜层常为零点几微米,而要求高耐磨性的TiN刀具涂层厚度也常在几微米。这些膜层虽然较薄,但可大幅度提高工件的耐磨、耐蚀、耐高温等性能。气相沉积是光学、电子、信息等高技术产品制造的基础工艺。③气相沉积膜层多在一定的真空度和温度下获得。工件的尺寸要受到真空室尺寸的限制;工件的热处理性能和形状精度会受到沉积温度的影响。PVD法工件温度多在几百摄氏度之内,而化学气相沉积法工件温度多在80~1200℃。由于需要配备抽真空、加热、控制等系统,较先进的大型真空镀膜设备的投资一般要高。

关于气相沉积技术的进展,归纳起来主要有以下几点:

(1) 设备的发展。如已制出电子束大型连续蒸镀设备、多种形式磁控溅射设备、新型弧源离子镀及 HCD 和多弧复合离子镀设备、各种 IBAD 设备及等离子体浸没离子注入(PIII)设备等。

(2) 工艺的进展。主要表现在膜层种类的增多和膜层性能的提高。如已制备出各种高性能的耐磨、抗蚀膜层、耐高温腐蚀膜层、热障膜层、类金刚石和立方氮化硼膜层及多种陶瓷、梯度和多层复合膜层。

(3) 方法的复合。较先进的气相沉积工艺多是各种单一物理气相沉积、化学气相沉积方法的复合。它们不仅采用各种新型的加热源,而且充分运用各种化学反应、高频电磁(脉冲、射频、微波等)及等离子体等效应来激活沉积粒子。如反应蒸镀、反应溅射、离子束溅射、多种等离子体激发的化学气相沉积等,在 IBAD 和 PⅢ等设备中复合的方法则更多。激光束的引入,不仅可以进行蒸镀,而且还可以进行不同方式的复合。

1.5　小　　结

物理气相沉积和化学气相沉积是当前制备硬质薄膜的主要方法。了解和掌握不同方法的原理和工艺特点对理解硬质薄膜的微观组织结构调控宏观强韧性能具有重要意义。薄膜的形成是成膜材料原子的吸附、扩散与凝结过程,如果对成膜过程进行计算模拟需要对该过程有深入的认识与理解;薄膜结构模型给出了薄膜组织结构的可能形态以及关键影响因素,对于薄膜的工艺参数的选择与调控具有指导意义。

第 2 章　薄膜强化技术

20 世纪 70 年代，硬膜开始用于刀具工业以提高其使用寿命。从那以后，膜层的制备工艺和性能如硬度、耐磨性和抗氧化性等均在不断提高。按硬度大小，薄膜通常被分为两类：①硬膜，硬度小于 40GPa；②超硬膜，硬度大于 40GPa。从数量上来讲，“硬”物质的数量要远远多于“超硬”物质的数量。

过去几十年，硬质和超硬质薄膜已经得到深入开发，被广泛应用在各种工业领域。为实现工程应用价值，需要保证薄膜既具有高硬度，又有好的韧性。如何获得硬、韧兼顾的薄膜一直备受业界关注。图 2-1 所示为坚硬的陶瓷薄膜和坚硬且韧性好之间存在的差距。为获得坚硬且韧性极好的陶瓷薄膜，有必要从硬化和增韧两个角度进行考虑。本章主要讨论了硬化（或强化）问题，即如何提高薄膜的硬度。增韧的问题在第 3 章中讨论。

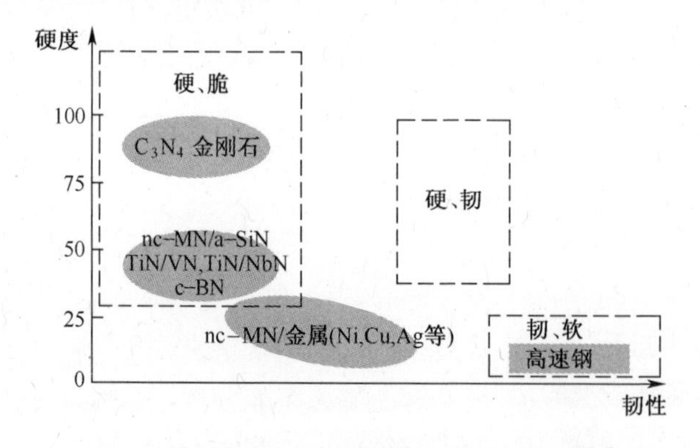

图 2-1　硬质陶瓷涂层当前研究状态示意图[9]

膜的硬度可分为本征硬度和非本征硬度。本征硬度指：基于离子键、共价键等强键组成的，由Ⅲ、Ⅳ和Ⅴ主族元素构成的共价键单质或化合物，其显微硬度接近天然金刚石硬度[8]。具有本征硬度的超硬膜主要有金刚石、立方氮化硼（c-BN）、碳化硼（B_4C），非晶态类金刚石、非晶态氮化碳（a-CN_x）和一些三元化合物 B-N-C 等。人们在应用这些本征超硬材料时发现存在限制。以金刚石薄膜和 c-BN 薄膜为例，金刚石薄膜由碳元素组成，在高温下易与氧、铁、铬、钨、钼等元素反应并生成碳化物；c-BN 被认为是理想的刀具超硬涂层，然而合成高纯度的 c-BN 薄膜非常困难，其次是 c-BN 薄膜很难与各种基体结合,剥落现象十分严重。这些问题极大促进了非本征硬度超硬膜的发展。非本征硬度指:薄膜的超硬性和力学性能来自于它们的组成物性质和超细显微结构。首先,构成非本征硬度超硬薄膜的组成物大多是硬度很高的氧化物、碳化物、氮化物和硼化物,它们的硬度虽然没有达到 40GPa,但是也相对较高;其次,其显微结构超细,进入纳米量级。纳米多层和纳米复合是当前获得非本征硬度的两种主要方式。

近年来,以纳米技术为基础的新型超硬膜得到了很大发展,薄膜的表面力学性能向高端大大延伸,显示出过去常规块状材料和薄膜材料都无法比拟的优点和性能,为材料表面性能的提高开拓出巨大发展空间。本章重点以硬膜为主,讨论纳米技术在硬膜及超硬膜方面的研究领域已经取得的成果以及今后的发展方向。

2.1　薄膜的强化方法

简单地说,硬度是指材料抵抗塑性变形的能力。根据塑性变形的位错理论,凡是阻碍位错运动或者增加位错运动阻力的方法,都可以提高塑性变形抗力。因此,实现硬化的本质是增加位错运动阻力。在硬质涂层研究中,实现强化的机制主要有、细晶强化、强化晶界、固溶和析出强化、离子束辅助轰击强化和多层强化。

2.1.1　细晶强化

晶体材料塑性变形的主要机理是位错的增殖和运动。外力作用下,位错在晶体内部运动,并通过 Frank-Read 源不断生成新的位错。由于晶界处原子排列不规则,相邻晶粒的晶格错配度较大,因此位错运动到晶界时受到阻碍而停止运动。当后续位错到达晶界后,会在晶界处形成位错的“塞积”。随着塞积位错数量增加,领先位错前端的应力也越来越大。当超过临界值(应力阈值)后,会克服晶界的阻碍,位错越过晶界继续向前移动,从而使材料发生塑性变形。

然而,随着晶粒尺寸的减小,堆积位错数量减少,而应力阈值增大。这就意味着需要更大的应力才能推动位错越过晶界,由此导致材料强度增加,这就是细晶强化。图 2-2 所示为晶体原子和边界原子的典型示意图。晶体内部原子规则排列,每一个原子都位于晶格格点上,原子间距相等。而晶界原子排列不规则,间距互不相等。理论上讲,位错形成以及运动时,所需应力大小同位错网络上钉扎点的距离成反比,按照 Hall-Petch 关系,晶粒减小则强度增大:

$$H = H_0 + kd^{-1/2} \tag{2-1}$$

式中:H_0为本征硬度;d 为晶粒大小;k 为给定材料的常数参数。

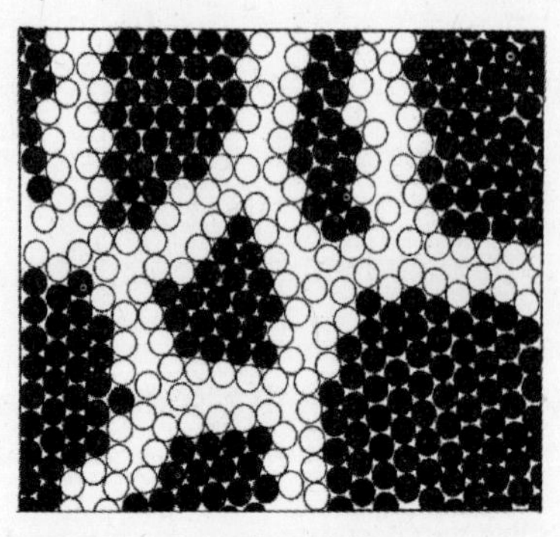

图 2-2　晶体原子(实心黑)和边界原子(空心圆)的典型示意图

在细晶强化中,需要明确非晶和纳米晶的概念。在一些材料中,晶体的长程有序结构特性被破坏,这些材料成为非晶。由于气相沉积技术的热力学非平衡特性,沉积原子扩散不充分,非常容易制备非晶态的薄膜材料。当前,金属合金、半导体、氧化物等的非晶态薄膜已经广泛地通过物理气相沉积和化学气相沉积方法制备出来。在阅读专业文献的时候,经常会碰到 X 射线非晶一词。它描述了对材料进行 XRD 物相分析时出现馒头峰的状况。这种情况下,薄膜材料可能并非完全非晶,而是由于晶粒非常细小并且成自由取向分布,导致采用 XRD 测试时,要么没有出现晶态对应峰,要么是峰强度不够。但这并不能证明薄膜材料是完全非晶形态的,针对这种情况,需要采用透射电镜做进一步分析才能确定。

气相沉积硬质薄膜的晶粒一般为纳米晶。纳米晶指晶粒大小在纳米量级($(1\sim100)\times10^{-9}$m)的单相或多相多晶材料。和体材料相比,纳米晶中晶界所占比例很高,这使得纳米晶材料表现出独特的物理、化学和力学性能。

(1) 纳米晶材料的强度。一般来说,晶粒大小(d)是影响材料力学性能,尤其是屈服强度的关键因素。对普通材料而言,屈服强度(σ_y)随晶粒大小(d)的变化符合 Hall-Petch 公式。晶粒尺寸减小到纳米尺度后,材料屈服强度随晶粒大小的变化出现反常 Hall-Petch 现象。例如,当金属铜的晶粒尺寸减小到 25nm 以下时,部分拉伸和压缩实验结果显示,纳米晶铜的屈服强度随晶粒减小而减小;部分实验结果则显示纳米晶铜的强度到达平台值,即不再随晶粒尺寸减小而变化。在其他纳米晶中也观察到了类似现象。

Hall-Petch 公式在纳米尺度的失效被普遍归因于晶粒大小降低到纳米尺度后塑性变形机制的转变[10]。Hall-Petch 公式是建立在位错理论基础上的经验公式,可以由位错在晶界处的塞积解释。由于塞积位错的数量与位错源到晶界的距离相关,当晶粒大小降低到某一特征尺寸时,晶粒内的位错数目太少,使得位错开始滑移所需理论应力远大于纳米晶的实际屈服强度,Hall-Petch 公式失效。为了解释纳米晶中反常 Hall-Petch 现象,研究者们提出了诸如晶界滑移机制、剪切带形成机制、晶粒核壳模型等纳米晶塑性变形机制,但目前关于这方面的研究工作仍不完善,并没有一个统一的纳米晶塑性变形机制能在足够宽的尺度范围内对大多数纳米晶的屈服行为进行合理解释。这方面的工作仍是纳米晶力学性能研究的热点之一。

(2) 纳米晶材料的塑性。对普通材料来说,细晶强化不仅能提高材料的强度,还能改善材料的塑性,因此,研究者们一度期望纳米晶会表现出好的延展性。但是实验结果表明,一些晶粒尺寸在毫米量级时延伸率能达到 40%~60% 的材料在晶粒尺寸下降到 25nm 以下时延伸率都会下降。Koch[11] 认为影响纳米晶塑性的因素主要有以下几个方面:①纳米晶制备过程中带来的缺陷,如孔隙、微裂纹和夹杂物等;②纳米晶拉伸变形时的塑性不稳定性;③纳米晶塑性变形过程中位错爆炸形核及剪切失稳。由于很难将纳米晶在制备过程中引入的缺陷对纳米晶性能的影响同材料本征性能区分开,现有实验数据能否代表纳米晶的本征性能仍存在争议。

(3) 纳米晶材料的弹性模量。一般来说,纳米晶材料的弹性模量与其孔隙率密切相关。孔隙率减小则弹性模量增加[12]。由于目前纳米晶材料的性能大多是在非完全致密纳米晶材料中测得的,而材料的致密度和制备工艺有直接关系,因此纳米晶弹性模量因制备工艺不同表现出较大差异。总的来说,高致密度纳米晶材料的弹性模量与普通材料相近或略低一点。另一种观点认为,由于晶界在纳米晶中所占体积相对于晶粒来说已经不能忽略,表面能和界面能将显著影响纳米晶弹性模量,使其表现出尺寸效应。通过对纳米线、纳米片及纳米薄膜的研究,研究者们发现当薄膜的厚度降低到几个纳米时,表面能将显著提高薄膜的平面弹性模量。Schiotz[13] 认为,由于表面能的作用,厚度在 5nm 的薄膜中将会出现 20%左右的弹性模量增强或降低。此外,人们还探讨了界面能和界面应力对纳米晶弹性模量的影响。Gurtin 及其合作者[14] 首先提出了估算界面弹性的数学表达式,随后 Sharma[15] 在基于界面能影响的基础上分析了纳米颗粒在非协调弹性体系中对材料弹性性能的影响。最近,Zhu 分析了晶粒大小和晶界对纳米晶弹性模量的影响,并认为在晶粒尺寸降低到几十纳米以下时,由于界面能和晶界的影响,纳米晶的弹性模量将随晶粒尺寸降低变化,表现出显著的尺寸效应。

2.1.2　强化晶界

Hall-Petch 公式适用于粗大晶粒材料。然而,当晶粒减小到几十甚至几纳米时,这一规律就会完全失效。许多研究已经证实了这一现象并将其称为反 Hall-Petch 效应。如图 2-3 所示,当晶粒为 10nm 时,可以得到最大硬度;当晶粒小于 10nm 时,硬度随晶粒减小而降低。这表明,传统多晶体材料的塑性变形位错理论并不能用来解释所有的现象,当晶粒小于 10nm 时,需要用新的理论解释形变现象。新的理论需要考虑一些因素,如晶界滑动蠕变扩散、三向节点和杂质掺杂。这些因素都会导致反 Hall-Petch 效应。其中,因特定调节机制而产生晶界滑动被视为首要原因。当晶粒低于临界值时,界面处的原子所占比例大于晶粒内部原子。此时,位错形变机制失效,位错堆积导致的强化效应也就不存在了。而新的形变机理以晶界滑移为主。Hahn 利用微观模型预测了小于 10nm 的纳米晶粒的塑性行为,证实了界面处原子局部滑动是纳米晶(<10nm) 发生形变的主要原因。原子重新排列以及应力导致的自由体积迁移,引发了原子的局部滑动。

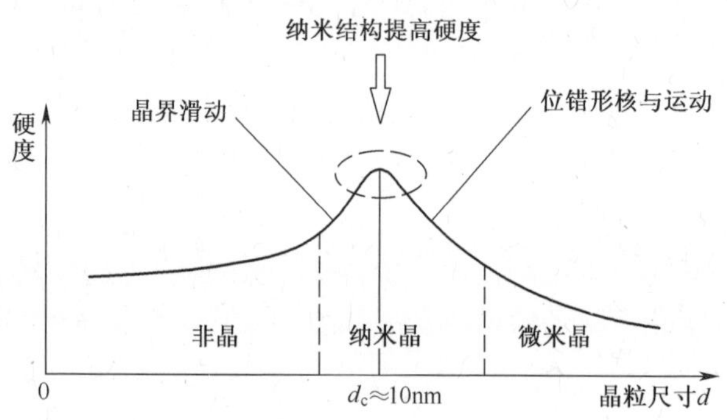

图 2-3 涂层硬度随晶粒大小变化而变化的示意图

因此要继续提高硬度,必须想办法阻止晶界滑动,即强化晶界。主要途径有三种:

(1) 两相或多相纳米晶设计。不同晶相的滑移系不同,界面较为复杂,可适应、吸收应变,阻止空位的形成,同时多相结构的界面更多,黏接强度大,由此可提高硬度。相与相之间的化学亲和力越强,晶界强化效果越显著。$TiN-TiB_2$、Ti-B-N、(TiSiAl)N 以及其他金属氮化物、碳化物和硼化物系统均属于此类。

(2) 纳米晶相中的某一相向晶界偏析,并阻止晶粒长大。这种结构设计往往能显著提高硬度和弹性模量。其强化效果与偏析相的键合类型、聚集状态及形态有关。如果偏析相本身属于硬质相,由于偏析相限制位错运动,裂纹开裂是释放应变的主要机理,这势必会损失材料的延展性;如果偏析相本身属于软相,既能强化晶界,又能赋予晶界一定的柔性,利于提高材料韧性。

(3) 高硬度、高弹性模量非晶基体上(如 DLC、Si_3N_4),掺入纳米晶相(如 TiN、AlN、BN),即形成纳米晶/非晶体系的纳米复合薄膜。

结合第一、二种方法,可制备超高硬度的纳米复合薄膜。上述三种方法在实践中已得到应用。

为了克服硬化机制中晶粒大小的限制,Vepreck 和 Reiprich 提出采用调幅分解制备三元纳米复合材料。该纳米复合薄膜至少由两相组成:纳米晶相和非晶相,或者是两个纳米晶相。n-MeN/a-Si_3N_4是上述纳米复合结构的典型代表,其中,Me 为过渡金属,如 Ti、W、V 和 Zr;nc 表示纳米晶;a 表示 X 射线非晶。在如图 2-4 所示的典型 Ti-Si-N 纳米复合薄膜中,氮化物纳米晶粒(<10nm)被一或两原子层的 Si_3N_4层分隔、包围。这一 Si_3N_4层起到“黏接”作用,可以有效抑制晶界滑动,因而该薄膜硬度可以达到>50GPa。例如,在 nc-TiN/a-Si_3N_4与 nc-W_2N/a-Si_3N_4纳米复合材料中,硬度随纳米晶晶粒尺寸减小而增加。虽然该膜系的硬度是否能够达到 80~120GPa 引起了人们激烈的争论,但这种纳米复合薄膜结构设计观点仍被大多数人接受。

相似的结果在其他三元系中可以看到(如 nc-TiN/a-BN、nc-TiN/a-BN/a-TiB_2、nc-TiC/a-C、nc-WC/a-C),在四元体系中也可以看到(如 nc-CrAlN/a-SiN 和 nc-TiAlN/a-SiN)。根据这种设计理念可知,两种强烈不相容材料组成的各向同性纳米复合结构是最有可能制备硬或超硬材料的方法,不相容材料通过调幅分解形成尖锐的界面是一种稳定界面。此外,界面层越薄,越有利于减小界面错配度,提高界面强度。界面层的厚度起到影响硬度值的关键作用。其原因将在后文中详细讨论。从 Soderberg 等的实验结果以及 Zhang 和 Hao 等的理论计算可知,单层 Si_3N_4界面是 TiN-si_3N_4系统中最稳定的形态,该系统的内聚强度要比单晶 Si_3N_4大。此外,实验还发现,Si_3N_4界面层越厚,越倾向于形成非晶,从而在 TiN 和 SiN 之间丧失结构一致性,最终使得强度或硬度减小。图 2-5 所示为 TiSiN 硬度随 Si_3N_4 含量发生变化的示意图。图 2-5 中插图 B 对应 15%~20%(原子分数)Si_3N_4,通过测定晶粒间隔平均值,发现界面层中的 Si_3N_4仅由若干单层组成。氮化硅含量越高(图 2-5 插图 C),晶粒间隔越大,TiN 和 SiN 之间的结构一致性越低,导致硬度下降。

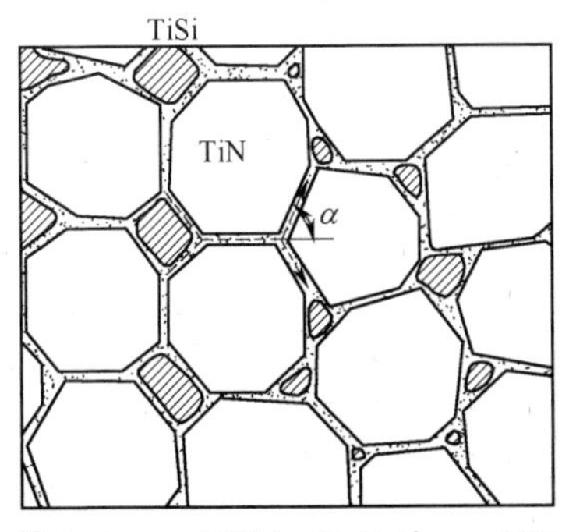

图 2-4　nc-TiN/a-Si_3N_4和 nc-TiSi 纳米结构示意图

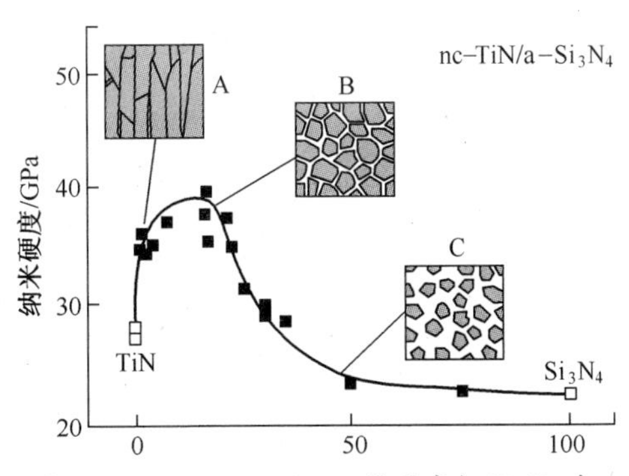

图 2-5　nc-TiN/a-Si_3N_4的硬度与 Si_3N_4 含量的关系(插图为不同成分纳米结构的示意图)

强化晶界不但对上述纳米复合薄膜有效,对纳米多层薄膜同样有效。

纳米多层膜的一个重要特征是界面数量大大增加,对薄膜的性质,特别是力学性质产生显著影响。膜中的界面可分为4种不同的形式:

(1) 力学界面层。这是由粗糙表面形成的一种机械锚合,附着力与各层材料间的物理性质,特别是抗剪切强度和塑性有关。主要出现在膜与衬底之间。

(2) 物理和化学键合界面。膜与衬底或膜层之间界面没有化学反应,则成为物理吸附。物理吸附将为黏附提供0.5eV的能量;膜原子与衬底原子发生化学反应,则成为化学键合。化学键合提供0.5~10eV的能量。

(3) 扩散界面层。膜与衬底或膜与膜之间发生扩散,两种材料要具有部分可溶性,内部晶格和成分的逐渐变化需提供1~5eV能量来促进过渡层的形成。扩散层可作为不同材料之间的过渡层,降低由于不同热膨胀而产生的机械应力。扩散界面形成的方法有两种:一种是高能离子注入会形成扩散界面;另一种是衬底材料原子和涂层材料的蒸气原子混合,在衬底发生凝结形成准扩散层。其特点是此层可由不具有相溶性的材料构成。离子轰击能增加界面层中的"可溶性",以产生较高浓度的点缺陷和应力梯度,来增加扩散。

(4) 离子束混合界面层。在薄膜形成之后,采用高能离子进行轰击,由于入射原子的碰撞,引起连锁反应,并在反应的路径上产生间隙原子和空位,混合的多少与温度有关。当界面上产生了这样的碰撞后,应力状态发生变化,可显著地提高附着力。这种方法形成的表面改性厚度在纳米量级。

2.1.3 固溶和析出强化

固溶强化指合金元素固溶于基体中造成一定程度的晶格畸变,从而使合金强度提高的现象。利用固溶强化可提高薄膜的硬度,对于块体材料来说,可以通过热处理获得固溶体;而对薄膜来说,可以通过物理/化学气相沉积的非平衡生长过程获得固溶体。例如在反应离子镀中,利用高度离化的粒子流制备过饱和的Ti-B-N固溶体,最高硬度可达34.5GPa。

固溶体的硬度与溶质含量密切相关。近年来,TiAlN和CrAlN受到广泛关注,在刀具涂层、模具涂层中广泛应用。Al加入TiN和CrN后,不仅提高了薄膜的硬度,而且提高了薄膜的热稳定性。实践中,可以通过多种物理气相沉积技术制备CrAlN薄膜,如电弧离子镀、反应磁控溅射、等离子体辅助物理气相沉积等。CrAlN薄膜的硬度很大程度上取决于Al的含量。Ding研究了反应磁控溅射中Al/Cr原子比对CrAlN力学性能的影响。发现随Al含量增加,薄膜硬度逐渐增大,在Al/Cr比0.4~0.5时,硬度达到最大值30GPa。原子半径较小的Al(0.121nm)置换Cr(0.139nm),形成固溶体fcc-CrAlN。通过置换,致使晶格发生畸变,引起固溶强化。可以想象,掺入Al越多畸变程度越大,固溶效果越强,导致硬度越高。但实际发现Al含量达到一定值后,CrAlN薄膜硬度反而降低。

分析其物相结构后发现，这是由于形成了六方结构的hcp-AlN相，Reiter认为这一转变的临界Al含量是46%（原子分数）。当Al含量小于46%（原子分数）时，Al完全溶入CrN中形成CrAlN固溶体；46%～71%（原子分数）时，由于超过了Al在CrAlN中的固溶度，开始析出AlN相；当大于71%（原子分数）时，完全转变为hcp-AlN相。与fcc-CrAlN最大硬度值40GPa相比，由于形成了较软的hcp-AlN相，薄膜的硬度值减小了47%。实际上，上述情况不仅在CrAlN中出现，在TiAlN和ZrAlN中同样存在。这种情况可以简单归纳为：Al含量较少时，Al固溶到CrN、TiN和ZrN中；超过固溶度后会析出hcp-AlN相，伴随薄膜硬度的突变。到目前为止，Al在CrAlN、TiAlN和ZrAlN中的相、性能改变的临界值分别在约0.7、约0.67和约0.43。

与固溶强化不同，析出强化（或沉淀硬化）是多元素混合物的分解过程，可通过对过饱和固溶体进行热处理获得。由于物理气相沉积和化学气相沉积制备薄膜时沉积原子的动能不足，很容易获得过饱和固溶体。如TiAlN和TiBN都是过饱和的NaCl晶体结构，其组织结构成致密柱状晶形态。对两者进行热处理后，两者都会发生调幅分解，转变为共格的立方体相，组织结构由柱状晶转变为纳米晶，硬度增大。

2.1.4　离子束辅助轰击强化

如果采用携带一定能量的离子束轰击沉积中的薄膜，会显著提高其硬度。在磁控溅射中，能量可能来自溅射原子、中性粒子流、工作气体粒子流等，上述粒子在等离子体中被离化，在负偏压的作用下加速轰击薄膜。离子束辅助轰击可以提高薄膜的密度，改变薄膜表面形貌，提高膜基结合强度。正常情况下，离子轰击的加剧会在薄膜表面产生反溅射反应，从而使得溅射原子去填补“谷”和“峰”，这一现象会因阴影效果而自然发生，从而使得薄膜密度相应增加。另外，轰击离子可以阻碍晶粒生长，增加成核点，因而形成纳米晶体微观结构。Thorton-Messier结构区域图中对这一过程作了解释。伴随着显微结构的变化，薄膜内产生残余压应力。这一变化主要可归因于能量离子引起的晶格缺陷排布的变化。沉积过程中，输入的离子带有足够动能，因而会将薄膜中的原子撞击出其初始位置，若转移的反冲能量超过了25eV，那么便会产生一系列剧烈碰撞（即碰撞级联）。通常，初始撞击会使得大部分能量发生转移，使得能量在原子之间实现交换。

大量研究集中探讨了离子轰击下，晶粒减小、晶界致密化和引入压应力这三者的协同效应对薄膜力学性能的影响。Lin研究了脉冲闭场非平衡磁控溅射沉积CrAlN时离子能量对薄膜微观结构和力学性能的影响。发现粒子能量从低到高，薄膜择优取向从(200)转变到(111)，晶粒变小，薄膜内残余压应力增加。最终可得到48GPa的超高硬度。Wang采用磁控溅射制备了CrAlN薄膜,发现负偏压由-50V增加到-260V时,薄膜组织结构由柱状晶逐渐转变成玻璃态致密结构,因而使硬度呈现单调上升趋势,达到26GPa。在制备其他氮化物涂层时,也可看到相似结果。

然而需要重点指出的是,离子束轰击引入的残余压应力虽然可提高薄膜的硬度,但这种硬度的提高需要慎重对待。如果在特定温度下进行退火热处理会导致应力松弛,硬度也会发生相应改变。一般地,应力松弛导致薄膜硬度降低。如果薄膜内残余压应力过大,薄膜会发生剥离。关于残余应力对薄膜性能的影响,将在第5章中详细讨论。

2.1.5 多层强化

纳米多层膜具有超硬和超模量效应,是制备超硬膜的主要方法之一。目前,研究者们提出的纳米多层膜强化机制模型有很多,主要包括Hall-Petch机制、单个位错层内滑移机制、弹性模量错配模型及共格应力模型等,如图2-6(a)~(d)所示。

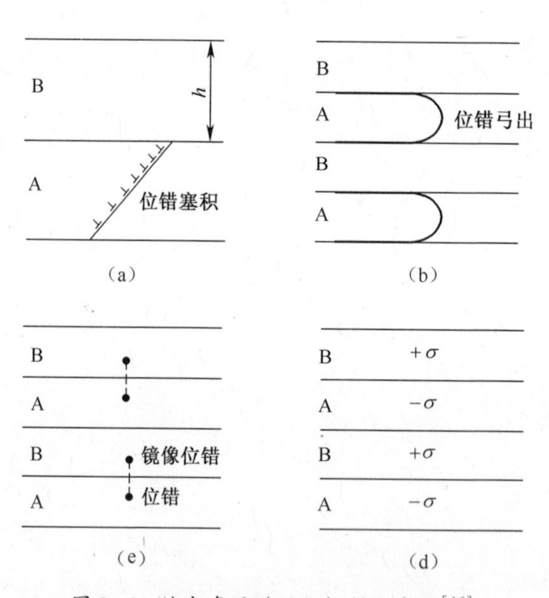

图2-6 纳米多层膜强化机制示意图[16]

(a)Hall-Petch效应;(b)单个位错滑移机制;(c)弹性模量错配模型;(d)共格应力模型。

(1) Hall-Petch效应。如图2-6(a)所示,当周期在亚微米到微米量级时(也有学者认为是单层膜厚大于20nm),多层界面可以等同于晶界对位错运动起钉扎作用。此时多层膜的强化机制为位错在界面处的塞积,多层膜强度(或硬度)和周期的关系符合Hall-Petch公式。更多的情况是,由于多层膜的结构比普通多晶材料复杂,除界面外,面内晶界也会对位错运动起到阻碍作用,多层膜的硬度增强并不完全符合 Hall-Petch 公式,而是与修正后的类 Hall-Petch 公式一致,即 $H = H_0 + k/\Lambda^n$,其中,H_0是周期极大时样品的硬度值,通常可以认为等于多层膜按复合材料混合规制计算的硬度平均值 $H_{ROM} = (H_A + H_B)/2$。k 和 n 为拟合常数,一般认为 k 值代表了位错穿越晶界的难易程度而 n 值则与塑性变形机制有关。在不同多层膜体系中观察到的 n 值在 0.39~1.33 变化。从类 Hall-Petch 公式来看,虽然硬度增强机制和普通多晶材料有一定区别,但周期仍是决定多层膜硬度的主导因素。

(2) 单个位错滑移机制(CLS 模型)。当周期下降到几十个纳米到几个纳米之间时,由于多层膜层内位错密度太小,界面处产生的应力集中无法使位错穿越界面,此时 Hall-Petch 公式失效。Misra 等学者提出了一种类似 Orowan 应力的新模型,用来解释在这个尺度范围内多层膜的塑性变形机制。如图 2-6(b)所示,作用在位错上的应力不足以克服界面对位错运动的障碍,使位错无法穿越界面而只能局限于层内并沿平行于界面的方向滑移。对单个位错而言,使位错在层内开始滑移的最小应力可以由位错弹性能推导出:$\tau_{cls} bh' = 2W_D$,其中 b 是位错的柏氏矢量,h' 是单层膜厚沿滑移面方向的距离,W_D是位错的弹性能。以金属 Cu 中 60°的混合位错为例,其弹性能可以表示为

$$W_D = \frac{Gb^2}{16\pi}\left(\frac{4 - \nu}{1 - \nu}\right)\left[\ln \frac{\alpha h'}{b}\right] \tag{2-2}$$

式中:α 为表征位错芯部区域的常数,α 值越小说明位错芯部区域越宽,位错弹性能越小,反之亦然;G 为剪切模量;ν 为泊松比。由此,得到单个位错在层内滑移所需最小应力为

$$\tau_{cls} = \frac{Gb}{8\pi h'}\left(\frac{4 - \nu}{1 - \nu}\right)\left[\ln \frac{\alpha h'}{b}\right] \tag{2-3}$$

Misra 等还考虑了不同膜层之间弹性变形带来的界面压应力以及界面上不滑移位错引起的应变硬化的影响,最终推导出修正的 CLS 应力:

$$\sigma_{cls} = M\frac{Gb}{8\pi h'}\left(\frac{4 - v}{1 - v}\right)\left[\ln \frac{\alpha h'}{b}\right] - \frac{f}{h} + \frac{C}{\lambda} \tag{2-4}$$

式中:M 为泰勒常数 3.1;f/h 为由弹性变形引起的界面压应力,其中 f 可以用界面能估算;C 为应变硬化的常数;λ 为界面上不滑移位错的距离。

CLS 模型成功地解释了多个金属/金属多层膜体系,如 Cu/Nb、Cu/Cr 等在周期下降到几十纳米时多层膜强度与周期的变化关系。从实验结果看,当周期下降到几纳米以下时,单层厚度接近位错芯部区域尺寸。在这种情况下,可以将在大周期计算得到的 CLS 应力外推到小周期,由此预测周期在几个纳米时单个位错在层内滑移所需最小应力。通常,当周期下降到某个临界值 Λ_h 以下时,位错在单层膜内滑移所需要的最小外应力要大于位错穿越界面所需要的应力。此时,多层膜的塑性变形机制将不再是单个位错层内滑移机制,而转变为位错穿越

界面机制。

(3) 弹性模量错配模型(Koehler 模型)。1970 年,Koehler 从理论上计算了具有不同弹性模量的纯金属交替形成的层状薄膜对开动 Frank-Read 位错源的影响,认为不同膜层之间剪切模量的差异将导致位错从剪切模量低的 A 层穿越到剪切模量高的 B 层时需要更大的外加应力,如图 2-6(c)所示。在这一工作的基础上,Lehoczky 等研究了 Cu-Al 多层膜和 Al-Ag 多层膜抗拉屈服强度与周期之间的关系,发现在周期下降到某一个临界值 Λ_h 之前,多层膜屈服强度与周期的倒数符合简单的线性关系,即 $\sigma = \sigma_0 + k_L/\Lambda, \sigma_0(V_A + V_B E_B/E_A)\sigma_\infty^A$。其中 V 和 E 分别是组成多层膜的 A、B 组元的体积分数和弹性模量,k_L 为拟合常数,σ_∞^A 为 A 层的屈服强度。当周期低于临界值后,多层膜屈服强度达到饱和,可以表示为

$$\sigma_{CR} = \frac{1}{2}\left(1 + \frac{E_B}{E_A}\right)(\sigma_m + \sigma_\infty^A) \tag{2-5}$$

$$\sigma_m = \frac{G_A}{8\pi}\left(\frac{G_B - G_A}{G_B + G_A}\right) \tag{2-6}$$

式中:G 为 A、B 组元的剪切模量。可以看出,A、B 组元的弹性模量相差越大,组合形成的多层膜的屈服强度越高。

(4) 共格应力模型。对于具有共格界面的多层膜来说,共格界面将会在层内形成拉应力和压应力交替变换的应力场。当位错穿越界面时,这种交替作用的应力场会对位错运动产生周期性的阻碍,从而提高多层膜的强度,如图 2-6(d)所示。共格应力对多层膜强度的影响只有在多层膜的塑性变形机制为位错穿越界面机制时才会变得非常明显。从理论上看,如果滑移系在界面处连续,界面本身并不是位错运动的阻碍,多层膜的强度最大值将等于共格应力。

在多层薄膜中,层的成分和厚度会对多层薄膜的性能产生根本性的影响。从当前研究来看,金属/金属、金属/陶瓷以及陶瓷/陶瓷的多层膜都已经进行了深入研究。在硬质薄膜领域,金属/陶瓷和陶瓷/陶瓷形式的纳米多层膜具有很大的应用潜力。

2.2 常见硬质薄膜类型

2.2.1 纳米多层膜

多层膜是一种典型的人工结构材料,是由两种或两种以上不同材料相互交替形成的多层结构薄膜,如图 2-7 所示。每相邻两层形成一个周期,称为调制周期,用 Λ 表示,$\Lambda=h_A+h_B$,其中 h_A、h_B 分别为组成多层膜的组元的厚度,组元厚度之比称为调制比 $R=h_A/h_B$。当周期在纳米尺度时,这种多层结构薄膜被称

为纳米多层膜。可以人为设计和控制多层膜的成分和结构,形成种类繁多、结构各异的薄膜材料。从成分来看,多层膜可由金属(合金)、氮化物、碳化物、氧化物或硼化物等组元组成;从组元晶体结构来看,多层膜可以由各种类型的单晶、多晶或非晶组成;从界面结构来看,多层膜可分为同结构共格界面、异结构共格界面和非共格界面。由于制备方法较多,结构(包括周期、组元比例、界面等)容易调整和控制,纳米多层膜为深入研究纳米晶材料的力学性能提供了一种便捷手段。多层膜还可以作为研究其他类型复合材料,如层状复合材料、双相材料和纳米复合材料等的结构模型。此外,纳米多层膜本身也具有一些单一组分薄膜材料难以达到的优异的理化性能和力学性能。因此,纳米多层膜的力学性能研究近年来一直受到研究者们的关注。

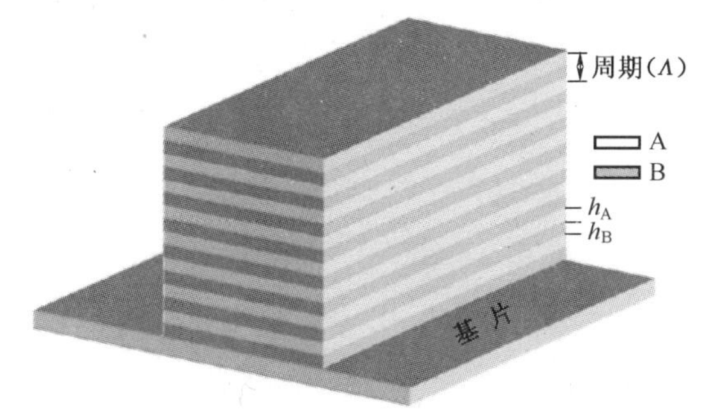

图 2-7　由 A 和 B 两种材料构成的多层膜示意图[17]

纳米多层膜一般是由两种厚度在纳米尺度上的不同材料层交替排列而成的涂层体系。由于膜层在纳米量级上排列的周期性,即两种材料具有一个基本固定的超点阵周期,双层厚度为 5~10nm,一些涂层在 X 射线衍射图上产生了附加的超点阵峰,因此这些涂层又称为纳米超点阵薄膜。凡是表现出超点阵特性的涂层,均称为纳米超点阵涂层;其余则统称为纳米多层膜。

纳米级的多层膜具有超硬度和超模量效应。由两种或以上不同组成物构成的多层膜系,如果每一层均在纳米的量级上,可以达到 1+1>2 的效果,具有任何单一组分薄膜无法达到的硬度和弹性模量,成为多层超硬膜。对于式(2-1)来说,如果用 Λ 代替 d,那么将得到一个关于硬度的 Hall-Petch 曲线,即 H 和 $\Lambda^{-1/2}$ 的关系曲线。对于较大值的 Λ,得到的拟合曲线均满足线性关系,然而当 Λ 值减小到 5~10nm 时,Hall-Petch 关系将会和实验数据出现明显偏离[18]。耐磨和耐腐蚀涂层的纳米化、多层化不仅能够提高硬度,而且涂层的韧性和抗裂纹扩展能力得到了显著改善。

2.2.1.1　纳米多层膜的强度、硬度和弹性模量

1. 纳米多层膜的强度或硬度

纳米多层膜力学性能引起研究者们广泛关注的原因之一就在于当周期减小

到纳米尺度时,多层膜会表现出许多奇特的力学性能。例如,两种体材料强度为几个吉帕的软金属组成纳米多层膜后,其屈服强度能达到几个吉帕。一般来说,纳米多层膜的最大拉伸强度能达到最低理论强度($E/30$,其中 E 为弹性模量)的2/3。在多个纳米多层膜体系中还观察到了弹性模量的异常增大,即超模量效应。纳米多层膜的这些独特的力学性能(还包括其在电学、磁性及光学上的新奇性能)使得纳米多层膜在硬质耐磨涂层、薄膜磁记录介质、X 射线光学、微机电系统(MEMS)以及自支撑高强度金属箔等方面有着广泛的应用前景。因此,纳米多层膜的力学行为及塑性变形机理引起了人们的浓厚兴趣。

如果将多层膜视为层状复合材料,多层膜的强度(或硬度)按复合材料 Voigt 混合规则可计算为 $\sigma_{ROM} = V_A\sigma_A + V_B\sigma_B$,其中,$V$ 和 σ 分别为组成多层膜的 A、B 组元的体积分数和强度。通常将 σ_{ROM} 称为多层膜的强度平均值。然而,大量实验表明,多层膜的强度(或硬度)不仅高于 σ_{ROM},而且随周期减小而增大,表现出明显的强化效应。总的来说,多层膜的强度(或硬度)随周期的变化关系可以分为三个区域(图 2-8):①亚微米到微米量级。多层膜的强度随周期的变化关系符合 Hall-Petch 公式,其大小与周期(或单层膜厚 h)的平方根倒数成正比。②几十纳米到几纳米范围。虽然多层膜的强度仍然随周期的减小而增大,但强度和周期(或单层膜厚 h)的关系不再符合 Hall-Petch 公式,而是依据不同的强化机理表现出不同的规律。③小于某一个临界尺度 Λ_h(几纳米)。多层膜的强度不再随周期的减小而增大,而是出现了平台值。在某些多层膜体系中甚至出现了弱化现象。

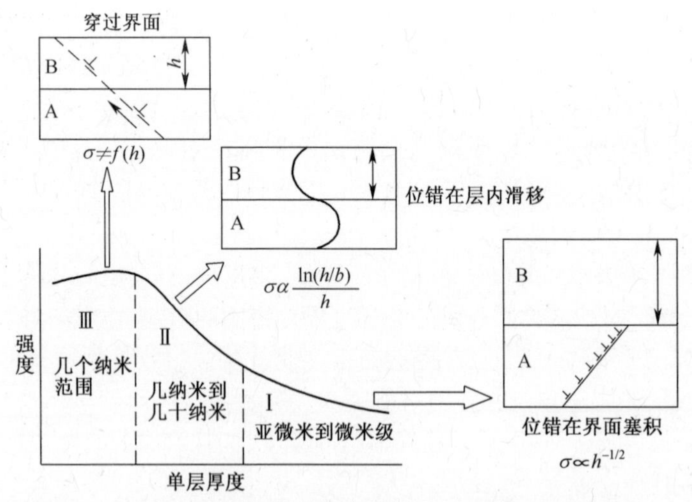

图 2-8 纳米多层膜的强度与周期(或单层膜厚)的关系[19]

除周期外,多层膜的界面结构,包括共格界面和非共格界面,也是影响多层膜强化机制的关键因素之一。此外,实验中制备的多层膜大多为多晶结构,组元膜层的微观结构(包括晶体结构、晶粒大小和取向等)也会对多层膜的力学性能和塑性变形机制产生重要的影响。

2. 纳米多层膜的弹性模量

如果将多层膜视为层状复合材料,按 Voigt 混合规则[20],多层膜的弹性模量可估算为 $E_{ROM} = V_A E_A + V_B E_B$,其中,$V$ 和 E 分别为组成多层膜的 A、B 组元的体积分数和弹性模量。另外,也有研究者们认为复合材料的弹性模量还存在一个 Reuss 混合规则[21],即 $E_{ROM} = (V_A/E_A + V_B E_B)^{-1}$。通常来说,Voigt 混合规则值和 Reuss 混合规则值可分别视为复合材料弹性模量值的上限边界和下限边界,可选用 Voigt 混合规则值作为多层膜的弹性模量平均值与多层膜的实际弹性模量进行比较。

对普通材料来说,弹性模量代表了原子间结合力的大小,完全由内能函数决定,是一个对结构变化不敏感的性能。但对纳米多层膜来说,由于界面体积在多层膜中所占比例不容忽视,界面结构对多层膜的弹性模量有较大影响。界面层原子之间的结构如果较为松散,则界面弹性模量比层内弹性模量要小。在多个多层膜体系中都观察到了弹性模量低于平均值,并且随周期减小而降低的现象。

另外,在某些多层膜中却观察到了弹性模量的巨大增加,这一现象被称为超模量效应。随后,相继在多个多层膜体系,如 Ag-Pd、Cu-Au,Cu-Ni 中都观察到了同样的现象。目前,对多层膜超模量效应的理论解释包括量子电子效应、共格应变理论及不协调界面本征压应力等。

量子电子效应认为:由成分调制引起的一维周期产生了附加的布里渊区,即具有波矢 q 的成分调制产生了 $1/2(k+q)$ 的人工布里渊区,其中 k 是倒易晶格矢量。如果人工布里渊区与部分费密面相接触(没有调制结构时费密面不与布里渊区接触),这种临界接触能引起电子带结构的改变,从而影响到弹性常数。但是,就金属超晶格结构对电子行为的影响而言,由于在实验中没有直接观察到金属超晶格中的电子传输过程,因此电子效应对弹性行为的影响一致受到研究者们的怀疑。

共格应变模型认为:具有完全共格界面的多层膜,界面上的共格应力能改变它的能带结构;这种能带结构的改变相当于费密面的畸变,能影响组成多层膜的组元的弹性常数,使得多层膜弹性模量增加。Jankowski[22] 成功地采用赝势能的方法预测了纳米多层膜中共格应变引起的弹性模量增加。

不协调界面应力理论认为:具有较大晶格错配的多层膜在周期小于一个临界值(Λ_c)时,会倾向于在局部区域形成半共格界面,同时在界面处形成错配位错以协调弹性变形。错配位错形成的非线性弹性应力场会在界面处形成压应力,并且界面压应力的大小和错配位错密度相关。即使多层膜的界面为非共格界面,当周期或薄膜厚度很小时,界面上的弹性应变也会带来不可忽略的界面压应力,界面压应力的大小和周期或薄膜厚度成反比。在界面压应力的作用下,界面原子偏离其平衡位置,使得平面弹性模量异常增大。根据 Cammarata[23] 的计算结果,面内晶格约 1%的收缩能导致平面弹性模量增大近 50%。同时,由于泊松效应,垂直膜面方向的原子间距增大,弹性模量减小。垂直膜面方向上弹性模量的减小量与平行膜面方向上弹性模量的增加量之比约等于薄膜的泊松比。随着周期或薄膜厚度的进一步降低,界面共格程度增大,错配位错密度降低,界面压应力减小,平面弹性模量的增加量降低或消失。不协调界面应力理论在 Mo/Ni、Pt/Ni 和 Ti/Ni 多层膜中得到验证。

还有一种理论认为,熔点相差很大的两种金属组元形成的纳米多层膜也能出现弹性模量异常增大的现象。这种弹性模量增强的原因被归结为低熔点组元原子沉积于高熔点组元上时对高熔点组元界面的修复,如 Pd/Ir 多层膜中观察到的高达 120%的弹性模量增加的结果;或低熔点组元原子固溶于高熔点组元界面上时形成的不对称界面,如 Cu/W 多层膜中观察到的 65%的弹性模量增加的结果。

2.2.1.2 纳米多层膜的制备方法及分类

各种物理气相沉积方法在制备纳米多层膜方面具有得天独厚的优越性,蒸发及反应蒸发、溅射及反应溅射、离子镀都可以用来制备纳米多层膜。以溅射为例,可选择不同氮化物、碳化物、氧化物、硼化物靶材作为物源,利用等离子体的能量将靶材物源溅射到需要镀膜的基体上。通过改变源靶的几何排布、开启或关闭不同的源,或者工件旋转经过不同的源,能够方便地调节薄膜组成物的顺序和各层的厚度。如果直接进行溅射,可以通过靶的排布调整多层膜中任意一层中各种组成物的比例。而如果采取反应溅射的方法,则可以利用气氛的不同,创造有利于所需反应的条件,利用物源材料与气氛在等离子体中的反应生成某些特定的物质。磁控溅射是最为常见的工艺方法,包括直流多靶、射频、非平衡、单极和双极脉冲磁控溅射均得到了纳米多层超硬膜。脉冲电源的迅速发展为非导体的溅射提供了有力的支持。化学气相沉积方法由于更换物源不太方便,一般不单独用来制备纳米多层膜。但有通过与某种形式的物理气相沉积方法复合,也能够获得纳米多层膜。

纳米多层超硬膜主要分为五类:

(1) 氮化物/氮化物,如 TiN/VN、TiN/VNbN、TiN/NbN。

(2) 氮化物/碳化物,如 TiN/CN_x、ZrN/CN_x。

(3) 碳化物/碳化物,如 TiC/VC、TiC/NbC、WC/TiN。

(4) 氮化物或碳化物/金属,如 TiN/Nb、(TiAl)N/Mo。

(5) 氮化物/氧化物,如 $TiAlN/Al_2O_3$。

此外还有加入 TiB_2、BN 体系等。

2.2.1.3 典型的纳米多层膜体系以及对超硬性起源的各种探讨

下面列出了当前研究较多的典型纳米多层薄膜体系。

（1）氮化物/金属超点阵涂层。大量的研究精力集中在氮化物/金属超点阵涂层方向。用硬的氮化物与相对延性的金属形成双层组合可以在保持高硬度的同时改善涂层韧性，如 HfN/Hf、TiN/Ti、WN/W、TiN/Ni、NbN/Mo、NbN/W 等。严格地说，这些涂层体系中有许多不应该归属到超硬膜的范畴，因为它们的硬度没有达到 40GPa。但是涂层韧性的改善可以提高涂层与基体的结合力，这一点对涂层的应用非常重要。

（2）碳化物多层膜。截至到目前，对碳化物多层膜的研究并不太多。这些涂层的硬度很高，可达 55GPa，如 TiC/VC、TiC/NbC。

（3）氧化物超点阵涂层。目前还很难找到氧化物超点阵涂层的数据。在利用直流或射频反应磁控溅射制备氧化物薄膜时，沉积速率比其他材料低，大约只有金属沉积速率的 3%。这也许是研究报道较少的原因。但是近来使用脉冲直流磁控溅射制备 Al_2O_3、ZrO_2、TiO_2涂层的工作有了进展，沉积纯 Al_2O_3涂层的速率能够达到金属沉积速率的 78%，比以前的射频沉积速率提高了 25 倍。可以预期，氧化物超点阵涂层的研究将在不远的将来取得很大的进展。Ding 和 Daia 等分别进行了 Al/Al_2O_3 纳米多层膜的研究。Daia 使用射频溅射方法，双层的厚度分别为 40nm（20/20）、20nm（10/10）、10nm（5/5）、5nm（2.5/2.5）和 2nm（1/1），总厚度约为 200nm。他们发现，Al 薄膜不论厚度多少，均呈非晶态，Al_2O_3 为多晶。当双层厚度保持一定而改变其他条件（如基体温度），某些样品表现出超点阵特征，X 衍射结果中出现了超点阵峰，而其他样品没有这种特征。多层膜的硬度在 7～10GPa 之间，低于纯 Al_2O_3 薄膜的 16GPa，但高于 Al 非晶态薄膜的 2.5GPa。这种超点阵纳米薄膜的硬度比 Ding 文章中的硬度略高，后者的 Al/Al_2O_3多层膜双层厚度为 80nm（70/10），最大硬度只有 4.83GPa。Al/Al_2O_3涂层的耐磨性能通过多层化得到显著提高，双层厚度越小，耐磨性越高。其中 $\lambda = 2$nm 的多层膜相对耐磨性比纯 Al_2O_3膜提高了 182%，而硬度却只有 Al_2O_3膜的 50%。这个结果与陶瓷材料的耐磨性正比于其硬度的一般概念正好相反。最直观的解释是，介于 Al_2O_3层之间的金属层，与纯 Al_2O_3薄膜比较，更有利于阻止裂纹在材料中的扩展。

（4）TiN/NbN 超点阵涂层。Zeng 研究了用非平衡磁控溅射方法制备 TiN/NbN 超点阵涂层，讨论了氮气分压与偏压对膜层结合力和纳米压痕硬度的影响，获得最高硬度，即在超点阵周期为 $\lambda = 7.3$nm，偏压为 −50V 时的纳米压痕硬度为 48GPa。

（5）TiN/SiN_x 纳米多层膜。Chen 等用双阴极非平衡反应溅射装置制备了超硬的 TiN/SiN_x 纳米多层膜，在双层结构的选择上独具匠心。他们认为，氮化钛（TiN）作为应用最广的氮化物，具有很好的耐磨性和热稳定性，但是 TiN 涂层多数以柱状晶形式长大，其柱状晶界往往是裂纹萌生之处，导致早期失效，所以，应该设法消除 TiN 涂层中的柱状晶,在整个涂层厚度上保持细小的等轴晶,将会显著提高 TiN 涂层的摩擦学性能。他们的思路是在 TiN 涂层的生长过程中周期性地加入不同材质的纳米层以打断其生长连续性,强迫 TiN 重新形核,生长出等轴晶。选择 SiN_x 作为第二层则是出于两种考虑:首先 SiN_x 在 1100℃以下一直能够保持稳定的非晶态结构。每沉积一层 SiN_x,这种非晶态结构就强迫 TiN 重新形核,抑制了柱状晶的形成;其次,Veprek 等制备的由纳米晶 TiN 和非晶态 SiN_x 组成的纳米复合薄膜的硬度超过 50GPa,涂层的抗氧化性达到了 800℃以上。所不同的是,Chen 等制备的是 TiN/SiN_x 纳米多层膜,在 TiN 厚度为 2nm,SiN_x 厚度在 0.3~1.0nm 之间可调的条件下,实验了不同偏压和不同 SiN_x 厚度的影响。结果表明,随着偏压从-70V 增加到-120V,TiN 的晶化程度逐渐降低。当 SiN_x 厚度增加时,涂层的硬度在 0.5nm 处出现一个最大值,为 45±5GPa。对这种纳米多层膜的进一步分析还显示,随着 SiN_x 层厚的增加,多层膜中的内应力显著降低,从纯 TiN 涂层的-6GPa 降低到了 SiN_x 层厚为 1nm 时的-2GPa 左右。

(6) CrN/NbN 超点阵涂层。Cameron 研究小组系统研究了 CrN/NbN 超点阵涂层。他们使用直流脉冲柱状封闭场非平衡磁控溅射设备,安装两个相对的 Cr 靶和 Nb 靶,制备的 CrN/NbN 涂层的超点阵周期居于 10~45nm 之间,一旦超点阵周期小于 10nm,便出现 X 射线非晶态。涂层在超点阵周期为 10~12nm 处得到硬度最大值 35GPa,硬度与超点阵周期之间没有明显的“超点阵效应”。

(7) WC-$Ti_{(1-x)}Al_xN$ 纳米复合超点阵涂层。Yoon 等制备了 WC-$Ti_{(1-x)}Al_xN$ 纳米复合超点阵涂层,采用的方法是多弧离子镀,在相对的 WC 靶和 Ti 靶之间装有铝靶,基体偏压保持在-200V,通过调节靶电流获得涂层中各种元素的不同比例,最后得到 x=Al/(Al+Ti)=0.35~0.57。XRD 结果确定了在涂层中存在 NaCl 类型的 $Ti_{(1-x)}Al_xN$ 相和 WC 相,当超点阵周期为 10nm 时,α-W_2C 由于 $Ti_{(1-x)}Al_xN$ 的模板效应在 WC-$Ti_{(1-x)}Al_xN$ 复合涂层中转变成立方结构。而当超点阵周期等于 20nm 时,由于模板效应的减弱,涂层中出现了 α-W_2C 相的(101)衍射峰。WC-$Ti_{(1-x)}Al_xN$ 的取向随着涂层中 Al 含量的变化而变化,分别出现了(111),(200),(220)等三种择优取向。涂层的硬度比单层的 nc-$Ti_{(1-x)}Al_xN$ 显著提高,nc-$Ti_{(1-x)}Al_xN$ 的硬度在 x=0.56 时为 42.9GPa,而 WC-$Ti_{(1-x)}Al_xN$ 纳米复合超点阵涂层的硬度达到 50GPa。

应当指出,迄今为止的实验研究表明金属超点阵涂层并不具有超硬性,而氮化物的超点阵涂层表现出非常好的超硬性。可以注意到,前面所列的 5 类多层超硬膜中,有 4 类都与氮化物有关,其中 TiN/VN 多层超硬膜的硬度达到了 56GPa,超点阵涂层的总体硬度高于双层中任一组元材料的硬度,这种硬度的增加是一种非常复杂的现象。尽管如此,研究者还是提出了若干个模型来解释这种多层强化现象。人们对纳米多层膜超硬度和超模量效应在材料学理论范围内提出了不少比较合理的解释。其中 Koehler 早期提出的高强度固体设计理论及后来的量子电子效应、协调应变效应、界面应力效应等从不同角度对纳米多层膜的力学性能进行了解释,但这些理论均不能完全解释在实验中观测到的现象。

M. Shinn 等用磁控溅射制备了 TiN/NbN、TiN/VN、TiN/VNbN 超点阵薄膜,超点阵周期 $\lambda=1.6\sim450$nm,TiN/NbN 在 $\lambda=4.6$nm 时硬度最高为 49~51GPa,相对于它们单层膜的硬度有了大幅度的提高(TiN = 21GPa,NbN = 14GPa)。他们的模型认为要提高超点阵涂层的硬度,首先两层材料的弹性模量必须有明显的差异,进而造成两种膜中位错能量的差异,并阻挡位错的运动。另外,界面要存在共格应变,二者共同的作用,使硬度得以显著提高,但后者的作用要弱一些。

Chu 和 Barnett 的模型以位错在超点阵涂层层内和层间的运动受到限制为基础,预测了存在剪切弹性模量差和双层之间界面非常尖锐清晰时,硬度存在一个峰值。纳米多层膜具有高硬度的原因是晶界上位错迁移的阻力、组成的结构差异和获得高压应力等。层数对于硬度提高的影响至少有 4 个物理原因:相界阻止位错的迁移和裂纹的扩展;单层厚度非常之小;由于点阵错配使位错密度增加;存在残余应力。

值得注意的是,以超点阵形式存在的多层超硬涂层为超硬材料的发展及对超硬度起源的理解竖立了一块里程碑。超点阵涂层的最大硬度对超点阵周期有极强的依赖性,硬度 H 对周期 λ 的这种依赖性会在工业生产中造成涂层硬度 H 的很大变化,因为用工业化设备沉积涂层时很难保证在所有工件上的超点阵涂层具有相同的厚度,特别是当形状复杂时更是如此。这个问题可通过单层纳米复合薄膜的方法得到解决。

2.2.1.4　界面结构对纳米多层膜力学性能的影响

纳米多层膜力学性能作为薄膜领域的研究热点之一,近年来一直受到研究者的广泛关注。金属/金属多层膜、金属/陶瓷多层膜,以及陶瓷/陶瓷多层膜体系的力学性能在文献中都有报道。从目前的研究进展来看,研究工作主要集中于多层膜强度或硬度随调制周期的变化规律,即超硬现象,以及多层膜在不同周期范围的塑性变形机制,并建立了一些解释超硬效应的模型,如弹性模量错配模型、共格应力模型、结构差异强化,以及超模量效应等。这些理论虽然在一定范围内对多层膜的塑性变形机制和强化规律给出了合理的解释,但并没有一种普适的模型可以解释所有的实验现象。这说明调制周期并不是决定多层膜硬度增强的唯一因素。实际上,除调制周期外,界面结构也是影响多层膜硬度增强的关键因素。从分子动力学的原子模拟结果来看,当周期减小到 10nm 以下时,多层膜的强度或硬度将达到饱和,此时多层膜的强度或硬度和周期没有关系,而将由界面的性质决定。调制周期和界面结构是决定多层膜力学性能的两个关键因素。当多层膜的调制周期从微米量级减小到几十或几纳米时,多层膜的强度

(或硬度)随周期减小而增大,周期是决定多层膜强度(或硬度)的主导因素。当周期下降到约为几纳米的临界值Λ_h后(部分学者认为$\Lambda_h = 10nm$),多层膜的强度(或硬度)不再随周期的减小而增大,而是达到饱和。此时,界面结构被认为是决定多层膜强度(或硬度)最大值的主导因素。Hoagland 等[24]利用分子动力学原子模拟分析了 5 种不同金属/金属多层膜体系(fcc/fcc 的 Cu/Ni、Cu/Ag 和 fcc/bcc 的 Cu/Nb、Cu/Cr 及 Cu/304SS)的强化机制,提出界面类型不同的多层膜,决定强度最大值的因素不同。根据多层膜组元之间晶体结构的关系,立方体系多层膜中的界面可分为透明界面和不透明界面两类。

1. 透明界面

透明界面指的是立方体系中晶体结构相同的两种金属形成的具有一定外延关系的多层膜界面。例如,Cu 与 Ni 或 Ag 组合形成 Cu/Ni 或 Cu/Ag 多层膜时,每个单层都具有 fcc 结构,如果相邻两层之间形成外延生长关系,如{100}Cu//{100}Ni(或 Ag),<100>Cu//<100>Ni(或 Ag),那么 Cu/Ni 或 Cu/Ag 界面即为透明界面。在这种情况下,由于相邻两层内的滑移面和滑移方向相同,位错穿越界面时滑移系连续而不中断,界面本身对位错运动的阻碍很小(虽然这并不意味着位错容易穿越界面)。此时,位错穿越界面时受到的阻力来自于共格应力、弹性模量错配导致的位错镜像力以及失配位错的阻力等。Rao[25]和 Hoagland[26]利用分子动力学模拟了 fcc/fcc 体系超晶格结构多层膜中共格应力、位错镜像力、错配位错阻力对位错穿越共格界面的影响,发现共格应力是决定多层膜强度最大值的关键因素。从理论上说,具有完全共格界面的多层膜的强度最大值等于面内共格应力。忽略非线性弹性变形的影响,多层膜中面内应力—应变关系满足:$\sigma = C\varepsilon$,其中ε为共格应变,C为双轴有效弹性常数,可通过弹性模量估算:$C = E/(1-\nu)$,式中,E为多层膜的弹性模量,ν为泊松比。对于等厚度多层膜 A/B,A 层和 B 层界面上的应变满足以下关系:$\varepsilon^{A} = -(1/\beta)\varepsilon^{B} \approx e_m/(1+\beta)$。式中,$e_m$是 A、B 晶格失配常数,可定义为$e_m = 2((2a_0^B - a_0^B)/(a_0^B + a_0^B))$,其中,$a_0$是晶格常数。$\beta$是多层膜弹性模量错配率,当 A、B 两层厚度相等时可表示为$\beta = C^A/C^B$。具有共格界面的多层膜强度最大值等于其界面共格应力,则:

$$\sigma_f = \frac{C^A C^B}{C^A + C^B} e_m \tag{2-7}$$

上述公式从理论上推导了具有共格界面的 fcc/fcc 超晶格结构多层膜的强度最大值。

2. 不透明界面

不透明界面指的是由 A、B 两种晶体结构不同的金属构成的界面,例如,fcc/bcc 结构的 Cu/Nb 多层膜中 Cu/Nb 界面。fcc/bcc 体系金属多层膜一般以密排面平行于膜面的取向关系生长,即{111}fcc//{110}bcc。在这种情况下,A、B 两层之间仍可能存在特定的外延关系,如<110>fcc//<111>bcc 的 Kurdjumov-Sachs(KS)关系,<110>fcc//<100>bcc 或<112>fcc//<110>bcc 的 Nishiyama-Wassermann(NW)关系,如图 2-9 所示。图中 a、b 分别代表了具有 bcc 晶体结构的金属的原子半径和具有 fcc 晶体结构的金属的原子半径。

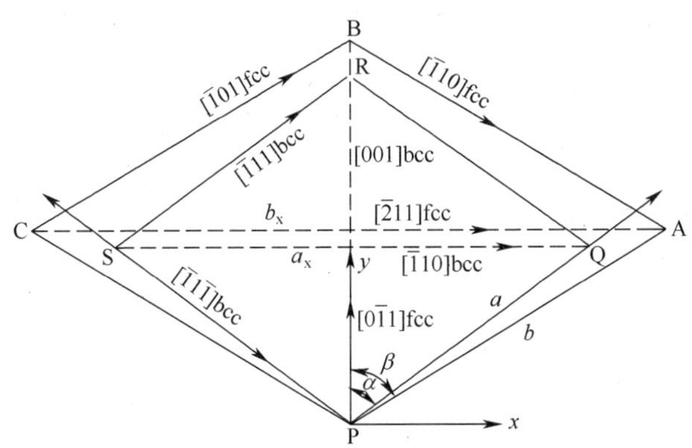

图 2-9　fcc/bcc 结构多层膜{111}fcc//{110}bcc 时可能的外延关系[27]

Bauer 等[27]研究了 fcc/bcc 体系金属多层膜的结构和晶体生长方式,发现密排面相互平行的 fcc/bcc 体系金属多层膜能否在小周期形成超晶格结构,主要取决于多层膜原子半径比 $r_{A/B}=b/a$ 和表面能错配常数 $\Gamma_{A/B}=2|(\gamma_A-\gamma_B)/(\gamma_A+\gamma_B)|$。当满足条件 $r_{A/B}\leqslant 1.00$ 或 $\geqslant 1.15$,且 $\Gamma_{A/B}$ 时,fcc/bcc 结构金属多层膜在小周期能形成超晶格结构;相反,当上述条件不满足时,则较难形成超晶格结构。其中,表面能相匹配是形成 fcc{111}/bcc{110}超晶格结构的关键因素。表面能高的金属很难在表面能低的金属上外延生长。当 A、B 组元表面能相差很大时,甚至很难形成密排面平行于膜面的多层膜结构。

即使 fcc/bcc 结构多层膜在小周期形成了超晶格结构,组元之间的界面结构和 fcc/fcc 超晶格结构相比仍有很大区别。对 fcc/fcc 超晶格结构来说,界面上的晶格在两个方向上的原子距离及夹角都相等,界面结构为完全共格关系。对 fcc/bcc 超晶格结构来说,fcc(111)面上的晶格和 bcc(110)面上的晶格可能仅在一个方向上是相匹配的,而在另一个方向上则不匹配,并且还有夹角的差异,因此,组元之间很难形成完全共格界面,一般只能形成半共格界面甚至是非共格界面。

此外,当 fcc(111)面平行于 bcc(110)面时,A 层和 B 层内的滑移系不同,滑移系在界面上一般是不连续的,界面本身成为位错滑移的阻碍。和透明界面相比,位错穿越不透明界面时所受阻力要复杂得多,与界面的剪切强度、位错和界面的相互作用以及位错核在界面上的扩展运动有关。最近 Wang 等利用分子动力学模拟计算了 Cu/Nb 界面的剪切强度,并研究了位错与 Cu/Nb 界面的相互作用。他们发现由于Cu/Nb界面的剪切强度较低，使得Cu/Nb界面能够在位错应力场的作用下滑动，从而吸引位错来到界面并局限在界面上，导致“弱”的界面成为位错滑移的“强”的阻力。与此同时，虽然滑移系不连续，界面上的位错在室温下却可以通过攀移的方式在界面上扩展，并最终穿越界面。从原子模拟的结果来看，在Cu层或Nb层内的混合位错只有在切应力超过1.1GPa时才能最终穿越Cu/Nb界面，这表示Cu/Nb多层膜中可能达到超过3.4GPa的超高强度。

从纳米晶蠕变性能的研究来看，由于纳米晶中界面体积分数增多，在室温下也能发生与位错攀移运动相关的蠕变行为。界面结构对这种由热运动控制的原子扩散过程有较大影响。非共格界作为原子或空位的源地和位置，能为位错攀移提供有效扩散通道；而共格界面则可能起到相反的作用。

本书作者课题组采用超高真空电子束蒸镀工艺制备fcc/fcc结构的Cu/Ni和Cu/Co纳米多层膜和fcc/bcc结构的Cu/Nb和Ag/Fe纳米多层膜，研究具有共格界面、半共格界面和非共格界面的纳米多层膜的力学性能，包括强度、弹性模量、室温压入蠕变与多层膜微结构，尤其是界面结构之间的关系，探讨纳米多层膜在不同尺度范围的塑性变形机制，得到如下结论[28]：

（1）具有完全共格界面的Cu/Ni和Cu/Co纳米多层膜的强度分别为2.53GPa和2.18GPa，与共格界面上的共格应力相等，共格应力是决定fcc/fcc超晶格结构纳米多层膜强度最大值的主要因素。具有非共格界面的fcc/bcc结构Cu/Nb纳米多层膜的强度在周期为5nm时达到3.27GPa，与位错穿越Cu/Nb非共格界面所需最小应力的理论值一致，是Cu/Nb纳米多层膜强度平均值的2.1倍，表现出很大的强化效应。此外，变加载应变率硬度实验证明Cu/Nb纳米多层膜的超高强度与大的应变硬化有关。

（2）所研究的金属纳米多层膜的强度（或硬度）在周期变化范围内均随周期的减小而增大，表现出强化效应，但不同体系多层膜的强化机制不同。对Cu/Ni、Cu/Co和Cu/Nb纳米多层膜来说，周期（或单层膜厚）远小于面内晶粒尺寸，周期（或单层膜厚）是决定纳米多层膜强化机制的特征尺度。在大周期时，纳米多层膜的强度随周期的变化符合CLS模型，塑性变形机制为单个位错在层内滑移机制；在小周期时，纳米多层膜的强度低于CLS模型的理论值，塑性变形机制转变为位错穿越界面机制。对Ag/Fe纳米多层膜来说，面内晶粒尺寸在大周期时和周期（或单层膜厚）在同一个量级，面内晶界对位错运动提供了额外的阻碍，硬度随周期的变化符合类Hall-Petch关系。

（3）所研究的金属纳米多层膜的弹性模量在周期变化范围内均超过了多层膜的弹性模量平均值，表现出弹性模量增强。fcc/fcc超晶格结构的Cu/Ni和Cu/Co纳米多层膜的弹性模量相对于弹性模量平均值的最大增幅分别为25%和

14%,多层膜的弹性模量增大与半共格界面上错配位错引起的界面压应力及共格界面形成的共格应力有关。晶格失配常数越大,错配位错密度越高,共格应力越大,多层膜的弹性模量增强越大。Cu/Nb 纳米多层膜的弹性模量不仅大于弹性模量平均值(最大增幅为 38%),并且比 Cu 膜和 Nb 膜的弹性模量都大,表现出异常的弹性模量增强。Cu/Nb 纳米多层膜的不对称界面结构是引起多层膜异常弹性模量增大的主要原因。扩散能力的差异导致 Nb 在 Cu 上生长时易形成平整界面,Cu 在 Nb 上生长时易形成粗糙界面。这种不对称的生长过程使得 Cu 固溶于 Nb 界面上,导致 Nb 晶格原子间距变小,弹性模量增大。此外,小周期时错配位错引起的界面压应力也是 Cu/Nb 纳米多层膜弹性模量增加的原因之一。Ag/Fe 纳米多层膜的弹性模量在小周期相对于弹性模量平均值增大了 18%,小周期时界面上的压应力是弹性模量增大的主要原因。

(4) 所研究的金属纳米多层膜在室温下的蠕变机制都是位错滑移—攀移机制,但界面结构的不同导致多层膜的蠕变抗力随周期减小表现出不同的变化规律。对 fcc/fcc 超晶格结构的 Cu/Ni 和 Cu/Co 纳米多层膜来说,共格界面的形成不利于位错沿界面的攀移运动,多层膜的蠕变抗力随周期减小而增大;相反,对 fcc/bcc 结构的 Cu/Nb 和 Ag/Fe 纳米多层膜而言,非共格界面为位错的攀移运动提供了有效的扩散通道,多层膜的蠕变抗力随周期的减小而减小。提出的基于位错在半共格界面上增殖和回复的动态平衡模型能合理地解释具有半共格界面的 Cu/Ni 和 Cu/Co 纳米多层膜的稳态室温蠕变行为。该位错模型预测的蠕变应力指数和尺寸敏感指数在大周期时和实验值一致。在小周期时,由于共格界面的形成以及塑性变形机制的转变,多层膜的蠕变抗力增大,模型失效。

2.2.2　纳米复合膜

硬质保护性薄膜可以大幅度提高工具表面的摩擦磨损性能。最新的研究大量集中在使薄膜的硬度和耐磨性显著提高的同时,至少保持其他性能不变,纳米复合超硬膜就是实现这个目标的有效途径。

纳米复合薄膜是由两相或两相以上的固态物质组成的薄膜材料,其中至少有一相是纳米晶,其他相可以是纳米晶,也可以是非晶态。晶体材料由晶粒组成,晶粒与晶粒之间被晶界分开,常规材料的晶粒尺寸从 100nm 到几百毫米,这就意味着位于晶粒内部的原子数量总是比位于界面区的原子数量多很多倍。这些材料的性能在很大程度上取决于晶粒的内部,因为晶内位错运动起了决定性的作用。虽然人们不断地通过优化其成分、结构和工艺来改善这些材料的性能,但并不能期望这些常规材料的性能发生根本性变化。然而晶粒尺寸在 10nm 甚至更小时纳米晶材料展现出了全新的性能。由于晶界区域的原子数与晶内原子数相当甚至更多,这些材料的性能主要取决于晶界上的过程。在这种情况下,晶界阻止了位错的形成,位错机制失效。新的变形机制,如晶界滑动机制,代替了控制传统材料变形的位错运动机制,所有这些促成了纳米晶材料具有优于常规材料的性能。

2.2.2.1 纳米复合薄膜的制备方法和分类

目前,制备纳米复合薄膜的工艺主要是各种等离子体化学气相沉积和物理气相沉积以及它们的组合如等离子体化学气相沉积、磁控溅射和脉冲激光沉积、阴极弧蒸镀(CAE)和等离子体化学气相沉积、双离子源辅助沉积和磁控溅射等。以上所有方法都能够很好地进行基础研究,但是对于大规模工业化生产而言,以溅射为基础的物理气相沉积方法和化学气相沉积是最有效的。其中,大量精力投入到使用磁控溅射制备薄膜方面,因为这种工艺最方便升级为工业生产。“选择性反应磁控溅射”方法显示出很强的应用前景。在这种制膜工艺中,合金中的一种元素被转化成氮化物,而另一种元素则不经反应直接参与成膜。纳米复合薄膜通常用合金靶溅射而成,在这种情况下,很难对薄膜的化学成分做连续的调整。但是,如果用两种纯元素靶同时溅射制备双相纳米复合薄膜,即采用双磁控进行联合溅射就可以做到这一点。

纳米复合材料发展的主要任务就是控制晶粒长大。在制备薄膜过程中控制晶粒尺寸和晶体学取向的主要方法有两种,即低能离子轰击法和混合法。

(1) 低能离子轰击法。在低能离子轰击过程中,轰击离子向薄膜传递的能量控制了薄膜晶粒长大的机制。离子轰击是一个强烈的非平衡过程,它在原子层面上加热薄膜。所以,它被称为原子尺度加热(ASH)。离子轰击与传统加热方法有很大的不同,因为轰击离子的动能被转移到原子范围的一个极小区域,然后迅速传递到其相邻原子,也就是说,ASH 伴随着一个速度为 10^{14}K/s 的急速冷却。在成膜过程中进行离子轰击能够有效地抑制晶粒的长大,形成纳米薄膜。晶粒的尺寸和晶体学取向,可以通过轰击离子的能量和通量进行控制。

(2) 混合法。混合法是在单元素基体中加入一种或者多种其他元素。由于至少有两种元素存在于薄膜中,这种方法最后形成的是合金薄膜。混合法是一种生产纳米晶薄膜方便而高效的方法。与离子轰击法相比,形成纳米晶薄膜不需要基体偏压和加热,而且在没有被加热的基体上能够形成介稳的高温相。这也与原子尺度加热有关,因为被溅射的原子在凝聚沉积时,也有原子层面上的加热作用以及随后的急速冷却过程。

硬及超硬纳米复合薄膜主要分为四类:

① nc-MeN/a-氮化物,如 nc-TiN/a-Si_3N_4、nc-WN/a-Si_3N_4、nc-VN/a-Si_3N_4。

② nc-MeN/nc-氮化物,如 nc-TiN/nc-BN。

③ nc-MeN/金属,如 nc-ZrN/Cu、nc-ZrN/Y、nc-CrN/Cu。

④ nc-MeC/a-C,如 nc-TiC/a-C、nc-WC/a-C。

在以上的分类中,所有硬纳米复合薄膜都包含至少一种硬的晶态相,而第二相的情况却相当复杂。它可以是非晶态相(如 a-Si_3N_4),也可以是晶态相(如 nc-BN)。有时,第二相在纳米复合薄膜中的含量非常低,只有 1%~2%(如 nc-ZrN/Cu)。在后一种情况下,如果不用高分辨透射电镜观察,要确定第二相是晶态还是非晶态是非常困难的,因为此时从少数晶粒获得 X 射线衍射强度已经低于探测极限。根据以上事实,纳米复合薄膜的结构可以分为两大类:①晶态/非晶态纳米复合薄膜;②晶态/晶态纳米复合薄膜。

到目前为止,没有任何方法能够帮助人们选择元素组合,以便使薄膜具有纳米晶或者 X 射线非晶态的结构。可选用互溶性极差的两种元素,其中一种能够形成硬的氮化物,如 Cu-Cr、Zr-Y 等,也可采用过渡金属的氮化物/硼化物以及氮化物/碳化物系统,还可以通过合金的氮化物制备纳米复合薄膜,其元素形成固溶体,如 $Ti_{1-x}Al_xN$ 薄膜。但是在 x 附近,二者之间存在一个互不相溶的成分间隙,使膜的结构成为伪 X 射线非晶态。

与此同时,对 ZrCu-N 和 TiNi-N 体系的系统研究显示,超硬纳米复合薄膜不仅可以由两种硬相组成,而且还可以由一种硬相加一种软相组成。这意味着,超硬纳米复合薄膜的制备可以有两种模式:第一种是纳米氮化物+氮化物,表示为 nc-MeN/MeN;第二种是纳米氮化物+金属,表示为 nc-MeN/Me。随膜中组分和结构的不同,两组薄膜的硬度可以从 10GPa 左右的低值连续变化到 50~70GPa 之间的超高值。

$H \geqslant 40$GPa 的超硬膜只有在其结构接近 X 射线非晶态时才能形成。这种结构对应于从晶态到非晶态的转变。影响形成 X 射线非晶态结构的主要因素包括:传递给膜的能量及传递方式,基体的温度,成膜元素的类型(相互的溶解度、形成金属间化合物的能力、化学亲和力、以及结合能),形成合金的焓值,各相在纳米复合薄膜中的含量等。

硬纳米复合薄膜(<40GPa)与超硬纳米复合薄膜($H \geqslant 40$GPa)的结构有明显的不同。对 ZrCu-N 和 TiNi-N 体系纳米复合薄膜的系统研究表明,硬膜必然出现两相随机取向晶粒的多个衍射峰,而超硬膜的纳米复合物中有一相是纳米晶,另一相是 X 射线非晶态。只有当所有晶粒的取向均一致且晶粒尺寸为几十纳米时,才能获得最大的硬度值。

2.2.2.2　典型的纳米复合薄膜体系

1. 纳米晶合金薄膜

纳米晶合金薄膜硬度较低。合金薄膜的结构取决于向单元素基体材料中加入的合金元素种类和多少。根据 X 射线的衍射特征,可以判断薄膜的晶粒大小。第一类薄膜的 X 射线衍射线的宽度相对较窄,半高宽 FWHM$\leqslant 1°$,这是常规晶粒尺寸的材料;第二类薄膜的具有宽的低强度衍射峰,FWHM≥1°,它们是纳米晶或者非晶态薄膜。就二元合金来讲,现在尚很难给出一个判据哪两种元素的组合会形成宽或窄的X射线衍射峰。但是在实际操作中,有一种可以制备纳米晶合金薄膜的方法,这就是在沉积过程中加入氮。氮的加入能够把合金薄膜原来窄的X射线衍射峰变宽,也就是说氮的加入促成了合金薄膜以及它们的氮化物形成纳米晶薄膜。纳米晶薄膜的结构可通过基体偏压、基体温度和薄膜中的含氮量来调整,即靠成膜过程中的能量传递来调整。

2. 以二元金属合金的氮化物为基础的纳米复合薄膜

纳米复合薄膜至少由两相组成,实验表明在成膜过程中加入的氮的含量不足以产生各相截然分开的纳米复合薄膜。为了改变这一点,必须将基体加热,目前有Zr-Cu-N、Zr-Ni-N、Zr-Y-N、Ti-Cu-N、Al-Cu-N、Ni-Cr-N和Ti-Ni-N等体系制备出纳米复合薄膜的报道。这类纳米复合薄膜属于上文所述的第二类模式,即nc-MeN/M。

在这类薄膜的生长过程中,第一相偏聚在第二相的晶界周围,形成了纳米复合结构。这种偏聚效应有效地阻止了晶粒的长大。根据现在的经验,形成这种偏聚需要一定的温度。目前还不知道是否存在一个最低温度T_{seg},一旦低于T_{seg},纳米复合膜就不再生成。最近有报道说,稀土元素,如钇,能够大幅度降低金属薄膜的晶粒尺寸。

这些nc-MeN/Me形式纳米复合薄膜的力学性能不仅取决于金属软相的含量,也取决于形成硬相nc-MeN的元素含量。

超硬纳米复合薄膜(>40GPa)在硬度相同的情况下可以有不同的结构。同样的硬度既可由大于10nm晶粒组成,也可以由小于10nm的晶粒组成。只不过前者的X衍射峰非常正常,而后者的衍射峰宽度大,强度低。大晶粒的纳米复合薄膜中,当所有硬相(nc-MeN)的晶粒均定向排列且晶粒尺寸进入最佳值范围(约为10~30nm)时,硬度取得最大值。

大晶粒尺寸(d>10nm)的超硬纳米复合薄膜一般有几吉帕的宏观应力。而小晶粒尺寸的超硬纳米复合薄膜,宏观应力一般较小于1GPa。

3. 超硬多元纳米复合薄膜

追求高硬度是超硬薄膜研究的一个重要方向。1995年,Veprek提出了纳米晶—非晶态材料的超硬膜。他认为,在纳米晶尺寸小于10nm时,位错增殖源不能开动,非晶态相对于位错具有镜像排斥力,可阻止位错的迁移,即使在高的应力下,位错也不能穿过非晶态晶界基体。另外,非晶态材料可以较好地容纳随机取向的晶粒错配,这种材料表现为脆性断裂强度,硬度和弹性模量成比例,其强度由纳米裂纹的临界应力所确定。由此他提出了超硬膜的设计原则:①采用三元或四元化合物,化合物应该具有相当的硬度,在高温下使其发生析晶,从而达到成分调制;②采用低温沉积技术,避免异质结构在小调制周期易出现的内扩散现象,不使硬度下降;③为容纳多晶材料中自由取向晶粒错配,两种材料中各组分的晶粒尺寸必须控制在纳米范围,接近晶相稳定态的极限。按此思路制备的纳米 TiN 晶粒和非晶态 Si_3N_4组成的纳米混合膜的硬度为 55GPa,而且这种超硬膜的热稳定性和抗氧化性能可达到 800℃。

2000 年,他们制备的 nc-TiN/a-Si_3N_4/nc-$TiSi_2$混合膜的硬度惊人地超过 100GPa。采用的方法为 PACVD,用 $TiCl_4$和 SiH_4作为 Ti 和 Si 的源,同时通入氢气和氮气,靠调节基体温度和放电电流密度来控制和驱动形成具有偏聚特征的纳米结构。当放电电流 ≥2.5mA/cm^2时,形成 nc-TiN/a-Si_3N_4涂层;当放电电流<1mA/cm^2时,形成 nc-TiN/a-Si_3N_4/a-&-nc-$TiSi_2$多相纳米复合薄膜。用纳米压痕方法测试薄膜的硬度,当载荷为 50~70mN,硬度为 100±20GPa,当载荷为 100mN 时,硬度是 90GPa,压痕的深度超过了膜厚的 7%(膜厚度为 3.5μm),此时软衬底对硬度起到了重要作用。而纳米金刚石的硬度在载荷为 30mN 和 50mN 下的硬度为 103±22GPa 和 83±15GPa,载荷增加,硬度急剧降低。

另外,这种复合膜显示了高的弹性恢复和韧性。即使压痕深度(4.6μm)超过了膜厚度(3.5μm),也仅在压痕坑中出现环状裂纹,而没有对角裂纹。这类混合膜还具有高的热稳定性,当尺寸小于 3nm 时的再结晶温度为 1150℃,尺寸大于 5nm 时的再结晶温度为 850℃。

Si 含量的多少和存在形态对涂层的性能有很大的影响。首先,Si 的总含量从 0 增加到 20%,TiN 的平均晶粒尺寸呈下降趋势,从 12nm 下降到 5nm。当 Si 含量较少时,Si 在涂层中以 a-Si_3N_4和 a-$TiSi_2$存在,没有 nc-$TiSi_2$。直到 Si 的总含量超过 10%,nc-$TiSi_2$才在涂层中出现,其晶粒尺寸为 3nm 左右,略小于 TiN 的晶粒尺寸。尽管涂层中 Si 的总含量容易得到控制,Si_3N_4和 $TiSi_2$的相对比例却比较难于掌握。研究表明,Si 含量增加对硬度的影响不具有单调性。Si 含量在 15%~20%之间时,硬度值分布在 40~100GPa 之间的宽带中。对涂层进行 XPS 分析结果显示,在硬度值 40~50GPa 左右的涂层中,Si_3N_4的含量较高,$TiSi_2$的含量较低。如何控制二者的比例,是 nc-TiN/a-Si_3N_4/$TiSi_2$工业化生产的关键问题之一。

4. 四元(Ti-Al-Si-N)系超硬纳米复合薄膜

硬及超硬 Ti-Al-Si-N 的研究起源于 1993 年。主要由原来磁控溅射制备的 $Ti_{1-x}Al_xN$ 发展而来。此后,这项技术转化到其他制膜工艺,如电子束蒸镀附加离子镀、真空弧阴极蒸镀等。研究表明,在 $Ti_{1-x}Al_xN$ 系统中,Ti : Al 比对涂层的力学性能有很大的影响。在 Ti 含量达到 60%以前,硬度随着 Ti 含量单调增加;而当 Ti 含量超过 70%以后,硬度急剧下降。这种下降与面心立方结构的 $Ti_{1-x}Al_xN$(晶体结构类似于 TiN)中固溶强化作用的减弱有关。如果 Ti 含量低于20%,会生成一种六方铅锌矿结构AlN。加入Si后,Ti-Al-Si-N涂层的硬度得到很大提高,达到30GPa,晶粒尺寸也从单相$Ti_{1-x}Al_xN$涂层的100nm减小到20nm左右。通过对成分和工艺的优化,Ti-Al-Si-N涂层的晶粒尺寸进一步减小到5nm,在850℃下硬度能够保持在35GPa以上。而当纳米晶粒尺寸下降到约3nm时,再结晶温度提高到1000℃以上,涂层的热稳定性已经能够满足大部分切削工艺的要求。用XRD对涂层的分析证实,涂层中含有$a-Si_3N_4$,说明Ti-Al-Si-N代表了一种新的纳米复合薄膜体系$(Ti_{1-x}Al_x)N/a-Si_3N_4$。

Ti-Al-Si-N纳米复合薄膜的硬度也随Ti含量而变化。Ti含量为38%~55%的较宽范围内,涂层的硬度均达到"超硬"的标准40GPa。如果对涂层进行800℃/30min退火,Ti含量小于60%的涂层硬度均有所提高(1~5GPa不等),说明$(Ti_{1-x}Al_x)N/a-Si_3N_4$表现出一种在加热条件下的自强化功能。

纵观Ti-Al-Si-N纳米复合薄膜,可以总结出它的成分范围和工艺窗口都比较宽,容易在工业生产中推广应用。例如,在低于650℃的使用条件下,有很多成分的硬度能够超过40GPa。在硬质合金刀片上沉积了Ti-Al-Si-N纳米复合薄膜,只要切削温度低于650℃,Ti含量在40%~70%之间的成分范围内的涂层都表现出优异的耐磨性能;如果使用温度在800℃以上,适用的成分范围略窄,Ti含量在45%~56%之间的涂层表现出色,但工艺窗口对于工业化生产而言,也是足够宽的。因此,$(Ti_{1-x}Al_x)N/a-Si_3N_4$纳米复合薄膜最适合在切削深度较浅的场合,例如,铣刀、钻头和丝攻方面适用,切削速度的范围也很宽。在高速钢上沉积$(Ti_{1-x}Al_x)N/a-Si_3N_4$薄膜的工作目前尚未见到报道。在Ti-Al-Si-N的基础上可制成Ti-Al-Si-N系统的纳米多层膜,通过交替改变Ti-Al-Si-N中的Ti含量,纳米多层膜的硬度达到45GPa,热稳定性超过900℃。

迄今为止,纳米硬及超硬膜研发工作所取得的主要成果可以归纳如下:

(1) 硬膜($H<40$GPa)能获得很高的塑性,随着硬度的降低(约10GPa),变形量可达70%。

(2) 超硬膜($H\geq 40$GPa)能获得很高的弹性恢复,随着硬度的提高(约70GPa),恢复量可达85%。

(3) 超硬纳米复合薄膜有两种形式:第一种是纳米氮化物/氮化物;第二种是纳米氮化物/金属。这就意味着超硬膜既可以由两种硬相组成,也可以由一硬一软两相组成。

(4) 纳米复合薄膜的硬度与其结构有关。当X射线衍射峰的强度降低而且变宽时,标志着薄膜晶化程度的降低,同时导致硬度升高。

(5) 超硬薄膜的结构接近于X射线非晶态。

关于纳米硬膜和超硬膜进一步的研究方向也可以归纳为5点:

(1) 对超硬性的起源进行理论解释。

(2) 材料力学性能和工艺参数之间的相关性。

(3) 在合金膜中晶体学取向的明显变化。

(4) 具有可控制硬度、弹性模量、弹性恢复及新功能的纳米复合膜。

(5) 晶粒尺寸在 1nm 左右的材料研究。

纳米复合薄膜的出现令人兴奋,人们希望通过纳米复合薄膜获得新的结构和新的物理、力学性能。纳米复合薄膜的发展还仅仅是开始,它是当前和今后一段时间材料研究领域中的热点之一。

2.2.2.3　界面结构对纳米复合膜力学性能的影响

当前纳米复合薄膜的研究更多的针对硬度。从目前可查的文献可知,硬度最高的纳米复合薄膜是 Veprek 制备的 nc-TiN/a-Si_3N_4涂层(nc 表示纳米晶,a 表示非晶),硬度达到 100GPa,远远超过其他人制备的硬质涂层。Veprek 指出特定微观结构以及纳米晶/非晶高强度界面,是得到超高硬度纳米复合薄膜的关键。获得此硬度的涂层应具有特定微观结构,即 3~4nm 的 TiN 晶粒被非晶的 Si_3N_4包围,晶粒之间的距离即 Si_3N_4的厚度在纳米量级之间。这一结构设计逐步得到后续研究者的确认,成为纳米复合薄膜获得超高硬度的必要条件之一。

在纳米晶/非晶复合涂层体系中,以金属非晶相为基体的纳米复合薄膜(纳米晶/金属非晶)是较为特殊的一类。这种结构设计的原理与三维材料金属陶瓷的设计一致,即将硬质陶瓷相加入到软的金属基体中。金属非晶相纳米复合薄膜具有较陶瓷非晶相和非晶碳类更好的韧性,但对于该类纳米复合薄膜的硬度,目前研究结果并不相同,研究者对此存在意见分歧。以 Irie 及 Musil 为代表,部分研究者认为这类纳米复合薄膜可以达到超高硬度。Musil 制备的典型纳米复合 nc-ZrN/a-Cu 涂层硬度可高达 55GPa,Cu 的加入增加了涂层的韧性。Musil 这样描述涂层的微观结构:少量 Cu 以非晶的形式在晶界偏析,类似杂质原子强化晶界的作用提高了涂层硬度,并且仅当 ZrN 纳米晶取向一致,且晶粒小于 35nm 时才能得到最高硬度。而 Veprek 认为这类涂层的硬度不会很高,而且提高硬度的原因并非纳米晶/金属非晶这种结构设计,而是涂层内残余应力导致硬度提高。

不论是 Veprek 提出的 nc-TiN/a-Si_3N_4,还是 Musil 提出的 nc-ZrN/a-Cu,晶界在其中起到非常重要的作用。

1. 利用强界面制备 nc-TiN/a-Si_3N_4超硬纳米复合材料

Veprik 和 Reiprich 提出,可以在晶粒之间引入合适的离子键氮化物(如 SiN_x)层形成尖锐的强界面,来抑制晶粒边界的剪切形变。现在,人们提出了利用强界面获得高硬度的机理,纳米复合薄膜之所以能够获得高的硬度,在于:①晶粒成自由取向状态;②界面单分子层的负电荷传输强化。

就当前研究成果来看,为了获得硬质薄膜材料,最可行的方法是两种互不相容的组元形成各向同性的纳米复合材料。互不相容指两种元素混合熵非常高,形成混合物的热力学倾向低,混合物是热力学不稳定态,极易发生调幅分解;各向同性指组元是由大量无规则取向的晶粒组成,呈现各向同性。形成纳米复合材料的两种组元,其中一种位于晶界,形成界面层。界面层起到非常重要的作用,如果界面层本身强度不高,易发生形变,或存在缺陷,例如,界面错配,都会降低纳米复合薄膜材料的硬度。因此,界面层应是强界面层,而且越薄越好。这是当前许多纳米复合薄膜的设计思路。nc-TiN/a-Si_3N_4纳米复合薄膜就是在这种设计思路指导下,通过调控/优化工艺参数,获得3~4nm的自由取向的纳米晶被非常稳定的单层Si_3N_4粘接在一起的微观结构,从而得到超过100GPa的超高硬度。尽管这种结构至今未见到直接的形貌照片证据,但这种纳米复合薄膜的设计思路已经获得大部分人的认可。

近年来,理论和实验两方面都已证实Veprek和Reiprich的发现,即在nc-TiC/a-Si_3N_4和相关的纳米复合材料中,当界面SiN_x相大约是1个单层(one monolayer, 1ML)时,可以得到硬度从50~100GPa的膜层。或者说,氮化硅单层具有界面协调作用,对于异质结构和纳米复合材料获得最高硬度是最有效的布置[29]。这种现象不仅出现在nc-MenN/a-Si_3N_4,而且在nc-TiN/a-BN和nc-TiN/a-BN/a-TiB_2系统中同样有效[30]。

为了解释纳米复合薄膜的硬度随着Si_3N_4层厚度的增加而减小的现象,S. Veprek提出了异质外延生长临界厚度理论[31,32]。异质外延生长是薄膜生长中的重要研究课题,它是从原子水平上认识异质薄膜生长的物理本质,对于改进制备工艺和提高薄膜质量都有着重要的指导作用。该理论指出,当薄膜在一异质基体上外延生长时,总会存在一定的晶格错配度,由此产生的弹性应变能随着薄膜厚度增加而增大。直到一定厚度时,薄膜内产生位错,从而释放应变能。形成位错需要一定的激活能,因此总会存在一个亚稳区域,在该区域对应异质外延层。但是从图2-10中可以看到,TiN(111)和Si_3N_4(1010)的错配度>0.1,由于

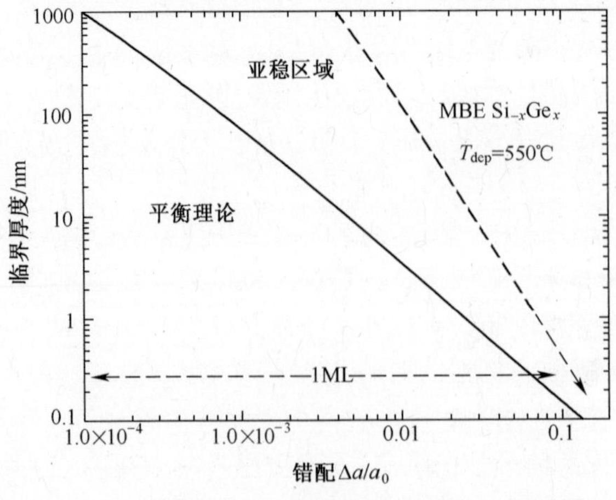

图2-10 异质外延膜临界厚度—应变关系曲线[32]

异质外延生长的 fcc-SiN[111]本质上是不稳定的,因此第一层的界面层是稳定结构,如果再外延生长第二层,就会变得不稳定。

随着厚度增加,Si_3N_4与 TiN 逐渐失去共格关系。如果 TiN 与 Si_3N_4(或 SiN)并不是共格生长,纳米就会形成非晶 SiN_x。对于单层 Si_3N_4来说,内部是不会存在位错晶格缺陷的。这样的纳米复合薄膜具有超高硬度的原因就可以用无缺陷的理想材料强度理论解释。Hao[33]采用第一原理从头算(ab initio)密度函数理论(DFT)计算并证实了,籍由一个单层(1ML)SiN_x构成的 TiN(111)-1MLSi_3N_4-TiN(111)三明治结构是非常稳定的结构,其黏聚强度甚至大于单晶 Si_3N_4。如果沉积 nc-TiN/a-Si_3N_4过程中优化工艺参数,择优形成上述界面结构,就会有可能获得超高硬度。这也解释了为何超高硬度的 nc-TiN/a-Si_3N_4薄膜中 TiN 晶粒成无规则取向。因为只有这样,才可以最大程度地保持纳米晶与单层Si_3N_4的共格关系。

可以想象,如果沉积气氛中有残余的氧(O),O 杂质原子进入界面 SiN_x 单层取代 N 原子,会严重降低 Ti-N 和 Si-N 键的强度,从而影响薄膜性能。如果 O 杂质原子没有进入界面层,而是进入 TiN 晶粒中,那么对薄膜性能的影响也就没有那么严重了[33]。

对此部分有兴趣的读者可以参阅文献[9],该书中对 TiN-Si_3N_4-TiN 三明治结构是如何获得黏聚力和剪切强度,为什么它们的硬度比块体 SiN_x的硬度高得多给出了较为详细的解释。

2. 利用强界面制备 nc-MeN/Metal 纳米复合薄膜

上面提到,界面层在纳米复合材料中起到非常重要的作用。仍以 nc-TiN/a-Si_3N_4为例,如要获得非常高的硬度,SiN_x层的作用必不可少。SiN_x是一类离子键组成化合物,其弹性模量大。除了这一类材料外,还有另一类低弹性模量材料,如金属 Cu、Ni 等。当以它们为界面材料时,会形成另一类纳米复合材料即 nc-MeN/金属。这类纳米复合薄膜具备高强度、高韧性的潜质。但同样要满足一定的条件。从微观结构上看,要形成与上述纳米晶被非晶界面包围的结构;当然同样要形成尖锐的界面,其热力学条件同样是化学不相容的元素组成界面。

J. Musil 提出 nc-MeN/Metal 纳米复合薄膜需要具有自由取向的纳米粒子和非晶金属相包围纳米粒子的微观结构,才能具备强、韧性能,界面在其中起到了重要的作用。但他并没对获得该结构的界面做深入分析。

本书作者课题组对 ZrAlN 纳米晶和铜组成的 nc-ZrAlN/a-Cu 纳米复合薄膜进行了研究,在上述纳米复合薄膜强界面理论的指导下,通过优化工艺参数,获得了超硬、高韧的纳米复合薄膜。下面以分析该薄膜强韧机理为例,讨论强界面的热力学的作用。

对于AB两组元系统,如果要自发的分解成A+B两个组元,其自由能的变化为

$$G_{AB}^{O}=x_{A}G_{A}^{O}+x_{B}G_{B}^{O}+\alpha RT(x_{A}\ln x_{A}+x_{B}\ln x_{B}+)+\alpha x_{A}x_{B}L_{AB} \qquad (2-8)$$

AB两组元系统发生相的分解,可以通过两种方式形成新相:一是形核与长大;二是调幅分解。

如果$\frac{d^2G_{AB}^{O}}{dx^2}>0$,则以形核与长大的方式形成新相。

如果$\frac{d^2G_{AB}^{O}}{dx^2}<0$,则以调幅分解的方式形成新相。

调幅分解过程是一个自发进行的过程,其驱动力是吉布斯自由能的降低,其阻力是形成新相的过程中,新相与母相的晶体结构不同或者晶格常数不同,导致弹性应变能增加,系统自由能增加,阻碍了新相的生成。

(1) 掺杂Al和Cu的热力学分析。Al和Cu都是Fcc结构,其晶格常数a分别等于4.044Å和3.620Å,而ZrN为4.592Å。少量的Al和Cu都可以提高ZrN薄膜的硬度。其原因在于Al和Cu都可以固溶到ZrN晶格中,基于固溶强化的原理提高了薄膜的硬度。但Al-N与Cu-N结合能的差异导致掺杂效果差异显著。从热力学上看,如果将Zr-Al-N固溶体用$(Zr_{1-y}Al_{y})N$表示,该固溶体是亚稳相,在一定条件下将分解成(FCC)ZrN相与(HCP)AlN相,即

$$(FCC)(Zr_{1-y}Al_{y})N \rightarrow (FCC)\ ZrN+(HCP)\ AlN$$

对于Zr-Al-N系统与Zr-Cu-N系统,两者不同在于Al-N与Cu-N结合能的巨大差异。具体地说,Al元素与N元素结合成Al-N,而Cu不与N结合。

由此,对于Zr-Al-N系统,由一相分解为两相的自由能变化为

$$G_{ZrAlN}^{O}=x_{ZrN}G_{ZrN}^{O}+x_{AlN}G_{AlN}^{O}+\alpha RT(x_{ZrN}\ln x_{ZrN}+x_{Cu}\ln x_{AlN}+)+\alpha x_{ZrN}x_{AlN}L_{ZrNAlN}$$

而对于Zr-Cu-N系统,由一相分解为两相的自由能变化为

$$G_{ZrCuN}^{O}=x_{ZrN}G_{ZrN}^{O}+x_{Cu}G_{Cu}^{O}+\alpha RT(x_{ZrN}\ln x_{ZrN}+x_{Cu}\ln x_{Cu}+)+\alpha x_{ZrN}x_{Cu}L_{ZrNCu}$$

接下来讨论Zr-Al-Cu-N系统的自由能。

从可查的文献看,$Ti_{1-x}Al_{x}N$系统与Ti-Si-N系统有显著的差异。在一定的条件下,两者都可以发生调幅分解,Ti-Si-N系统的驱动能要比$Ti_{1-x}Al_{x}N$系统高1个数量级,因此尽管Ti-Si-N系统中,由一相(TiSiN)分解成两相(TiN与Si_3N_4)时,界面能增加(<10kJ/mol),成为调幅分解的阻力,但自由能的降低明显超过界面能的增加,因此Ti-Si-N系统通过调幅分解变为两相的过程是一个自发的过程。而对于$Ti_{1-x}Al_{x}N$系统,由一相(TiAlN固溶体)分解为两相(TiN与AlN)的自由能降低,不足以克服界面能的增加,所以只有在一定条件下,才会出现通过调幅分解由一相变为两相的过程。这个过程即与薄膜的成分有关,又与制备薄膜时的工艺参数密切相关。

同样的道理，对于 ZrAlCuN 系统，系统中 ZrAlN 相（固溶体）在一定成分范围内保持稳定，是组成薄膜纳米晶粒的主要部分；Cu 可以固溶到 ZrAlN 中，但并不是以置换或者间隙原子的方式，而是倾向于团聚在一起。换一种方式描述，即 Cu 与 ZrAlN 不互溶，Cu 与 Zr、Al、N 三种元素的结合小于 Cu-Cu 原子的结合。

（2）Al、Cu 掺杂后薄膜的微观结构变化。一般来说，元素掺杂细化晶粒，位于晶界的位置，阻断了纳米晶的连续生长，由此细化晶粒。元素掺杂增加了形核率。成为非均匀形核的核心，增加了形核率。

掺杂元素的过程导致“混合效应”，具体地说是一种或几种元素加入到另一种元素为基的薄膜中，获得不同的组织结构和性能。添加元素的量和种类，可以控制薄膜的晶体取向（织构）、晶粒大小，形成纳米晶或非晶，同时还可能在低温获得高温结构（如结构区域模型中高温结构）。

磁控溅射过程实际上也是淬火过程，原子组态（形态）由入射粒子能量的释放周期决定。由于此过程中冷却速率高达 10^{14} K/s，能聚粒子的动能被强烈限制，高温相在室温下得以保留。

图 2-11 是 Al、Cu 掺杂进入 ZrN 薄膜后透射电镜形貌照片。$Zr_{0.69}Al_{0.29}Cu_{0.02}N$（图 2-11（a1））薄膜选区衍射环成现明亮的光环，反映了该薄膜结晶度好。该薄膜晶粒呈[111]、[200]、[220]、[311]多取向自由分布。图 2-11（a2）中晶粒大小均匀，紧密相邻。图中标出了较为明显的三个紧邻的晶粒，晶粒成等轴晶，尺寸约 10~15nm，取向不同的晶粒由 1~2nm 的晶界分隔。这是一类典型的纳米复合结构。该薄膜的 XRD 中未观察到 Al、Cu 的化合物或单质相，表明两种元素固溶到了 ZrN 晶格中，并由此导致 ZrN[111]面间距减小，与图 2-11（a2）的一致。由此可见，掺杂 29%（原子分数）Al 和 2%（原子分数）Cu 后，ZrAlCuN 薄膜形成了这样的一类纳米复合结构：大小约 10~15nm 的等轴晶粒被 1~2nm 的晶界分隔。薄膜的整个组织及成分比较均匀，其取向以 ZrN[111]和 ZrN[200]为主。Al 和 Cu 掺杂确实起到细化晶粒的作用。

如果保持 Al 含量不变，而增加 Cu 的含量，得到 $Zr_{0.63}Al_{0.28}Cu_{0.09}N$ 薄膜如图 2-11（b1）、（b2）所示。可以看到薄膜内弥散分布着 5nm 的晶粒，晶粒之间的距离大约与晶粒大小相同。如果图 2-11（a）中晶粒占绝大部分，（b）中薄膜晶粒可以用“弥散”一词来描述晶粒所占的比例明显减少。显然这是 Cu 元素带来的直接后果。但衍射谱中仍然观察不到 Cu 对应的衍射斑或衍射环。这表明 Cu 元素并没有在晶粒以外（或晶界）的地方团聚，Cu 元素的分布需要进一步明确。

$Zr_{0.48}Al_{0.39}Cu_{0.13}N$ 薄膜中掺杂 Cu 含量到 13%（原子分数），其形貌如图 2-11（c1）、（c2）所示。选区衍射中依然存在衍射环，ZrN[111]、[200]等取向的晶粒依然存在,但明亮和尖锐程度有所减弱,表明该薄膜结晶度变差。图 2-11(c2)中可以观察到若干尺寸约 5~10nm 的晶粒,但晶粒已不再均匀分布。表明掺杂 39%(原子分数)Al 和 13%(原子分数)Cu 使得薄膜的结晶程度降低。衍射环中同样未发现 Al 或 Cu 的衍射斑(环)。如果 Cu 团聚,那么应该在衍射图中有反映,这说明 Cu 是分散分布。

如果增加 Al 的含量,得到 $Zr_{0.40}Al_{0.47}Cu_{0.13}N$ 的透射电镜图像,如图 2-11(d1)、(d2)所示。图中衍射环变得模糊,表明薄膜的结晶性较差。图 2-11(d2)中已经观察不到晶粒。掺杂较多的 Al、Cu 使得薄膜向非晶方向发展。

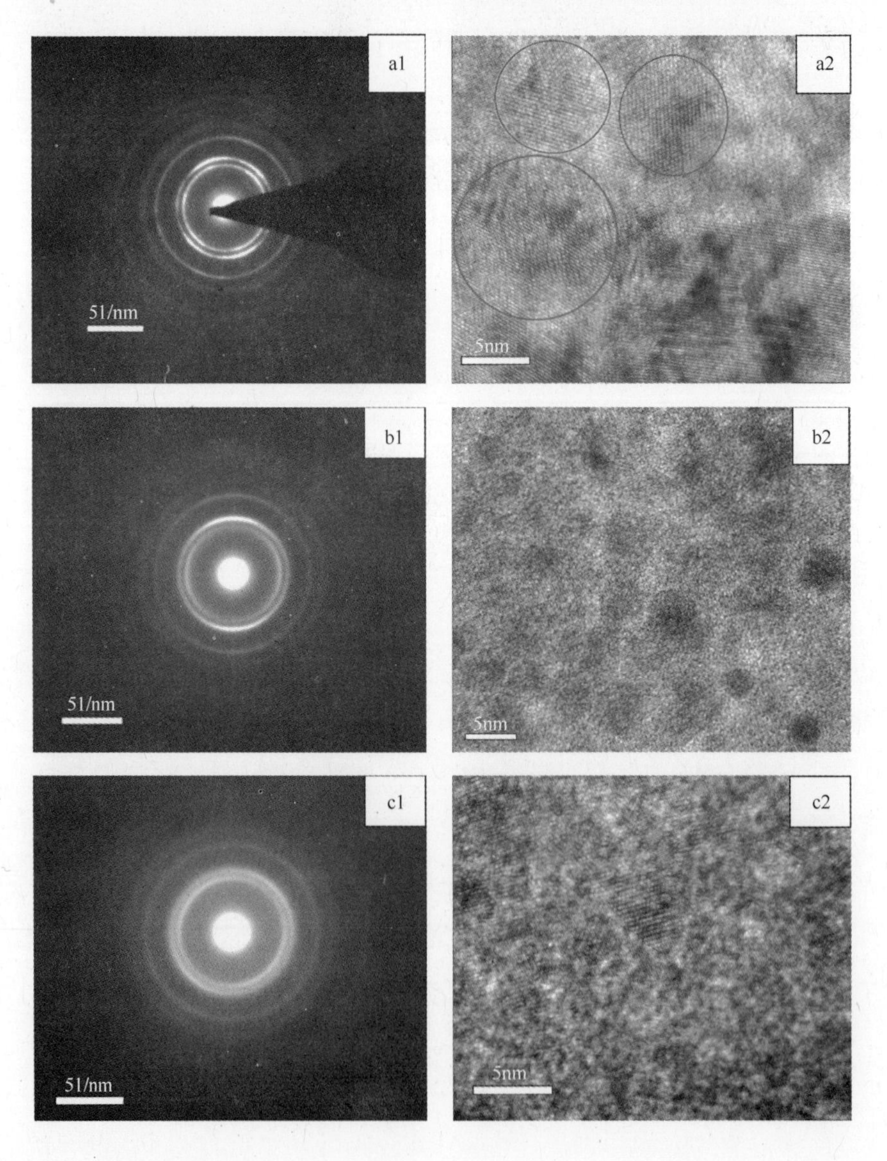

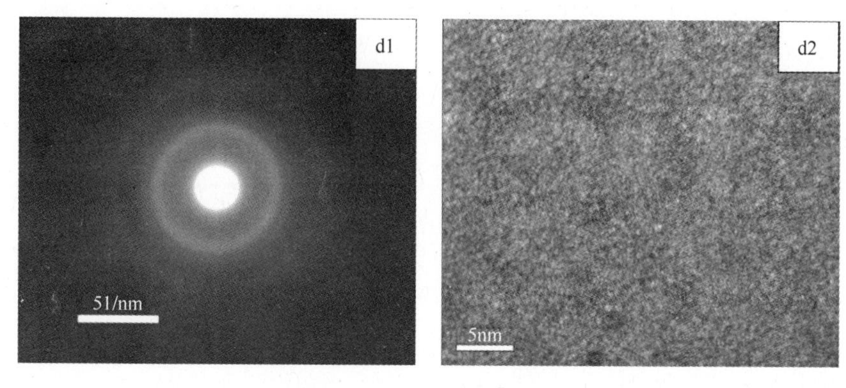

图 2-11　典型掺杂 Al、Cu 后 ZrN 薄膜的透射电镜形貌

(a) $Zr_{0.69}Al_{0.29}Cu_{0.02}N$；(b) $Zr_{0.63}Al_{0.28}Cu_{0.09}N$；(c) $Zr_{0.48}Al_{0.39}Cu_{0.13}N$；(d) $Zr_{0.40}Al_{0.47}Cu_{0.13}N$。

(3) ZrAlCuN 薄膜的微观结构模型。TiN-Si_3N_4 是目前报道较多的典型纳米复合薄膜。该薄膜的微观结构模型如图 2-12 所示。纳米晶 TiN 与非晶 Si_3N_4 组成的纳米复合结构，Si_3N_4 位于晶界，包围 TiN 纳米晶。通过热力学分析，TiN 与 Si_3N_4 通过发生调幅分解形成显著的界面，保证了这种纳米复合结构的稳定性，并能在较高温度下保持结构稳定。

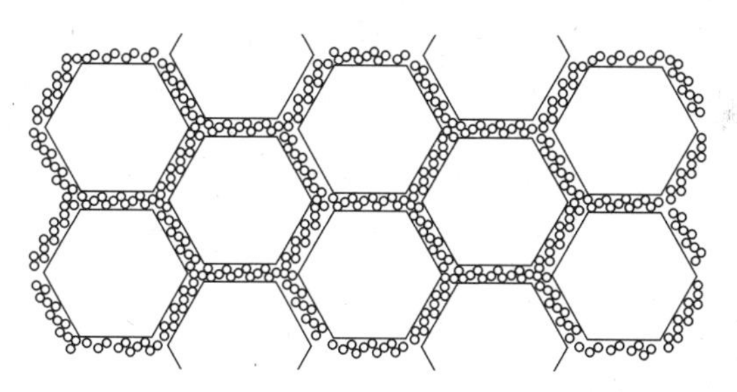

图 2-12　纳米晶被非晶包围纳米复合薄膜微观结构示意图

在上述分析的基础上，提出了 ZrCuN 薄膜的微观结构模型，如图 2-13 所示。该模型中，整体上形成由纳米晶粒与非晶相组成的纳米复合结构。部分 Cu 元素位于晶界，另外部分 Cu 元素则分布于晶粒的内部，其中一部分以固溶形式存在，另外一部分 Cu 元素团簇在一起，在晶粒内部形成 Cu 元素富集的小区域。有理由相信，这里的晶界不是 Cu 原子层。原因在于：考虑如果形成纳米晶（如 ZrN）被非晶相（Cu）包围的纳米复合结构，即使非晶相以单层平铺包围的方式，需要多少非晶相（Cu）对于立方体形状的晶粒，如果其晶粒尺寸为 d，那么以简单立方单层平铺方式包围 ZrN 晶粒的 Cu 的原子百分比 C_{Cu} 为

$$C_{Cu} = \left(\frac{\pi r_{ZrN}^3}{\pi r_{Cr}^3 + Pdr_{Cu}^2}\right) \times 100$$

式中：r 为原子半径，Cu 的原子半径 $r_{cu}=0.128\text{nm}$；P 为堆积密度，面心立方 ZrN 的堆积密度约为 0.74。如果以密排六方的方式堆积，所需 Cu 的原子百分比 C_{Cu}为

$$C_{Cu}=\left(\frac{2\pi r_{ZrN}^3}{2\pi r_{Cr}^3+\sqrt{3}Pdr_{Cu}^2}\right)\times 100$$

如果 ZrN 晶粒为 $d=5\text{nm}$，不论是采用简单立方，或是密排六方的形式，采用 Cu 原子完全包围 ZrN 晶粒所需的 Cu 的原子百分比均>50%。而 ZrCuN 薄膜中 Cu 的百分比含量均小于该值，因此 Cu 不能完全包围 ZrN 纳米晶粒。

从 Cu 与 Zr、N 原子的化学亲和力来看，Cu 原子更倾向于团簇在一起，在薄膜纳米晶内形成富 Cu 的区域，而不是形成单层来包围纳米晶粒。

该富 Cu 区域的存在，使得纳米晶粒在外力作用下产生应力集中时，可以通过 Cu 富集区域的塑性变形消除应力集中，微观应力集中不会累加，避免了应力集中产生微观裂纹，从而提高了薄膜的韧性。而从整体上看，该类薄膜仍然是纳米复合结构，因此细晶强化，晶界阻碍位错移动等纳米复合结构的强化理论依然有效，保证了薄膜具有较高的硬度。

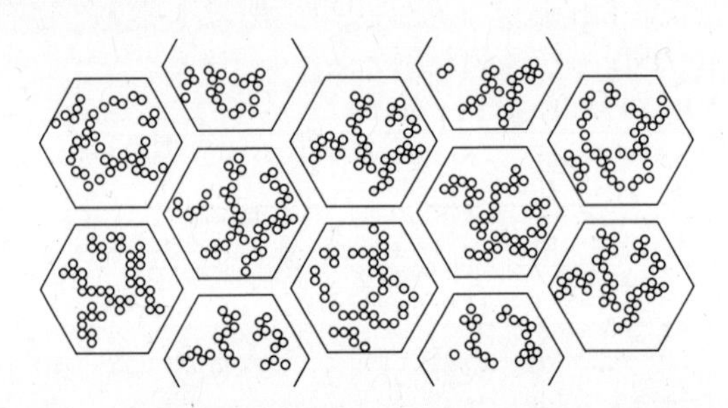

图 2-13　Cu 掺杂后可能的纳米复合薄膜微观结构示意图

对于 Zr-Al-Cu-N 薄膜，通过上文分析发现，综合性能较高的薄膜相组成是 ZrAlN 组成的固溶体与少量 Cu 元素复合形成的纳米复合结构。因此图 2-13 的模型中，纳米晶粒是 Zr-Al-N 相，Cu 元素的分布与 Zr-Cu-N 薄膜相同。

2.2.3　非晶碳膜

在自然界中，碳以稳定的石墨晶体、亚稳的金刚石晶体和碳氢聚合物的形式存在。一般来说，非晶碳薄膜是一类含有金刚石结构（sp^3杂化键）和石墨结构（sp^2杂化键）的亚稳非晶态物质，碳原子主要以 sp^3 和 sp^2 杂化键结合。非晶碳基薄膜一般可以分为含氢碳膜（a-C：H）和不含氢碳膜（a-C）两类。含氢 DLC 薄膜中的氢含量在 20%～50%（原子分数），sp^3杂化键的成分小于 70%。无氢 DLC 薄膜中常见的是四面体非晶碳膜（ta-C）。ta-C 涂层中以 sp^3杂化键为主，sp^3杂化键的含量一般高于 70%。影响非晶碳薄膜性能的因素除 H 元素以外，还有 sp^3杂化碳含量

及掺杂元素等。因此,目前世界上有各种各样的非晶碳薄膜的制备方法,所得到的非晶碳薄膜的成分、结构、性能及适用范围有着相当大的差别。

很多研究者将非晶碳膜称为类金刚石碳膜(DLC)。DLC 薄膜其实是一个集合术语,它包含了一大类性能各异的非晶或非晶-纳米晶复合碳膜。也有部分学者认为根据 sp^3 与 sp^2 的比例,非晶碳膜分为类金刚石碳膜(DLC,以 sp^3 为主)和类石墨碳膜(GLC,以 sp^2 为主)。尽管类石墨碳膜的叫法没有广泛应用,但该名称说明存在这样一类碳膜,其内部碳键结构以 sp^2 为主,显著区别于以 sp^3 为主的类金刚石碳膜。不论是 DLC,还是 GLC,两者都可以统一称为非晶碳薄膜。本书中,沿用获得广泛认可的说法,即将非晶碳膜称为 DLC 薄膜。但必须强调 sp^3 与 sp^2 碳键结构比例的差异导致薄膜性能存在显著区别。

下面将重点讨论判定 sp^2 键与 sp^3 键的若干方法。

1. 傅里叶变换红外光谱法(FTIR)

FTIR 的方法仅对含氢碳膜适用,对 C=C 键很不敏感,基本检测不到,而且金属粒子的加入造成了薄膜在 400~4000cm^{-1} 范围内光谱全吸收,所以,本次实验中仅检测到了含氢量为 41%(原子分数)CH 碳膜的红外图谱。

图 2-14 为 CH 碳膜在 Si 片上的红外透射谱。众多文献发现,含氢非晶碳膜(a-C:H)的红外谱在 2900cm^{-1} 附近测得有 C-H 的红外峰。一般认为,2925cm^{-1} 的 C-H 峰为不对称的 sp^3 CH_2 峰,2950cm^{-1} 处为烯(属)烃的 sp^2 CH_2 峰,当透过率较高时,通过分形处理可以将此处的吸收峰分为 sp^2-C-H 和 sp^3-C-H 两种拉伸振动模式,从而根据两峰峰强比求出薄膜中的 sp^2 与 sp^3 的比例。sp^3 含量较高的类金刚石薄膜,因而其红外绝对透过率很高(50%~85%),峰形也较尖锐。碳膜红外绝对透过率很低(20%以下),应为以 sp^2 为主的类石墨薄膜。图 2-14 中所示的 2924cm^{-1} 位置的 C-H 峰,其绝对透过率不足 3%。

2. 电阻率法

石墨以 sp^2 结构存在,其结合较弱的 π 键易于断开,使其具有良好的导电性能,其电阻率一般在 5×10^{-6}~$6\times10^{-5}\Omega\cdot m$ 之间,而以 sp^3 结构为主的类金刚石薄膜以其良好的绝缘性能而著称,电阻率因其制备条件不同而散布于 1~$10^{14}\Omega\cdot m$ 之间,sp^2 和 sp^3 结构二者在电阻率上巨大落差使得其成为判别碳膜是类金刚石还是类石墨态的指标之一。作为一种简便易行的测试方法,电阻率(电导率)用来定性考察碳膜的 sp^2 和 sp^3 结构逐渐受到重视。

图 2-15 是类石墨碳膜与石墨以及文献中 DLC 的电阻率对比,可以直观地看出它们的差别。采用 Ar 离子辅助轰击的纯碳膜和 Cr-CA 碳膜、Ti-CA 碳膜,它们的电阻率相当,均为 10^{-4}~$10^{-3}\Omega\cdot m$ 量级,比石墨高而比 DLC 薄膜明显要低,采用 CH_4 辅助轰击的碳膜,其电阻率无法用本实验所用设备测量,超出实验设备的测试范围。但可以确定,含氢碳膜 CH 的电阻率比不含氢碳膜高出一个

数量级。可以认为,就电阻率而言,CA、Cr-CA、Ti-CA 的电阻率远小于类金刚石碳膜,应该是以 sp^2 为主的类石墨碳膜。试样 CH 的电阻率与其他试样相比较大,但与 DLC 差别很大,有几个数量级。对未加金属的碳膜而言,如果电阻率与 sp^2/sp^3 直接相关,则图 2-15 中制备的碳膜均以 sp^2 为主,只是含氢碳膜中 sp^3 成分较其他几组多。但电阻率只是碳键的间接反映,必须与其他方法综合起来才能确定碳键结构。

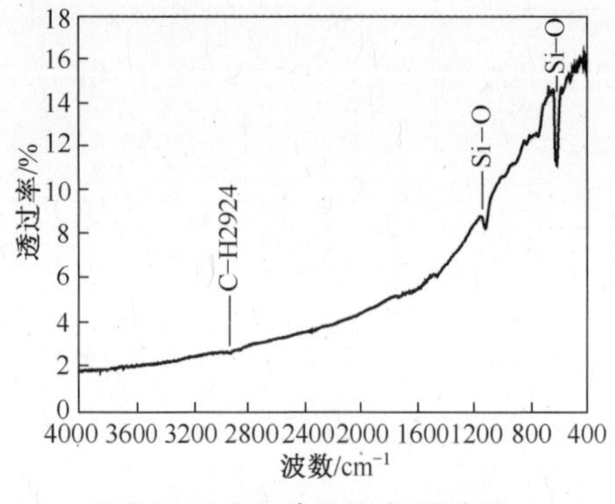

图 2-14 Si 基体上含 H 非晶碳膜的 FTIR 结果

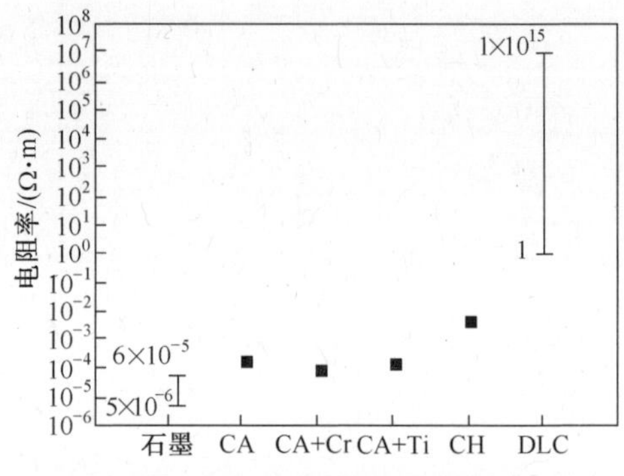

图 2-15 典型磁控溅射非晶碳膜与石墨,DLC 的电阻率对比

3. XPS 分析碳键结构

原子中不同轨道的电子具有不同的结合能,各种元素都具有自己轨道结构的特征结合能。因此,采用 X 射线光电子能谱方法测试薄膜中各元素的结合能,可以测定薄膜的化学成分和各元素的含量。通过结合能的化学位移,可分析原子所处化学环境,给出化合物的构成信息。

一般认为,金刚石的 C1s 电子结合能在 285eV 左右,石墨的 C1s 结合能在 284eV 左右,两者相差 1eV 以上,差别很明显。图 2-16 是四组碳膜试样的 C1s 峰对比。图中试样 CA 的 C1s 电子结合能与 CH 的 C1s 电子结合能都靠近 284eV,试样 Cr-CA 与 Ti-CA 的 C1s 电子结合能更低,在 283.5eV 左右。四组碳膜试样的 C1s 峰与石墨接近而远离金刚石,因此可以认为,这些碳膜中碳键结构以 sp^2 为主。

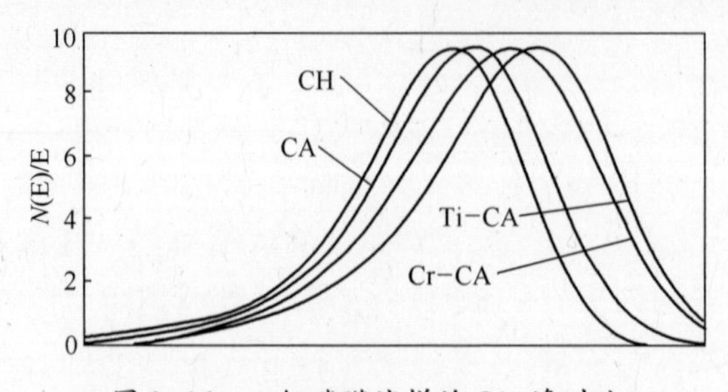

图 2-16 四组碳膜试样的 C1s 峰对比

尽管 XPS 给出了碳的结合能,但要定量的分析 sp^2 与 sp^3 的比例较困难,尤其是当膜层中存在其他元素时,所形成的键会对所分各峰的位置和强度产生影响。目前,除了上述纳米多层结构、纳米复合结构薄膜和类金刚石(DLC)薄膜可以达到超高硬度外,达到超硬薄膜标准还有:①金刚石薄膜;②立方氮化硼(c-BN)薄膜;③氮化碳(晶态 β-C_3N_4 和 CN_x);④硼碳氮(BCN)薄膜等。有兴趣的读者可以参考相关书籍[8,34]。

2.3 小 结

硬质薄膜的强化是当前和今后一段时间研究领域的热点之一。通过采用细晶强化、强化晶界、固溶和析出强化、离子束辅助轰击强化和多层强化等方法,人们已经得到并制备了一系列硬质和超硬薄膜。相关的研究文献报道有很多。硬质涂层强化进一步的研究方向包括:强化起源的理论解释,宏观力学性能与微观组织结构的关联模型,强化界面对硬质薄膜力学性能的影响机理,可控硬度、弹性模量、弹性恢复纳米复合涂层等。纳米尺度界面结构的深入研究将有力促进硬质薄膜强化理论的发展。

纳米复合和纳米多层是获得强度、韧性俱佳的二维硬质纳米薄膜的两种基本方法。纳米多层薄膜的性能强烈依赖于层的厚度及周期设计,当沉积到三维形状复杂的零件上,很难保证获得性能一致的涂层。纳米复合薄膜克服了纳米多层的缺点,作为制备非本征超高硬度的主要方法之一,具有更广泛的工程应用前景。从当前研究现状来看,S. Veprik 提出的 nc-TiN/a-Si_3N_4代表了一类纳米复合薄膜,具有超过 100GP 的硬度;J. Musil 提出(nc-MeN)/Metal 代表了另一类纳米复合薄膜,具有最高 55GPa 的硬度,同时韧性很高。超硬薄膜与强韧性薄膜设计上的主要区别在于,韧性薄膜可选择弹性模量低的基体相,基体相与晶粒的黏接强度要求不高,晶粒尺寸的变化范围更宽。

在纳米晶/非晶纳米复合薄膜体系中,纳米晶相一般选择氮化物、碳化物、硼化物和氧化物等高弹性模量的陶瓷非晶,而非晶相既可选择高弹性模量的陶瓷非晶相,也可选择弹性模量较低的金属非晶相,或非晶碳。由此形成三类纳米晶/非晶体系:纳米晶/陶瓷非晶、纳米晶/金属非晶和纳米晶/DLC。

第3章 薄膜韧化技术

采用物理气相沉积或化学气相沉积的方法,在基体材料的表面制备微米尺度的硬质薄膜,可在几乎不改变基体尺寸的条件下,显著提高基体表面的性能,如耐磨[35]、减摩、耐冲蚀[36,37]等。到目前为止,获得深入研究并广泛应用的硬质薄膜体系有(以过渡族金属为主的)氮化物、碳化物、硼化物和氧化物,以及金刚石、类金刚石、立方氮化硼等。这些薄膜体系共同的特点是具有非常高的硬度。当硬质薄膜附着在金属基体上时,由于金属基体具有非常好的塑性和韧性,形成了硬膜/韧基,因而可以实现表面硬而心部韧的特点。

但随着硬质薄膜的应用,其本身韧性差的问题逐步凸显。例如,在摩擦磨损、冲蚀防护等应用中,人们渐渐意识到薄膜的韧性和硬度同样重要。在摩擦磨损中,如果硬质材料表面产生了裂纹,那么其耐磨损性能往往取决于其韧性,即抵抗裂纹扩展的能力。在冲蚀磨损中,小角度冲蚀率的决定因素是硬度(塑性变形抗力强),而大角度冲蚀率的决定因素是韧性(疲劳裂纹萌生和扩展抗力强)。另外,采矿、加工工业中切削用具、刀具和成形模具上的强化薄膜,既需要高硬度,又需要好的韧性。在微电子器件(MEMS)中,薄膜技术在器件微小型化中发挥重要作用,MEMS的失效分析发现薄膜的韧性差是导致器件失效的重要原因之一[38]。因此,提高硬质薄膜的韧性具有重要的科学研究意义和工程应用价值。

但如何提高硬质薄膜的韧性,仍是挑战。开发高韧性的抗断裂陶瓷已经是几十年来陶瓷研究的一个热点。陶瓷因固有的低断裂韧性易发生脆性断裂。常用的陶瓷增韧方法主要有相变增韧、微裂纹增韧、弥散增韧、晶须和纤维增韧、金属颗粒增韧、纳米技术增韧等。这些方法及其原理既适用于块体材料,又适用于薄膜材料。而实现薄膜材料的韧化比块体陶瓷材料更困难,必须采用特殊的方法[39]。

第2章已经指出,多元合金、纳米复合/多层结构的方法可以用于提高薄膜的硬度[40]。归根结底,这些方法都是利用纳米尺度微观结构设计会对硬度(强度)产生影响这一原理:对于简单二元硬质薄膜来说,可以采用细晶强化原理提高其硬度;复合、多层结构设计可以使硬度进一步提高。本章将讨论通过类似的纳米尺度优化措施,可实现硬质薄膜的增韧。当前,人们对各种增韧技术做了研究,如添加增韧剂(如金属添加剂和纳米碳纤维/纳米管)和涂层结构优化(如梯度结构和多层结构)。增韧的关键在于在界面上创建复杂的连接面,从而裂纹萌生和扩展时会消耗更多能量。在这一理论的指导下,通过适合地整合硬化和增韧机制,研究者已经制备出一系列既硬又韧的硬质陶瓷薄膜。

表 3-1 列出了典型硬质薄膜的韧性数值,用断裂韧性表示韧性的好坏。断裂韧性反映某一含有裂纹的材料抵抗断裂的能力,一般记作 K_{IC},其单位是 $MPa \cdot m^{1/2}$。下标“IC”表示 I 型裂纹开口模式(这里裂纹开口是在垂直于裂纹的正应力作用下)。从断裂能角度理解韧化,凡是在裂纹扩展中有利于吸收能量的机理都有助于提高断裂韧性。因此,本章关于薄膜韧化技术的论述首先从断裂力学中的若干基本概念——断裂能、断裂韧性和能量释放率开始,然后具体讨论了韧性相韧化、纳米晶结构设计、成分和结构梯度化、多层结构韧化、相变韧化、压应力韧化和碳纳米韧化等韧化方法的实现途径和机理。

表 3-1　硬质块体陶瓷和涂层的韧性数值

材　　料	断裂韧性/($MPa \cdot m^{1/2}$)
TiC_xN_y涂层	1.0
TiC 涂层	1.19~1.89
TiN/SiN_x涂层	1.15
Ni 掺杂 nc-TiN/a-SiN_2涂层	2.60
纳米单层 Cr/a-C 涂层	1.81~3.49
Ni/Al_2O_3涂层	2.4
Ta-C 涂层	4.25~4.40

3.1　概念及内涵

3.1.1　从断裂能角度理解韧化

在材料科学与工程中,韧性定义为材料在应力作用下抵抗断裂的能力,或材料在破坏前单位体积所能吸收的能量。韧性可以从应力—应变曲线下取积分求出,即

$$\frac{能量}{体积} = \int_0^{\varepsilon f} \sigma \mathrm{d}\varepsilon \tag{3-1}$$

式中:ε 为应变;ε_f为断裂时的应变;σ 为应力,是应变 ε 的函数。换话说,韧性反映了材料在变形过程中和直到断裂时吸收能量的大小,可以用图 3-1 中 ABC 曲线下的面积 $Area_{ABCFA}$来表示[41]。凡是能够增大 $Area_{ABCFA}$的方法,都可以增加韧性。从图 3-1 可以看出,增加 $Area_{ABCFA}$的方法有两种:一是增大屈服应力

$\sigma_y(B \to B')$；二是增大应变 $\varepsilon(F \to G)$。

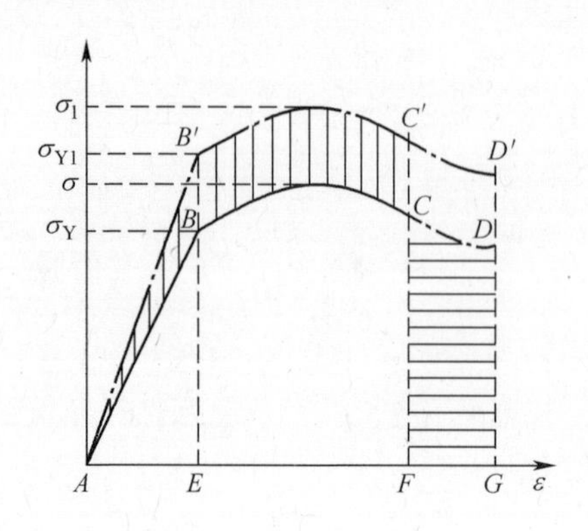

图 3-1　拉伸实验时应力—应变曲线，材料在 B 点屈服，C 点断裂

由于硬度 H 与屈服应力 σ_y 相关（$H \approx 3\sigma_y$），因此增大硬度可以提高屈服应力，也就可以提高材料韧性；增大材料的塑性变形能力可以提高应变 ε，也就可以提高材料韧性。用一句话总结：提高硬度，并增加塑性变形能力，可以获得强韧薄膜材料。

根据 $H=3\sigma_y$，提高硬度可提高屈服强度。因此大部分提高纳米涂层硬度的方法可以增加韧性（条件是最大应变 ε_{max} 不至于减小 ABC 面积）。提高最大应变可通过增加塑性变形实现。

图 3-2 显示了脆性超硬、硬韧和延性三种不同性质薄膜的应力与应变关系曲线。三种薄膜具有完全不同的应力—应变行为。可以看到硬韧薄膜既具有较高的塑性变形抗力（抗拉强度），又具有较大的塑性变形能力（高应变），因此其应力—应变曲线下面积最大，反映了该类薄膜的塑性变形—断裂过程消耗更多的能量，因此其韧性是最好的。图 3-2 中，脆性超硬薄膜具有最大弹性模量，这使其应变非常小。为了获得硬韧薄膜，应减小薄膜材料的弹性模量。

简言之，韧性是材料抵抗变形，直到断裂的能力，其大小可用在变形和断裂过程中吸收的能量来表示。断裂韧性是材料抵抗已经存在的裂纹扩展的能力。因此，韧性既包括产生裂纹的能量，又包括裂纹扩展直到断裂的能量；而断裂韧性仅包括后者。故薄膜的断裂韧性，指薄膜抵抗裂纹扩展能力。

在研究薄膜的韧性时，常会碰到界面韧性一词。它是针对膜/基系统而言的，与界面断裂能的定义相同，指一个裂纹沿膜/基界面扩展单位面积所需要的能量，也可以理解为应变能释放率。破坏膜基界面需要能量，界面韧性反映了此能量的大小。界面结合强度在划痕法中用载荷表示，所以“界面韧性”和“结合强度”都反映界面的结合能力，但量纲不同。

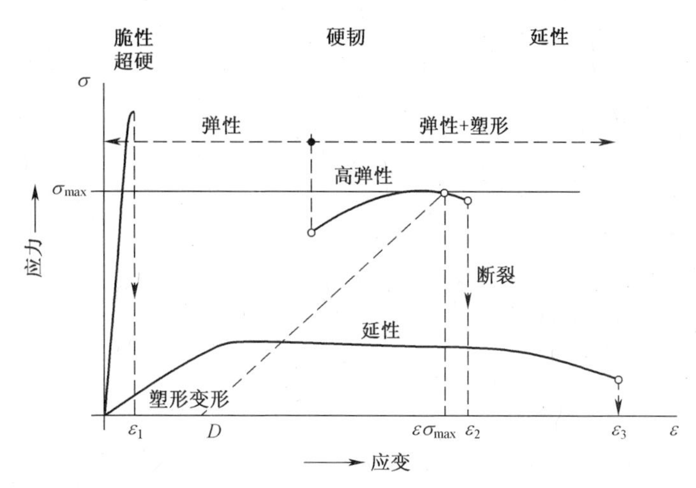

图 3-2　脆性超硬、硬韧与延性三种不同性质薄膜的应力与应变关系曲线[42]

3.1.2　断裂韧性(K_{IC})

在断裂力学基础上建立起来的材料抵抗裂纹扩展、断裂的韧性性能称为断裂韧性。

断裂韧性与其他韧性性能一样,综合反映了材料的强度和塑性,在为防止低应力脆断而选用材料时,应根据材料的断裂韧性指标,对构件允许的工作应力和裂纹尺寸进行定量计算,因此,断裂韧性是断裂力学认为能反映材料抵抗裂纹失稳扩展能力的性能指标,对构件的强度设计具有十分重要的意义。

3.1.2.1　断裂强度(σ_c)与裂纹长度(a)

由于工程上的低应力脆断事故一般都与材料内部的裂纹存在有关,而且材料内部的裂纹往往又是不可避免的,这样研究裂纹对断裂强度的影响很有必要。为了弄清这个问题,在高强度材料的试样上,预制出不同深度的表面裂纹,进行拉伸实验,测得裂纹深度与实验断裂强度间的关系,如图 3-3 所示。通过实验得出,断裂强度 σ_c 与裂纹深度 a 的平方根成反比,即 $\sigma_c \propto 1/\sqrt{a}$,又可以写成:$\sigma_c \propto K/\sqrt{a}$ 或者 $K=\sigma_c\sqrt{a}$。式中,σ_c 为断裂强度,a 为裂纹深度,K 为常数。由该公式可知:①对应于一定的裂纹深度,就存在一个临界的应力值 σ_c,只有当外界作用应力大于此临界应力时,裂纹才能扩展,造成破断,小于此应力值,裂纹将是稳定的,不会扩展,构件也不会产生断裂。②对应于一定的应力值时,存在着一个临界的裂纹深度 a_c,当裂纹深度小于此值时裂纹是稳定的,裂纹深度大于此值时就不稳定了,要发生裂纹失稳扩展,导致构件的断裂。③裂纹越深,材料的临界断裂应力越低,或者作用于试样上的应力越大,裂纹的临界尺寸越小。

④若a一定时,K值越大,σ_c越大,表示使裂纹扩展的断裂应力越大。不同的材料,K值不同。因此,常数K不是一般的比例常数,它表达了裂纹前端的力学因素,是反映材料抵抗脆性破断能力的一个断裂力学指标。

3.1.2.2 断裂韧性(K_{IC})和应力场强度因子(K_I)

由图3-3所示的实验结果可知,含裂纹试样的断裂应力(σ_c)与试样内部裂纹尺寸(a)有密切关系,试样中的裂纹越长(a越大),则裂纹前段应力集中越大,使裂纹失稳扩展的外加应力(即断裂应力σ_c)越小,所以$\sigma_c \propto 1/(\sqrt{a}\cdot y)$。另外,实验研究表明:断裂应力也与裂纹形状、加载方式有关。即在$\sigma_c \propto 1/(\sqrt{a}\cdot y)$中,$y$是一个与裂纹形状和加载方式有关的量,对每一种特定工艺状态下的材料,$\sigma_c\cdot\sqrt{a}\cdot y=$常数,它与裂纹大小、几何形状及加载方式无关,换言之,此常数是材料的一种性能,将其称为断裂韧性,用K_{IC}表示。即

$$K_{IC}=\sigma_c\cdot\sqrt{a}\cdot y \tag{3-2}$$

式(3-2)表明,对一个含裂纹试样(如试样中的裂纹a已知,y也已知)做实验,测出裂纹失稳扩展所对应的应力σ_c,代入式(3-2)就可测出此材料的K_{IC}值。此值就是实际含裂纹构件抵抗裂纹失稳扩展的断裂韧性(K_{IC})值。因此,当构件中含有的裂纹形状和大小一定时,测得的此材料的断裂韧性K_{IC}值越大,则使裂纹快速扩展从而导致构件脆断所需要的应力σ_c也就越高,即构件越不容易发生低应力脆断。反之,如果构件在工作应力下的脆断值$G_f=\sigma_c$,则这时构件内的裂纹长度必须大于或等于式(3-2)所确定的临界值$a_c=(K_{IC}/\sqrt{a}\cdot y)^2$。显然,材料的$K_{IC}$值越高,在相同的工作应力$\sigma$作用下,导致构件脆断的临界值$a_c$就越大,即可容许构件中存在更长的裂纹。总之,构件材料的K_{IC}值越高,则此构件阻止裂纹失稳扩展的能力就越大,即K_{IC}是材料抵抗裂纹失稳扩展能力的一个度量,是材料抵抗低应力脆性破坏的韧性参数,故称为断裂韧性。

应当注意,K_I和K_{IC}是两个不同的概念。K_I是应力场强度因子,其值与构件中存在的裂纹长度及外应力的大小有关,与构件材料本身无关。K_{IC}是裂纹失稳扩展的应力场强度因子临界值,是一个材料的性能指标,只与材料本身的组织状态有关,与外加载荷无关。K_I和K_{IC}的关系类似于静拉伸时的外加应力σ与材料的强度极限σ_b,当σ达到σ_b时,材料发生断裂。σ_b是材料的性能指标,其大小仅与材料有关而与外加应力无关。

3.1.2.3 裂纹体的三种位移方式

实际构件和试样中的裂纹,在断裂过程中,裂纹表面要发生位移,即裂纹两侧的断裂面,在其断裂过程中要发生相对的运动。根据受力条件不同,有三种基本方式,如图3-4所示。

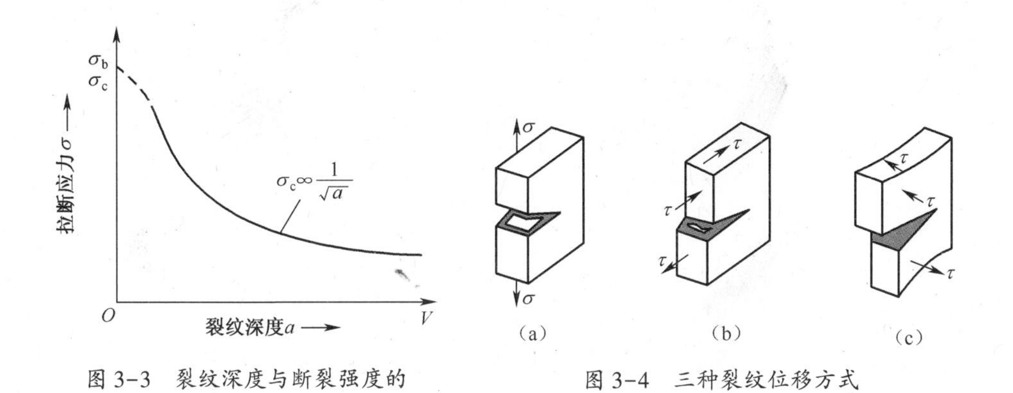

图3-3　裂纹深度与断裂强度的实验关系曲线

图3-4　三种裂纹位移方式
(a)张开型;(b)划开型;(c)撕开型。

(1) 张开型裂纹(Ⅰ型)。外加正应力 σ 和裂纹面垂直,在 σ 作用下裂纹尖端张开,并且扩展方向和 σ 垂直,这种裂纹称为张开型裂纹,也称为Ⅰ型裂纹,如图3-4(a)所示。

(2) 划开型裂纹(Ⅱ型)。在平行裂纹面的剪应力作用下,裂纹划开扩展,称为划开型裂纹,如图3-4(b)所示。

(3) 撕开型裂纹(Ⅲ型)。在剪应力 τ 的作用下,裂纹面上下错开,裂纹沿原来的方向向前扩展,像用剪子剪开一个口,然后撕开就是一个回型裂纹,如图3-4(c)所示。如一传动轴工作时受扭转力矩的作用,即存在一个剪应力,若轴上有一环向裂纹,它就属于Ⅲ型。

如果物体内裂纹同时受正应力和剪应力的作用,或裂纹面和正应力成一角度,这时就同时存在Ⅰ型和Ⅱ型(或Ⅰ型和Ⅲ型)裂纹,这样的裂纹称为复合裂纹。在工程构件内部,张开型(Ⅰ型)裂纹是最危险的,容易引起低应力脆断。所以,在实际构件内部,即使存在的是复合型裂纹,也往往把它作为张开型来处理,这样考虑问题更安全。

对于本书所讨论的薄膜而言,考虑其二维特性,认为其发生的断裂过程属于第Ⅰ类张开型裂纹,其后所有讨论都是在此条件下进行的。

3.1.3　能量释放率(G_{IC})

任何物体在不受外力作用的时候,它的内部组织不会发生变化,其裂纹也不会扩展。要使其裂纹扩展,必须要由外界提供能量,也就是说裂纹扩展过程中要消耗能量。对于塑性状态的材料,裂纹扩展前,在裂纹尖端局部地区要发生塑性变形,因此要消耗能量。裂纹扩展以后,形成新的裂纹表面,也要消耗能量,这些能量都要由外加载荷,通过试样中包围裂纹尖端塑性区域的弹性集中应力做功提供。

将裂纹扩展单位面积时，弹性系统所能提供的能量，称为裂纹扩展力或裂纹扩展的能量释放率，用 G_I 表示。在临界条件下用 G_{IC} 表示。按照 Griffith 断裂理论，裂纹产生以后，弹性系统所释放的能量为 $U=\sigma^2\pi a^2/E$。根据裂纹扩展能量释放率的定义，对于平面应力状态，则有 $G_I=\partial U/\partial A$，其中 A 为裂纹的面积，因为板厚为单位厚度，所以 $A=1\times 2a$，故

$$G_I=\frac{\partial U}{\partial(2a)}=\frac{2\sigma^2\pi a}{2E}=\frac{\pi a\sigma^2}{E} \tag{3-3}$$

又因为 $a=K_I^2/\pi\sigma^2$，所以 $a=K_I^2/\pi\sigma^2$，将其代入公式(3-3)中得到 $G_I=K_I^2/E$。同理，在平面应变条件下，G_I与 K_I的关系为 $G_I=(1-2\nu)K_I^2/E$。在临界条件下，平面应力和平面应变的公式为

$$G_{IC}=\frac{K_{IC}^2}{E}(\text{平面应力}) \tag{3-4}$$

$$G_{IC}=\frac{(1-2\nu)K_{IC}^2}{E}(\text{平面应变}) \tag{3-5}$$

G_{IC}是断裂韧性的另一种表达方式，即能量表示法，它与 K_{IC}一样也是材料所固有的性质，是断裂韧性的能量指标。G_{IC}越大，裂纹失稳扩展需要更大的能量，即材料抵抗裂纹失稳扩展的能力也越大。故 G_{IC}是材料抵抗裂纹失稳扩展能力的度量，也称为材料的断裂韧性。

由此可见，断裂韧性 K_{IC}和断裂韧性的能量率 G_{IC}都是断裂韧性指标。G_{IC}是断裂韧性的能量判据，表示裂纹扩展单位面积时所需要的能量，单位是 MPa · m。K_{IC}是断裂韧性应力场强度的判据，单位是 MPa · $m^{1/2}$。这两个断裂力学参量，均以线弹性力学为理论基础，而线弹性力学是把材料当作完全的线弹性体，运用线弹性理论来处理裂纹的扩展规律，从而提出裂纹的扩展判据。事实上，延性材料的裂纹尖端，总是存在着一个或大或小的塑性区。若塑性区的大小同净断面的尺寸比较在同一个数量级时，则属于大范围屈服，线弹性断裂力学判据失效。只有在塑性区尺寸很小时，通过修正，线弹性力学的判据才能应用。所以，线弹性力学只适用于高强度材料，而对于强度较低、韧性较好的材料来说，需要用弹塑性断裂力学来进行断裂行为的评价。

3.2 薄膜的韧化方法

对于块体陶瓷材料，常用的增韧方法主要有相变增韧、微裂纹增韧、弥散增韧、晶须(纤维)增韧、金属颗粒增韧和纳米技术增韧等。

(1) 相变增韧。例如，利用四方 ZrO_2马氏体相变来改变陶瓷材料的韧性。当 ZrO_2陶瓷受到外加应力作用时，其中的四方相 ZrO_2颗粒会转变成同素异构体

单斜 ZrO_2 相,同时产生 3%~5%的体积膨胀,吸收应变能并弥合裂纹,从而提高材料的断裂韧性。这种由于相变产生的体积效应和形状效应而吸收大量的能量,从而使材料表现出异常高的韧性,就是相变增韧。

(2) 微裂纹增韧。微裂纹将起到分散基体中主裂纹尖端能量的作用,并导致主裂纹扩展路径发生扭曲和分叉,从而提高断裂能,引起陶瓷断裂韧性的增加。

(3) 弥散增韧。例如,基体材料中加入纳米尺度颗粒并弥散分布,对裂纹起钉扎作用,耗散裂纹前进的动力。同时,颗粒在基体中受拉伸时阻止横向截面收缩,消耗更多的能量,达到增韧目的。

(4) 晶须(纤维)增韧。晶须(纤维)增韧的机制主要是晶须或纤维在拔出和断裂时,都要消耗一定的能量,有利于阻止裂纹的扩展,提高材料断裂韧性。常用的增强纤维有碳纤维、SiC 纤维、B 纤维等,碳纤维的密度在 1.5~2.0g/cm^3之间。一般陶瓷材料基体和碳纤维的结合不是简单混合,而是一个有机的复合体,它们通过极薄的界面有机地结合在一起,这极大地改善界面与基体的结合强度。

(5) 金属颗粒增韧。它是利用铝、镍、铬、铁、钛等韧性金属颗粒作为黏结剂增韧陶瓷材料,通过金属的塑性来吸收外加负荷。其主要增韧机理是增韧相和裂纹之间相互作用,导致裂纹移位或在颗粒处发生偏转,消耗裂纹尖端的能量,达到增韧的目的。增韧的效果与两相界面之间的结合强度有着密切关系,但金属颗粒增韧的结果往往降低陶瓷材料的硬度和强度,导致材料的介电性和热稳定性等也下降。为了克服金属颗粒带来的缺陷,人们开始使用其他陶瓷相,如 SiC、TiC 等陶瓷颗粒增韧。通过细化基体晶粒和裂纹屏蔽作用,耗散裂纹前进的动力,达到增韧目的。尽管增韧效果不如纤维和晶须,但工艺简便易行,且成本低,只要颗粒的种类、大小、含量等参数选择适当,增韧效果还是十分明显的。

(6) 纳米技术增韧。纳米材料研究是目前材料科学研究的一个热点,纳米技术被公认为 21 世纪最具前途的科研领域。由于纳米陶瓷晶粒的细化、晶界数量增加,可使材料的强度、韧性大大增加。在陶瓷基体中引入纳米分散相并进行复合,不仅可大幅度提高其强度和韧性,明显改善其耐高温性能,而且也能提高材料的弹性模量和抗高温蠕变等性能。纳米结构陶瓷材料之所以具有上述特征,是因为纳米粒子细化、晶粒的表面积和晶界的体积成倍增加。纳米材料的这种特殊结构使它产生了小尺寸效应、量子效应、表面效应和界面效应,从而引起物理机械性质的一系列变化。新的粉体制备技术已能获得几百、几十或几纳米的陶瓷粉体材料。将纳米复合的概念引入精密结构陶瓷材料的制备,将大幅度提高其强度、韧性和耐高温性。

硬质薄膜的韧化解决方法不像烧结陶瓷材料那样简单。由于常见的硬质与超硬薄膜主要是利用物理气相沉积或化学气相沉积获得的,其制备工艺与利用粉末烧结而成的陶瓷材料制备工艺完全不同。如烧结陶瓷材料可以很方便地加入一些粉末,如 ZrO_2、金属颗粒等,但对于气相沉积制备的硬质与超硬涂层,要加入这些相必须采用特殊的方法来实现。对于厚度较薄的硬质与超硬涂层,它们有自己的特性,因此提高它们的断裂韧性还需要一些特殊的方法。下面就硬质薄膜的韧化方法展开讨论。

3.2.1 韧性相韧化

3.2.1.1 韧性相韧化机理

到目前为止,获得共识的塑性相增韧机制主要有两个:

(1) 通过韧相,缓和裂纹尖端应变场的应力。在裂缝尖端,会产生很大的应力和应变集中。对于硬质和超硬涂层,由于塑性很差,不能产生如此大的应变,应力得不到释放,因此在裂纹尖端区,很容易产生开裂。一旦开裂,裂纹的尖端又成为应力集中的部位,由此促使裂纹向前扩展。如果裂纹尖端含有韧性相,韧性相会在应力作用下产生塑性变形,裂纹钝化,裂纹尖端的应力集中得到释放。裂尖区域相应的裂纹不但难以形成,而且裂纹扩展的阻力增大。

需要指出,在这种机制下,韧性相的大小和分布对韧化的效果有很大影响。只有在韧性相尺寸很小(<10nm),韧性相弥散分布且与基体相结合强度很高时,韧性相的增韧才有明显的效果;如果韧性相尺寸较大且分布不均匀,很难保证裂尖附近一定含有韧性相。如果涂层中的韧性相与基体的结合强度很差,此时裂尖的高应变首先使韧性相与基体的界面分开,韧性相不再承担相当大的变形,裂纹很容易沿韧性相与基体的界面扩展,涂层的裂纹扩展阻力也很低,韧性相增韧的效果就会大打折扣。

(2) 利用韧相的韧带,对生成的裂纹进行桥接(或桥联)。在受力时,裂纹面要张开,但由于韧性相的连接,导致裂纹张开受阻,这样裂纹扩展阻力增加。

图 3-5 是上述两种塑性相增韧机制的原理示意图。由于金属具有非常好的延展性,因而成为常用的韧性相材料。

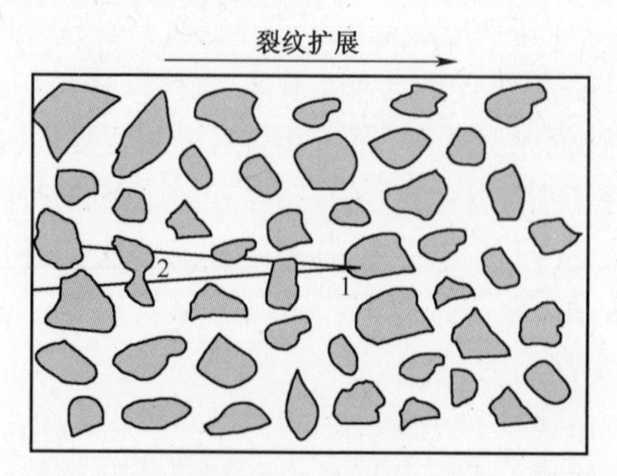

图 3-5　两种塑性相增韧机制的原理示意图

1—韧性相变形或裂纹钝化;2—裂纹桥接实现增韧[43]。

3.2.1.2　掺杂金属相提高韧性

为了克服硬质与超硬涂层的脆性，常常掺入韧性相，构成由韧性相和硬质（或超硬）相组成的复合涂层。韧性相一般是较软（塑性变形能力强）的金属，如铜、镍、银、钇等。金属具有较好的塑性和韧性，在硬质涂层中加入适当的金属相，可以使涂层的韧性显著增加。尽管文献中也经常能见到掺杂氧化物、碳化物等化合物硬质颗粒的报道，但由于这些化合物具有较高的硬度，韧性较差，因此其掺杂的目的往往并不是增韧。其原因会在后文论述。

在一般的离子镀反应沉积硬质涂层过程中，常常存在熔滴现象，这些熔滴以金属相的形式存在涂层中，对释放涂层的内应力相改善韧性有一定的作用，但熔滴的金属相尺寸较大（在微米数量级）且随机分布（没有均匀分布），不仅降低涂层的硬度而且耐腐蚀和抗氧化性能显著下降，因此不是硬质与超硬涂层增韧的有效方法。

溅射镀膜在制备纳米复合薄膜时具有很大优势，可以方便地沉积多组元、复杂结构的薄膜。利用合金靶、金属材料的组合靶或金属材料与硬质材料的机械组合靶进行溅射沉积可以获得硬质相与金属相均匀分布的复合薄膜。

韧性相韧化的研究首先针对氮化物涂层展开。其方法一般是向氮化物涂层中掺杂金属，形成氮化物—金属（MeN-Metal）薄膜。

Musil 发现，向氮化物涂层中加入 Cu、Ni 和 Y 元素，都可以在提高硬度的同时提高韧性。利用直流磁控溅射，采用质量分数为 70%/30%的 Zr/Cu 合金靶，在氩气（Ar）和氮气（N_2）的混合气体中沉积 Zr-Cu-N 涂层，获得由 ZrN 相和 Cu 相构成的复合涂层，X 射线衍射可以确定出 ZrN（200）、ZrN（111）和 Cu（111）衍射峰。涂层显微硬度值随氮含量的增加而增大，从 Zr-Cu 涂层的 7.5GPa 变化到 Zr-Cu-N 涂层的 22GPa，其硬度和韧性都得到改善。利用磁控溅射沉积 Zr-Y-N 涂层，发现该纳米复合涂层的硬度依赖于 N/（Zr+Y）比率，最高可达 47GPa，涂层具有很高的弹性回复（达 83%）和高的塑性变形阻力（H^3/E^{*2} = 0.75，其中 H 为硬度，E^* 为有效杨氏模量），涂层的断裂韧性得到提高。J. Musil 认为，为了获得好的韧性，硬质氮化物相晶粒尺寸要小于 10nm，同时晶界体积要大于硬质相。换句话说，晶界边界必须足够厚，太薄则起不到韧化作用。

有学者研究了 Ni 掺杂 CrN 薄膜的结构和性能。CrN-Ni 薄膜的微观结构成典型柱状晶特征，且随 Ni 含量增加，晶粒尺寸变小（从 160nm 减小到 95nm）。由此可见，Ni 起到细化晶粒的作用。伴随组织结构的变化，力学性能也相应发生变化：随 Ni 含量增加，CrN-Ni 薄膜的硬度和弹性模量逐渐降低，但塑性变形功（E_p）增加。E_p表示加载—卸载过程中塑性变形消耗的能量，其大小反映薄膜韧性的高低。因此，掺杂 Ni 提高了 CrN 薄膜的韧性。在分析其原因时，作者认为 CrN 晶格中部分 Cr 原子被 Ni 原子取代，即 Ni 固溶到 CrN 中，固溶强化效果提高了薄膜的硬度。当 Ni 含量达到一临界值,超过了 Ni 在 CrN 中的固溶度后,Ni 原子团聚形成金属相,降低了薄膜的硬度。

根据韧性相所占比例的多少,可以将陶瓷薄膜分为金属基复合材料(韧性相为基体相)或陶瓷基复合材料(韧性相为掺杂相)。在研究金属基复合材料时,人们往往关心如何提高硬度,较少关心韧化效果;而在研究陶瓷基复合材料时,研究者更多的关注如何实现韧化。硬质陶瓷涂层一般通过掺杂金属相实现韧化,金属相的含量和分布对韧化效果具有重要影响。以在工具钢表面沉积 TaN/Cu 为例[44],该薄膜的抗裂性由快速退火后扩散进入 TaN 基体中的 Cu 含量决定。压痕实验中,1.4%(原子分数)Cu 的薄膜产生的裂纹最少,这归因于 Cu 在薄膜内形成的网络。将 Cu 掺杂到 ZrO_x 中也可以观察到类似的增韧效果[45]。

因此,对于氮化物-金属(MeN-Metal)这一类薄膜来说,在增加韧性的同时,往往带来硬度的降低。其增韧效果与金属掺杂量有关,更与金属在薄膜内的分布形态以及由于掺杂导致薄膜微观结构的改变有关。寻找合适的掺杂量并调控工艺参数,形成纳米复合微观结构,获得硬度与韧性的最佳平衡状态,是该类薄膜研究的方向。

nc-MeN/a-SiN_x是一种典型的硬质/超硬质纳米复合薄膜,被广泛应用于工业领域。最近,人们越来越清晰地认识到这种纳米复合涂层的韧性较差,限制了该薄膜的应用。为了增强 nc-TiN/a-SiN_x纳米复合涂层的韧性,通过 Ti、TiNi 和 Si_3N_4共溅射方式引入 Ni 元素,当 Ni 的范围在 0~40%时,薄膜韧性从 1.15MPa · $m^{1/2}$增加到了 2.6MPa · $m^{1/2}$[46]。

Wang 研究了 Ni 对更为复杂的纳米复合薄膜 nc-CrAlN/a-SiN_x的增韧效应。发现 nc-CrAlN/a-SiN_x薄膜的硬度和划痕韧性与 Ni 掺杂含量密切相关。随着 Ni 含量增加,薄膜的硬度逐渐降低,划痕裂纹抗力(韧性)不断增大。0%(原子分数)Ni 薄膜的硬度最高,但韧性最差;40%(原子分数)Ni 的薄膜韧性最好,但硬度由 27GPa 降低到 10GPa;从图 3-6 中所示结果看,4.3%(原子分数)Ni 的薄膜硬度略有降低,但韧性显著增加,强度和抗裂性之间能达到最佳平衡状态。图 3-6 同时给出划痕法测试薄膜的结合强度,结果表明随着 Ni 含量的增加,薄膜的结合强度增大。

为了解释增韧机理,Wang 研究了 nc-CrAlN/a-SiN_x薄膜的微观结构。图 3-7 是 12%(原子分数)Ni 含量 nc-CrAlN/a-SiN_x 的高分辨透射电子显微镜(HRTEM)明场相。图 3-7(a)表明,薄膜的显微结构可描述为直径约 3nm 的纳米晶粒镶嵌在非晶 SiN_x 和 Ni 的基体中,纳米晶粒长大受到阻碍。该区域的选区衍射表明这些纳米晶粒是面心立方结构的 CrAlN(图 3-7(b))。

该作者认为薄膜韧化的机理是:①通过韧性相(金属 Ni)塑性变形使得裂纹

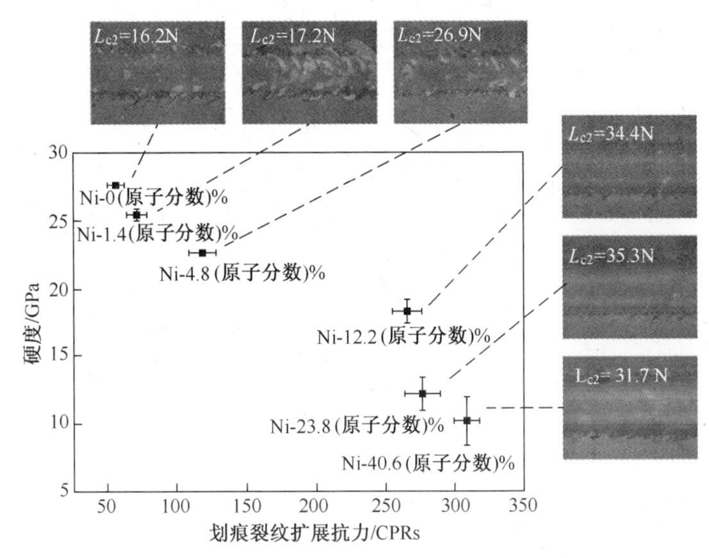

图 3-6　不同 Ni 含量下，nc-CrAlN/ a-SiN_x的划痕韧性及断裂行为示意图[47]

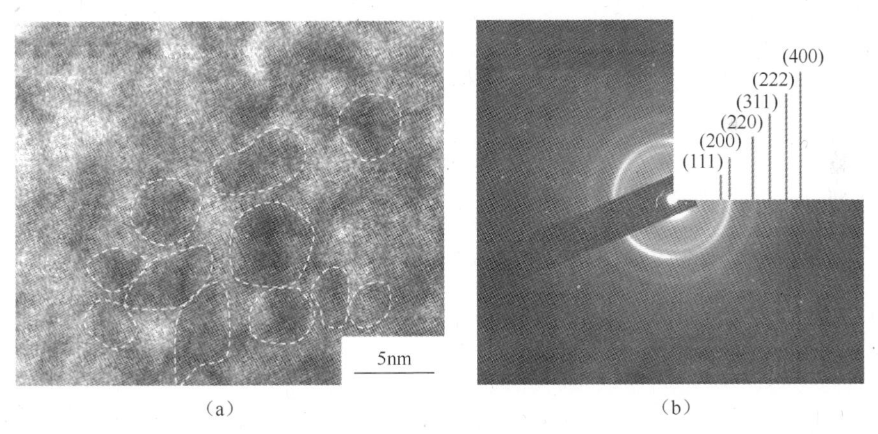

（a）　　（b）

图 3-7　nc-CrAlN/a-SiN_x中的 Ni 为 12.0%时，呈现的 HRTEM 图像和相应选区衍射模式[47]

尖端应力场得到释放，薄膜塑性变形功增大；②形成了非晶 Ni 和 a-SiN_x组成的网络包围 CrAlN 纳米晶的微观结构。这种结构可以将裂纹分散在非常微观的区域实现韧化。Pei[48]研究了非晶基体中裂纹的形成和扩展，验证了将裂纹分散在非常微观的区域实现韧化的机理。这种情况下，可以通过引入纳米粒子抑制裂纹形核，实现增韧。

H. Y.Wang 采用磁控溅射制备了掺杂 10.8%（原子分数）Ni 的 TiB_2涂层，TiB_2晶粒（<10nm）被 1~2nm 厚度的 Ni 层分隔包围，形成类似混凝土结构的纳

米复合结构,如图3-8所示[49]。这是硬质纳米晶粒被软相包围的典型图示。Ti-Ni-B薄膜的韧性显著提高,同时保持了TiB_2薄膜的较高硬度(28~44GPa)。

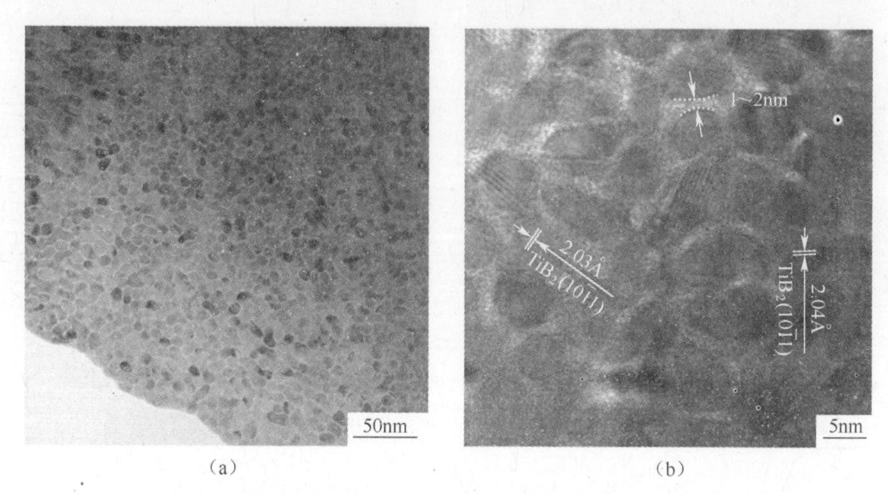

(a)　　　　(b)

图3-8　透射电镜观察掺杂10.8%(原子分数)Ni的Ti-Ni-B薄膜的表面形貌
(a)明场相;(b)高分辨。

除了上述讨论的氮化物增韧外,利用韧性相可以提高非晶碳膜(或DLC)的韧性。DLC硬度高、摩擦系数低、耐磨损,同时化学稳定性好,在工业中获得广泛应用。但DLC本质上属于硬脆膜,受到冲击载荷时易发生破坏。因此,DLC的韧化逐渐受到重视。

向DLC中加入金属相可以提高韧性,加入的金属相(Cu、Ni、Ag)可以是纳米晶或非晶。如果是纳米晶,通过晶粒滑动消除应变达到韧化效果;如果是非晶,则通过非晶相塑性变形导致应力释放达到韧化效果。Dimigen利用反应溅射制备了掺杂不同金属的含氢非晶碳膜(a-C:H),摩擦磨损实验发现,涂层的摩擦系数和剪切磨损速率都很低。这些结果表明:不论金属相是以纳米晶或非晶形态存在,含有金属相的a-C涂层的韧性都得到改善;Zhang通过共溅射石墨靶和Al靶制备含Al非晶碳膜,发现韧性提高但硬度显著降低(31.5→8.8GPa)。为了提高硬度,向其中掺入纳米晶TiC,形成nc-TiC/a-C(Al)纳米复合膜,获得较高硬度(约20GPa)和良好韧性(压入塑性变形55%)。这表明,通过掺杂硬质相可以恢复薄膜的硬度。

3.2.1.3　掺杂增强相恢复硬度

掺杂塑性相是增加韧性的一种非常有效的方式,但是却会以减小硬度为代价。为获得硬度高、韧性好的涂层,必须恢复硬度,这是掺杂增强相的动因。根据这一概念,将nc-TiC纳米粒子掺入a-C/Al中,形成nc-TiC/a-C(Al)纳米复合涂层[50]。在这一体系中,金属Al作为韧性相提高a-C薄膜的韧性,nc-TiC

作为增强相恢复了 a-C 薄膜的硬度。该体系的微观结构是自由取向的 TiC 纳米晶粒弥散分布在非晶 a-C/Al 基体中。通过掺杂纳米 TiC 颗粒,显著恢复了 a-C/Al 薄膜的硬度。图 3-9 比较了 a-C、梯度 a-C(改变偏压)、nc-TiC/a-C 和 nc-TiC/a-C(Al)的划痕形貌。在这些薄膜中,nc-TiC/a-C(Al)具有较高的硬度和较好的韧性,具有显著强、韧特性。图 3-9 同时给出了利用划痕法测试上述薄膜韧性的结果。nc-TiC/a-C(Al)薄膜出现显著剥落的临界载荷值是 697mN,是其他薄膜的 2 倍,表明该薄膜具有非常好的划痕韧性。好的韧性往往与好的塑性变形相关,因此可通过塑性来比较韧性的好坏。定义塑性为塑性应变与总应变之间的比值。塑性变形是应力松弛的主要原因,那么塑性越好,材料的韧性越高(两者不完全等同)。nc-TiC/a-C(Al)薄膜的塑性高达 55%,而超硬 nc-TiN/a-Si_3N_4薄膜几乎没有塑性,硬度达 30GPa 的 nc-TiC/a-C 涂层的塑性约为 40%。在 nc-TiC/a-C(Al)体系中,掺杂金属 Al 和碳化物 TiC,分别起到韧化和强化的作用,可获得硬度—韧性平衡的强、韧薄膜。总的来说,非晶基体+金属韧性相+化合物增强相是制备强韧纳米复合薄膜的有效方法。

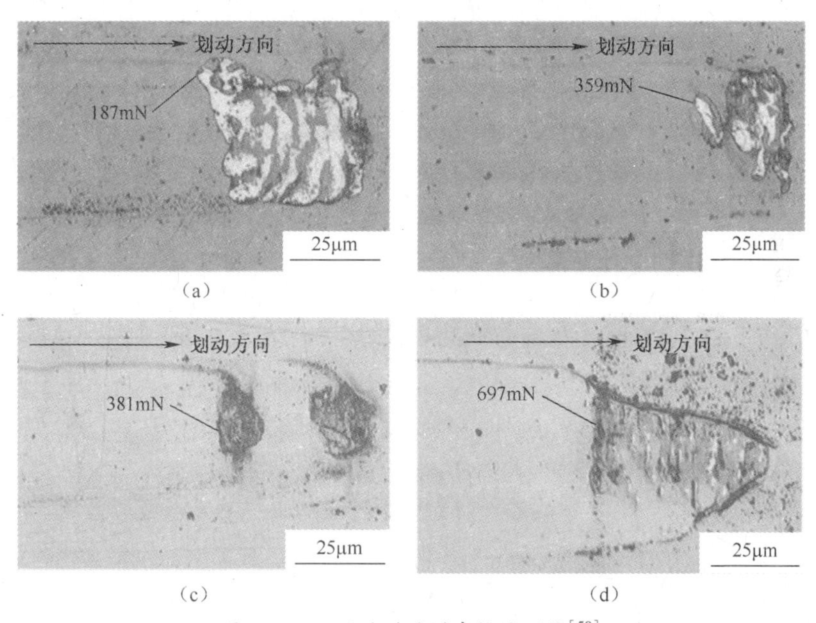

图 3-9　不同碳膜的划痕轨迹形貌[50]

(a)a-C:H;(b)梯度 a-C:H;(c)nc-TiC/a-C:H;(d)nc-TiC/a-C(Al):H。

3.2.2　纳米晶结构设计韧化

阻止裂纹形成和扩展可以提高韧性。裂纹形成需要满足一定条件:即材料中某缺陷处尖端的应力集中超过了材料的断裂强度。尖端应力集中与应力集中系数有关：$\sigma_{尖端}/\sigma_{施加} = 1 + 2\sqrt{2/\rho}$，其中，$\sigma$ 为外加的名义应力，$2a$ 是裂纹长度，ρ 是尖端半径。由于裂纹尺寸与晶粒尺寸成正比，如果减小晶粒或缺陷尺寸到纳米尺度，可显著降低应力集中系数。例如，纳米结构材料中裂纹长度 1~2nm，尖端半径 0.2~0.3nm（一个原子的键长），应力集中系数仅 4~6；而传统块体材料中系数约 30~100。

一般情况下，裂纹沿着薄弱区域扩展，大多数情况下是晶界。因此，强化晶界或增加晶界柔性，可阻止裂纹扩展。这导致裂纹扩展时弯曲或分叉，阻滞了扩展。为了获得高硬度和好韧性，Veprek 提出一设计概念，晶粒大小应控制在大约 3~4nm，晶粒间隔应小于 1nm 以控制缺陷尺寸。为了增大界面复杂性应尽量使用多相结构；为了强化晶界，应尽量使用易偏聚成二元化合物的三元或四元系统，以形成尖锐的高强度界面。基于此设计概念，Veprek 采用 CVD 制备了一系列纳米复合涂层：nc-TiN/a-Si_3N_4、nc-W_2N/a-Si_3N_4、nc-VN/a-Si_3N_4、nc-TiN/a-Si_3N_4/a-TiB_2（nc-TiB_2）、nc-TiN/a-BN 以及 nc-TiN/a-BN/a-TiB_2。需要特别关注 nc-TiN/a-Si_3N_4/ a-$TiSi_2$（nc-$TiSi_2$）纳米复合涂层，该涂层的微观结构是 TiN 纳米晶镶嵌在非晶 Si_3N_4 基体中，同时非晶（或纳米晶）$TiSi_2$ 形成两者的晶界。这种结构硬度达到 HV = 105GPa。压入实验未发现微裂纹，表明该涂层同时具有较好的韧性。

另一种增加涂层韧性的方法是允许晶界一定程度的滑动（而不是阻止），以消除应力。Voevodin 制备了非晶碳基体中镶嵌碳化物（尺寸为 10~20μm）的纳米复合涂层。这种尺寸大小的晶粒可限制初始裂纹尺寸，增大晶界体积。非晶边界的厚度必须大于 2μm 以阻止相临晶粒原子面的作用，利于晶界滑动，但需小于 10μm 以限制裂纹直线扩展。由此得到的 nc-TiC/a-C 和 nc-WC/a-C 纳米复合涂层的“划痕韧性”是单纯碳化物的 4~5 倍，硬度稍有降低。基于上述实验结果，Voevodin 认为该涂层虽然是纳米晶粒的复合，但比 Veprek 等人设想的 2~4nm 尺寸的晶粒大，而且非晶界面层厚度也在 1nm 以上，可以形成纳米尺度的位错，较大的晶粒间隔阻止了晶间非共格应变的建立。虽然硬度稍有降低，但塑性却有很大的提高。这归因于纳米晶粒滑动所形成的晶界变形的结果。因为位错被限制在纳米尺度范围内，晶界变形的机制必然是在晶体/非晶体的界面出现纳米裂纹或微裂纹，这导致一个纳米晶粒相对于其他晶粒反复移动，在宏观上显示出塑性的行为。与此同时，由于纳米裂纹或微裂纹在遇到障碍物（如 TiC/a-C 界面）之前扩展的距离很小（在 10~20nm 范围内），因此纳米裂纹或微裂纹向宏观裂纹尺度的长大被抑制。另外，晶体和非晶体的界面也会导致裂纹分叉，阻碍裂纹的扩展和脆性断裂，增加复合涂层的韧性。

纳米晶粒结构增韧的机理尚在讨论之中，这种纳米晶/非晶结构的复合涂层既具有较高的硬度，又有良好的弹性回复和韧性，传统的连续断裂机制显然难以对此异常现象做出合适的解释。一般认为,这种性能的异常可能和这种材料缺少位错及加载后非晶相基体中的微裂纹发生歪曲和扭折有关,因为当施加的载荷去除后,基体中的微裂纹很容易闭合,并且由于共价键极限断裂强度比典型的脆性材料的极限断裂强度高几十个百分点(如 Si-Si 共价键的极限断裂强度比脆性材料的极限断裂强度高出 20%)。不过这种机理还需要进一步地研究,并需要进行更多、更详细的测试数据以及建立原子理论模型来进行解释。

3.2.3　成分和结构梯度韧化

梯度结构是指组分、结构、性能随着空间连续变化或阶梯变化。通过梯度结构设计基本消除了宏观界面,有效地解决了涂层内部性能突变的问题,并达到缓和热应力的目的。梯度涂层是通过控制沉积参数和沉积材料的配比,获得从衬底到表面之间成分、组织结构和性能呈无界面连续变化的涂层,图 3-10 为梯度结构(涂层)的示意图。图中列出了梯度结构对基体、膜基界面和薄膜的要求。

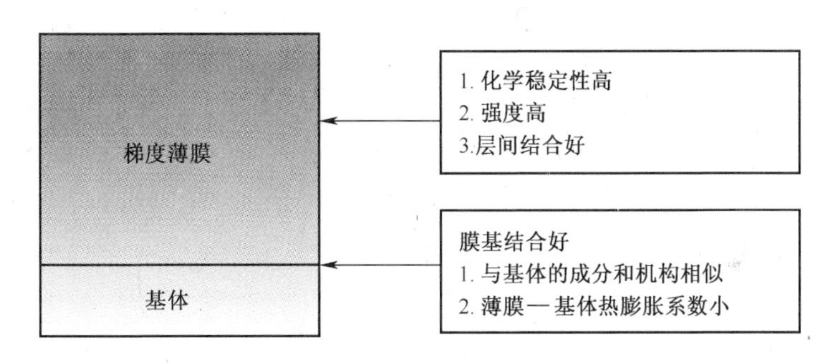

图 3-10　梯度结构示意图

梯度涂层材料的制备有三个方面的内容,分别是成分设计与结构优化、涂层制备及结构控制、基体物性及特性的评价。成分设计需要优选出最理想的组成和合成方法;在涂层制备中,基体表面首先沉积具有高结合强度的中间层,随后涂层的结构在涂层的厚度生长方向上均匀变化,直至稳定的外层结构。梯度中间层经常用于减少应力集中和提高涂层与衬底之间的结合强度;梯度设计不但由于提高薄膜与基体的结合强度,而且可提高涂层磨损性能和韧性,常用于沉积厚层。

Wang 等调整了溅射过程中的靶功率,制备了成分梯度变化的 CrAlSiN 薄膜(图 3-11)。从底部到顶部,薄膜微观结构发生了显著变化:从柱状晶变化到等轴晶,再变化到纳米等轴晶。与单层均匀 CrAlSiN 薄膜相比较,梯度 CrAlSiN 薄膜的韧性增加了 300%,而硬度一直保持在 25GPa。

Zhang[51] 通过逐渐改变负偏压制备了 1.5μm 厚度的 a-C 梯度涂层,获得较高的硬度(25GPa)和较好的韧性(塑性比为 58%)。在沉积薄膜时,负偏压由

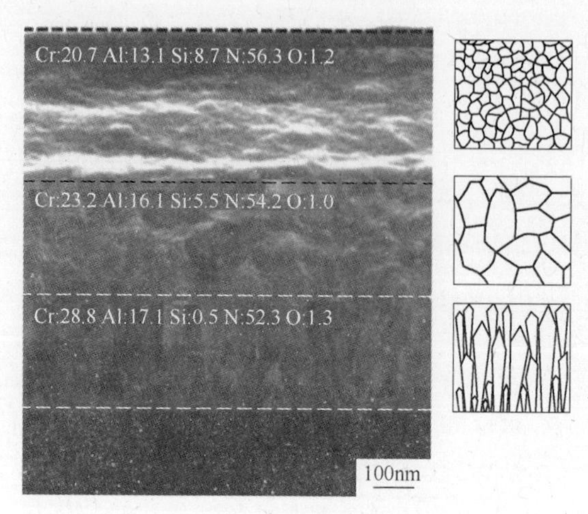

图 3-11 梯度 CrASiN 纳米复合材料图像(图像上给出化学成分,单位%)

20V(薄膜底部)逐步增大到 150V(薄膜顶部)。由于 sp^3/sp^2 的比例与负偏压有关,因此 a-C 薄膜底部的 sp^3/sp^2 比例较低,而薄膜顶部 sp^3/sp^2 比例较高。sp^3/sp^2 较低时,膜基结合强度较高;sp^3/sp^2 较高时,薄膜硬度较大。由此获得了结合好、既硬又韧的薄膜。在其他梯度涂层系统中,如在 TiCN、TiN-TiCN-TiC-DLC 和 Ti-TiC-DLC 中,也观察到同时获得较高的结合强度、硬度和韧性的现象。由于分界面并不明显,因而梯度结构可以有效抑制裂纹萌生。

梯度涂层的增韧机理目前尚未形成定论。但部分学者认为,对均质涂层而言,基体(一般为金属)与硬质涂层(一般为金属间化合物)的组织,结构(如晶格常数等)和性能(如硬度、弹性模量等)相差很大,受力变形时应力集中于涂层与基体的界面上,由于变形的不协调性,引起涂层的剥落与开裂。对于梯度涂层而言,涂层中存在着金属和化合物两种相,且呈梯度分布,改善了涂层与基体之间的匹配性,变形时应力不再集中于某一界面,而分布在整个过渡区内,裂纹难以形成和扩展,其结果是提高了涂层的结合强度和韧性。随着梯度的增大,涂层与衬底间的过渡区增大,应力更加缓和,故结合强度随着梯度的增大而提高,涂层在变形中不易产生裂纹。另外,硬质涂层中总是存在着残余应力,有时其值达若干吉帕数量级。涂层的残余应力由两部分组成:一是因涂层与衬底点阵常数不同造成畸变而引起的本征应力;二是涂层在冷却过程中因涂层与衬底的热膨胀系数不同而引起的热应力。对于功能梯度涂层而言,由于热膨胀系数的缓慢变化,使梯度涂层中的热应力分布随着梯度的增大更趋缓和,即热应力随之逐渐降低;同时,过渡层之间晶格失配也很小,本征应力变化很小。由以上分析可知梯度涂层的本征应力和热应力均低于均质涂层,且随着梯度的增大,残余应力逐渐减少。综上所述,梯度涂层既缓和变形的应力集中,又降低了残余内应力,尽管硬度略有下降,但塑性和韧性都得到了改善。

3.2.4 多层结构韧化

多层结构薄膜是指由两层或两层以上不同组分或结构的单层交替叠合而成的薄膜。一般来说,单层的组分或结构不同且相邻层之间的界面非常清晰,每个单层内组分均匀,薄膜中形成的组分或结构呈周期性变化。对于双层结构,每相邻两层形成一个周期,称为调制周期 Λ;重复 n 次 Λ,即可以获得厚度 $h=n\Lambda$ 的硬质薄膜。由于多层结构薄膜具有较强的界面效应、层间耦合效应等,因此显示出与单层薄膜许多不同的特性,如硬度提高(强化)、韧性改善(韧化)等。

20 世纪 70 年代初,Koehler 提出了弹性模量相当大的两种组元的多层结构获得高强固体的模型,其思想是根据薄层材料阻碍位错产生和运动的作用。自那时以来,在揭示多层结构力学增强效应方面已做了大量的工作,同时,实验还证明多层结构能够改善韧性,提高耐腐蚀性和抗开裂性并能细化晶粒等。图 3-12 显示一些可以成为多层结构涂层的潜在材料。共价键材料有高的硬度和高温强度;金属键材料具有高的结合强度和韧性;离子键材料具有热稳定性和化学惰性。目前,成功制备高硬度和高韧性的多层结构涂层系统有:陶瓷/陶瓷,如 TaN/TiN、ZrN/TiAIN、ZrN/TiN、VN/TiAIN 和 TiN/TiCN/TiAlN 等;陶瓷/金属,如 CrN/Cr、TiN/CrN/Ti 和 TiAlN/Mo 等;陶瓷/DLC,如 TiC/a-C 等。

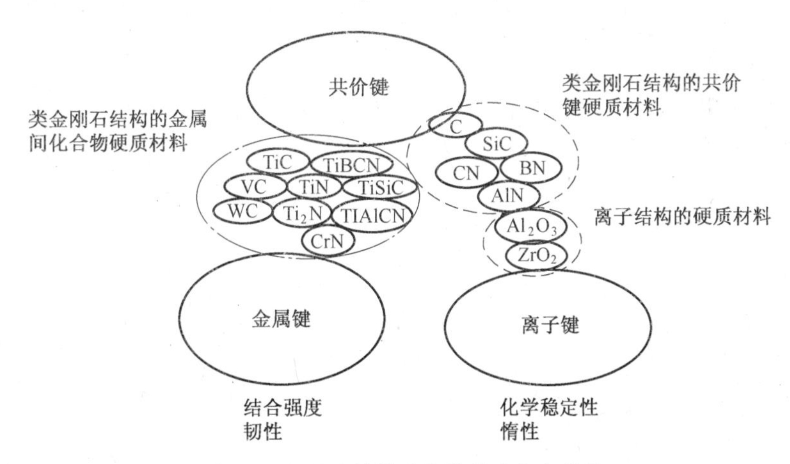

图 3-12 硬质材料的化学键变化与性能

3.2.4.1 纳米多层薄膜的组元

以过渡族金属(Ti、Zr、Cr 等,用 Me 表示)为主的氮化物(MeN)、碳化物(MeC)是最主要的陶瓷薄膜材料。过渡族金属(Me)也是主要的多层结构中的单层金属元素。MeN/MeN 和 MeN/Me 是制备强韧化纳米多层硬膜的首选方法。文献可见强韧化多层结构薄膜系统有:陶瓷/陶瓷体系,如 TiN/

TiAlN[52-53]、ZrN/TiN[54]、TiN/CrN[55]、CrN/AlN[56]等;陶瓷/金属体系,如CrN/Cr[57,58,59]、TiN/Ti[60-61]和TiAlN/Mo等;碳基薄膜体系[62],如陶瓷/DLC(TiC/a-C[63]、a-C/a-C:Ti[64]、WC/DLC[65])以及DLC(sp^2)/DLC(sp^3)多层[66]。从上述实例中可以看出,陶瓷层和金属层中的Me并不要求是同一种元素。从多层强化原理看,不同晶体结构和弹性模量差异是导致位错在界面处受阻从而强化的基本原理之一,因此晶体结构的差异反而带来有益的强化效果。即使陶瓷层和金属层中的Me是同种元素,Me和MeN的晶体结构未必相同。以Ti和TiN为例,Ti是复杂六方结构,TiN是面心立方结构,因此两者并不会获得外延生长结构。

对碳基薄膜而言,多元/多相复合、梯度多层和纳米多层的方法都可以用来强韧化薄膜[62]。目前来看,强/弱碳金属元素掺杂和非金属元素掺杂是最主要的强韧化方法,其强韧化机理是纳米晶—非晶复合结构的界面强化效应和晶界滑移强韧化;梯度多层结构建立膜基界面匹配,显著降低了内应力,提高了结合强度,从而起到强韧化作用;纳米多层结构碳基薄膜的研究相对较少,但已有的研究结果证实纳米多层结构设计显著提高了碳基薄膜的强韧性能[67,68]。

表3-2列出了若干典型纳米多层结构薄膜的研究情况。从中可以归纳如

表3-2 若干典型纳米多层结构的研究情况统计

成分	周期/nm	厚度/μm	基体	制备方法	应用	参考文献
TiN/TiN_{1-x}	$\Lambda=6.7\sim600$ $n=60$	15~25		电弧PVD	冲蚀	[69]
TiAlN/TiAlZrN	$\Lambda=6.7\sim600$	4.8	高速钢	电弧PVD	钻头	[70]
TiN/TiAlN	$\Lambda=125$ $n=24$	3	AISI 1045	磁控溅射	腐蚀、冲蚀	[53]
TiAlN/CrN		2.5~3	AISIP20	电弧PVD	疲劳	[71]
TiN/CrN	$\Lambda=8,19,25$	2	高速钢	电弧PVD	接触疲劳	[55]
$ZrN/Zr_{0.3}Al_{0.37}N$	$\Lambda=17\sim45$	1	MgO	反应磁控溅射		[72]
TiN/(TiAl)N			不锈钢	电弧PVD		
TiN/Zr(Nb,Ti)	$\Lambda=60$	24~25	AM355	磁控溅射	冲蚀	[73]
CrN/Cr	$\Lambda=500\sim4000$	24~26	Inconel718	电弧PVD	冲蚀	[74]
W(C)/W		3.5~14	不锈钢	磁控溅射	冲蚀	
CrN/Cr	$\Lambda=100\sim500$	5~6	Ti6Al4V	等离子增强PVD		[58]
TiN/Ti	$\Lambda=4,12,40$	4	X6CrNiTi18-10	电弧PVD		[40]
CrN/Cr	$\Lambda=500/250$	3	不锈钢		残余应力分布	[36]
MCD/NCD		10~13	Si_3N_4		冲蚀	[75]
DLC/TiC	$\Lambda=80,106,160$		Ti6Al4V	电弧PVD		[63]

下现象:纳米多层结构薄膜主要采用阴极电弧、磁控溅射方法制备,沉积在多种基体上。其组元以过渡族金属元素的氮化物或金属为主,多层结构的周期和厚度等参数能在很宽范围变化;纳米多层结构薄膜可用于耐磨损、抗冲蚀和微动疲劳防护,用于抗冲蚀薄膜的厚度明显大于磨损和微动磨损薄膜。

3.2.4.2　多层韧化机理

到目前为止,研究者提出的多层结构提高韧性的机理包括[76,77]:①裂纹在界面偏转;②延性中间层韧性连接作用;③界面处纳米塑性导致裂纹尖端钝化;④应力集中得到释放,阻止了应力集中导致微裂纹的萌生和扩展。图 3-13 给出了多层结构韧化的机理示意图。从图中可以看出,多层结构设计提高韧性是多种机理共同作用的结果。这些增韧机制已经在多项实验中得到验证。

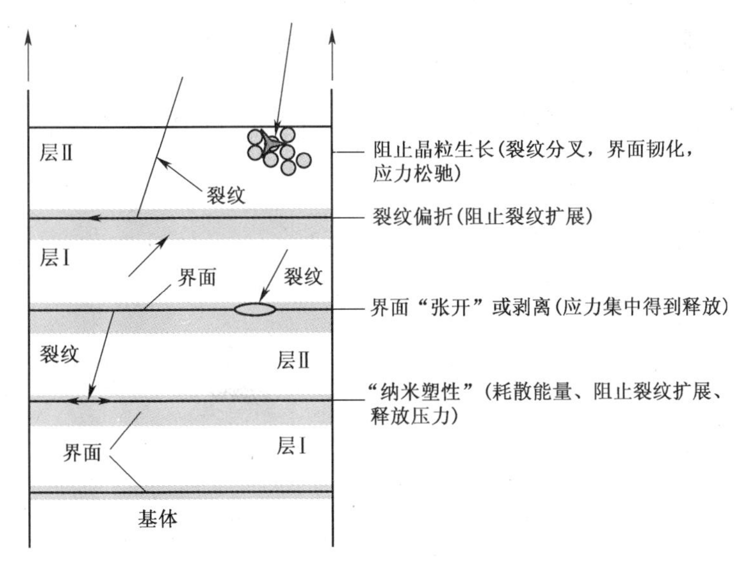

图 3-13　多层结构韧化的机理示意图[72]

1. 裂纹在界面处偏转

多层结构是许多不同成分(或结构)的单层逐层堆积而成,相临层之间有明显的界面。由于单层内部成分往往是均匀的,裂纹一旦形成并失稳扩展时,往往贯穿整个单层而止于界面。当越过界面向下一单层扩展时,往往会沿着界面扩展一段距离,因此其位置会发生改变(偏转)。且由于部分能量在界面处损耗,向下传递的裂纹数量或密度逐渐减小,由此随着层数的增加,降低形成贯穿薄膜整个厚度裂纹的倾向。多层结构对裂纹偏转的影响如图 3-14 所示。图 3-14 中,1 层的薄膜往往形成柱状晶。柱状晶晶间界面是整个薄膜的薄弱区域:腐蚀介质沿柱状晶界扩散到达基体造成腐蚀失效;裂纹会沿着晶界扩展,如果晶界含有脆性相,那么这一过程会变得更加容易。多层结构会减小柱状晶尺寸,避免形成贯穿整个薄膜厚度的粗大柱状晶，且随着层数的增加，这种削弱柱状晶的效果更加明显[78]。

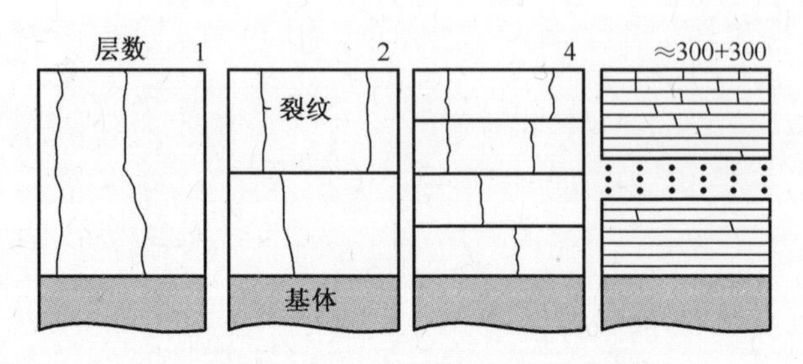

图 3-14　多层结构对裂纹偏转的影响

裂纹在界面处偏转，是纳米多层结构最基本的韧化原理。对于 MeN/MeN、MeN/Me 和纳米结构碳膜均适用。

图 3-15(a)和(b)分别是 TiN/CrN 压痕截面和 Cr/CrN 冲蚀截面形貌。图 3-15(a)中，J. J. Roa[55]采用电弧离子镀在高速钢表面(HRC63，约 8GPa)沉积 TiN/CrN 多层薄膜，研究了不同周期(8nm、19nm 和 25nm)下薄膜在压入、划痕接触载荷下的力学响应。发现随着周期减小，薄膜抵抗变形和开裂的能力增强，从耐磨损角度来看，这直接提高了薄膜的耐磨损性能。采用 FIB 技术制备了压入后形变样品的截面样品，观察形貌发现周期 25nm 的样品在 200mN 压入后存在两类裂纹，即横向层间裂纹和柱状晶间裂纹。横向层间裂纹存在于薄膜厚度中间位置，且发生偏折。

图 3-15(b)中，Naveed[74]在 Inconel718 表面沉积 24~26μm 的 Cr/CrN 纳米多层膜(调制周期比 1∶3)，研究了冲蚀工况下的力学响应。最外层在冲蚀粒子作用下已经剥落，靠近基体的部分依然保持完整。但可以看到萌生于膜基界面的径向裂纹，也可以看到萌生于层间界面的横向裂纹。横向裂纹主要在 CrN 层

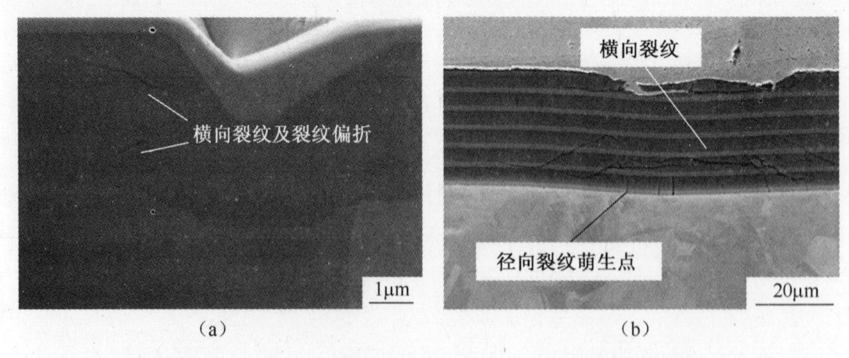

(a)　(b)

图 3-15　TiN/CrN 压痕截面和 Cr/CrN 冲蚀截面形貌

(a)TiN/CrN 薄膜(周期 25nm)压痕截面形貌[55]；(b)Cr/CrN 薄膜冲蚀截面形貌[71]。

内扩展，部分裂纹在 Cr、CrN 界面处偏折，部分裂纹穿过 Cr 层扩展。由于冲蚀是载荷连续不断地冲击过程，而压入是载荷一次压入过程，因此冲蚀的裂纹密度和长度要大于压入工况。

Yau[79] 以 nc-TiAlN/a-Si_3N_4 为例，研究了纳米晶层/非晶层组成的多层结构的性能。与单层 TiAlN 相比，nc-TiAlN/a-Si_3N_4 最大划痕临界载荷提高了 165%，作者将其归因于层界面对裂纹的偏转作用。

Li[80] 研究了 SiN/Cu 多层薄膜在纳米尺度的形变、断裂机理，采用 FIB 技术获得微米尺度样品，然后采用 TEM 观察了形变、断裂过程。观察到了两类裂纹扩展行为：一是 SiN 层中裂纹扩展；二是 SiN/Cu 界面裂纹扩展。在分析裂纹扩展过程的基础上，该作者提出了基于裂纹扩展的动态能量准则，即裂纹萌生后将持续扩展，直到动态能量全部消耗在形成新的裂纹界面。

微观裂纹在界面处的偏转是纳米多层结构实现韧化的最主要机理。

2. 延性层的韧性连接

图 3-16 是 Cr/CrN 纳米结构多层薄膜受压时 STEM 截面形貌图。可以看到薄膜内部存在若干微裂纹。这些裂纹萌生于 Cr 与 CrN 层界面，向 CrN 层内扩展并贯穿 CrN 层，终止于 Cr 与 CrN 界面。该图直观表明了 Cr 层（延性层）对于裂纹扩展的阻碍，起到韧性连接作用。

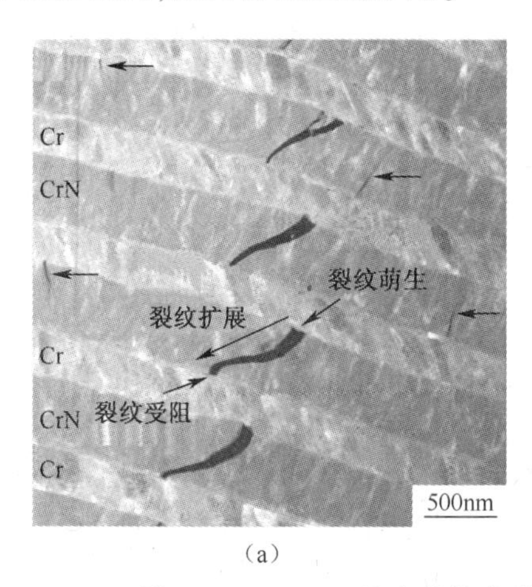

(a)

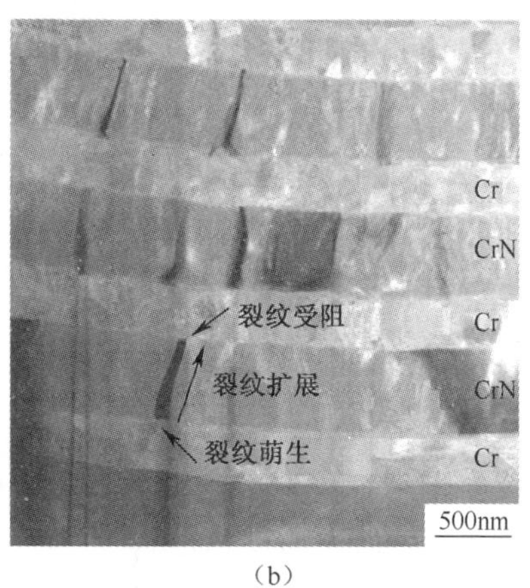

(b)

图 3-16　Cr/CrN 纳米结构多层薄膜受压时 STEM 截面形貌图
(a) 紧邻压头下方区域；(b) 紧邻基体上方区域。

如果多层结构中没有延性层（如 MeN/MeN），其抵抗裂纹的扩展能力相对较弱。图 3-17 是 TiN/CrN 多层薄膜划痕截面形貌。可以看到划痕亚表层出现了大量微观裂纹和孔洞（图中箭头所示）。表明在划痕实验中，亚表层的微观结构发生显著改变，出现了高密度的微观裂纹。而 MeN/Me 多层膜中，未发现类似情况，表明金属延性层具有较好的变形能力，起到韧性连接作用。

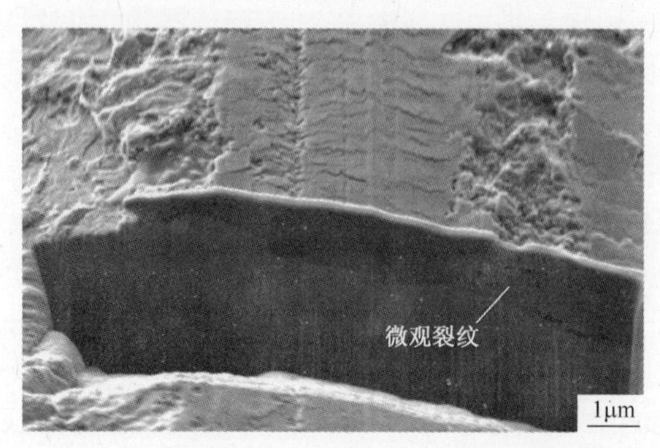

图 3-17　TiN/CrN 多层薄膜(周期 25nm)的划痕截面形貌(90N)[55]

3. 避免应力集中

应力集中是造成裂纹萌生和扩展的直接原因。材料在小于屈服强度的宏观应力作用下会发生塑性变形和断裂(如高周疲劳过程),其原因就是应力集中,导致局部应力大大超过屈服强度,造成形变。沉积薄膜的过程中,薄膜内部的(共格)应力逐步积累并快速增加。当达到一定应力后,超过薄膜材料承受的极限,薄膜发生破裂。因此,应力破坏是制备厚膜的主要阻力。多层结构之所以可以降低薄膜制备过程中的应力,层间界面晶格不匹配造成的应力释放是主要原因。

多层结构释放应力的作用,不仅体现在沉积过程中,同时体现在外力作用下塑性变形过程。对于 MeN/Me 多层结构薄膜,该过程更显著。例如,Ma 研究发现单层 TiN 薄膜在受外力时塑性变形能力差,萌生裂纹,随后扩展并聚集成为主裂纹;而 TiN/Ti 多层膜通过 Ti 单层剪切变形消耗大部分能量,降低应力集中,降低萌生裂纹倾向,薄膜的断裂韧性得到显著提高。

3.2.4.3　子层的尺度因素对韧化的影响

多层结构薄膜断裂韧性的大小与厚度、周期、子层微观结构等因素有关,这些因素对韧性的影响在 MeN/MeN、MeN/Me 多层薄膜体系中均得到验证。

1. 周期 Λ 的影响

多层膜的周期(Λ)对薄膜的韧性有显著影响。Suresha[85]采用压入法研究了单层 TiN 和多层 TiN/AlTiN 的韧性。图 3-18 给出了载荷 20N 时单层 TiN 和多层 TiN/AlTiN 的压痕形貌。单层薄膜边缘开裂的程度明显比多层薄膜严重,表明前者韧性较差。TiN 层与 AlTiN 层厚度之和为该多层膜的周期 Λ。当 Λ = 650nm(图 3-18(b))时,压痕四边边缘都出现裂纹;Λ = 130nm(图 3-18(c))时,压痕两边边缘出现裂纹。说明周期由 650nm 降低到 130nm 时,薄膜韧性提高。这从薄膜压痕界面形貌得到验证。在压痕截面形貌中,Suresha 观察到单层 TiN 中出现连续剪切裂纹;Λ = 650nm 薄膜中存在不连续的剪切裂纹,而 Λ = 130nm

薄膜中几乎观察不到剪切裂纹。这些结果表明了分层结构对阻止裂纹扩展是非常有效的。该研究表明,在 $\lambda=130\sim650\text{nm}$ 范围,韧性随 Λ 的减小而增加。

徐雪波[82]采用封闭磁场非平衡磁控溅射离子镀设备制备出具有不同内插层的 CrN/MeN 或 CrN/Me 纳米多层调幅结构薄膜,采用压入法研究薄膜韧性和增韧机理。发现多层调幅结构涂层的断裂韧性与调制波长有关,通过工艺优化得到韧性较好的多层薄膜。J. Y. Zhang[83]制备了 Cu/Cr 多层膜,调制周期 Λ 在 10~250nm。发现当 $\Lambda=50\text{nm}$ 时,具有最好的韧性。宋贵宏[84]采用电弧离子镀技术制备 1351nm~260nm 周期范围的 Cr/CrN 多层结构薄膜,发现由于具有适当厚度的 Cr 层和氮化物层,双层周期为 862nm 的 Cr/CrN 多层膜的压痕韧性最高。认为 Cr/CrN 多层膜的压痕韧性与双层周期有关,具有适当厚度 Cr 层和氮化物层的 Cr/CrN 多层膜具有最高的压痕韧性。

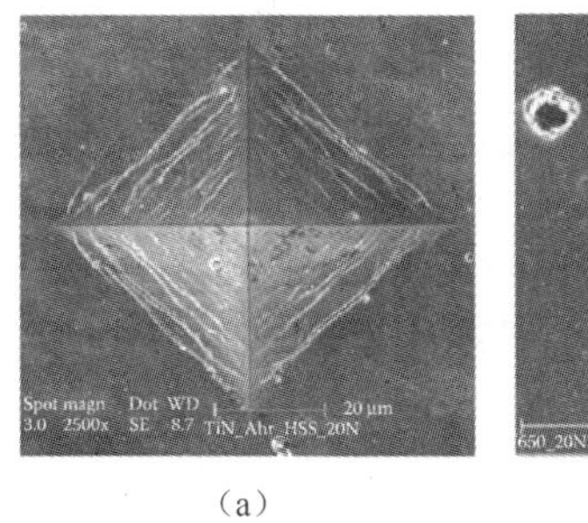

(a)

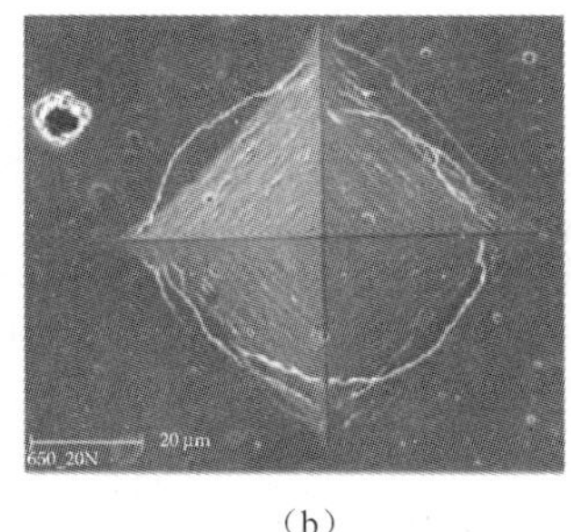

(b)

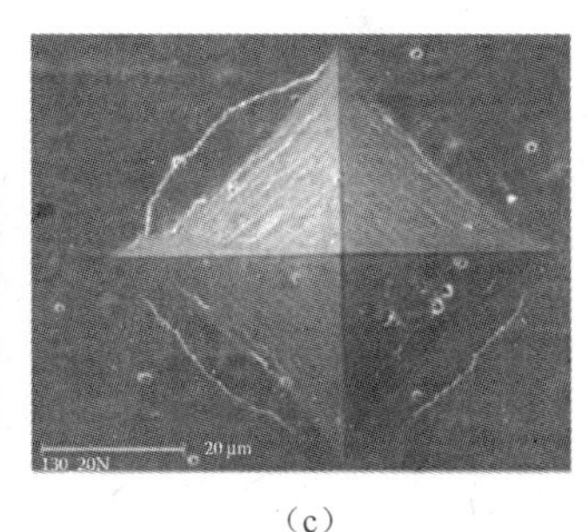

(c)

图 3-18　荷载 20N 时压痕形貌

(a)单层 TiN;(b)$\Lambda=650\text{nm}$ TiN/TiAlN;(c)$\Lambda=130\text{nm}$ TiN/TiAlN[85]。

图 3-19 列出了上述文献中纳米多层结构的周期-断裂韧性关系曲线。图中横坐标表示周期,纵坐标表示断裂韧性。由于很多文献并没有定量计算断裂韧性值,因此图中仅示意多层膜的韧性随周期的变化趋势。可以看出,横轴靠近零点一端,薄膜的韧性随周期增加而变大;横轴远端位置,薄膜的韧性随周期增加而变小。这表明多层薄膜的韧性随周期变化是先增加后减小,存在韧性的极大值。该韧性极大值对应的周期值随多层膜的组元不同而变化。

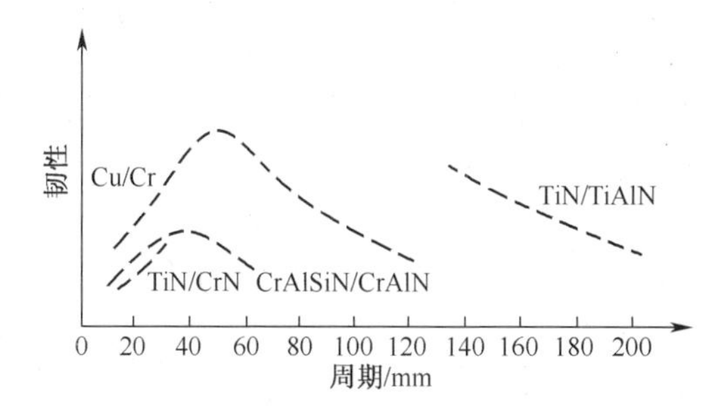

图 3-19　纳米多层结构的周期-断裂韧性关系曲线

总的来说,界面数量的增加改善了薄膜韧性。从现有文献来看,对于 MeN/MeN 体系纳米多层结构,研究多集中在周期对性能的影响上;对于 Me/MeN 体系纳米多层结构,研究多集中在调制周期比对性能的影响上。

2. 调制周期比对韧性的影响

Wieciński[81]采用阴极电弧方法在 Ti6Al4V 上制备了 Cr/CrN 纳米多层膜。薄膜厚度保持 5.5μm 不变,改变调制周期比制备若干组 Cr/CrN 纳米多层膜。发现多层膜的硬度受 Cr:CrN 调制周期比影响,在 10~35GPa 范围变动。图 3-20 显示了不同 Cr:CrN 调制周期比的 Cr/CrN 纳米多层膜压痕截面形貌。可以看到当 CrN 比例较大时(图 3-20(a)、(f)),裂纹非常容易地穿过 Cr 层扩展,从而形成大尺寸的裂纹;随着 Cr:CrN 比例增大(即 Cr 占比例增加),裂纹数量减少,尺寸变小。在图 3-20(e)、(j)中,已经看不到宏观裂纹,并且裂纹被限制在 CrN 层中。这直接反映了调制周期比对多层膜性能的影响。随着 Cr 层所占比例的增加,减少了裂纹在界面处的萌生,延性层的韧性连接作用阻止了裂纹的扩展。

Lee[86]利用划痕法和压痕法测试了多层薄膜体系的增韧效应。单层 TiAlN 薄膜表现出非常明显的脆性,划痕形貌中薄膜严重剥离(图 3-21(a)),压痕形貌中严重破碎(图 3-21(c))。而 TiN/TiAlN 多层膜划痕形貌和压痕形貌都未发现明显薄膜剥离和破碎的情况(图 3-21(c)、(d)),表明多层结构阻碍了裂纹的形核和扩展,韧性显著提高。具体地说,在压痕形貌中,多层 TiN/TiAlN 薄膜压痕完整,边缘整齐,仅有几条径向裂纹扩展到压痕外部;而单层 TiAlN 薄膜压痕形貌不完整,压痕边缘薄膜破碎严重。

Karimi[87]制备了一系列纳米结构的 TiAlN(Si,C)薄膜,测试了薄膜的硬度、压痕临界载荷值和断裂韧性,结果如图 3-22 所示,图中“M”为多层涂层的缩写。从图中可以看到,TiN/AlN 多层膜具有最高的硬度和最好的韧性。Lin[56]采用压入法测试了 CrN/AlN 多层膜的韧性,也得到类似的结果。事实上,膜层数量,每个子层的厚度以及不同子层的厚度比率都会影响韧性。这些因素对韧性的影响在诸多多层薄膜体系如 TiC/TiB_2、TiC/TiB_2、TiC/CrC、CrN/AlN 和 TiN/Ti 中均得到验证。

徐雪波[82]采用封闭磁场非平衡磁控溅射离子镀设备制备出具有不同内插层的 CrN/MeN 或 CrN/Me 纳米多层调幅结构薄膜,通过控制 OEM(Optical Emission Monitor,光谱发射监控仪)值来动态闭环调节氮气流量,以精确控制氮气流量而制备出掺杂 Al、Nb 等元素的纳米多层调幅结构薄膜和复合膜。在制备出掺杂 Me 的薄膜上用压入法研究薄膜韧性和增韧机理。经过研究得到了 CrAlN 及 CrAlNbN 薄膜韧性的结构影响因素:裂纹扩展以在晶柱间扩展为主,因此晶柱间的纳米复合镀层的断裂韧性随掺 Al 量增加而降低,而掺杂 Nb 后并未出现这种情况,而是随掺杂量的增加其断裂韧性也增加;多层调幅结构的断裂韧性不

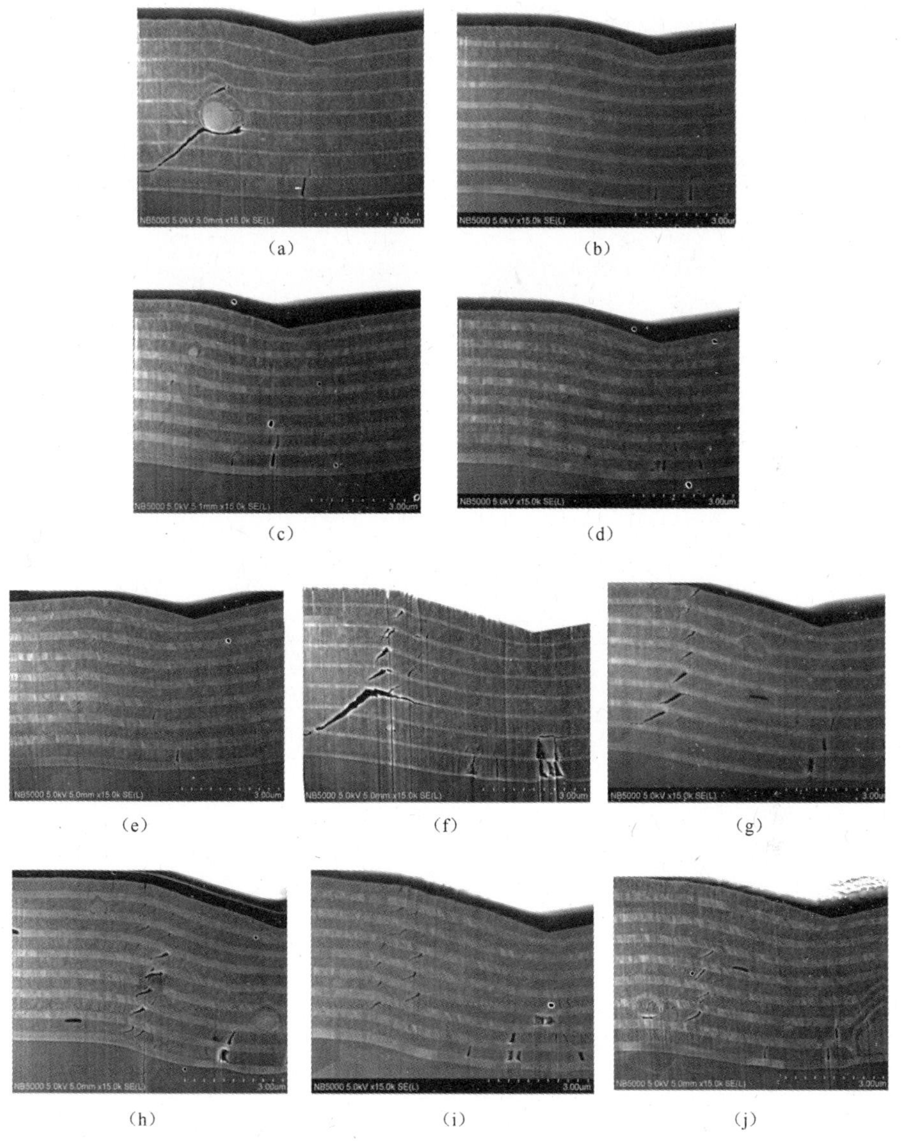

图 3-20　不同 Cr:CrN 厚度比压痕截面形貌

(a),(f)0.15;(b),(g)0.36;(c),(h)0.52;(d),(i)0.65;(e),(j)0.81[81]。

如在相同工艺条件下得到的复合涂层,多层调幅结构涂层的断裂韧性与调制波长有关,通过工艺优化得到韧性较好的多层薄膜。

李戈扬采用反应溅射制备了一系列不同调制周期的 TaN/NbN 纳米多层复合涂层和 TaN、NbN 单层涂层。发现 TaN/NbN 多层薄膜的硬度和耐磨损性能较单层 TaN 和 NbN 显著提高。其耐磨性能的提高归因于硬度的提高,同时又归因于多层调制结构导致的韧性提高。调制结构中大量界面的存在使涂层的韧性得

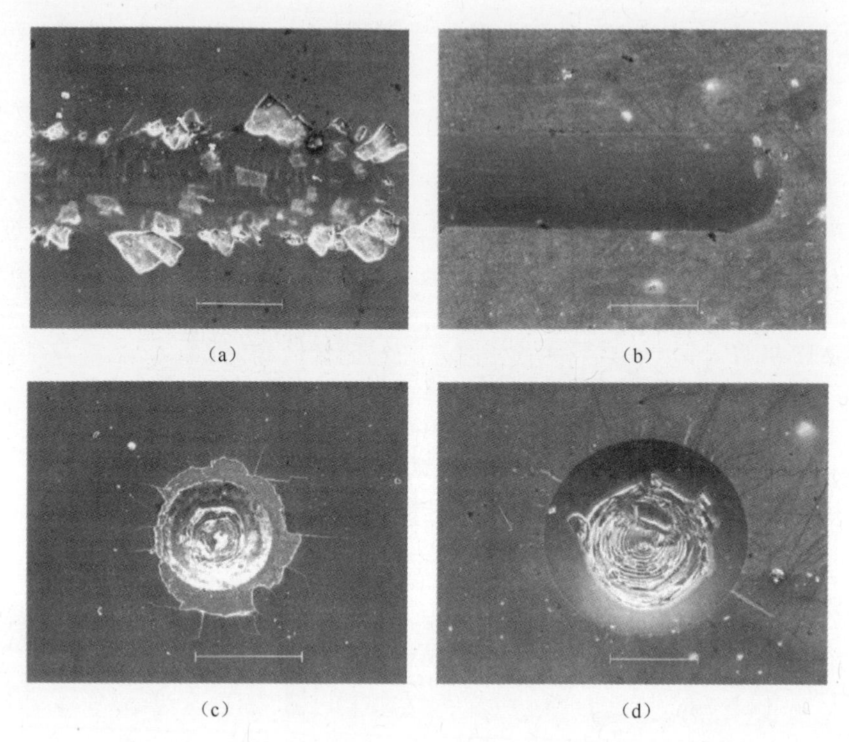

图 3-21　单层 $Ti_{0.5}Al_{0.5}N$ 和多层 $TiN/(Ti_{0.5}Al_{0.5})N$ 韧性[86]

(a)、(b)为划痕形貌；(c)、(d)为压痕形貌。

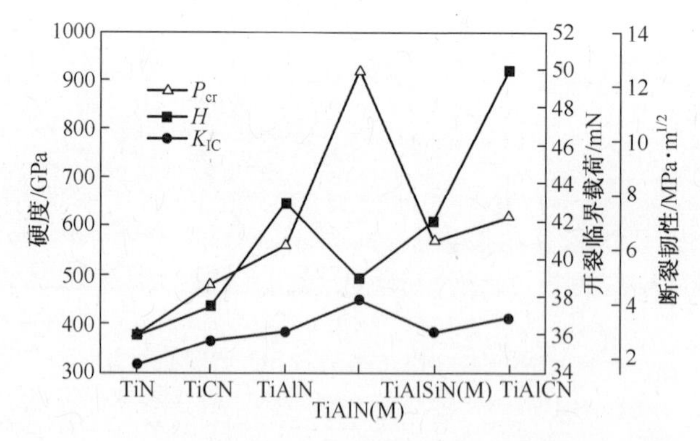

图 3-22　一些涂层的不同硬度，临界荷载裂纹和断裂韧性[87]

1—TiN；2—TiCN；3—TiAlN；4—TiAlN(M)；5—TiAlSiN(M)；6—TiAlCN。

以提高。

3. 子层厚度对韧性的影响

单层厚度对多层结构涂层的性能有着显著的影响。Wolfe 制备了 $TiC/Cr_{23}C_6$ 多层结构涂层，对涂层的断裂韧性进行了细致的探讨。发现随着单层厚度的增加，多层结构涂层断裂韧性增加（图3-23），硬度降低。该作者认为断裂韧性的增加可能是因为薄膜的内应力增加。

在薄膜厚度一定的情况下，增加层数，相应地减小了单层厚度，这使得薄膜的韧性减小。Wolfe采用维氏压入法测定了14μm厚的TiC/TiB_2多层结构涂层的硬度和断裂韧性。薄膜的层数分别为2、4、6、10。结果发现，随着层数的增加，薄膜的硬度增大，但韧性逐渐降低，总层数由4变成10后，断裂韧性由3.34MPa·$m^{1/2}$降低到2.52MPa·$m^{1/2}$。在TiC/CrC体系中也观察到类似的情况，TiC/CrC多层膜单层厚度由1.2μm降低到0.1μm后，断裂韧性由4.2MPa·$m^{1/2}$降低到1.4MPa·$m^{1/2}$。这说明单层厚度对薄膜韧性具有重要影响，高的断裂韧性需要一定的厚度。

一般来说，在韧性较好的金属纳米多层结构涂层中，硬度的提高对其耐磨性提高的作用较大，而在韧性相对较差的硬质陶瓷纳米多层结构涂层中，韧性的提高则显得更加重要。如TiN/TiAlN纳米多层结构涂层虽然硬度比TiN、TiAlN仅有微弱增加，但其耐磨性却有明显的提高。金属单层与硬质材料单层组成的多层结构对提高涂层的断裂韧性效果明显。Ma研究了TiN/Ti多层结构涂层认为，在受外力时，纯金属（Ti）单层通过剪切变形消耗大部分能量，降低应力集中，不易萌生裂纹。而对于纯的TiN涂层，由于塑性很差，不能松弛集中的应力，严重的变形出现在涂层的缺陷位置并进一步导致开裂，萌生裂纹，随后扩展并聚集成为主裂纹，但是对于Ti//TiN多层结构涂层，外力作用时，Ti单层借助剪切变形消耗能量，缓和应力，不易萌生裂纹；在外力增大时，裂纹可能出现在单层界面或涂层与衬底的界面，但由于界面的作用，裂纹也不易扩展，涂层的断裂韧性得到显著提高。

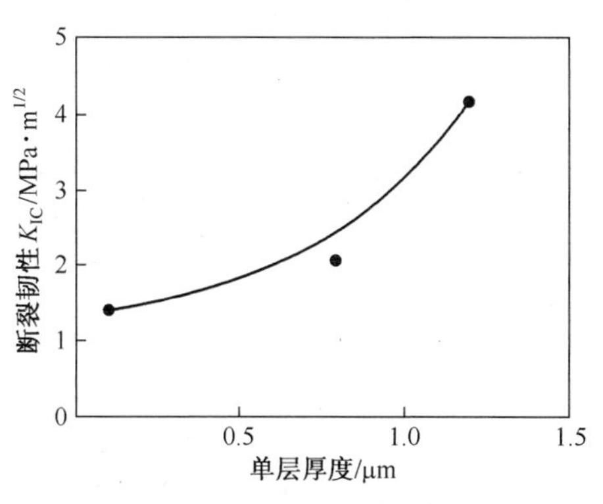

图3-23　TiC/$Cr_{23}C_6$多层涂层的不同单层厚度与断裂韧性的关系

总的来说，层数、单层厚度、两相邻单层厚度的比率（或周期）影响薄膜的硬度以及内应力，对薄膜韧性的影响有积极的作用。但如果没有设计上述工艺参数，也可能并不能取得理想的效果。实际应用中已经发现，单层厚度对薄膜服役性能有显著影响,减小单层厚度可提高薄膜的韧性,但并不一定起到正向的作用,如在冲蚀、冲击等动态载荷下,单层厚度小的薄膜很快失效。

3.2.4.4 子层的微观结构对韧性的影响

除了研究子层的尺寸效应外,人们还研究了子层的晶体结构对韧性的影响。

在对 TiN/SiN_x[88] 和 $CrAlN/SiN_x$[89] 多层膜研究中,人们发现 SiN_x 层的晶体结构受其厚度影响。当厚度仅有若干埃时,SiN_x 是外延晶体结构;随着厚度增加,SiN_x 晶体结构发生相应变化;当厚度超过一定临界值(阈值)时,SiN_x 由晶态转为非晶态。多层膜的硬度也随 SiN_x 子层的结构变化发生相应改变。尽管该文献没有研究裂纹变化情况,但 SiN_x 晶体结构的变化会影响裂纹生长和扩展行为,从而改变韧性。Wang[90] 采用磁控溅射技术制备了 $TiMoN/Si_3N_4$ 纳米多层薄膜。发现薄膜的微观结构和性能与 Si_3N_4 层的厚度(l)有关。当 $l<0.8$nm 时,Si_3N_4 层以晶态形式存在;当 $l>0.8$nm 时,Si_3N_4 层以非晶形式存在。由此导致 $TiMoN/Si_3N_4$ 的硬度从 29.9GPa 降低到 20.1GPa,韧性也相应发生变化。

Wang 首先研究了均匀梯度变化的 CrAlSiN 纳米复合薄膜[91] 和多晶 CrAlN (pc-CrAlN)[92] 薄膜,然后将它们组合形成 CrAlSiN 和 pc-CrAlN 交替排列的多层结构,图 3-24 给出了该多层膜的微观结构。图 3-24(a)中箭头所示为两者的界面,将该界面处放大如图 3-24(b)所示。发现 CrAlSiN 纳米复合层阻断了 pc-CrAlN 柱状晶的生长。两者界面间没有外延生长关系,然而界面并不明显。在界面位置可以观察到 10nm 的 pc-CrAlN 晶粒和 5nm 的 CrAlSiN 纳米复合层晶粒,两者组成了复杂的界面(图 3-24(d))。CrAlSiN 纳米复合层的晶粒成自由取向,仅少数与电子束平行的取向的晶粒能被观察到。上述这种结构的 CrAl-SiN/pc-CrAlN 多层薄膜的硬度和韧性与周期 Λ 呈现一定规律:$\Lambda=10$nm 时,多层膜的硬度与 CrAlSiN 单层纳米复合膜的硬度几乎相同,但韧性有明显增加;当 $\Lambda=60$nm 时,多层膜硬度与 CrAlSiN 单层纳米复合膜的硬度相比有所降低,但韧性增大;当 $\Lambda=40$nm 时,硬度和韧性都增加;$\Lambda=20$nm 时,硬度最大,韧性与 $\Lambda=40$nm 相比稍有降低。在上述不同周期的结构中,$\Lambda=20$nm 的多层薄膜与 CrAlSiN 纳米复合膜相比硬度明显增大,同时韧性是后者的 5 倍。这显示出多层结构在提高韧性上的巨大优势。

M. schlogl[93] 采用磁控溅射技术制备了 CrN/AlN 多层膜。AlN 可能有两种相:一种是立方 AlN 即 c-AlN;另一种是纤锌矿(Wurtzite)AlN 即 w-AlN。研究了不同 AlN 结构的多层膜的断裂行为。发现若 AlN 层成亚稳定立方相,可提高多层膜的裂纹萌生和扩展抗力;若 AlN 成 w 相,裂纹一旦形成,多层膜很快失效。压应力作用下,CrN,CrN/w-AlN 和 CrN/c-AlN 失效载荷分别是 5.25GPa、3.80GPa 和 6.8GPa,作者归因于 w-CrN 和 c-AlN 之间形成了连续界面。

多层结构设计提高薄膜韧性的方法还可以与其他方法结合,如相变增韧。

K. Yalamanchili[72]采用反应磁控溅射的方法制备了 $ZrN/Zr_{0.63}Al_{0.37}N$ 纳米多层薄膜，$Zr_{0.63}Al_{0.37}N$ 分解成 ZrN 畴和 c-AlN 畴，当压头压入薄膜时，应力诱发立方结构的 c-AlN 向 w-AlN 转变，体积膨胀（约 20%）导致残余压应力，由此提高了纳米多层薄膜的裂纹抗力。

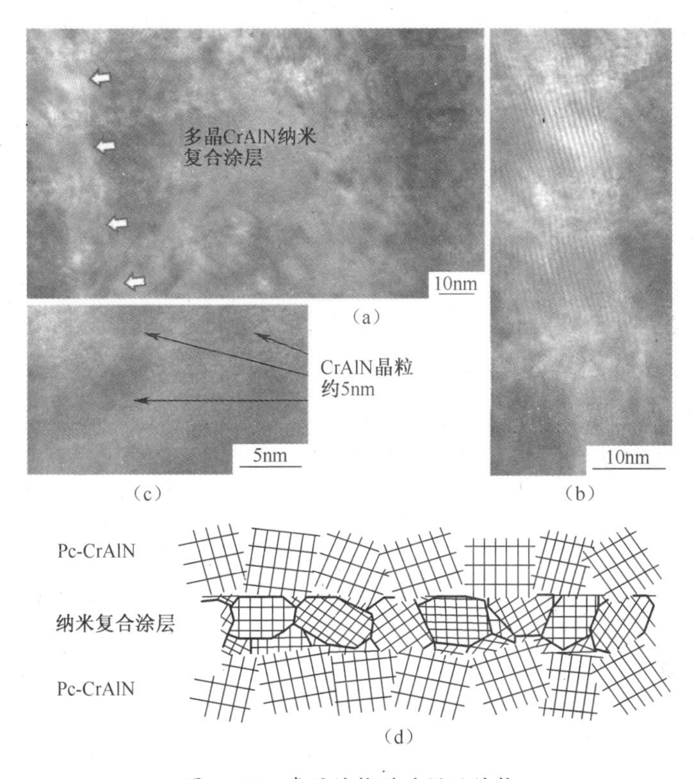

图 3-24　多层结构膜的微观结构

(a)厚度为 20nm 的多层涂层的 HRTEM 图像；(b)在(a)中的白色箭头为扩展的接口；(c)纳米复合材料子层的 HRTEM 图像(即 a-SiN 中的 nc-CrAlN)；(d)三明治结构的典型示意图[92]。

总的来说，纳米多层结构韧化效果与纳米尺度的优化有关。韧化的本质在于创造了复杂的界面，从而使微裂纹的萌生和扩展需要更多的能量。将纳米多层结构与掺杂金属韧性相和梯度设计复合，预期能够获得更加效果。

3.2.4.5　纳米多层结构薄膜韧化效应对性能的影响

1. 耐摩擦磨损

材料的耐磨性与韧性、载荷和硬度密切相关。当磨损载荷小于某一临界值，磨损表面不会出现裂纹扩展产生的磨损剥离，磨损率是由材料的硬度决定，硬度越高，耐磨性越好；而在较大载荷时，磨损量将受到材料韧性的显著影响，韧性的提高将降低裂纹形核和裂纹扩展速率，显著提高膜层耐磨性。

(1) 纳米多层结构提高摩擦磨损性能。纳米多层薄膜的小周期（超晶格结构)可以带来硬度提高、内应力减小、结合强度提高等效果,在切削刀具、钻孔钻头等场合受到广泛研究和应用[91,92]。一般来说,纳米多层结构这些效应能够显著提高耐磨损性能。

在大部分研究文献中,更多的讨论硬度、弹性模量或摩擦系数对磨损率的影响,较少讨论韧性的影响。Wiecinski 采用 PAPVD 技术在 Ti6Al4V 基体上沉积 CrN/Cr 纳米多层膜。总厚度控制在 5~6μm 之间,研究了不同 Cr 层和 CrN 层厚度比时,多层薄膜的力学行为。发现 Cr：CrN 厚度比从 0.81 降低到 0.15 时,薄膜的硬度从 1275HV 增加到 1710HV,且在约 0.5 时,具有最高的结合强度。Arias[57]采用磁控溅射制备了 Cr/CrN 多层膜,单层厚度 200~1000nm,沉积时无偏压,不加热,结果发现随双层层数增加,薄膜的硬度提高,磨损率降低。龚海飞[94]采用磁过滤阴极弧沉积的方法制备了具有不同 Ti 子层厚度的 TiN/Ti 多层膜,采用 Rockwell 压入法评价韧性,UMT 摩擦磨损实验评价摩擦磨损性能。结果表明,TiN/Ti 多层膜中 Ti 子层的加入显著提高了多层膜的韧性,相对 TiN 单层薄膜,当载荷较大时,多层膜的耐磨损性能有明显改善。在载荷较小(0.5N)时,多层膜的磨损体积随硬度的降低而增加,TiN 薄膜硬度最大,其磨损体积最小,表明在较小载荷时,硬度对磨损过程起决定作用;而在较大载荷(1N 和 2N)时,TiN 磨损体积显著增加,超过硬度较低的 TiN/Ti 多层膜。这表明在大载荷下,多层膜韧性的提高改善了薄膜的抗磨损性能。上述文献的研究表明了韧性对磨损率的贡献,韧性对磨损率的影响应当成为摩擦磨损研究和应用关注点。

(2) 韧性改善是提高耐摩擦磨损性能的原因之一。Evans 给出了硬质薄膜的磨损率与力学性能的关系:$W_R = K_{IC}^{0.5}E^{-0.8}H^{1.43}$。式中,$K_{IC}$、$E$ 和 H 分别是硬质薄膜的断裂韧性、弹性模量和硬度。该公式直观地表明了磨损率与硬度、弹性模量和断裂韧性有关。实验研究结果也证明韧性提高对于耐磨损性能的益处,如李戈扬采用反应溅射制备的 TaN/NbN, Azadi[95]采用 PACVD 技术制备的 TiN/TiC, Arias[57]采用磁控溅射制备的 Cr/CrN 以及 TiN/TiAlN 等,均发现纳米多层结构提高了薄膜的耐磨损性能,并将其归因于韧性的提高。

虽然金属单层(Me)与硬质材料单层(MeN)组成的多层结构对提高薄膜的断裂韧性效果明显,但就研究和应用现状来看,耐磨损领域的纳米多层结构薄膜以 MeN/MeN 体系为主。

一般来说,在韧性较好的金属纳米多层结构薄膜中,硬度的提高对其耐磨性提高的作用较大,而在韧性相对较差的硬质陶瓷纳米多层结构薄膜中,韧性的提高则显得更加重要。如 TiN/TiAlN 纳米多层结构薄膜虽然硬度比 TiN、TiAlN 仅有微弱增加,但其耐磨性却有明显的提高,因此 TiN/TiAlN 耐磨损性能增加更多的归因于韧性的提高[96]。

2. 耐冲蚀

(1) 冲蚀破坏不仅仅是材料侵蚀问题,还是疲劳问题[97]。磨料粒子速度可分解为切向速度和垂直速度,前者主要起到切削和犁削效应,直接导致冲蚀失重;后者主要产生锤击效应,引发材料疲劳裂纹的萌生和扩展,最终导致薄膜的剥落。硬度影响裂纹萌生过程,韧性影响裂纹扩展过程,两者共同决定了薄膜的冲蚀率。Tilly[98]发现对于延性材料来说,增加硬度可提高冲蚀抗力;对于脆性材料来说,增加硬度反而降低冲蚀抗力。有研究发现,硬质薄膜材料在90°冲角造成的冲蚀磨损大于30°冲角[53]。这是因为90°攻角下薄膜需要好的韧性以提高疲劳裂纹萌生和扩展抗力,硬度(包括弹性模量)仅起到了次要作用;而30°攻角下薄膜的硬度是冲蚀率的决定性因素。

Field 提出金刚石薄膜冲蚀磨损机理分三步:①Hertzian 应力场下环形裂纹形成;②裂纹互联后小块粒子剥落;③裂纹沿膜基界面扩散,薄膜剥离。因此对于单层薄膜来说,薄膜—基体结合强度是冲蚀磨损决定性因素。将其扩展到多层结构薄膜时,层间结合强度或界面韧性即成为冲蚀磨损的决定性因素。多层膜的冲蚀磨损中,冲蚀粒子的能量被吸收并更好地分散在不同单层中[99],增加了多层薄膜的韧性。但如果多层结构的界面结合较差,将导致冲击作用下最外层薄膜很快剥离,如果该过程传导下去,将发生多米诺骨牌式的灾难性破坏,整个薄膜很快被冲蚀掉。

(2) 薄膜厚度在冲蚀中的重要作用。而在保证膜基结合下,薄膜厚度成为耐冲蚀的最重要因素。

Feuerstein[69]报道了一类由 TiN/TiN_{1-x}组成的纳米多层薄膜,用于涡轮发动机压气机叶片的抗冲蚀防护。图3-25显示了该纳米多层膜的结构设计,在用于细小沙砾的小角度冲蚀防护时起到很好效果。

紧邻基体部分是完全化学计量比的 TiN 界面层,制备该界面层时首先沉积 Ti,然后通入氮气(N_2)并逐步增加 N 含量,形成成分梯度,其目的是提高膜基结合强度;界面层以上是 TiN(<0.2μm)和 TiN_{1-x}(~1μm)交替形成的纳米多层结构;顶层是 TiN 层,整个薄膜的厚度为25μm。在与 Ti-6Al-4V、热喷涂 CrC、热喷涂 WC 和电弧 TiN 薄膜的冲蚀实验对比后,TiN/TiN_{1-x}多层结构表现出显著的冲蚀抗力。

对冲蚀防护薄膜而言,厚度是一个非常重要因素。小尺寸的薄膜更容易受沙砾冲蚀。文献[100]认为,要保证薄膜的耐冲蚀性能,薄膜厚度与冲蚀粒子接触区域半径比应该大于0.4。接触区域半径比与冲蚀粒子尺寸有关,因此,越是大尺寸沙砾冲蚀工况,所需的耐冲蚀薄膜的厚度值越大。

Brian Borawski[73]采用磁控溅射技术在 AM355 基体上沉积 TiN/Me(Me 包括 Zr、Ti、Hf 和 Nb)纳米多层膜,其中 TiN 与 Me 厚度比约 19∶1,Me 厚度约

300nm,总厚度约 24~25μm。图 3-26 显示了 TiN/Nb 纳米多层结构的截面形貌。考察了多层膜的抗冲蚀性能,结果表明,TiN/Me 系列薄膜表现出非常好的耐冲蚀性能,其中 TiN/Nb 具有最好的冲蚀服役性能。

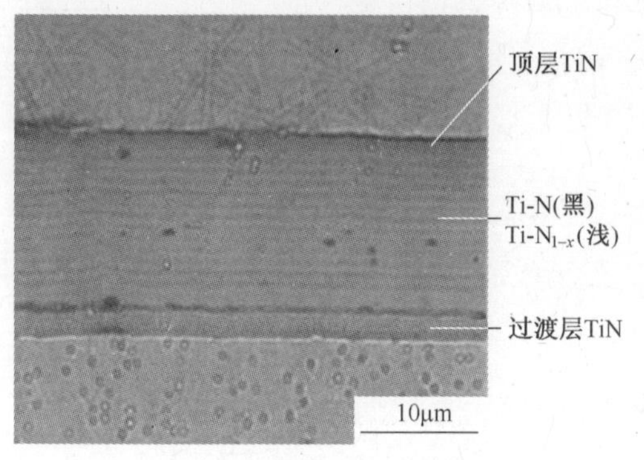

图 3-25 用于冲蚀防护的 TiN/TiN1-x 纳米多层薄膜结构设计[69]

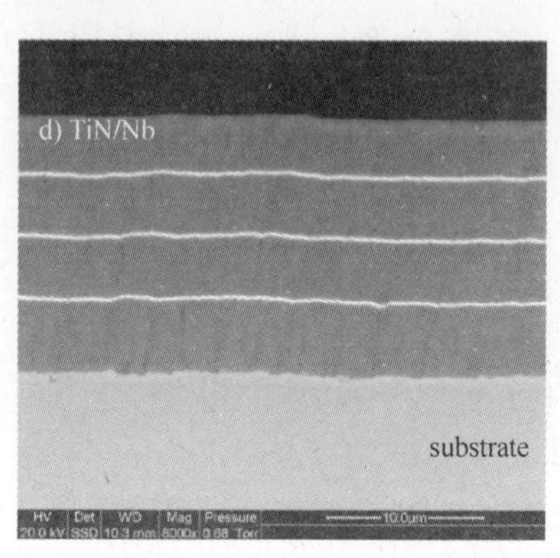

图 3-26 TiN/Nb 纳米多层结构的截面形貌

裂纹偏折与界面韧性、残余应力场和材料断裂韧性有关。裂纹偏折后沿多层结构的界面扩展,一方面由于提高了裂纹生长抗力而提高冲蚀抗力,另一方面有可能造成层间剥离。Chai 和 Lawn[102]认为,多层结构中,硬质层不能过薄(或延性黏接层不能过厚),否则多层结构反而容易剥离失效。Chai 和 lawn 的线弹性模型结果表明,当延性层低于多层结构总厚度的 10%时,多层结构系统表现出最好的承受负载作用的能力。多层结构中的延性层降低了应力集中,同时起到支撑硬质层的作用。

Salgueiredo[75]采用热丝 CVD 方法制备了多层结构的金刚石薄膜,测试了其耐冲蚀性能并与单层、双层金刚石薄膜做对比(厚度约 10~13μm)。结果发现多层结构的金刚石薄膜表现出最好的抗冲蚀性能(冲蚀角度为 90°)。其破坏方式是最外层材料的逐渐损失。单层膜的失效形式是膜层与基体整体剥离;而多层薄膜的失效形式是表面出现较小尺寸的剥落坑。该作者认为,制备抗冲蚀的多层薄膜需要做到以下几点:①控制微米晶粒尺寸,避免形成大的微米晶粒;②利用层间界面的裂纹“捕获”原理提高断裂韧性;③降低薄膜内整体应力。

Naveed[74]在 Inconel718 表面沉积 24~26μm 的 Cr/CrN 多层薄膜。图 3-27(a)是厚度 1μm/3μm 的 Cr/CrN 多层膜在 30°攻角下冲蚀截面形貌。裂纹由 CrN 层进入 Cr 层时,方向发生 45°偏折。图 3-27(b)是厚度 1μm/1μm 的 Cr/CrN 多层膜在 30°攻角下截面形貌。横向裂纹在薄膜中不连续区域萌生并沿 Cr 与 CrN 界面横向扩展;PVD 制备的薄膜易生成柱状晶,冲蚀粒子撞击导致柱状晶弯曲产生垂直裂纹[37]。图 3-27(c)即显示了该情况。如果柱状晶特征明显,裂纹会沿柱状晶晶界穿透整个薄膜,后续冲击中,横向裂纹扩展将导致两垂直裂纹间薄膜成碎片状剥落。冲击粒子不断施加应力于材料表面并传导至基体,如果压应力超过基体屈服强度,基体发生变形,附着的薄膜会随之发生剪切失效(图3-27(d))。减轻剪切失效的一个解决办法就是增大膜厚,以降低两连续层或膜基间内应力。图3-27(e)显示了90°攻角截面形貌。可以看到在冲击作用下,薄、脆的CrN层承受不住冲击而破碎,并受到Cr层挤压断裂成不连续的碎片,这表明CrN厚度太薄,不足以承受冲击作用。因此,在多层结构系统中,临界单层厚度具有非常重要意义。只有超过临界单层厚度,才能发挥多层结构的高硬度、高韧性等优势,如果CrN层很快像图3-27(e)中那样失效,多层结构的诸多优点也就无从谈起。Wiecinski[36]等同样报道了临界厚度的重要性。Wiecinski发现增加多层结构中韧性相Cr的比例,会增大冲蚀率。Cr/CrN在

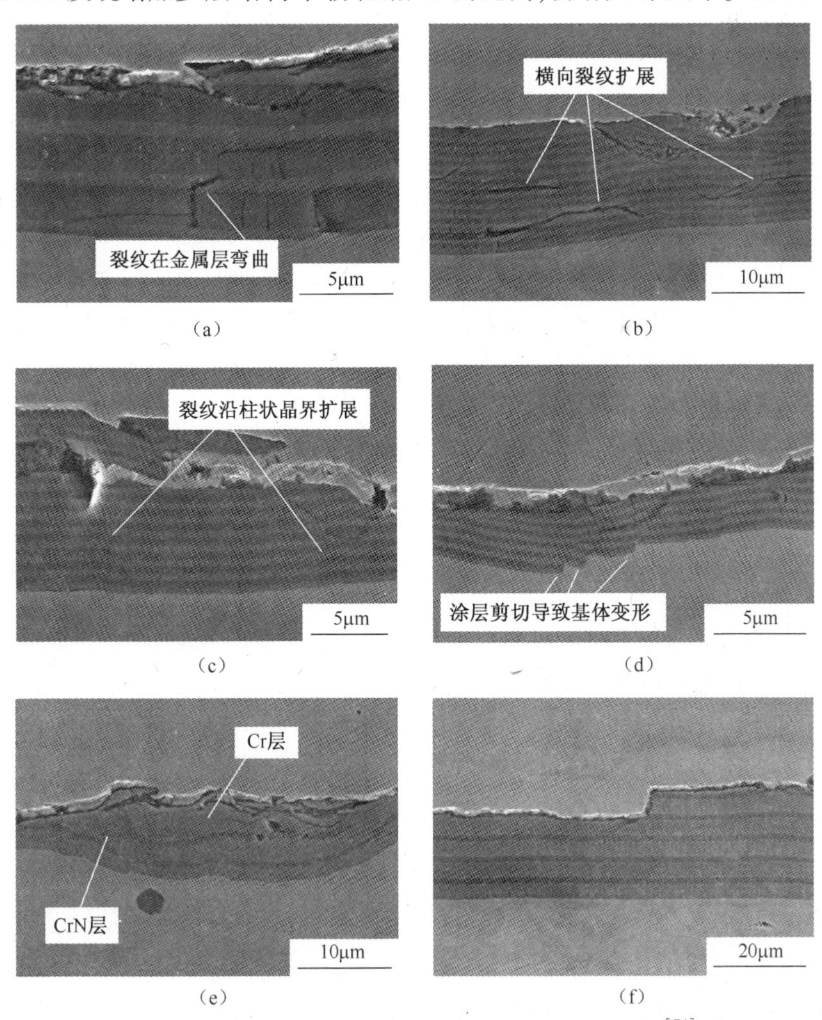

图3-27　Cr/CrN纳米多层膜冲蚀实验后的截面形貌[74]

0.65~0.81之间时,冲蚀率最小。Naveed[74]研究得到如下结论:Cr/CrN多层薄膜在低攻角有冲蚀防护效果,90°或近90°攻角时无防护效果;膜基结合强度是冲蚀抗力的关键;冲蚀率与H^3/E^2有关,提高硬度,降低弹性模量可提高抗冲蚀性能;单层临界厚度具有重要意义;多层结构薄膜冲蚀失效机理包括径向裂纹、横向裂纹、裂纹偏折以及薄膜剪切导致的基体形变。

综上所述,厚度(周期、周期比和总厚度)在纳米多层薄膜抗冲蚀中具有重要作用。减小周期可以提高纳米多层结构薄膜的硬度和韧性,从而(理论上)提高抗冲蚀性能;但在外加载荷重复不断的作用下,纳米多层结构界面越多,其疲劳源越多;如果界面韧性或界面结合较差,纳米多层结构会很快发生层—层剥离而失效。而且减小周期的同时,单层厚度随之减小,由此导致单层承受外载的能力降低而发生剪切失效,增加总厚度可以带来有益的正向效果。

3.2.5 压应力韧化

为了阻止裂纹萌生,常常在块体材料的表层引入压应力,由于裂纹一般是受拉应力而形成,因此如果涂层内存在压应力,会起到闭合裂纹的作用。如果要形成裂纹就需要更多的能量,也就提高了韧性。引入压应力的方法包括离子注入、表面氧化等,其原理在于体积膨胀引入了压应力。

裂纹的张开面通常是由拉应力引起的。因此,若将压应力适当引入薄膜,可以增加韧性。将应力引入薄膜的方法有很多种,如离子轰击或相变。就NiAl/Al_2O_3而言,由于形成$NiAl_2O_4$相时体积发生改变,从而引入了高达127MPa的压应力,薄膜韧性从3.91MPa·$m^{1/2}$增加到6.22MPa·$m^{1/2}$。由于PVD制备的薄膜往往都存在或高或低的内应力,因此在一些常见的薄膜系统中都会产生增韧效果。Wang采用磁控溅射制备TiC薄膜时,通过设置不同大小的偏压在薄膜内形成压应力,发现随着负偏压数值的增加TiC内压应力数值相应增大,韧性从1.19MPa·$m^{1/2}$增加到了1.89MPa·$m^{1/2}$[103]。需要指出,如果压应力过大,会导致薄膜脱落或开裂,因此应慎重选用该方法。

3.2.6 相变韧化

相变韧化是韧化陶瓷材料的常用方法。相变过程中,由于晶粒结构发生变化,会消耗大量的能量。

部分稳定ZrO_2(PSZ)是相变韧化的典型实例。在一定应力条件下,四方ZrO_2相(T-ZrO_2)转变成单斜ZrO_2相(M-ZrO_2),伴随4%的体积增大。这种相变发生在应力集中的裂纹尖端,相变导致的应变使得应力场松弛,吸收了断裂能量。为了利于相变韧化,保留高温四方相非常关键,而沉积薄膜方法很容易实现这点。JI采用反应直流磁控溅射制备了亚稳四方ZrO_2涂层,通过改变偏压和镀后退火的方法控制四方相体积比例。结果表明偏压在-850~0V变化时，ZrO_2晶体结构由自由排列单斜平衡相变为自由排列亚稳四方相，最终变为强烈(111)取向的四方相。ZrO_2韧化ZrB_2也是相变韧化的典型例子，在这种情况下，保持四方相的ZrO_2是必要的。

另一种可通过相变韧化的材料是形状记忆合金TiNi涂层，应力可诱发奥氏体转变成马氏体，从而松弛应力，提高裂纹扩展抗力。

相变韧化的另一个例子是立方结构的AlN转化为六方硫化锌结构的AlN，如图3-28所示。图3-28(a)显示由于相变引起体积的变化，导致薄膜内部部分区域产生压应力，起到闭合裂纹的作用；图3-28(b)是立方结构AlN和六方AlN的晶体结构示意图。图3-28(c)、(d)是15nm ZrN/2nm $Zr_{0.63}Al_{0.37}N$纳米多层膜在200mN载荷作用下的变形形貌图，可见应力作用下薄膜内部裂纹较少；图3-28(e)、(f)是15nm ZrN/30nm $Zr_{0.63}Al_{0.37}N$的纳米多层膜在200mN载荷作用下的形变图。图中可见多处裂纹沿界面偏折，这说明相变和多层结构提高了薄膜的韧性。

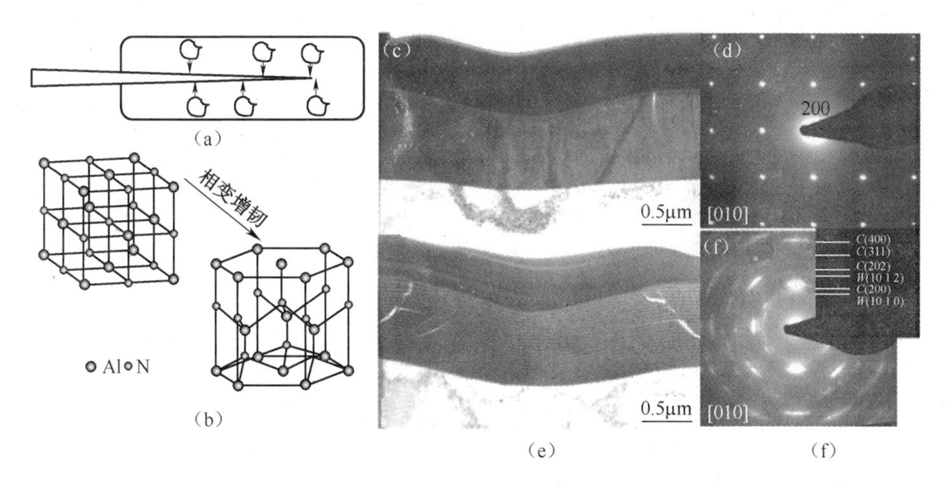

图3-28 ZrN/ZrAlN纳米多层膜中的相变增韧

(a)相变引起应力场起到闭合裂纹的作用；(b)立方AlN转化为六方AlN晶体结构示意图；
(c)、(d)15nm ZrN/2nm $Zr_{0.63}Al_{0.37}N$在200mN载荷下变形形貌；
(e)、(f)15nm ZrN/30nm $Zr_{0.63}Al_{0.37}N$在200mN载荷下变形形貌。

3.2.7 碳纳米管韧化

自1991年发现后，碳纳米管(Carbon nano-tubes, CNTs)在机械、电子、化工方面都表现出独特性能。CNTs是一个(单壁纳米管[SWNT])或几个(多壁纳米管[MWNT])石墨基面共同构成的一个圆柱体。圆柱形石墨基面呈同轴结构，从而使CNTs成为坚硬且稳定的材料；碳-碳键是自然界中最强的键之一。

SWNTs 的重量仅为钢材的 1/6，但抗拉强度是后者的 100 倍。SWNTs 抗拉强度大于 65GPa，弹性模量可达 1000GPa，延伸率可以达到 10%~30%而不发生断裂、塑性变形或键的断裂。碳纳米管的力学性能明显优于其他纤维和晶须材料，具有很高的轴向强度和刚度。碳纳米管的中空无缝管状结构使其具有较低的密度和良好的结构稳定性，因而在复合材料领域具有诱人的应用前景。

块体陶瓷材料的韧性可以通过晶须和纤维增强，它的增韧机理是通过裂纹在纤维与基体界面处转向、裂纹桥连和纤维拔出等过程实现的。这些过程可以用于硬质涂层的增韧。块体陶瓷材料可以通过机械搅拌等混料过程把晶须或纤维加入基体材料中，但对于涂层而言，必须在涂层的沉积过程中外加或原位生成纤维或晶须才能构成含有纤维或晶须的涂层，以达到增韧的目的。从目前涂层的制备技术来看，实现这个过程有一定难度。

迄今为止，针对 CNTs-增韧陶瓷涂层的研究还不多。首先一个难题便是如何将纳米管均匀分散在陶瓷涂层基体中。文献[104]报道了采用 CVD 和等离子喷涂的方法原位生成制备了 400μm 厚度的 CNTs/Al_2O_3复合涂层。图 3-29(a)为 CNT 和 Al_2O_3之间的界面示意图，CNT 与 Al_2O_3之间存在一非晶中间层，厚度为 0.5nm。人们普遍认为，该夹层扮演了缓冲层的角色，起到协调界面缺陷的作用。因为纳米管起到锚定在 Al_2O_3相的作用(图 3-29(b))，因而该复合涂层的硬度(约 9GPa)和韧性(约 4.62MPa·$m^{1/2}$)之间可以达到平衡。

然而，在大多数 CNT 嵌入式复合材料中，纳米管缠绕是降低增韧效应的主要原因。为优化 CNTs 的强化效应，Xia 等制备了具有高度定向 CNTs 的 Al_2O_3涂层(20~90μm)。图 3-30 显示了孔壁内形成的 MWNTs。在纳米管/基体界面，当裂纹偏转时，可以观察到纳米管的增韧行为。图 3-31 中可观察到裂纹沿 CNT/Al_2O_3界面处的偏折和碳纳米管桥连，从而证明了碳纳米管的增韧效果。

Wang 提出一种采用磁控溅射然后快速退火的方法将碳纳米纤维(CNF)引入陶瓷涂层。尽管 CNF 的性能不如 CNT，工业中仍将其作为增强相广泛应用。陶瓷涂层中原位制备 CNF 的方法分两步：第一步，共溅射石墨、钛、镍以获得非晶碳纳米复合涂层；第二步，涂层快速退火，由于 Ni 起到催化剂的作用，涂层中形成 CNF。该过程是非晶 C 原子扩散到 Ni 粒子表面形成固溶体颗粒，当超过固溶度后，碳原子开始析出并依附于 Ni 粒子形核，最终生长成为 CNF。快速退火工艺温度最高不超过 1100℃，时间不超过 180s。图 3-32 显示了原位生成 CNF 的 nc-TiC/a-C 涂层形貌。可以看到原位生成的 CNFs 分布均匀(图 3-32(a))，TiC 纳米粒子与 CNFs 之间没有明显的界面，两者较好地粘合在一起(图 3-32(c))。

在此基础上，Wang 发现如果在溅射中引入适量的氢，更有利于 CNT 的形成。该作者指出，氢在碳纳米管的形成过程中扮演了关键角色。众所周知，氢是

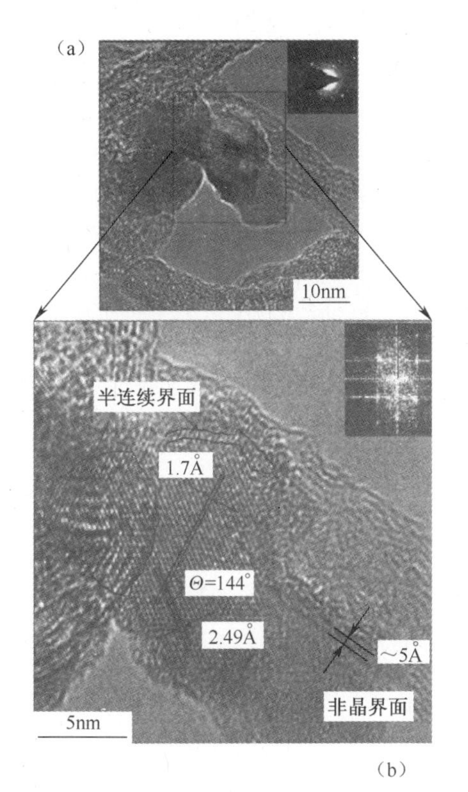

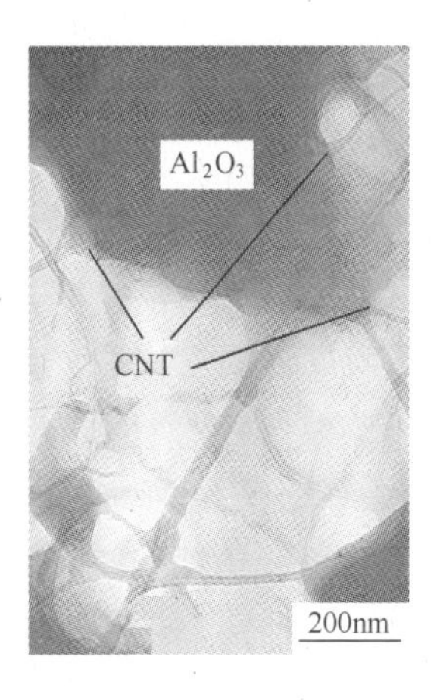

(b)

图 3-29　CNT 和 Al_2O_3 之间的界面示意图

(a) HR-TEM 图像所示为 0.5nm 的非晶界面以及嵌入了 Al_2O_3 微晶的 CNT 示意图，点阵间隔为 2.49~1.70A；(b) 用 Al_2O_3 微晶固定的 CNT 的示意图[104]。

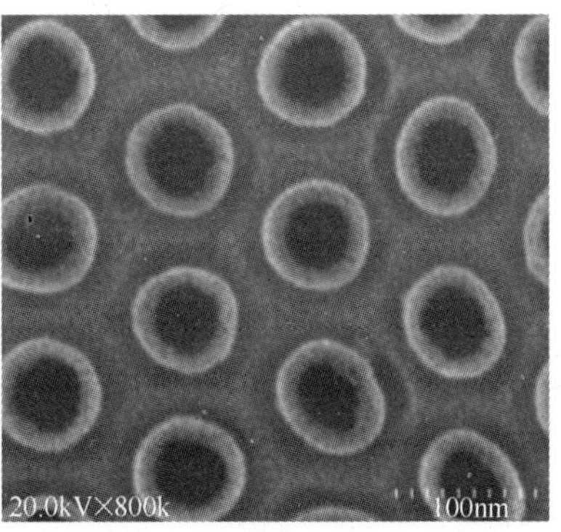

图 3-30　高度定向 CNT/Al_2O_3 复合材料的俯视图[105]

一种还原剂，可以防止氧化，提高催化活性。在与吸附的氢交互后，碳会在催化点表面相应转换成甲烷。烃化作用反应时，催化点会沿其原始催化路径，去除核心成分，留下外部构件，从而使得高度石墨化的表面结构更为有序。该方向的研

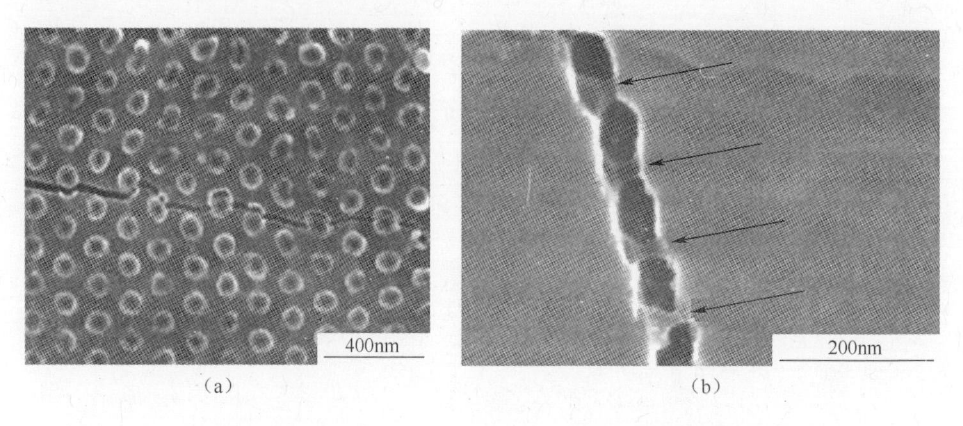

图 3-31　Al_2O_3 涂层中碳纳米管(CNTs)的增韧原理

(a)CNT/Al_2O_3界面上的裂纹偏转;(b)CNT 桥接 Al_2O_3的纵向基体与管拉拔力示意图[105]。

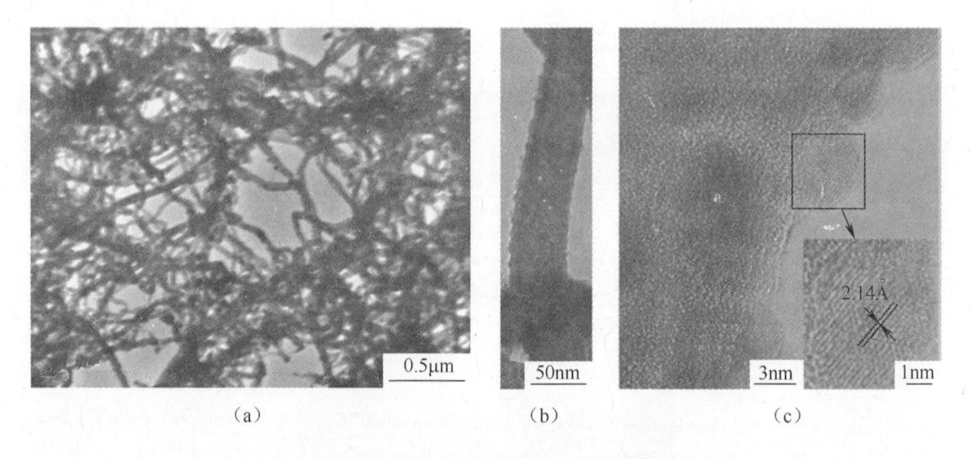

图 3-32　nc-TiC/(CNFs:a-C)图像

(a)均匀分布的 CNFs;(b)单一碳纳米纤维;(c)nc-TiC 可以同纤维很好地粘合在一起。

究最新进展是催化层厚度对获得高纯 CNT 的影响。

采用气相沉积的方法制备碳纳米管(CNTs)或碳纳米纤维(CNFs)掺杂的纳米复合薄膜是非常新的研究方向。可预期该方法制备纳米复合薄膜具有非常好的韧性。

本节讨论了韧化的方法和机理。总的来说,这些方法韧化效果都与纳米尺度的优化有关。掺杂金属韧性相或碳纳米管,结构优化(梯度或多层)都取得非常好的效果。但不管采用何种方法,韧化的本质在于创造了复杂的高强界面,从而使微裂纹的萌生和扩展需要更多的能量。将上述方法复合,可以预期能够获得叠加效果。如何在实践中应用是下一步面临的挑战。

3.3 高韧性薄膜的设计

如果薄膜具有较好的韧性,直观的体现就是抵抗开裂的能力好。制备这样的薄膜有一些通用的规则,即:

(1) 薄膜具有较低的有效杨氏模量E^*,$E^*=E/(1-\nu^2)$。其物理意义是:薄膜在外力作用下产生形变,E^*越小,薄膜的形变就分散在更大的范围,从而提高薄膜的承载能力。为了获得好的抗开裂性能,$H/E^* \geqslant 0.1$,$W_e \geqslant 60\%$。

(2) 薄膜内残余压应力($\sigma<0$)。

(3) 薄膜具有致密、无缺陷的微观组织。

因此,在设计高韧性的薄膜时,需要考虑的因素有:硬度H、有效杨氏模量E^*、弹性恢复W_e、残余应力σ、微观结构、元素和相组成。调控这些因素的方法有:

(1) 沉积薄膜原子所获得的能量(ε_p),包括沉积原子本身携带的能量(ε_{ca})、离子轰击能量(ε_{bi})和基体加热(T_s)。

(2) 元素掺杂。通过掺杂元素,既可以影响薄膜微观组织结构,又可以改变沉积材料的熔点T_m。图3-33显示了沉积薄膜原子能量(ε_{bi})、残余应力(σ)、熔点(T_m)和薄膜微结构之间的相互关系。从图中可以得出以下结论:①随ε_{bi}增加,薄膜内应力逐步由拉应力($\sigma>0$)转为压应力($\sigma<0$);②存在一临界值$\varepsilon_{bi}=\varepsilon_c$,使得薄膜内应力为零;③薄膜内应力值和临界$\varepsilon_c$与沉积材料的熔点有关;④薄膜内应力值和临界$\varepsilon_c$随薄膜材料熔点增大而增加。

结构区域模型对沉积薄膜具有指导作用。许多实验已经验证,如果薄膜结构处于结构区域模型中的Ⅱ区域,那么薄膜致密、无缺陷,成细密纤维晶粒镶嵌在非晶体上的组织形态,内部残余压应力;同时,该薄膜性能上$H/E^* \geqslant 0.1$,弹性恢复$W_e \geqslant 60\%$。也就是说,处于Ⅱ区域的薄膜抵抗开裂的能力比较强。

结构区域模型Ⅰ区和Ⅱ区边界受到下列因素影响:①负偏压条件下轰击离子传递给沉积薄膜离子的能量;②中性粒子传递给沉积离子的能量,其大小受真空室真空度控制,真空度越高,能量越大。Ⅰ区和Ⅱ区的边界可以移动具有重要意义。这使得在低温下(甚至室温)制备Ⅱ区结构的薄膜成为可能。需要重点指出,即使没有离子轰击,也可以通过提高真空度(降低溅射气体压力p)制备T区结构的薄膜。在低温下(<100℃)制备T区结构的薄膜具有重要的实际意义,这使得高性能的薄膜可以用于柔性电子器件、平板显示、微机电系统等高科技领域。制备纳米晶或晶态T区结构的薄膜还有另一个途径,即掺杂元素。通过掺杂低熔点元素,可以降低薄膜材料的熔点,由此增加T_s/T_m值,更利于形成T区域结构的薄膜。

总的来说,微观结构位于结构区域模型中Ⅱ区域的薄膜具有非常好抵抗开裂的能力。为了获得这种结构,需要沉积离子获得足够高的能量,只有超过一临界能量值(ε_c),使得薄膜内应力为压应力状态,才能得到 $H/E^* > 0.1, W_e > 60\%$ 的薄膜。这一临界能量值与下列因素有关:①溅射气体压力 p;②薄膜材料的熔点(T_m);③基体偏压(U_s)和基体离子电流(i_s);④掺杂元素的种类和含量;⑤真空室内背景气氛中氧和氮残余量。

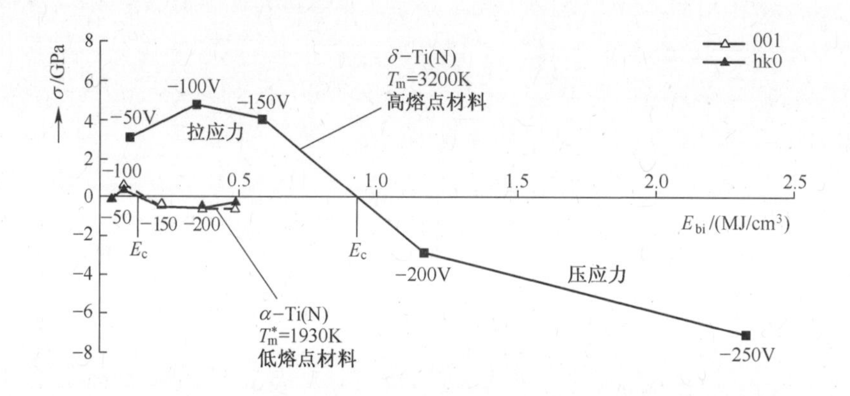

图 3-33 α-Ti(N)和δ-TiN 薄膜的残余应力与沉积薄膜原子能量的关系[106]

3.4 小 结

需要再次强调硬质薄膜韧化的意义。薄膜断裂、界面裂纹和分层,以及决定薄膜/基体系统的界面黏附特性,对于采用薄膜结构的产品和器件的可靠性,具有重要的作用。如果一个膜层或界面由于后续的塑性变形而失效,出现裂纹或界面分层,则器件或产品的功能必然降低或恶化。这对于许多功能应用的薄膜结构来说具有特殊的重要性。因此研究薄膜的断裂韧性以及界面失效行为,具有重要的意义。高硬度并不必然带来好的耐磨损性能。对于金属材料来说,硬度是决定耐磨损性能的主要因素。对于陶瓷材料而言,断裂韧性(而不是硬度)成为决定耐磨损性能的主要因素,原因是陶瓷材料的磨损失效一般是断裂而不是塑性变形[107]。磨损过程中材料的损失可分为两类:化学(摩擦氧化失效)剥离和机械(断裂失效)剥离。如果薄膜脆性大,很快出现机械剥离,稳定磨损阶段一般小于 10^4 周次;而韧性好的薄膜发生化学剥离,稳定磨损阶段大于 10^5 周次,这可以显著提高耐磨损性能。因此,如果硬质薄膜同时具备好的韧性,往往具有较好的耐磨损性能。

需要强调,抛弃强度(或硬度)而单纯讨论韧性是没有意义的。只有那些既强又韧的材料才具有工程应用价值。因此,严格意义上讲“韧化”是指“强韧化”。

从断裂力学角度考虑,韧化是指提高材料抵抗裂纹萌生和扩展的能力。因此,硬质薄膜的韧化需要从两个方面来进行设计:一是阻止微观裂纹的产生;二是阻滞宏观裂纹的扩展。本章所论述的硬质薄膜韧化技术都是围绕着这两个方面进行的。

硬质薄膜的韧化技术与块体陶瓷材料的韧化技术有很大的相似性,但同时也存在明显的差异。添加韧化相、纳米晶结构设计、相变韧化、压应力韧化和碳纳米管韧化等方法既适用于硬质薄膜,同时也是块体陶瓷材料韧化的常用方法。但从实现上述韧化机理的具体方法来说,硬质薄膜韧化技术具有更高的要求,同时也具有更大的灵活性。这是因为气相沉积技术可以在更加微观的角度对薄膜的组织结构进行设计并精确地加以实现。基于同样的原因,成分结构梯度设计以及多层结构韧化成为硬质薄膜韧化的主要方法。

从微观角度看待薄膜韧化,主要考虑薄膜成分、组织结构以及尺度因素对于薄膜韧化性能的影响。前文论述的薄膜韧化方法都是从微观进行设计并实现韧化的。当然这里仅给出了当前常用的硬质薄膜韧化方法,随着研究的深入进行,相信会有新的韧化方法不断出现。但不论哪种方法,都应考虑工艺可行性和力学性能影响程度。比如前文对多层结构韧化进行了展开。对于硬质纳米多层设计提高韧性,可以得到如下结论:

(1) 硬质纳米多层结构薄膜主要包括过渡族金属的氮化物/氮化物(MeN/MeN)、氮化物/金属(MeN/Me)以及碳基薄膜体系。多层结构提高韧性的机理是裂纹在界面偏转、避免应力集中、延性层连接和纳米塑性导致裂纹尖端钝化综合作用的结果。

(2) 子层因素对韧化有重要影响。对于 MeN/MeN 体系纳米多层结构,研究多集中在周期对性能的影响上。韧性随周期变化先增加后减小,存在韧性的极大值;对于 MeN/Me 体系纳米多层结构,研究多集中在调制周期比对性能的影响上。选择合适的 Me:MeN 调制周期比,可优化纳米多层结构性能。

(3) 厚度(周期、周期比和总厚度)在纳米多层薄膜抗冲蚀中具有重要作用。多层结构的界面并非越多越好,只有高质量的界面才会带来强韧化效果;纳米多层结构界面越多,其疲劳源越多,如果界面韧性或界面结合较差,纳米多层结构会很快发生层-层剥离而失效。减小周期的同时,单层厚度随之减小,由此导致单层承受外载的能力降低而发生剪切失效。增加总厚度可以带来有益的正向效果。

(4) 在采用纳米多层结构设计提高薄膜韧性时,需考虑薄膜的应用场合。对于耐磨损、抗弯曲性能,可以采用增大周期、减小单层尺寸的方法;对于冲击、冲蚀等性能,采用多层结构设计可一定程度地提高强、韧性能,但必须考虑单层厚度减小对于薄膜韧性及服役性能的影响。

(5) 从现有研究来看,耐磨损场合讨论硬度的较多;耐冲蚀和微动磨损场合讨论韧性的较多;归纳来看,出现疲劳问题的研究,讨论韧性的较多。

(6) 摩擦磨损场合用到的氮化物/氮化物多层结构薄膜体系较多。冲蚀、疲劳场合用到的氮化物/金属多层结构薄膜体系较多。冲蚀磨损工况下,多层结构薄膜的厚度和单层厚度需要考虑冲蚀粒子尺寸和冲击强度。冲蚀粒子越大、冲击强度越高,需要薄膜厚度越大,才能达到较好的耐冲蚀效果。

从宏观角度看待薄膜韧化,主要是考虑力学性能指标和力学行为的对应关系。从大量的实践经验出发,可以得到韧化所需的力学性能要求,如高硬度、低弹性模量、残余压应力等。力学性能指标与硬质薄膜服役性能的对应关系需要从硬质薄膜强韧化机理角度进行理解。因此有必要了解强韧化机理,并在此基础上理解力学性能指标对应用硬质薄膜的重要作用。相关内容在第 4 章中进行讨论。

第4章　薄膜的强韧原理、关键力学指标及其表征

材料在外载荷作用下一般由弹性变形发展到塑性变形，当塑性变形达到一定程度后难以维持，最终出现断裂。提高材料强韧性能的目的，就是避免或延缓材料发生断裂。从不同角度出发，断裂分为韧性断裂与脆性断裂、穿晶断裂与沿晶断裂、解理断裂与纯剪切断裂等。不同断裂方式与材料的微观组织结构密切相关，反映到宏观上则表现出不同的力学性能。

国家自然科学基金重大项目“材料的损伤断裂和宏微观力学理论”是材料强韧化研究中的重要事件。该项目总体学术思想是“把微观观察、性能测试、理论模型、数值计算和计算机模拟紧密结合起来。在这一结合路线下，使微观、细观尺度上揭示的变形、损伤和断裂的基本物理规律与定量刻画该物理过程的微观力学理论相联系，从而实现具有可操作特色的材料—力学、宏观—细观—微观、实验—计算—理论的三结合，促进和推动力学和材料学这两个学科领域深入发展和相互交流”[108]。该项目研究成果对材料强韧化的研究具有指导性意义，即需要将材料力学行为的微观物理本质与力学行为的宏观规律有机结合。对于薄膜材料的强韧化原理，该项目简单地涉及了β-C_3N_4超硬薄膜、薄膜的界面强度测试以及约束薄膜的断裂韧性。这表明当时对薄膜强韧原理的研究远非深入和广泛。其后至今十余年，随着表面工程技术的发展，薄膜研究手段方法获得长足进步，对薄膜的微观组织结构和宏观力学性能进行定量表征，使人们可以较为深入地探讨薄膜材料的强韧原理。

天然生物材料往往具有优良的强韧匹配性能。这归因于其具有复杂的结构要素，如不均匀几何形态及空间分布、多尺度、多相、非均匀成分分布、多层次耦合结构等。这些多层次多尺度的组织（或相）构筑为人们发展高强、高韧材料提供了借鉴。国家自然科学基金重大项目“金属材料强韧化的多尺度结构设计与制备”[109]紧扣均匀材料的强度与韧性相互倒置这一科学问题，从微观结构的多尺度设计与制备、表征、强韧化机制、模拟等方面入手开展研究，获得一系列重要的研究结果，如发现纳米孪晶促进强度、韧性同时提高，孪生界面具有优良的疲劳抗力，梯度纳米结构显著提高整体材料的摩擦磨损、疲劳等现象。这些研究结果表明，微观结构的多尺度、多层次设计开启了材料强韧研究新的维度。薄膜材

料强韧化需要从多尺度、非均匀、多层次耦合结构出发,进行薄膜材料设计、制备、微观组织结构表征及强韧化机制研究。

结构材料强韧化原理已经揭示出的多种强韧机制,如尾区耗能机制、相变增韧机制、桥联增韧机制、控制裂纹尖端形貌增韧机制等,具有启迪薄膜材料强韧化设计新思想的重要作用。因此在讨论薄膜结构的强韧原理时,有必要从典型强韧化机制的力学原理开始,在此原理之上,将薄膜材料的宏观失效与其微观结构及更深层次内发生的断裂物理、化学机理相联系,来研究薄膜材料从变形、损伤到失效的全过程。基于此,本章首先论述了具有共性的材料强韧化三层次,然后讨论了如何从微观结构设计实现薄膜的强韧化。在此基础上,提出了强韧化的关键力学指标,并展开讨论了力学指标的表征及应用。

4.1 强韧化力学原理

Griffith 指出,实际材料的强度只达到其化学键强度的一小部分,真正控制着机械强度的是弱化机理,而不是键的强度。只有深入了解弱化机理并对弱化效应进行有效控制之后,才能使制造具有很强化学键的材料成为真正重要而有价值的事。Griffith 思想奠定了材料强韧化研究的基础,并直接促进了断裂力学在强韧化中的指导地位,即材料强韧化设计应以宏微观断裂力学为纲,其主要特征包括[108]:以材料的断裂过程为主线,从材料断裂时推动力和阻力的竞争过程来引入力学场分析和材料的损伤断裂机理;从不同层次(从连续介质到原子层次)和跨层次的结合上深入研究材料的损伤、断裂过程,在宏微观力学理论下建立定量的分析模型,充分地考虑不同材料的微结构特征和破坏过程的几何构象;在这一基础上,建立针对某一确定材料和某一确定断裂过程的材料强韧化设计原理。简言之,薄膜材料强韧化研究的主线是以断裂力学为主线,从不同层次研究材料损伤和断裂过程,建立强韧化设计原理。

4.1.1 材料强韧化的三个层次

强度和韧性是衡量材料的重要力学性能指标。为了有效地提高材料的强度和韧性,必须对材料的整体结构进行多组分设计,包括材料组分、微结构、界面性能和材料制备工艺。强韧化原理要从断裂力学原理出发,需要考虑裂纹的形核与扩展,从宏观到微观,再到原子尺度来研究裂纹尖端的变化。

材料的强韧化涉及宏观、细观、微观三个层次,不同层次设计有其互补性。本节以材料的强化和韧化为主线,首先讨论材料共性的三个层次的强韧化机制,然后在此基础上,讨论薄膜材料的强韧化三层次。

4.1.1.1 裂纹尖端场(裂尖场)及其结构

断裂过程主要受裂尖场的制约。自裂尖顶点向外扩大,裂尖场随着物质描述层次的不同而显现出如图 4-1 所示的结构。图 4-1(a)描述了从宏观层次到细观层次的过渡,图 4-1(b)描述了从细观层次到微观层次的过渡。

为简单起见,仅讨论对称变形的情况。如图 4-1(a)所示,裂尖宏观场的外围由 K 场控制。K 场是仅由应力强度因子 K 作为控制参量的弹性应力、应变和位移场。对小范围屈服的情况,裂尖区由环状的 K 场包围,这时外部的全部几何和载荷信息只能通过 K 值来影响裂尖区。若裂尖区不能由 K 场完全包围,则称为大范围屈服,这时外部的几何和载荷信息便可能直接影响裂尖区。

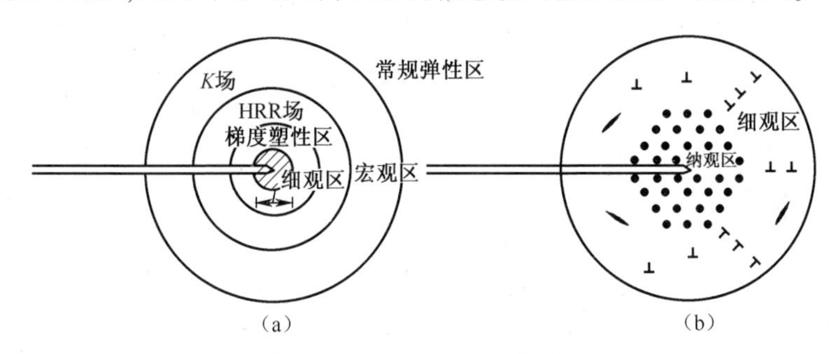

图 4-1　裂尖场结构[108]

(a)从宏观到细观的过渡结构;(b)从细观到微观的过渡结构。

在 K 场嵌含的宏观塑性区中,又有可能在裂尖附近重新浮现出一个以 J 积分为控制参量的裂尖塑性场,称为 HRR 场。HRR 场是静止弹塑性裂纹的尖端场,而扩展弹塑性裂纹尖端场的表述比较复杂。K 场和 HRR 场是在经典连续介质力学理论下推导出的、与材料内尺度和应变梯度无关的裂尖场。

若引进材料内尺度 l,并在材料本构方程中考虑应变梯度的效应,便可在裂尖得到梯度塑性渐近场。该场仅在裂尖应变的特征变化尺度小于材料内尺度 l 时才起主导作用,其有效范围一般在若干微米以内。梯度塑性渐近场多被 HRR 场包围,是一种介于宏观场和细观场之间的裂纹尖端场。对扩展裂纹,梯度塑性裂尖场的应力高于经典的弹塑性裂尖场,表征了裂尖处的高应变梯度对该处生成几何必须位错的抑制作用。

梯度塑性尖端场概括地考虑了材料内尺度的影响。若要细致地讨论裂纹尖端区的损伤和离散塑性变形,便需要考虑嵌含梯度塑性尖端场之内的细观损伤区,如图 4-1(a)所示。将该区放大如图 4-1(b)所示,则种种细观结构(如位错、孔洞、微裂纹、界面等)便显示无遗。对细观结构进行几何表征后,便可重新使用连续介质力学理论来进行分析。该类分析得到细观损伤结构的演化规律。

图 4-1(b)中最靠近裂纹顶端的区域直接涉及断裂时的原子分离过程。对这一区域的一个有效的描述方案是分子动力学。若知道原子间相互作用力曲线,便可以在纳观上统一得到聚集体的点阵畸变、位错运动、原子分离、孔穴形成等断裂、损伤和塑性变形问题的解答。

4.1.1.2 宏观层次:断裂的能量消耗

强韧过程的宏观层次研究在于探讨断裂中能量消耗的分割。为简单起见,仅考虑准静态情况,并忽略断裂所伴随的声、光、热、电、磁过程中释放的能量。裂纹扩展时,构件中蕴含的能量流入裂纹尖端区。该能量一部分转化为断裂分离过程中所耗散的(Irwin-Orowan 意义上的)断裂过程功,一部分转化为在该分离过程中由于裂尖区的高应力而激发的外围塑性耗散功,另一部分转化为断裂牵连过程(如桥联过程)中所耗散的功。后两部分的能量耗散往往远大于第一部分的能量,但第一部分的能量起阀门控制的作用。材料的强韧化在于提高这三部分能量的总和。材料断裂能 J 积分的变化可作为强韧化的衡量指标。

材料强韧增值的研究可归纳为起裂韧度的增值与扩展韧度的增值两个范畴。设材料中已存在一条裂纹。记该裂纹实现起裂所需的 J 积分值为 J_{IC},该值与裂纹前方的细观损伤和裂纹的顶端轮廓有关。现讨论自裂纹起裂至稳恒态扩展这一过程中所产生的韧度增值 $\Delta J=J_{\infty}-J_{IC}$,这里 J_{∞} 指稳恒扩展的 J 积分值,即 J 阻力曲线的水平渐近线。ΔJ 可通过能量积分来计算。选择一条围绕裂尖的闭合回路,其对能量积分的贡献有 4 部分:①围绕裂尖的积分 J_{IC};②外围道积分 J_{∞};③桥联面上的积分;④尾区的积分。于是可得 ΔJ 为

$$\Delta J = 2\int_0^H U(y)\,\mathrm{d}y + \int_L \sigma_B(x)\,\mathrm{d}\delta(x) \tag{4-1}$$

式中:x 和 y 分别为平行和垂直于裂纹的坐标;δ 为裂纹张开位移;σ_B 为桥联应力;L 代表裂纹桥联段;H 为尾区高度;$U(y)$ 是坐标高度为 y 的物质单元从裂纹前方无穷远处随裂纹扩展而后退至裂纹后方无穷远处后的残余应变能密度。式中第一项代表尾区积分对韧度增值的贡献,第二项代表桥联面积分对韧度增值的贡献,后一项还可以分解为基体桥联和第二相桥联的叠加形式。

4.1.1.3 细观层次:断裂过程区与断裂路径

细观层次的强韧化研究在于探讨断裂过程区的细观演化和断裂路径的细观几何特征。断裂过程区长期以来被视为一个黑匣子。断裂过程可分为解理、准解理和延性断裂三类。解理断裂过程可由 Griffith 理论精确地表达。准解理过程指位错发射和解理交替或共同出现的过程,它可能由周边介质的强约束或材料的敏感性等因素造成,也可能由纳米裂纹形核机制造成。纳米裂纹形核机制包括裂尖无位错区的形成、位错在 DFZ(无位错区)前的反塞积、塞积位错应力场对裂尖应力峰的前移、纳米裂纹形核以及与主裂纹汇接等过程。延性断裂更为复杂。现有的撕裂准则多为基于局部变形(如 COD、CTOA 等)的唯象准则。由于扩展裂纹尖端奇异场的弱奇异性,能量型和强度型准则往往在严格的意义上失效。流入裂尖区域的能量似乎全耗散于裂纹尾区的塑性变形,而无能量流入裂尖用于材料的分离过程,即所谓“Rice 凝结”。塑性耗散与裂尖分离之间的能量分割需引入一个断裂过程区模型。目前,通常用损伤胞元带的办法来处理

延性撕裂过程的模拟。

细观层次分析的另外一项任务是确定裂纹的扩展路径。对均匀的脆性材料,内聚单元是一种自身具备探寻断裂路径之功能的计算方案。对压电材料,可在力电耦合的理论下探寻裂纹扩展路径的偏折,对含有残余应力的颗粒复相体,可采用准三维切片中的作用域连接法来一步一步地模拟裂纹扩展路径。对纤维或层片桥联复合材料的断裂路径,可按照分层断裂与基体断裂的选择准则来确定断裂路径。

4.1.1.4　微观层次:分离前的原子运动混沌

强韧过程的微观层次研究在于探讨断裂分离时原子运动的特征。探讨在宏观力学氛围下,裂纹顶端原子聚集体作为动力系统从确定性运动转为随机或部分随机运动的规律;探讨原子振动混沌模式在裂纹顶端随应力强度因子的时间演化和空间传播特征;探讨裂失各类原子运动形态与材料力学行为(如韧脆转变行为)的关系。该研究为原子层次的材料设计打下基础。对裂纹尖端原子的非线性运动的研究结果,揭示了裂尖原子运动的突变行为与混沌现象。现已发现:

(1) 断裂所伴随的原子断键过程是一个突变过程。对各种材料可计算其突变释放能。若该突变释放能接近粒子从破碎表面逸出的能量阈值,便可在热激活机制下导致断裂粒子发射(Fracto-emission)。该过程可被实验量测,并可用来探测断裂的混沌特征。

(2) 在准静态解理断裂前会发生原子混沌运动的前兆。该混沌过程由裂尖的 K 场所激发,所需的 K 场仅为准静态下理论断裂韧性值的一半左右。

(3) 位错的发射也具有混沌特征,并形成位错云的时空结构。裂尖位错发生混沌所需的应力强度因子值也为准静态理论值的一半。位错云指时空位置飘忽不定的位错概率分布。位错云之间可以出现少量重叠。

(4) 材料韧脆转变决定于解理与位错发射两种混沌模式在时间演化和空间传播特征上的竞争。

4.1.2　从微观结构角度理解薄膜的强韧化

强韧化力学原理的深入研究揭示出两个科学问题:①尺度问题,即怎样进行不同尺度层次下的宏微观过渡,并评价材料中微结构的尺度对其强韧行为的效应;②群体演化问题,即如何描述微结构及缺陷作为群体所体现的交互作用和演化动力学对强韧化行为的影响。对材料的强度和韧性而言,微结构的尺度和群体演化起着至关重要的作用。尺度效应使纳米材料的强度和韧性显著地不同于常规材料;群体演化效应描述了破坏过程中特有的微细缺陷的扩展、串接、汇合和局部化,展现出材料破坏时特有的图案花样。

材料的宏观失效与其微观结构及其更深层次内发生的断裂物理、断裂化学机理相联系。借助一般材料强韧化研究的三个层次方法,可以将薄膜的强韧化研究按照其微观结构特征分成三个尺度进行讨论。

4.1.2.1 组织结构的完整性与致密度

气相沉积硬质薄膜的结构完整性和致密度对其力学性能具有至关重要的作用。一般采用电子扫描显微镜(SEM)观察薄膜截面形貌及膜基结合情况,观察是否存在疏松、孔洞、内部或界面裂纹。这是几百纳米到若干微米尺度的范围。

图 4-2 示出了采用磁控溅射制备掺杂铜(Cu)的氮化锆(ZrN)薄膜时,薄膜的结构随 Cu 含量变化示意图。采用高分辨场发射扫描电镜观察不同 Cu 含量薄膜的截面形貌,可以明显观察到形貌特征的显著变化:随着 Cu 含量从 8%(原子分数),33%(原子分数),58%(原子分数)变化,薄膜结构从致密的、无显著柱状晶特征,变化为致密的典型柱状晶特征,最后变为疏松的纤维状特征。这种形貌的观察是非常必要的,因为从致密到疏松的结构变化,导致薄膜的性能发生显著变化。

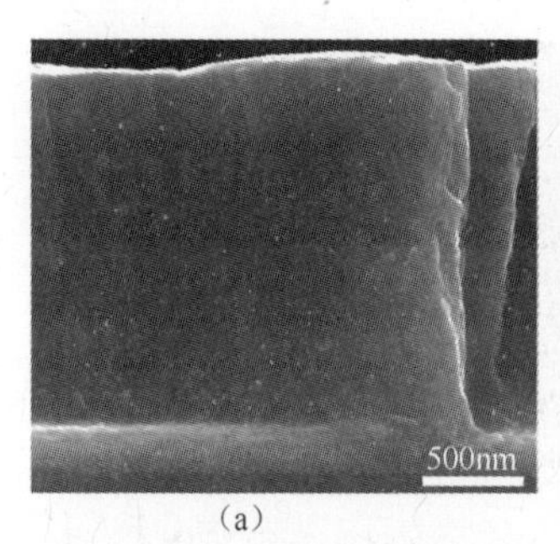

(a)

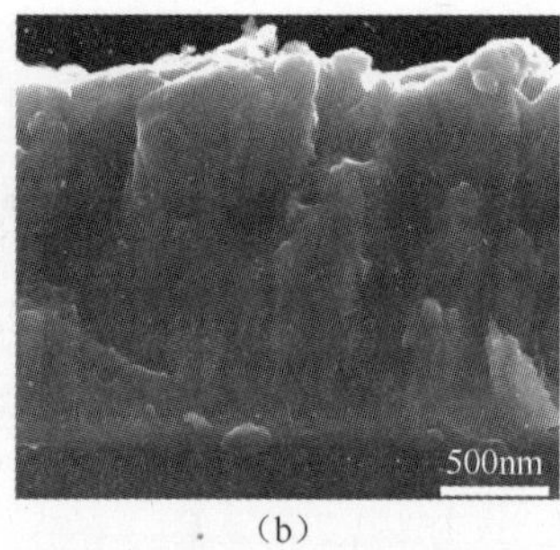

(b)

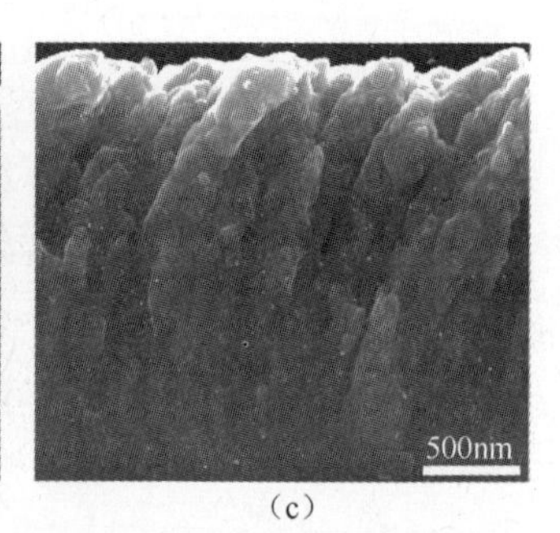

(c)

图 4-2 不同 Cu 含量的 ZrCuN 薄膜高分辨截面形貌
(a)8%(原子分数);(b)33%(原子分数);(c)58%(原子分数)。

陶瓷材料的断裂强度具有高度的组织敏感性,尤其是对缺陷的敏感性。如果存在如图 4-2 所示的空穴、疏松等结构特征,会显著恶化薄膜材料的力学性能。材料的韧性断裂过程往往是空穴形成、扩展、聚合的过程。从一般材料强韧原理的宏、细、微观三个层次来看,属于细观层次。空穴在第二相质点(广义的,包括夹杂及初始孔、洞在内)边界的形成过程是金属材料韧性断裂的重要机制之一。空穴一旦形成,即在有效塑性应变和三轴应力场作用下不断扩张,直至聚合成微裂纹而导致试样的宏观破断。因此,追求力学性能的硬质薄膜,首先需要保持其结构的完整性和一定的致密性,尽量避免形成孔洞、疏松等显而易见的组织缺陷。从耐磨损角度而言,需要硬质薄膜具有致密的生长结构、合适的硬度(25~30GPa)和一定的残余应力(<4GPa)[111]。疏松的组织结构显然不能满足上述要求。

4.1.2.2　晶粒的大小、形状与晶界

通过SEM、TEM观察薄膜的截面形貌，观察组织结构特征，如致密程度以及柱状晶形态、尺寸。这是几十到几百纳米尺度的范围。纳米复合薄膜的多元/多相、纳米晶/非晶复合结构，或者纳米多层薄膜的纳米多层、梯度多层等微观结构特征，都属于该尺度范围。

对于多晶乃至多相组成的复合材料而言，其断裂与单晶材料有着本质的不同。尤其是在裂纹尖端附近多发生复杂的微观断裂过程。伴随主裂纹的扩展产生的诸如显微裂纹、架桥、止裂、应力诱发相变、裂纹的偏转等，这些在局部发生的情况均会对断裂机制和断裂抗力产生影响。由于组织和断裂机制的复杂性，并非所有的机制都可以提高材料的韧性。为了最大限度地发挥各种断裂机制的作用，必须正确地构筑和解析与纤维组织相关的断裂模型。下面从多晶材料微观组织结构的主要参量，包括晶粒直径、晶粒形状和晶界，分别讨论其对断裂韧性的影响。

(1) 晶粒直径与断裂韧性。关于断裂韧性对晶粒直径的依赖性的研究相对较多，基本上认为随晶粒直径的增加断裂韧性升高，但当达到某临界尺寸以上时反而开始降低，陶瓷薄膜材料表现出同样的规律，如Al_2O_3、$MgTi_2O_5$、TiO_2等，其原因可用显微裂纹的形成机制来解析。在主裂纹尖端附近生成的微小裂纹对主裂纹尖端的应力集中起缓和作用，由此带来断裂韧性的升高。金属材料中的微小裂纹主要起源于位错的合并和堆积，换言之，主要与位错的运动有关，但是陶瓷材料则以起源于残余应力的情况为多。块体陶瓷材料残余应力主要源于晶粒热膨胀系数的各向异性导致的热残余应力在晶界处集中；而薄膜陶瓷材料的残余应力既有热残余应力，又有生长应力，这在残余应力一章中详细讨论。在外加应力所形成的裂纹尖端附近的高应力场的相互作用下，构成了在晶界处发生微小裂纹的原因。该类微小裂纹随晶粒直径的增加越容易发生，当超过某临界晶粒直径时，仅仅依靠热残余应力便可导致微小裂纹的产生。但是，如果微小裂纹数量过多，材料的刚度将下降，从而导致断裂韧性降低。也就是说，最高的断裂韧性是在适宜的晶粒直径条件下获得的。对于块体陶瓷材料来说，伴随晶粒直径的变化，材料的气孔率(致密度)、晶界结构以及晶界杂质种类和浓度都会发生变化，而后者可能是影响材料断裂韧性的主要因素；对于薄膜材料来说，同样需要研究晶粒直径对其断裂韧性的影响。

(2) 晶粒形状与断裂韧性。对于块体陶瓷材料来说，如果将结晶形状制成柱状或板状等长短比大的材料，那么裂纹的扩展路径将变得复杂化，一般材料的断裂韧性将升高。对于多晶体SiC、Si_3N_4等，采用颗粒、晶须、短纤维增强的复合材料，其断裂韧性会大大提高。该种情况下的韧化机制认为，如果界面的结合强度较弱则以裂纹的偏转或桥接(架桥)机制为主；若界面的结合强度较强则以

裂纹的止裂或弯曲机制为主。随着粒子的长短轴比的增加,裂纹由主裂纹面偏离的程度以及扩展时扭转的角度增大,导致材料的断裂韧性增加。从粒子的形状来看,柱状粒子较板状粒子在提供断裂韧性方面更为有效。关于随粒子的轴比增加材料的断裂韧性升高的原因,可以用桥接机制予以说明。另外,相对于裂纹偏转和桥接机制(以粒子周围界面优先破坏为前提),裂纹的止裂和弯曲则是以界面不破坏(强结合界面)为前提。一般地,裂纹的止裂与弯曲机制,更强烈地依赖于粒子的间隔(体积分数),而不是粒子的轴比。但是当粒子轴比提高时,由于粒子界面的彻底破坏很难发生,对发挥裂纹的止裂和弯曲机制更有利。

(3) 晶界与断裂韧性。多晶材料可视为有晶粒和晶界组成的复合材料,裂纹的扩展同时受两者力学性质的影响。粒子增强复合材料中的裂纹偏转机制,完全可以适用于多晶体的断裂,不过该机制是以完全的沿晶破坏为前提,不能用于有大量晶内破坏同时发生的情况。多晶陶瓷材料的晶界上由于添加了烧结助剂往往存在第二相或杂质,即使晶界上没有其他相,也因为晶界处的原子排列混乱,一般较晶内对断裂的抵抗能力低。在多晶体材料中,各个晶粒的结晶方向总是彼此不同的。当裂纹遇到两个晶粒的边界时,或者穿过它在第二个晶粒中继续扩展(在这种情况下,裂纹面的方向只作较小的变更);或者沿晶界本身继续扩展。对于小角度晶界及高强度晶界,易于发生穿晶断裂。此外,由于气孔的残留及热膨胀系数的各向异性所引起的残余应力等,使得断裂抗力降低。如果用特殊烧结方法除去晶界相或使其晶化,那么可获得高强度晶界,从而提高陶瓷材料的高温特性。不过,至今对晶界的断裂韧性直接测量的方法尚未确立。多晶体陶瓷材料中的裂纹在晶界与晶内扩展的比率,大体上可用晶内与晶界断裂韧性的比来描述。遵循这一原理,Krell 等通过测定晶界破坏比率来预测晶界断裂韧性,结果表明,Al_2O_3 的晶界断裂韧性虽然依赖于烧结助剂和烧结条件,但总的来看大约为 0.1~0.4 倍晶内韧性。对多晶烧结体裂纹扩展进行模拟表明,两维多晶体的断裂韧性随晶界断裂韧性的升高而增加,其最大值为晶内断裂韧性值。三维多晶体晶内破坏概率对晶界断裂韧性的依赖性与两维没有太大差异,但获得了达晶内韧性值约 3.5 倍的断裂韧性值。这主要归因于板厚方向有裂纹连体出现,三叉或四叉晶界对裂纹扩展路径产生约束,从而使断裂韧性得以提高。因此全面评价断裂韧性的力学性能,需要综合考虑裂纹的晶界扩展和晶内扩展过程。晶界是晶体中的相对薄弱面,当相邻晶粒间的取向差增大时,裂纹沿着晶界扩展的倾向性也增大。所以典型的晶间断裂的特征是具有曲折的裂纹路径。

在上述论述的基础上,通过一些研究实例来具体说明微观结构中晶粒大小和形状表征及其对薄膜性能的影响。

黄峰等报道了一类磨损率极低($10^{-17} m^3/N \cdot m$)的 VN 薄膜[112]。采用射频辅助溅射,通过调控轰击离子能量和流量,获得不同微观结构的VN薄膜。发现当满足结构致密、高度定向两个条件时,可以获得非常低的磨损率。具有极低磨损率的VN薄膜是由V字形状的柱状晶紧密排列而成的致密结构,晶间不存在微裂纹和微孔洞,同时V字形柱状晶呈强烈(200)择优定性生长。该作者提出,对于硬质薄膜材料来说,其磨损过程是断裂主导机理和层状剥离机理竞争的过程。断裂主导机理由于发生磨粒磨损,因此磨损率较高;层状剥离机理磨痕光滑平整,磨损率较低。而以何种机理失效则取决于硬质薄膜的晶界强度。图4-3中,弱晶界薄膜的失效主要以断裂机理为主,而强晶界薄膜的失效主要以层状剥离机理为主。所谓弱晶界,指膜层不够致密,晶粒取向杂乱无规律的晶界;强晶界,指致密的、高度定向的晶粒结构的界面;而致密的、晶粒取向无规律的可定义为中等强度界面。不同晶界强度的薄膜抵抗磨损的能力是不同的。

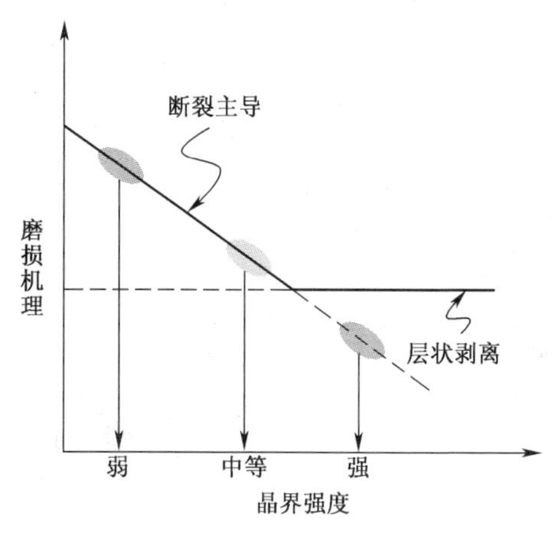

图4-3 硬质薄膜磨损失效机理与晶界强度的对应关系示意图[112]

图4-4(a)是VN薄膜的明场相,可以看到较大尺寸的柱状晶(宽度约100nm)致密排列,由基体到表面贯穿整个膜层。图4-4(b)中,相邻的两个柱状晶均成(200)择优取向。掺杂5.5%(原子分数)Si的VSiN薄膜没有显著柱状晶特征,在图4-4(d)中可以看到纳米柱状晶被无序或非晶相分隔包围。纳米柱状晶被认为是立方VN相,无序(非晶)相是SiN_x。因此,总的来说,VN呈致密并高度择优的柱状晶结构,而V-Si-N薄膜则成VN纳米晶被非晶SiN_x层分隔包围的纳米复合结构。在外力作用下,VN柱状晶容易沿着晶界滑动,甚至出现晶间分离,产生晶间裂纹;而VSiN这种纳米复合结构会形成晶粒尺寸的微裂纹而表现出类塑性变形行为[113],这就意味着薄膜的韧性提高了。VN与Al_2O_3小球对磨,当Al_2O_3球半径为6mm时,稳定磨损持续到10^5周次,磨损率只有$10^{-17}m^3/m$,机理以摩擦氧化为主;而当Al_2O_3球半径3mm时(意味着应力增加),稳定磨损仅有10^4周次,机理以裂纹生长和扩展的疲劳失效为主。VSiN在

与 Al_2O_3 球对磨中,稳定磨损阶段>10^5 周次,磨损机理以摩擦氧化为主,归因于纳米复合强界面提高了韧性,抑制了断裂过程[114]。

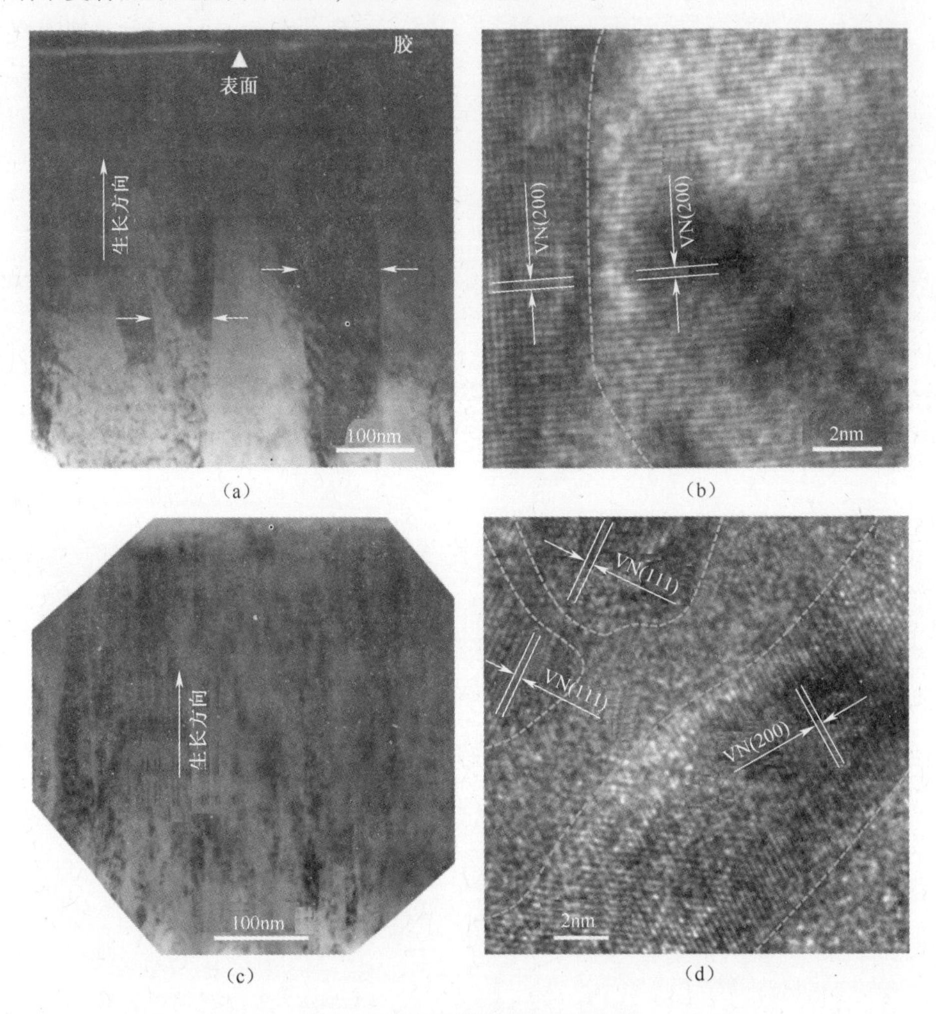

图 4-4 VSiN 薄膜的 XTEM 结果

(a)VN 薄膜的明场相;(b)VN 薄膜的高分辨透射;(c)5.5%(原子分数)Si 薄膜的明场相;(d)5.5%(原子分数)Si 薄膜的高分辨透射。

Greczynski 采用高功率脉冲磁控溅射技术(HIPIMS)向 Cr 薄膜中掺杂少量 N(<5%(原子分数)),获得了高硬度、高韧性的 bcc-CrN_x 薄膜。该薄膜既具有金属性(如 bcc-Cr 结构,低电阻率和高韧性),又具有陶瓷性(硬度是纯 Cr 层的 3 倍)。HIPIMS 技术可在不同时间段内的金属和气体离子分别撞击基体,从而实现微观结构的精确调控。这里对比了 HIPIMS 下在纯 Ar 气氛和 Ar/N 混合气氛中制备薄膜在微米和纳米两个尺度上微观结构的区别(图 4-5),差异是显著的:纯 Ar 获得了微米尺度柱状晶结构;而 Ar/N 混合获得无柱状晶特征的纳米

晶结构,这是一种弥散分布的 Cr_2N 纳米晶被各向同性均匀分布的 bcc-CrN_x 纳米基体包围的结构。这种微观结构对宏观性能产生明显影响:bcc-CrN(5%(原子分数))薄膜的硬度是纯 bcc-Cr 薄膜的 3 倍,同时其韧性也比后者好。消除柱状晶后晶界密度减小,导致可滑动的晶界数量减少,同时晶粒内位错密度降低,从而实现通过微观结构调控宏观力学性能。

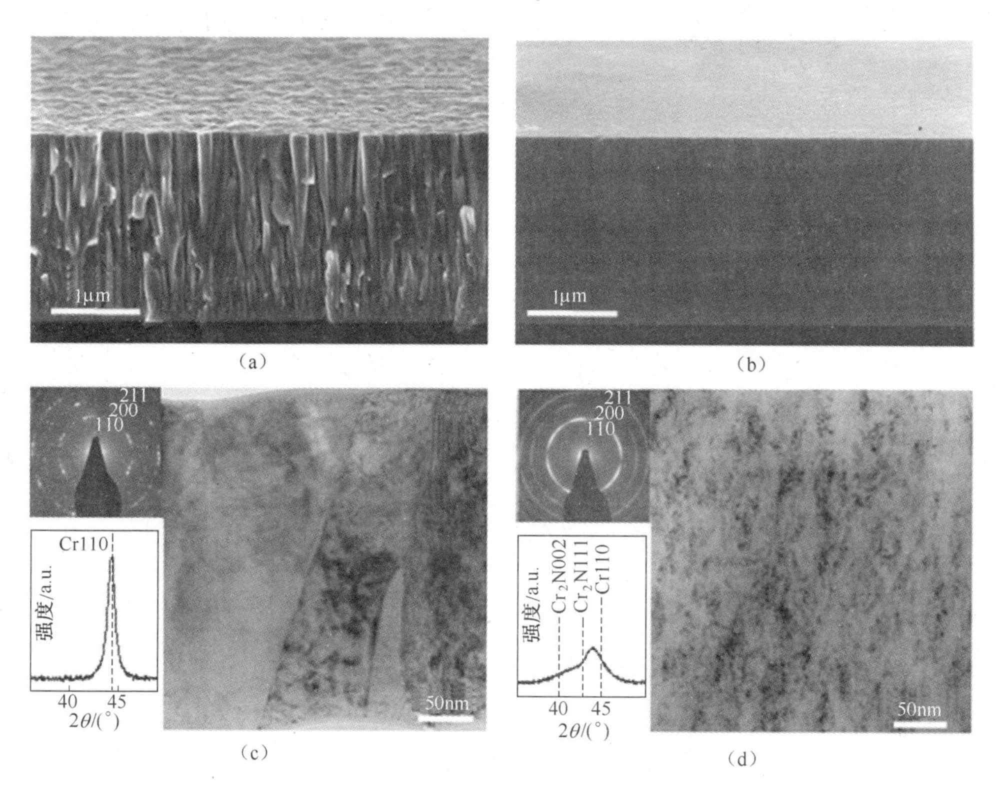

图 4-5　HIPIMS 溅射制备薄膜微观结构[115]

(a)纯 Ar 气氛 bcc-Cr 薄膜 XSEM;(b)2%(原子分数)N_2/Ar 气氛 bcc-$CrN_{0.05}$薄膜 XSEM;

(c)纯 Ar 气氛 bcc-Cr 薄膜 XTEM;(d)2%N_2/Ar 气氛 bcc-$CrN_{0.05}$薄膜 XTEM。

图 4-6(a)所示为厚度 1300nm 的 TiC/a-C:H 复合薄膜的截面形貌。薄膜主要由垂直于薄膜/基体界面的柱状晶组成。图 4-6(b)所示为金刚石压头压入该薄膜后,薄膜沿柱状晶界面开裂,即出现沿晶断裂情况。该薄膜的硬度约 20GPa,弹性模量 229GPa,$H/E^* = 0.087$。该测试结果说明:①柱状晶界面是薄膜的薄弱部位,受力时裂纹沿柱状晶界面扩展;②该薄膜的 $H/E^* < 1$,薄膜的抗断裂能力较差。

但是,另有研究表明,对于 $H/E^* > 0.1$,且更为致密的柱状晶结构的 nc-TiC/a-C:H 薄膜,同样载荷压入后依然产生裂纹。这说明薄膜的微观结构对薄膜抗断裂性能的影响要大于薄膜的力学参数。由此可以推论,如果薄膜具有好的韧性，应当避免形成柱状晶，最好形成致密的、无显著宏观组织特征的微观结构，或者说，若要制备强韧薄膜，需要控制薄膜生长过程中柱状晶的生长。

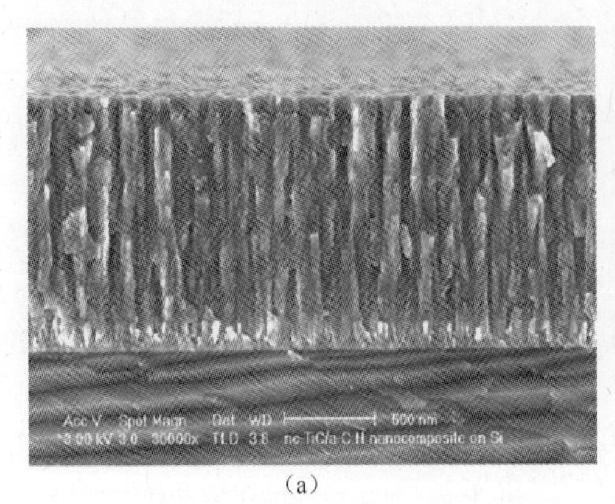

(a)

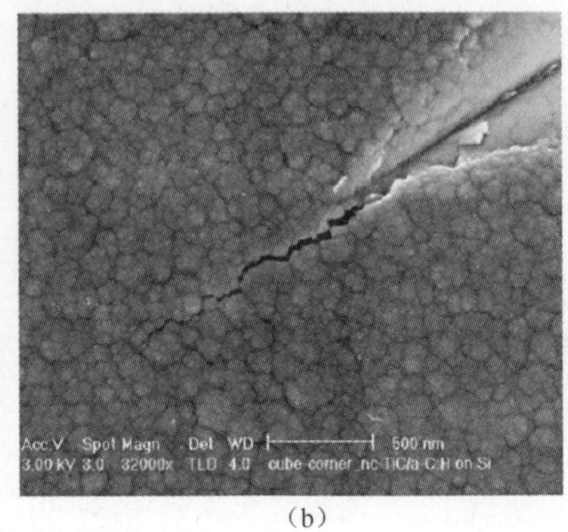

(b)

图 4-6　TiC/a-C:H 复合薄膜的截面形貌和压痕形貌
(a)截面形貌；(b)压痕形貌。

那么，什么因素能够控制薄膜内柱状晶的生长？

首先，根据结构区域模型(SZM)，可以通过以下参数控制薄膜的微观结构：①蒸发过程的 T_s/T_m；②溅射过程的 T_s/T_m、工作气体分压 p。其中，T_s 为基体温度，T_m 为沉积薄膜材料的熔点。

其次，离子或中性粒子的轰击。这主要通过工艺参数如偏压、等离子源功率等形式实现。离子和中性粒子对衬底的轰击可严重影响沉积薄膜的特性，它是形成具有较理想的 T 区特性的原因。正离子穿过衬底附近的等离子体鞘层区时被加速，具有的能量为 20~30V。可以通过在衬底上加偏压(射频电源驱动，或者如果沉积的薄膜导电，可用直流电源驱动)来增加离子的能量，在许多工业应用中人们已经这样做了，沉积气压以及离子轰击同样影响薄膜的残余应力，由于反冲注入的作用，轰击能量越高，产生的压应力越高。

最后，掺杂元素可以改变薄膜的微观组织结构。Musil[116] 研究了掺杂元素对薄膜微结构的影响，随着掺杂元素含量的增加，薄膜的微观结构逐步发生变化。添加适量的掺杂元素，会抑制薄膜晶粒，尤其是柱状晶的生长，并使薄膜晶粒重新形核。即随着掺杂元素含量的增加，薄膜的微结构沿 T_s/T_m 增大的方向发展。实验也发现，当向 Zr-Cu-N 薄膜中掺杂 Cu 后，薄膜结构随 Cu 含量发生变化。20%(原子分数)Cu 与 1.2%(原子分数)Cu 相比，薄膜几乎没有柱状晶特征。实际上，实验发现掺杂含量 7%(原子分数)Cu 后，就可以制备出无明显柱状特征，晶粒细小、致密的 Zr-Cu-N 薄膜。从微观结构角度看，这对提高薄膜的抗断裂性能显然是有益的。薄膜的韧性也由此获得提高。

对于多层膜而言，掺杂合金元素可以调控金属多层膜微观组织结构。除了组元材料的晶体结构与几何形态,组元材料内部缺陷(孪晶/层错、位错)密度的变化也必定影响多层膜材料的力学行为。已有研究表明,合金化能够有效地调控组元材料的微观结构特征与热稳定性,进而有效地改善多层膜材料的力学特性。

4.1.2.3　晶界调控纳米薄膜性能

卢柯和 Suresh 等认为[117],为了使材料强化后获得良好的综合强韧性能,强化界面应具备三个关键结构特征:①界面与基体之间具有晶体共格关系;②界面具有良好的热稳定性和机械稳定性;③界面特征尺寸在纳米晶量级(<100nm)。进而,他们提出了一种新的材料强化原理与途径——利用纳米尺度共格界面强化材料。卢柯等研究发现,纳米尺度孪晶界面具备上述强化界面的三个基本结构特征。利用纳米尺度孪晶可使金属材料强化的同时提高韧塑性。纳米孪晶界是一种共格的晶体面缺陷。一方面,它们与一般的大角度晶界一样,可以有效地阻挡位错运动,在纳米孪晶界密度较高的情况下,可以大幅度提高材料的强度;另一方面,由于纳米孪晶界的对称性,使得位错可以沿着它运动,产生台阶。位错也可以在与纳米孪晶界反应后,穿越进入相邻的晶粒。所以说纳米孪晶界具有很强的容纳位错的能力,这样就可以提高材料塑性变形的能力,也就改善了材料的韧性。通过对机械孪晶进行原子尺度模拟[118],发现纳米孪晶界密度越高,材料的断裂韧性越强。在主裂纹扩展过程中,裂尖前方的纳米孪晶界吸收了大量的位错,使得裂尖不断钝化。另外,在离主裂纹不远处还观察到子裂纹沿着孪晶界的扩展这一纳米尺度上的二级缺陷增韧机制。这种机制有效地缓解了主裂纹尖端(一级缺陷)附近的应力集中,使得裂纹扩展得以抑制。在纳米孪晶界密度较高的多晶试样中,观察到了裂纹偏折的现象,裂纹扩展的路径不同于没有纳米孪晶界的多晶试样。具体地说,由于纳米孪晶界具有多余的自由能,因此在纳米孪晶材料中,裂纹倾向于沿着或者切割纳米孪晶界在晶粒内部进行扩展,这样的扩展方式使得裂纹的路径呈现一种“之”字形的形状,这种扩展方式可以有效地提高材料的断裂韧性。纳米孪晶界的取向对材料断裂韧性也会产生影响。当纳米孪晶界取向倾斜于裂纹方向时,断裂韧性的提高较垂直和平行的取向大。这种更高的韧化效果可以归因于两种韧化机制的共同作用,即主裂纹尖端区域容纳了更多数量的不全位错,和更容易发生裂纹偏折。模拟还观察到了纳米孪晶界的弯曲,发现在弯曲的纳米孪晶界上,存在着一系列几何必须位错和晶界台阶。这说明,弯曲纳米孪晶界的出现对应着大量的塑性变形,同时滑移面的弯曲和晶界台阶的存在使得位错沿纳米孪晶界滑移的阻力增大,因此弯曲的纳米孪晶界同时具有韧化和强化的作用。通过原子尺度的计算模拟,研究了纳米孪晶界对纳米金属晶体断裂韧性的影响,并由此提出了 4 种韧化机制:①纳米孪晶界容纳位错的韧化机制;②纳米孪晶界使得主裂纹发生偏转的韧化机制;③二级缺

陷增韧机制;④弯曲孪晶界增韧机制。在这4种韧化机制的共同作用下,纳米结构材料的断裂韧性得到大幅度的提高。这为设计和制备具有高强度高韧性的纳米结构功能材料提供了思路和方法。

除了纳米孪晶同时提高强度和塑性以外,卢柯课题组还发现晶粒尺寸相同的纳米材料,其硬度可以通过调控晶界稳定性而大幅度变化,既可硬化也可软化。适当合金元素的晶界偏聚可以提高晶界稳定性,从而可以大幅度调控纳米金属的强度。利用电解沉积方法制备出晶粒尺寸从30nm到3.4nm变化的一系列Ni-Mo合金样品,发现当晶粒尺寸小于10nm时合金出现软化行为。通过适当温度的退火处理,利用晶界弛豫以及Mo原子在晶界上的偏聚,使材料硬度明显提高,最高可达11.35GPa。这一结果表明,晶粒尺寸相同的纳米材料,其硬度可以通过调控晶界稳定性而大幅度变化。该结果同时表明在纳米金属中硬度不仅依赖于晶粒尺寸,也受控于晶界稳定性。晶界稳定性可成为纳米材料中除晶粒尺寸之外的另一个性能调控维度。纳米金属中的不同硬度变化源于不同的塑性变形机制。卢柯课题与合作者利用原子探针技术和高分辨率电子显微术发现,制备态纳米Ni-Mo样品中的软化行为是由于机械驱动的晶界迁移变形机制所致。而纳米Ni-Mo样品在退火过程中发生了晶界弛豫及溶质原子的晶界偏析,降低了晶界能,提高了晶界的稳定性,使晶界行为在外力作用下难以启动,塑性变形通过拓展不全位错的形核及运动来实现。由于位错形核应力与晶粒尺寸的倒数成正比,样品硬度随晶粒尺寸减小不降反升。极小晶粒尺寸纳米金属的硬化及软化行为充分展现了由晶界稳定性控制的微观变形机制转变。这一发现为设计及制备具有超高硬度等优异性能的新型纳米金属材料提供了新思路。

在超硬薄膜研究方面,Veprek提出的nc-TiN/a-Si_3N_4超硬薄膜因其大于100GPa的硬度而备受关注。从目前可查的文献可知,硬度最高的纳米复合涂层是Veprek制备的nc-TiN/a-Si_3N_4涂层(nc表示纳米晶,a表示非晶),硬度达到100GPa,远远超过其他人制备的硬质涂层。Veprek指出特定微观结构以及纳米晶/非晶高强度界面,是得到超高硬度纳米复合涂层的关键。获得此硬度的涂层应具有特定微观结构,即3~4nm的TiN晶粒被非晶的Si_3N_4包围,晶粒之间的距离即Si_3N_4的厚度在纳米量级之间。这一结构设计被认为是纳米复合涂层获得超高硬度的必要条件之一。但是,由于后续研究者很难重复Veprek的实验结果,因此纳米复合结构的nc-TiN/a-Si_3N_4涂层是否真的可以得到如此高的硬度受到质疑。但即使这类薄膜不能获得大于100GPa的硬度,获得大于50GPa的硬度是受到认可的。同时有理由相信,这种结构不仅带来高的硬度,还可以带来好的韧性。如果能够对该类薄膜结构进行断裂韧性测定,相信会得到非常高的断裂韧性值。实际上,前文所述的纳米多层与纳米复合结构的薄膜,都是利用了晶界在纳米尺度的强化效应,获得强韧效果。

在材料研究领域，人们通常通过阻止位错运动来提高强度。然而，这种强化效应具有局限性。过多地引入缺陷会使得材料的主导变形机制由阻止位错运动强化向缺陷软化转变。吕坚课题组致力于多尺度应变非局域化高强高韧研究，认为在原子尺度上实现双相结构（两个非晶相或纳米晶相-非晶相）体积比为1∶1时，材料将会出现优异的力学性能[119]。通过特殊的磁控溅射方法制备$Mg_{49}Cu_{42}Y_9$（%（原子分数））材料，其结构是约6nm尺寸的$MgCu_2$纳米晶均匀弥散分布在非晶$Mg_{69}Cu_{11}Y_{20}$中，且其内部位错密度非常低。具有这种小于10nm的非晶—纳米晶双相结构镁合金的强度得到成倍的提高。其变形机制为初生剪切带的形成与纳米晶粒的塑性变形。

纳米金属多层膜作为一类典型的非均质金属材料，由于不仅可以调整其组元几何和微观结构尺度，而且可以引入具有不同本征性能的组元材料和不同结构的层间异质界面，因此在获得高强高韧金属结构材料方面具有潜在的能力。此外，纳米金属多层膜由于其可调节、可控制的微观结构特征，如组元材料晶体结构、调制结构参数（调制周期λ，即相邻两组元层厚度之和，与调制比η，即相邻两组元层厚度之比）、界面属性（晶体/晶体界面与晶体/非晶体界面）以及界面结构/特性（界面失配度与取向关系），而成为研究微纳尺度组元材料塑性形变行为的理想模型材料。孙军课题组[120-122]以铜基纳米金属多层膜为模型材料，研究了多层膜微柱体的界面结构特征、硬度/强度、应变速率敏感性、加工硬化/软化行为、形变与损伤规律，以及室温纳米金属多层膜力学性能的尺度效应及其内在的物理机制。

金属多层膜中异相界面是代表性体积单元相互连接的"纽带"，也是力学特性传递的桥梁，其构造及其形成规律将直接影响多层膜材料的最终的组织结构和综合性能。因此，界面结构/特性的操控是调节此类非均质材料性能最为关键的一环。通常，根据金属多层膜组元材料晶体结构的属性可以将界面分为晶体/晶体界面和晶体/非晶界面。对于晶体/晶体界面来说，根据界面两侧组元材料的点阵参数差异（或界面能量的高低），一般可分为共格、半共格界面和非共格界面。此外，根据界面两侧组元滑移系统（滑移面和滑移方向）是否连续，可将晶体/晶体多层膜的界面分为透明（Transparent）界面和模糊（Opaque）界面。透明界面两侧组元材料晶体结构相同，具有Cube-on-Cube取向关系（如Cu/Ni），界面两侧滑移面和滑移方向几乎是连续的，此界面为强界面（导致多层膜低强度）；模糊界面两侧组元材料晶体结构不同（如Cu/Nb），对靠近界面的可动位错具有吸引作用，同时可造成运动到界面上位错芯发生扩展，此界面为弱界面（导致多层膜高强度）。对于晶体/非晶界面而言，由于非晶合金的内部结构只具有短、中程有序性，这导致晶体/非晶界面在塑性变形过程中表现出独特的非弹性剪切/滑移特性，即应变相容性，明显不同于晶体/晶体界面（在塑性变形中产生应力集中)。界面结构的差异往往对多层膜材料的宏观力学性能产生显著的影响。孙军等对柔性基底上晶体/晶体与晶体/非晶纳米金属多层膜的拉伸性能研究表明,调制周期恒定的晶体/晶体 Cu/X(X=Cr,Nb,Zr)多层膜的拉伸延性随调制比单调变化,然而相应的晶体/非晶 Cu/Cu-Zr 多层膜的拉伸延性随调制比非单调变化,在临界调制比 $h=1$ 时,延性具有最小值。

层状结构材料作为一种典型的非均质材料由于其灵活多变的组元种类与可控的微观结构特征,不仅是研究材料特别是微纳尺度材料塑性变形行为的理想模型材料,也成为潜在的工程与微电子领域的高强、高韧结构材料。对于多层膜这类典型非均质材料而言,其复合效应的物理基础正是源于组元材料的性能差异及其微观组织结构特征,尤其是界面结构/特性。界面结构、界面结合及界面微区的调控是调控层状结构材料性能的最为关键的环节。界面结构/特性不仅决定了层状结构材料的服役性能,如辐照损伤容限,而且显著影响了材料制备过程中组元的微观结构特征。近来研究表明,在非平衡条件下制备多层膜的过程中,高能异相界面能够通过诱发(高层错能)组元孪生变形松弛内应力,从而影响材料整体的塑性变形特性。系统深入研究金属多层膜界面诱发相变/孪生行为有利于理解层状结构材料复合制备过程中的内应力松弛机制,有效调控材料的微观结构与使役性能[123]。

4.2 强韧化关键力学指标

1. 强韧化力学指标

材料拉伸实验是材料力学性能测试中最常见、最基本的方法。实验中的弹性变形、塑性变形、断裂等各个阶段真实反映了材料抵抗外力作用的全过程。对于一般材料来说,研究材料的静载力学行为,主要进行拉伸性能测试,少量进行扭转、弯曲和压缩力学性能测试;研究在这些条件下材料的弹性变形、塑性变形和屈服。对于薄膜来说,由于二维尺度的限制,使其很难进行拉伸实验。因此,评价薄膜强韧性能力学指标与一般材料不同。对一般材料来说,拉伸强度指标以及拉伸塑性指标是表征材料强韧性的重要参数,而这些指标无法用于薄膜材料。

硬度(H)表示材料表面抵抗塑性变形或者破裂的能力,因此它表征的是材料(表面)的一种抗力。硬度并不是一个独立的基本力学参量,它与其他的力学性能有一定的内在关系。材料起始塑性变形抗力和形变强化能力直接决定了压入硬度值的大小,因此压入硬度值和金属抗拉强度在一定范围内近似呈正比关系,也和金属疲劳极限存在类似关系。由于硬度测试方法简单,且不会损坏工件,因此硬度试验早已成为评定整体材料力学性能的一个主要手段,有的时候在生产实际中还取代其他性能指标如抗拉强度、疲劳极限等的测试,如在热处理车间中常常按零件的硬度要求来确定热处理工艺,并以硬度作为热处理质量检验的标准。因此在表征薄膜材料强韧性能时,硬度是一非常重要且方便获得的强韧指标。

薄膜(镀层)与基体之间的结合强度是评价镀层质量的重要性能指标,结合强度的评定是进行工艺优化的重要条件。尤其是对于要求摩擦学性能的镀层,有时结合强度比磨损性能更重要。

韧性是材料的重要力学性能之一。韧性指的是一种材料从开始塑性变形到断裂期间吸收能量的能力,常用断裂韧性对其进行测量。在经典力学中,断裂韧性指的是一种材料在已经有裂隙的情况下,对断裂的抵抗力,也就是该材料在没有断裂前可承受的最高应力强度。

2. H/E^*、H^3/E^{*2} 与 H^2/E^* 的含义

本节重点分析不同的硬度与弹性模量比例关系(即 H/E、H^3/E^2、H^2/E)所代表的物理含义,并进一步探讨了材料表面的硬度(H)、弹性模量(E)和表面抗塑性变形能力的关系[124]。需要指出,在非单向受载的情况下,弹性模量应采用有效弹性模量(或有效杨氏模量)E^*,其定义是 $1/E^*=(1-v^2/E)$,式中,v 为材料的泊松比。

1) H/E^*

人们在衡量一个物体的弹性极限的时候,既可以用弹性应力极限描述,也可以弹性应变极限表示。弹性应力极限,即 σ_e 表示材料在弹性范围内所承受的最大应力。在工程上常用条件屈服强度来表示,如 $\sigma_{0.2}$ 表示应变(ε)为 0.2%时的应力。一般将较小变形的屈服强度 Y 近似认为与 σ_e 相近。Oberle 认为应该用弹性应变极限即 ε_e 来表示弹性极限,即材料在受力的情况下所能发生的最大弹性应变量。弹性应变极限可近似的用屈服强度除以弹性模量来表示,$\varepsilon_e=\sigma_e/E\approx Y/E$。其中,$Y$ 为材料的屈服强度,E 为材料的弹性模量。Tabor 的研究表明材料的硬度与屈服强度存在关系 $H\approx CY$,其中,C 是一个与压头形状,及压头与材料之间的摩擦力有关的限制因子。因而,$\varepsilon_e\propto H/E$。其物理意义为材料在单向外加载荷的作用下,发生塑性变形前发生的最大弹性应变量,即弹性应变极限。较高的硬度值可以提高材料发生起始塑性变形时所需的载荷,同时较低的弹性模量可以有效地将材料所承受的外加载荷向更广的范围分散,使应力不至于过分集中,最终导致局部的破坏,因而从整体上提高了材料表面抗塑性变形的能力。

随着纳米压入仪在研究材料力学性能领域中的广泛应用,借助纳米压入仪的加-卸载曲线,许多学者进一步研究了 H/E^* 与材料其他性能之间的关系。

Musil 等通过对不同的硬质薄膜 Ti-Al-V-N 的硬度 H,弹性模量 E 及弹性恢复量 W_e%(弹性恢复量 $W_e\%=W_e/W_t\times100\%$)研究,发现了 H/E^* 与弹性恢复

量 $W_e\%$有一定的关系，相同的 H/E^* 值近似地对应相同的弹性恢复量 $W_e\%$。Giannakopoulon 等用弹塑性理论和有限元的方法分析了尖锐压头压入材料表面时材料的弹塑性变化发现，在圆锥体或棱锥体的压入状态下，H/E^* 与材料发生塑性变形时吸收的最大弹性能占总能量的比值成正比。对材料做相同的功时，H/E^* 值越大者，材料吸收的弹性能占总能量的比值就越大，产生塑性变形的塑性能相对较少，材料抵抗塑性变形的能力增强。郑仰泽等用有限元计算及大量的实验证明在锥体(或楔体)压入状态下，材料的 H/E^* 值与材料吸收的塑性能占总吸收能量的比值成无量纲函数关系。

通过以上的分析可以看出，H/E^* 表示了材料在外加载荷作用下的弹性应变极限，与材料在受尖锐物体压入后产生的弹塑性变形能比值有关，同时也是材料抵抗尖锐物体压入能力的一个判据。

2) H^3/E^{*2}

H^3/E^{*2}适用于评价材料表面抵抗球形体压入产生塑性变形的能力。Johnson 通过分析旋转圆球压入材料表面的应力分布，认为为了承受高载荷而不发生屈服，将高屈服强度或硬度与低的弹性模量相结合是比较理想的。即当刚性球半径一定时，提高硬度值和降低弹性模量都可以提高材料的抗塑性变形能力。同时由 Johnson 对材料表面应力场分析可知，对于旋转固体的压入，最大剪应力点是在材料表面的下方。这与用楔形体或锥形体在材料表面处产生最大剪应力是不同的。

3) H^2/E^*

为了进一步研究材料硬度与弹性模量的关系对材料抵抗破坏能力的影响，对于单向受力状态下将 H 值与 H/E 值(即应力—应变曲线)作图，得到一条曲线，此曲线下所围的面积表示为 $H^2/(E)$，即材料在弹性极限范围内单位体积内材料的弹性储存能。工程上称为弹性比功。在发生弹性变形前，H^2/E 越大，材料吸收的弹性能越多，越不容易发生塑性变形。因此可以用 H^2/E 来评定材料在单向受载状态下抵抗塑性变形的能力。同样，在非单向受载的情况下，弹性模量应采用有效弹性模量 E^*。在纳米压入仪压入的状态下，H^2/E^* 可以近似等于卸载线下所围的面积(弹性能 W_e)。目前，H/E^* 和 H^3/E^{*2}已被一些薄膜研究者作为评定薄膜抗塑性变形能力的物理依据。但很少有人将 H^2/E^* 作为评定材料表面抗塑性变形能力的一个指标。其实，Oberle 在 1951 年也曾提出 H^2/E^*应该是评定在摩擦学方面应用的材料表面稳定性的一个更准确的参量，但是由于在当时，还不能够通过改变工艺参数而得到同类材料的不同的弹性模量，因而 H^2/E^* 也没有引起学者们的注意。采用 H^2/E^* 来作为评定脆性材料表面抵抗塑性变形能力的判据可能更合适。原因如下：

(1) 由于硬度对材料的抗塑性变形能力有很大影响，因而，仅仅以 H/E^* 来描述材料的抗塑性变形能力时不能够突出硬度影响。

(2) 采用 H^3/E^{*2} 来表示材料表面发生塑性变形前能够抵抗的最大载荷时，有一点值得注意的是，H^3/E^{*2} 应该再乘以施载物体的半径的平方，才能准确表示产生塑变的最小载荷。所以，采用 H^3/E^{*2} 作为判据时，还应考率对材料表面施载物体的半径。例如，一个材料表面抵抗钝化的 Vickers 压头的压入与抵抗 $D=4.57$cm 的碳化钨 WC 压头压入的最大承受载荷显然是不同的。

(3) H^2/E^* 从能量的角度对材料的抗塑性变形能力进行评述，能够突出反映硬度对抗塑性变形能力的影响，且其应用不受施载物体形状的限制。H/E^* 若是从能量的角度来衡量材料抵抗塑性变形的能力则应是限于在尖锐压头压入的情况。

3. $H/E^* \geqslant 0.1$

目前而言，关于如何获得硬、韧俱佳的纳米复合薄膜有如下共识，即：①具有较低的有效杨氏模量 E^*（$E^*=E/(1-\nu^2)$）；②具有较高的弹性恢复 W_e。满足上述两个条件的硬质薄膜已经通过结构、成分设计成功的制备出来。

Musil 较为系统地开展相关方面的研究。通过研究 Zr-Al-O、Al-Cu-O、Al-O-N 三种硬质薄膜，讨论了硬度/弹性模量比值（H/E^*）、弹性恢复系数（W_e）等参数与硬质薄膜抗断裂性能的关系，Musil 最后提出 $H/E^* \geqslant 0.1$，$W_e>60\%$ 的硬质薄膜具有较好的抗断裂性能。

图 4-7 是若干采用磁控溅射制备的氧化物、氮化物和碳化物薄膜的硬度(H)

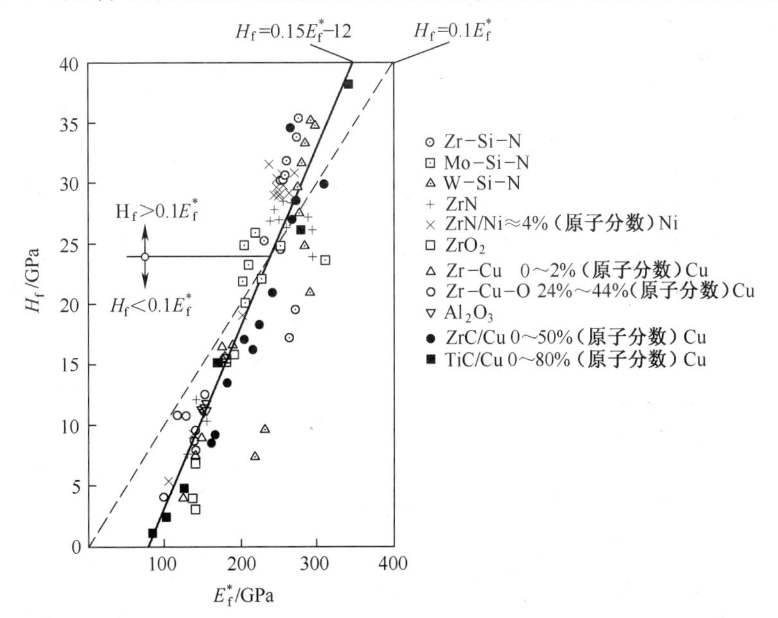

图 4-7　磁控溅射制备的典型氧化物、氮化物和碳化物薄膜的硬度(H)与有效杨氏模量(E^*)的关系示意图[123]

与有效杨氏模量(E^*)的关系曲线。总的来说,H 与 E^* 基本成 $H=0.1E^*$ 的关系,图中所示典型薄膜的数据点分散在 $H=0.1E^*$ 的周围,可以归纳出一规律,即这些数据点可以分为 $H_f>0.1E_f^*$ 和 $H_f<0.1E_f^*$ 两部分(下标 f 表示薄膜)。实验发现,$H_f>0.1E_f^*$ 的薄膜具有较好的抗断裂性能,即韧性较高。那么 $H_f>0.1E_f^*$ 的薄膜是如何获得的?

图 4-8 显示了磁控溅射制备 TiN、TiAlN、ZrN、ZrCuN 和 AlCuN 薄膜的 $H=f(E^*)$ 关系曲线。如果将 $H/E^*>0.1$ 和 $H/E^*<0.1$ 的区域在图中表示出来,可以看到上述薄膜实验点的分布呈明显的统计规律,如在保持硬度(如图中所示 30GPa)不变的条件下,添加不同元素成分可以改变薄膜的弹性模量(或有效杨氏模量 E^*,图中所示 E^* 在 200~400GPa 范围变动)。在三元氮化物 Me2-Me1-N 中,薄膜的 E^* 值即与 Me1 有关,又与 Me2 有关;并不是所有的氮化物都表现出 $H/E^*>0.1$ 的规律;需要选择合适的元素才能获得 $H/E^*>0.1$ 的薄膜。

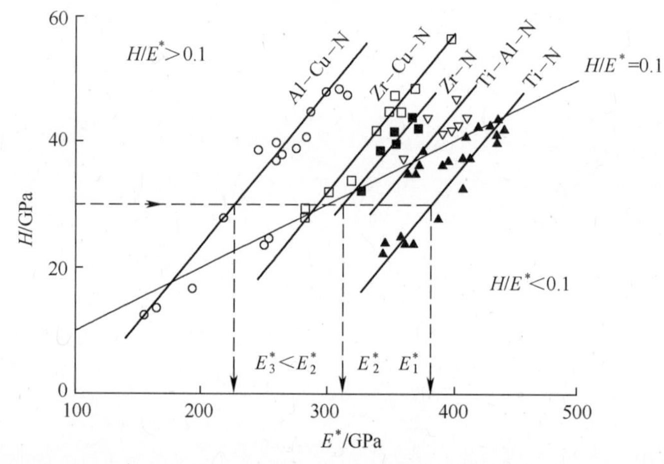

图 4-8 磁控溅射制备 TiN、TiAlN、ZrN、ZrCuN 和 AlCuN 薄膜的 $H=f(E^*)$ 关系曲线[124]

需要指出,可以将 H/E^* 作为强、韧薄膜设计的参考,但并不是必须遵循的原则。已有研究表明[112],通过合理设计薄膜的微观结构尤其是获得强的晶间界面,获得弹性模量较高的硬质薄膜,尽管其 H/E^* 值较低,但仍然表现出优异的抵抗磨损的性能。

4. H/E^* 的调控因素

图 4-8 表明,通过合理地选择元素和调控工艺参数,可以制备 $H/E^*\geqslant 0.1$ 的薄膜。这具有非常重要的意义,因为该类薄膜具有高弹性恢复和抵抗断裂的性能。正因为该类薄膜的优异性能,使其成为强韧纳米复合薄膜的研究热点。对于 $H/E^*\geqslant 0.1$ 的薄膜而言,在 H 一定时,E^* 越小越好,然而这非常难以实现。对于常规材料,H 与 E^* 是同向变化的,即 H 增加伴随 E^* 的增大。但是对于薄膜材料,可以通过多种方式调控 H 与 E^* 的变化方式,包括:薄膜元素的成

分，微观结构，相组成以及应力。从制备过程来看，H 和 E^* 受到薄膜沉积原子获得的能量 ε 控制，即基体加热（T_s）和辅助沉积粒子的轰击。因此，要获得 $H/E^* \geqslant 0.1$ 的薄膜，可以通过下面方法制备。

1）调控沉积参数

图4-9为Zr-Al-O硬质薄膜中硬度、弹性模量、弹性恢复系数随氧气偏压的变化曲线。图中MM、TM和OM分别代表溅射反应的金属、过渡和氧化模式（三种模式下溅射速率MM>TM>OM）。曲线说明，通过氧气偏压能够有效控制Zr-Al-O硬质薄膜的硬度、弹性模量、弹性恢复系数。Zr-Al-O薄膜的力学性能还与Zr/Al原子比密切相关：Zr/Al<1时，薄膜硬度低，弹性恢复差，$H/E^* \leqslant 0.1$；Zr/Al>1时，$H/E^* > 0.1$。图中所有 $H/E^* > 0.1$ 的Zr-Al-O薄膜的弹性恢复 $W_e \geqslant 60\%$。

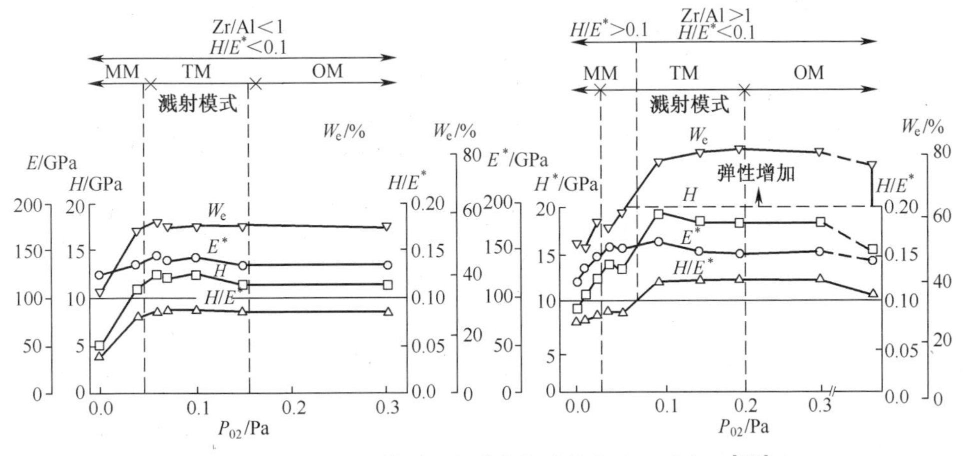

图4-9　Zr-Al-O薄膜的力学参数随氧气偏压的变化[125]

通过弯曲实验测试Zr-Al-O薄膜的抗断裂性能，如图4-10所示。在金属Mo带上制备了厚度约为3000nm的两种Zr-Al-O薄膜，性能分别为A组的 $H/E^* < 0.1$，$W_e = 44\%$；B组的 $H/E^* > 0.1$，$W_e = 75\%$。当弯曲角 $\alpha_c = 30°$ 时，薄膜A

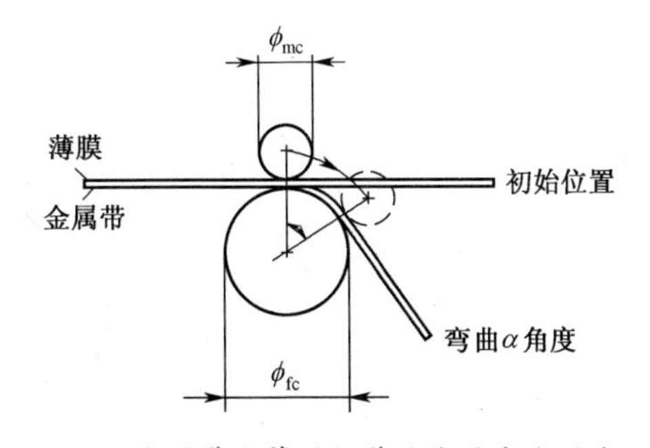

图4-10　Mo金属带上薄膜断裂性能的弯曲测试示意图

上开始出现垂直于弯曲方向的裂纹；而薄膜B直到弯曲角 $\alpha_c=180°$ 时仍未出现裂纹(图4-11)。由此可以判定薄膜B的抗弯曲性能显著优于薄膜A。对比薄膜A和B的力学性能得到如下结论：当薄膜的弹性变形系数和硬度/模量比较大时(W_e>60%，H/E^*>0.1)，薄膜具有较好的抗断裂性能。该结果对于薄膜在柔性电子、微纳米机械等领域的应用具有重要的指导意义。

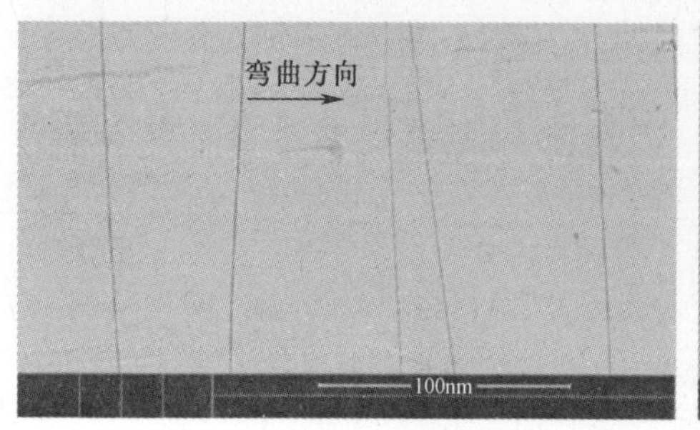

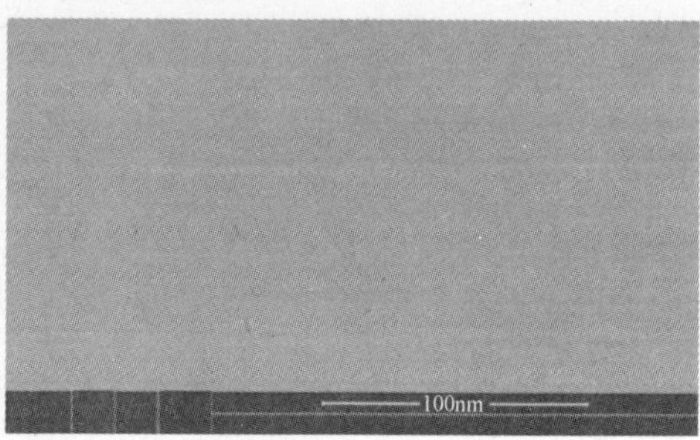

图4-11　两类薄膜的抗断裂性能比较

(a) $H/E^*<0.1$，$W_e=44\%$；(b) $H/E^*>0.1$，$W_e=75\%$。

2) 掺杂一种或多种元素

图4-8已经说明了掺杂一种或多种元素可以获得 H/E^*>0.1 的薄膜。

采用磁控溅射在Si基体上沉积Al-Cu-O薄膜，通过改变Cu含量调控薄膜力学性能，结果如表4-1所列。随着Cu含量增加，H、W_e和 H/E^* 均增加。采用压入法测试薄膜的抗断裂性能(测试方法见第3章)。结果表明当 H/E^*<0.1 时，薄膜容易开裂，压痕对角线出现径向裂纹；当 H/E^*>0.1 时，薄膜弹性恢复系数 W_e>65%，薄膜不易开裂。分析其原因，弹性恢复系数越高，载荷可分散到更大区域，薄膜表现出更好的韧性。

表4-1　Cu含量和残余应力对Al-Cu-O薄膜的力学性能参数的影响

Cu/%(原子分数)	H/GPa	E^*/GPa	W_e/%	H/E^*	σ/GPa	开裂
0	7.3	100	49.4	0.073	-0.40	是
2	10	111	57.5	0.090	-2.23	是
3.3	14.5	130	66.6	0.112	-2.32	否
6.2	16.7	135	71.0	0.124	-2.24	否
9.7	18.5	143	74.8	0.129	-2.20	否

3) 基体加热效应

调控基体加热实际上是调控薄膜沉积原子获得的能量 ε 的一种方式。

图4-12显示了加热温度对Sn-Cu-O薄膜力学性能的影响。图中用虚线框标出了 H/E^*>0.1 的薄膜位置。对于基体未加热的情况(图4-12(a))，Sn-Cu-O

薄膜只在负偏压-200V 时获得 $H/E^*>0.1$；而对于基体加热 250°C 的情况（图 4-12(b)），Sn-Cu-O 薄膜在-100～-200V 的范围都可以获得 $H/E^*>0.1$。两者的区别在于后者的沉积粒子获得更大的能量。这就证明了不仅掺杂元素可调控薄膜性能，沉积粒子获得能量也可以调控薄膜力学性能，从而获得 $H/E^*>0.1$。

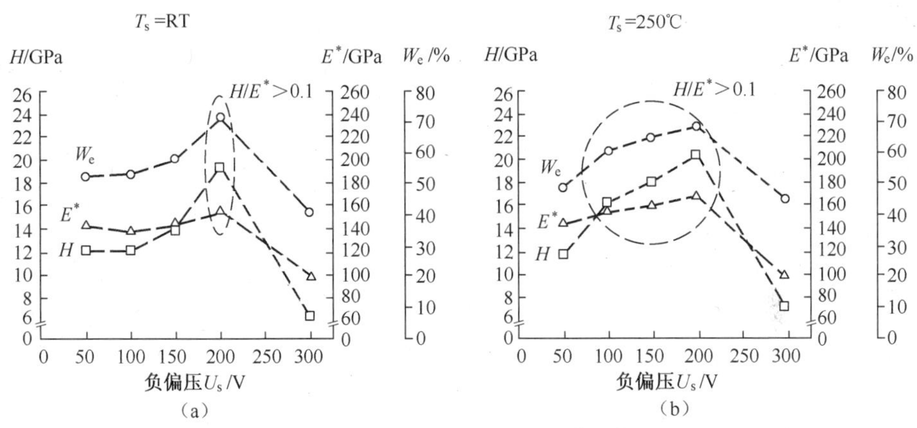

图 4-12　10%（原子分数）Cu 含量的 Sn-Cu-O 薄膜在不同加热温度、不同偏压下的力学性能对比[126]

4）离子轰击

采用反应溅射技术在 $Ar+O_2$气氛中制备了 Sn-Cu-O 薄膜。考察了 0V，-100V，-150V 和-200V 负偏压对薄膜力学性能的影响，如图 4-13 所示。结果表明：不同工艺参数下，既可以获得 $H/E^*>0.1$ 的薄膜，又可以获得 $H/E^*<0.1$ 的薄膜；如果基体不加热，只能获得 $H/E^*<0.1$ 的薄膜；所有 $H/E^*>0.1$ 的薄膜都具有高的弹性恢复（$W_e>60\%$）；Sn-Cu-O 薄膜的硬度和弹性恢复都随着负偏压的增加而增大。

进一步研究 Sn-Cu-O 薄膜的摩擦系数 μ、磨损率 k 与硬度 H、有效杨氏模量 E^*、弹性恢复 W_e 以及 H/E^* 的关系。结果发现：随着 H、E^*、W_e 以及 H/E^* 的增加，薄膜的摩擦系数 μ 降低，且最低的 μ 出现在 $H/E^*>0.1$ 的薄膜中。这就表明，增大薄膜的硬度，同时降低弹性模量，对于提高薄膜的耐磨性能是有益的。调控参数（如增加沉积离子获得的能量），获得 $H/E^*>0.1$ 和 $W_e>60\%$，可以得到非常低的摩擦系数。

5）沉积参数、掺杂和轰击能量的混合影响

一般来说，沉积参数、掺杂和轰击能量等影响 H/E^* 的因素会同时发挥作用。下面通过反应溅射制备薄膜的过程，来说明上述因素的混合影响。

在反应溅射中，可以在三种模式下沉积薄膜，分别是金属模式（MM）、过渡模式（TM）和反应模式（RM）。不同模式下沉积的薄膜性能明显不同，这是由于：①薄膜内掺杂反应气体原子量不同；②通过离子轰击传递给生长薄膜的能量

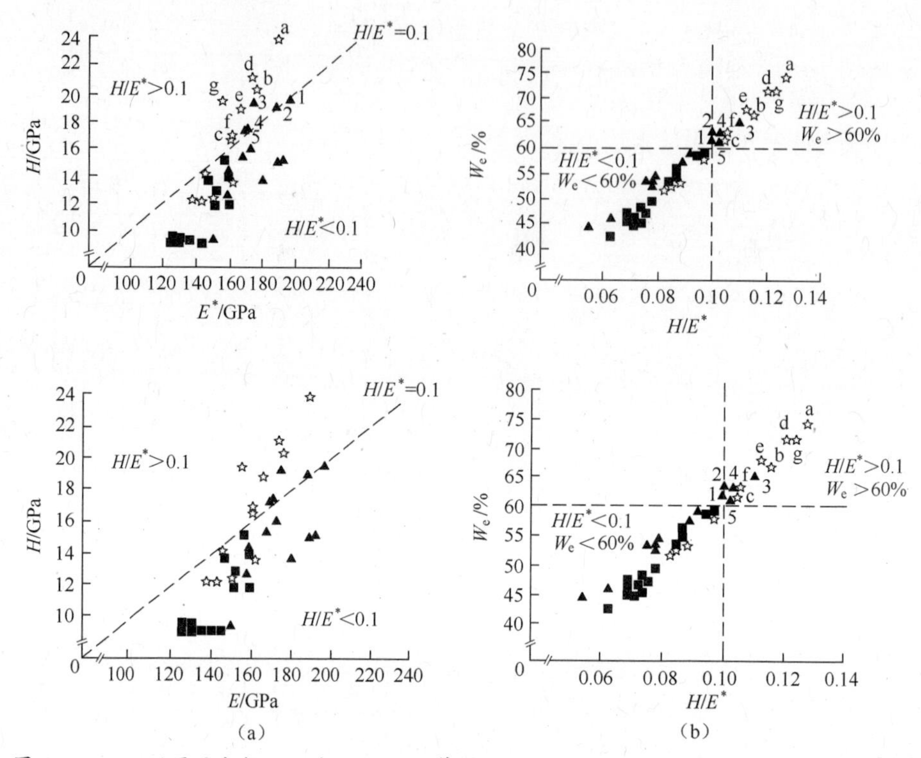

图 4-13 10%(原子分数)Cu 的 Sn-Cu-O 薄膜的 $H=f(E^*)$ 和 $W_e=f(H/E^*)$ 关系曲线[127]

(a) $H=f(E^*)$;(b) $W_e=f(H/E^*)$。

不同。由于反应气体会导致“靶中毒”,改变溅射靶材料的溅射产额,由此显著改变反应溅射沉积速率(a_D),如图 4-14 所示。反应溅射中,沉积速率非常重要。轰击离子传递给生长薄膜的能量 ε_{bi} 可由下式定义[128,129]:$\varepsilon_{bi}[J/cm^3] \approx U_s i_s / a_D$。式中,$U_s$ 是基体偏压,i_s 是基体离子电流密度。公式说明,轰击能量的大小与基体偏压、基体离子电流密度和沉积速率有关。基体离子流电流密度与磁场设计和溅射靶功率相关。总的来说,增大溅射靶电压 U_d 会增加溅射产额,由此提高沉积速率。同时,沉积速率还与磁场设计(尤其是靶材表面平行磁场分量的大小)、靶材尺寸、溅射工作气压和溅射靶等离子体场控制等因素相关。

随着 N_2 分压的增加,沉积速率降低(图 4-14(a)),但传递给沉积薄膜的轰击能量(ε_{bi})增加(图 4-14(b))。这表明在金属模式(MM)下通过离子轰击传递给薄膜的能量最低,而反应模式(RM)下通过离子轰击传递给薄膜的能量最高。这也是沉积参数影响溅射薄膜性能的主要原因。

图 4-15 显示了沉积速率(a_D)、轰击能量(ε_{bi})和反应气体分压(P_{RG})对 Al-Si-N 薄膜性能的影响。图中 MM、NM 和 RM 分别对应金属模式、氮化物模式和反应模式。从图 4-15 中可以看出,随着有效杨氏模量 E^* 的增加,薄膜的

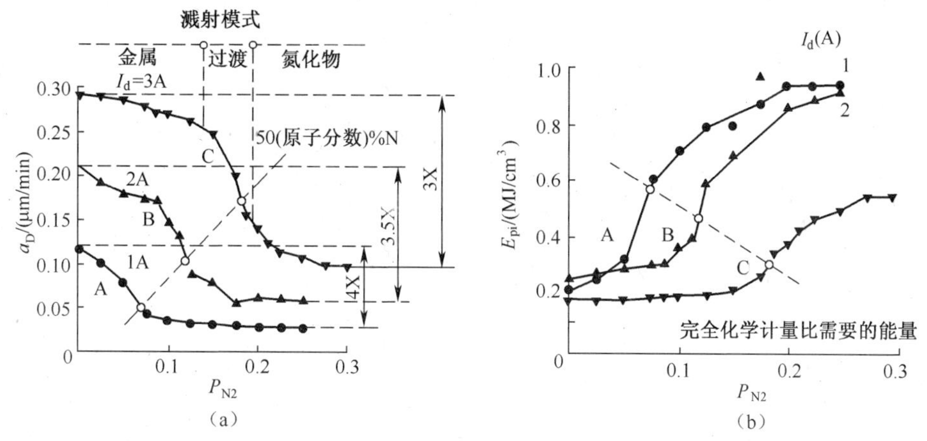

图4-14 (a)Ti(Fe)N_x 薄膜的沉积速率 a_D,(b)N_2分压与离子轰击能力 E_{pi}的关系[127]

硬度H、弹性恢复W_e增大;$H/E^* \geq 0.1$ 的Al-Si-N薄膜具有较高的硬度(20~30GPa)和弹性恢复($W_e \geq 60\%$)。尤其需要重点指出的是$H/E^* \geq 0.1$ 的Al-Si-N薄膜只能在氮化物模式(NM)下才能获得。

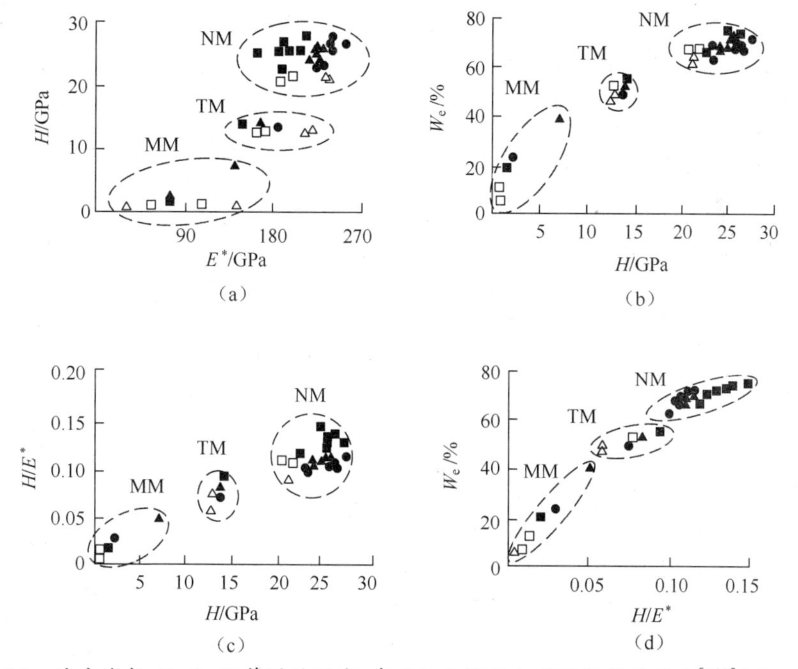

图4-15 反应溅射Al-Si-N薄膜的硬度、有效杨氏模量与弹性恢复的关系[130](空心符号对应Si含量<10%(原子分数)的薄膜;实心符号对应Si含量约40%(原子分数)的薄膜;四边形、圆和三角形分别对应Si(111)、Al_2O_3和钢基体

$H/E^* \geq 0.1$的薄膜只能在氮化物模式(NM)下才能获得,与MM和RM相

比,NM 模式的沉积速率 a_D 很低。要获得 $H/E^* \geq 0.1$,需要有足够高的离子轰击能量(ε_{bi})传递给沉积薄膜。而影响 ε_{bi} 的因素有反应气体分压、基体负偏压和基体离子电流,这就使得相同成分的薄膜可以具有不同的 H/E^* 值。

表 4-2 列出了离子轰击能量对 Ti(Ni)N 薄膜的力学性能的影响。随着负偏压的增加,基体离子电流 i_s、轰击能量 ε_{bi}、硬度 H 和弹性恢复 W_e、H/E^* 和残余压应力(σ)均增大,但沉积速率 a_D 降低。由此,Ti(Ni)N 薄膜的 H、W_e 和 H/E^* 的增加与 U_s、i_s 和 ε_{bi} 相关。需要指出,负偏压为 75V 的薄膜 $H/E^*>0.1$,其 ε_{bi} 远远大于前两者。这又说明,需要有足够高的离子轰击能量 ε_{bi},才能获得 $H/E^*>0.1$,$W_e>60\%$ 的薄膜。

表 4-2 直流反应溅射制备 Ti(Ni)N 薄膜的力学性能与制备工艺参数的关系[131]

U_S/V	i_s/(MA/cm^2)	ε_{bi}/(MJ/cm^3)	h/nm	a_D/(nm/min)	H/GPa	E^*/GPa	W_e/%	H/E^*	σ/GPa
-25	0.6	0.538	2000	16.7	14.2	208	49	0.068	-0.31
-50	1.4	2.511	1800	15.0	20.6	230	61	0.090	-0.55
-75	1.6	64.560	1700	14.2	24.9	208	70	0.112	-0.88

总的来说,元素掺杂和离子轰击能量是决定溅射薄膜性能的关键因素。在反应溅射中,这两者对性能的影响是可以分离开的,这使得调控反应溅射的沉积参数可以制备不同性能的薄膜。

6) 残余应力

薄膜的抗断裂性能不仅取决于薄膜的结构、元素组成、相结构,同时也受薄膜内残余应力的影响。Musil 在 Si 基体上制备厚度相等、应力值不同的两种 Al-Cu-O 薄膜,薄膜内压应力值分别为 1.5GPa 和 2.2GPa。两种薄膜具有近似的 W_e 和 H^3/E^{*2} 值(H^3/E^{*2} 主要用来表征薄膜的抗塑性变形能力),两种薄膜具有一致的抗塑性变形能力。采用压入法测试了其断裂韧性。压痕形貌如图 4-16 所示。压应力 1.5GPa 的薄膜压痕对角线出现径向裂纹,压应力 2.2GPa 的薄膜压痕无裂纹出现。测试结果表明,首先两者抵抗开裂的能力都较好,尽管 1.5GPa 的薄膜对角线出现径向裂纹,但裂纹长度非常短,甚至小于压痕对角线长度;其次,定性的比较,压应力 2.2GPa 的薄膜具有更好的抗裂纹能力。这也说明薄膜内压应力越大,薄膜的断裂韧性越好。

上述 Zr-Al-O、Al-Cu-O 都是纳米晶氧化物/非晶氧化物组成的复合薄膜。除了这类薄膜,纳米晶氮化物/非晶氮氧化物(如 Al-O-N)组成的复合薄膜也同时具有高硬度和高韧性。采用 N_2+O_2 为工作气体,磁控溅射制备 Al-O-N 薄膜。随着 O_2 含量升高,Al-O-N 薄膜的结构逐渐由纳米晶 AlN/非晶 Al-O-N 完全转变为非晶 Al-O-N,进而转变为纳米晶 Al_2O_3/非晶 Al-O-N。薄膜结构的变化

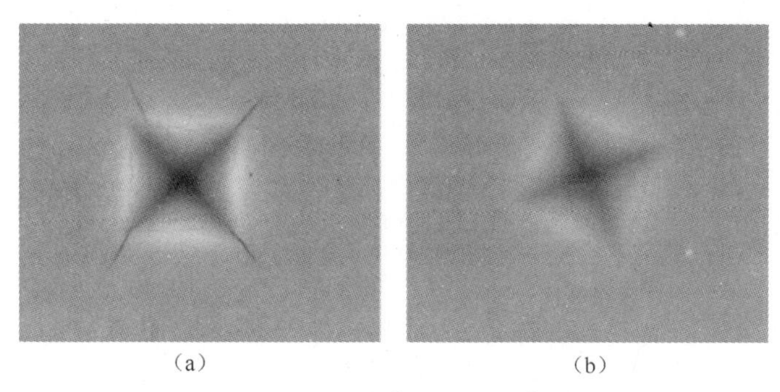

(a)　　(b)

图 4-16　不同残余应力下压痕形貌

(a) -1.5GPa;(b) -2.2GPa。

导致性能发生改变,如图 4-17 所示。Al-O-N 薄膜结构的变化对硬度 H、弹性模量 E 和 H/E^* 都有影响。图中,X 射线衍射非晶状态的薄膜硬度低(约 10GPa)、弹性差(<35%)、$H/E^* < 0.1$。相反,纳米晶形态的薄膜(纳米 AlN/非晶 Al-O-N 和纳米晶 Al_2O_3/非晶 Al-O-N)具有较高的硬度(15~20GPa)、弹性恢复系数(>65%),且 $H/E^* > 0.1$。对纳米晶形态的薄膜进行弯曲实验,薄膜未产生裂纹,证明具有较好的抗开裂性能。

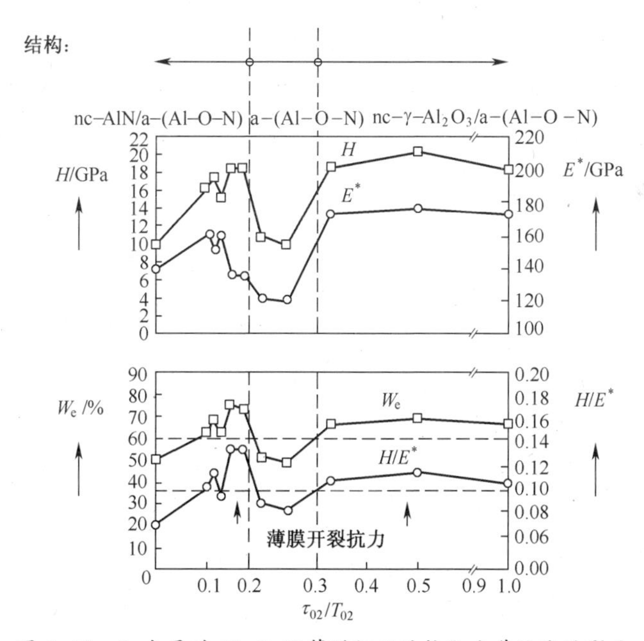

图 4-17　O_2 含量对 Al-O-N 薄膜组织结构和力学性能的影响

从现有研究来看,纳米晶/非晶纳米复合薄膜通常具有弹性和较好的抗断裂性能。这可能是其共有的性能。对于其他纳米复合薄膜,当其形成纳米晶嵌入非晶基体的结构时,也可以具备抗断裂的能力。这些复合薄膜可以基于氮化物、碳化物、硼化物及其组合。如硬质氮化物 Ti-Al-N、Zr-Y-N、Zr-Ni-N、Cr-Ni-N、Ti-Al-V-N、Zr-Ti-Cu-N 等;碳化物 Ti-Si-C;硼化物 Ti-B。上述所列的这些复合薄膜都可以具有强、韧性能。根据 Musil 的观点,这些复合薄膜理论上也应该具有较高的弹性恢复系数。

总的来看,具备硬、韧性能的硬质薄膜具有较大硬度/弹性模量比值、较大的弹性恢复。典型高弹性的纳米晶/非晶复合薄膜具有高硬度(15~25GPa)和低等效弹性模量($H/E^* > 0.1$),且具有较好的抗断裂性能。

4.3 强韧化力学指标表征方法及应用

4.3.1 硬度(H)及弹性模量(E)

对于薄膜材料,硬度是一个很关键的薄膜力学性能指标。但是由于薄膜的厚度有限,通常在几微米甚至纳米级别,因此薄膜的硬度测试存在不少困难。首先,要避免压入时受基体变形的影响,为此必须采用小载荷压入。传统的显微硬度计在小载荷时受光学系统分辨率的限制,压痕边角处产生的凸起和凹陷会使压痕的轮廓难以辨认,故压痕对角线的测量误差随压载减小而急剧增加。当对角线长度小于 4μm 时,其长度测量的精确度大为降低。薄膜硬度值受所用的方法和测量精度的影响很大。各种文献上发表的硬度值由于测试方法不同,仪器的精度不同等,使众多的数据很难比较。对薄膜硬度的测试方法和评定标准都在进一步探讨和完善之中。

目前薄膜硬度测试方法可以分为两大类:直接测试法和间接测试法。直接测试法包括显微硬度测量法(载荷范围 5~1000g)和纳米压入法;间接测试法包括面积等效模型、体积等效模型和能量分配模型。目前应用较多的是直接测试法,即显微硬度法和纳米压入法。

4.3.1.1 显微硬度

1. 原理

一般硬度测试的基本原理是:在一定时间间隔里,施加一定比例的负荷,把一定形状的硬质压头压入所测材料表面,然后,测量压痕的深度或大小。

习惯上把硬度实验分为两类:宏观硬度和显微硬度。宏观硬度是指采用 1kg 以上负荷进行的硬度实验。显微硬度是指采用小于或等于 1kg 负荷进行的硬度实验。

2. 维氏硬度和努氏硬度

显微硬度法一般采用维氏或努氏压头测量硬度,分别对应维氏硬度(HV)和努氏硬度(HK)。维氏压头是两对面之间的夹角为 136°的金刚石正四棱锥压头,努氏压头是两对面夹角不相等的四棱锥体。测定硬度时,选用标准规定的合适加载载荷和加载速率，保持一定时间，采用合适的压痕测量装置测试压痕对角线平均值，通过查表或计算得到所测硬度值。这种方法误差主要来源是压痕对角线长度平均值 d 的测量误差引起的不确定度分量，加载载荷误差所引起的不确定度分量以及测量结果进行数值修订所导致的不确定度分量。测量薄膜（尤其是硬膜软基体）硬度时，为了避免压入时受基体变形的影响，必须采用小载荷压入。

硬度计算公式：

（1）对于维氏压头，显微硬度的计算公式为

$$HV = P/F = 1.8544P/d^2\text{kg/mm}^2 \tag{4-2}$$

式中：P 为载荷（g）；d 为压痕对角线长度（μm）。显微硬度值与维氏硬度完全一致，计算公式差别只是测量时用的载荷和压痕对角线的单位不同造成的。

（2）对于努氏压头，显微硬度值为

$$HK = P/A = 14229P/L^2\text{kg/mm}^2 \tag{4-3}$$

式中：P 为载荷（g）；L 为压痕对角线长度（μm）。显微硬度如用 kg/mm^2 为单位时，可以将单位省去，例如 HV300，表示其显微硬度为 300kg/mm^2。

3. 薄膜的显微硬度影响因素

（1）压入深度。对于较厚的薄膜可以仿照整体材料的方法，采用传统的显微硬度法测量。膜较薄时，为避免基体的影响，应尽可能减少压入深度。一般认为压入深度必须小于膜厚的 1/10～1/7，这个深度取决于薄膜和基体弹性模量与屈服强度的相对比值。传统的显微硬度计一般采用维氏或努氏压头。两者的硬度定义略有不同，前者等于压载与压痕表面积之比，后者等于压载与压痕投影面积之比。压痕面积都是通过光学显微镜下测量压痕对角线长度（d）而换算的。图 4-18 分别为维氏、努氏和三棱锥压头的压痕形状。维氏和努氏压头的横截面形状不同，其压头下方的应力分布也不同。努氏压头下存在各部分不同应力分布问题。对于薄膜来说，如果膜层很薄则希望压入深度能浅些，这样可减少基体的影响，同时又希望对角线长些以减少测量误差。对比之下努氏压头更符合上述要求，它的压入深度仅为长对角线的 $d/30.5$（维氏的压入深度为 $d/7$）。以上两种压头都是四棱锥，压头顶端不可避免地会出现横刃，制造时要求横刃长度必须小于某一值。努氏压头几何制作上更困难，容易造成压痕不对称。当压入载荷很小，压入深度很浅，横刃引起的误差就不能忽略了。先进的纳米压入仪一律采用 Berkovich 三棱锥压头（图 4-18（c）），该压头设计成在相同的压入深度时保持与维氏压头相同的投影面积。因为是三个面相交，容易保证压头尖端的尺寸精度，避免四棱锥压头制造时容易产生的尖端横刃。

（2）载荷大小。明确标明压入载荷是显微硬度测量的一个特殊规定，因为不同压载时对应的硬度值不相同。早期的研究发现，在小载荷区（小于 100g）压

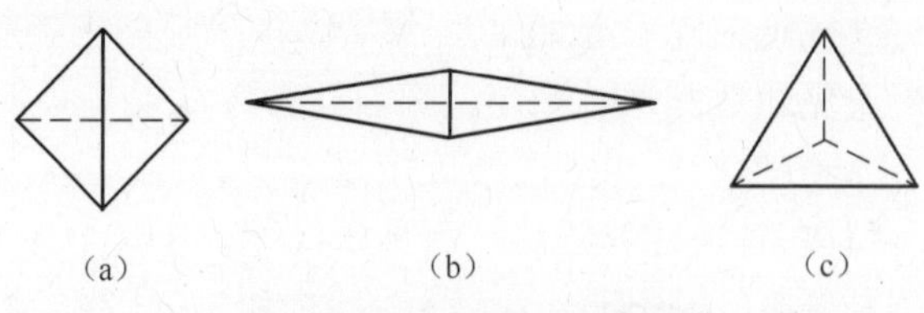

图 4-18　压头形状示意图

(a)维氏;(b)努氏;(c)三棱锥。

入整体材料,所得的硬度数据分散性较大且随载荷而改变;在中等载荷区(100g~5kg)数据的分散性不大,但硬度随载荷仍有较大变化,而只有当载荷大于某数值(5kg)后硬度达到稳定值,如图 4-19 所示。在显微硬度测量的范围内,一般来说载荷越小,硬度测量值越高。为了避免薄膜材料受基体变形的影响,一般用小载荷压入。在小载荷范围内,薄膜和整体材料都表现出强烈的载荷依赖性,称为压痕尺寸效应。对显微硬度压痕尺寸效应的解释,大致分为两类:一类认为它是显微硬度本身固有的特点;另一类则认为是由于压痕周围表面的隆起不均匀等几何因素和传统硬度的计算方法造成的。

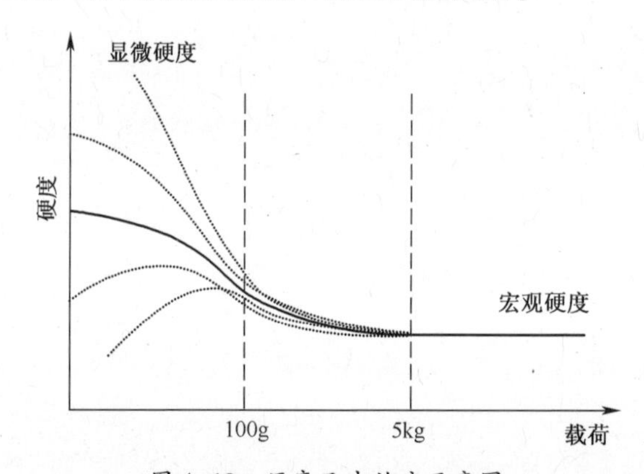

图 4-19　压痕尺寸效应示意图

利用传统的显微硬度计在小载荷下压入测量薄膜的硬度时存在以下问题:①受显微硬度计光学系统分辨率的限制,压痕边角处产生的凸起与凹陷会使压痕的轮廓难于辨认,故压痕对角线的测量误差随压载减小而急剧增大。②样品表面的粗糙度对压痕对角线的测量有很大的影响。压痕很小时,粗糙度形成的凹坑可能与压痕尺寸相近,很难准确测量压痕对角线。③进行薄膜硬度测量时,载荷过小,硬度将受尺寸效应影响;载荷过大,又将受到基体的影响。确定合适的载荷范围需要预先了解薄膜与基体各自的强度及薄膜的厚度,在实际操作中难于实现。

(3) 基体材料的影响。气相沉积方法制备的薄膜往往是沉积在某一基体上的,很难将薄膜与基体分离。尽管可以采用牺牲层的方法获得自支撑的薄膜,但测试薄膜硬度时,必须将其附着在基体上,测试结果是膜/基体系的硬度值。因此,基体材料不可避免地对测试结果产生影响。

一般来说,基体硬度越高,获得的硬度值越大。

例如,采用电弧离子镀技术在高速钢(HSS)、硬质合金(CC)、多晶立方氮化硼(PCBN)基体上沉积 TiAlN 薄膜。表 4-3 是三种膜基体系的维氏硬度和弹性模量测量值。结果表明,基体硬度越高(HSS<CC<PCBN),膜基体系的硬度越大。由此说明,在评价薄膜/基体体系硬度的时候,需要认真考虑基体对测量值的影响。

表 4-3　TiAlN 薄膜沉积在高速钢(HSS)、硬质合金(CC)和多晶立方氮化硼(PCBN)基体上的硬度与弹性模量

样品	$HV_{0.5}$/(kgf/mm^2)	硬度/GPa	弹性模量/GPa
HSS	830±30	8. 1±0. 3	230±10
TiAlN/HSS	1370±30	13. 4±0. 3	260±30
CC	1710±30	16. 8±0. 3	440±30
TiAlN/CC	2330±30	22. 8±0. 7	480±70
PCBN	4700±30	46. 1±1. 2	630±70
TiAlN/PCBN	3270±30	32. 1±1. 2	540±80
TiAlN	—	29	530

4. 3. 1. 2　纳米压入硬度

1. 原理

显微硬度计通过测量压痕对角线来换算成压痕面积。如果通过测量压痕深度进行换算,就可避免小载荷压入时压痕对角线测量的诸多困难,这就是研制纳米压入仪的最初设想。纳米压入仪作为一种有效的薄膜硬度测试手段而产生。

2. 加载卸载曲线

纳米压入法是测量材料硬度(H)和弹性模量(E)等力学参量的理想手段,利用测试载荷—位移(P-h)曲线,通过 Oliver-Pharr(O&P)方法,可得到材料的硬度和弹性模量。测量薄膜硬度时,其通过测量压入深度换算压痕面积,从而避免小载荷压入时压痕对角线测量的诸多困难,准确性就可以大大提高。通过测压入深度测量硬度值的技术可以减少基体对薄膜硬度的影响,同时产生的误差较直接测压痕对角线的误差小。但是纳米压入法对试样表面状态要求高。

纳米压入法硬度定义为载荷与压痕的投影面积的比值,压痕的投影面积是用压头与试样的压入深度(h_c),按压头的几何换算求得。对于维氏压头,在同一载荷(或压入深度)下,按压痕投影面积求得的纳米压入法硬度值将比按压痕表面积求得的显微维氏硬度大 8%。整个压入过程包括加载和卸载过程,由于

载荷-位移曲线是被压入材料弹、塑性变形行为的记录,所以不同的材料具有不同的载荷-位移曲线,从曲线中能够比较出材料弹塑性行为的差异。图 4-20 是纳米压入仪记录得到的弹塑性材料典型的载荷—位移曲线。

图 4-20 中能直观反映材料弹塑性行为的参数描述如下:h_{max}表示在一定载荷 P_{max}压入下的最大深度,包含了材料的弹、塑性变形;h_r表示完全卸载后材料表面压痕的残余深度;$R\%$表示卸载前后材料沿压入深度方向发生的弹性恢复量占卸载前最大压入深度的百分比;0%对应于理想塑性材料的压入,100%对应于理想弹性材料的压入;W 表示整个载荷-位移曲线下所包围的面积,其物理含义是压入过程中材料的塑性功;S 表示卸载线最高点的斜率,反映了材料的弹性性质。

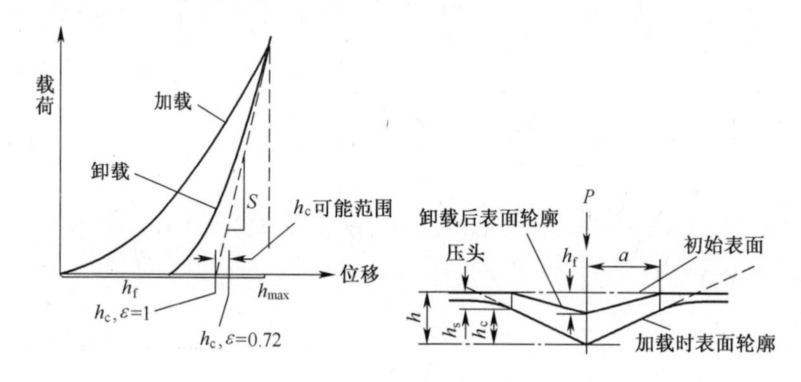

图 4-20　纳米压入仪压入载荷—位移曲线图

在控制载荷或压入深度的条件下,得到不同材料的载荷-位移曲线后,由以上所列参数就可以大致比较出它们弹、塑性变形行为的差异。

纳米压入仪最大优点是将压痕对角线的测量转化为压头位移的测量,无须光学观察,测量分辨率高,用计算机自动采样也可避免人为观察误差,还可以控制压入深度,这一点对于薄膜材料硬度的测量很方便。另外,纳米压入仪的加载力是连续的,可以给出整个压入过程的载荷—位移曲线,通过研究压入曲线可以获得整体材料表层微米甚至纳米深度以内以及薄膜材料的硬度、弹性模量、塑性系数等力学性能参数,具有广阔的应用前景。

3. 纳米压入法影响因素

纳米压入技术在测量原理、测量仪器和校准检验等方面发展显著,但由于测量环节多、尺寸小,测试过程不可避免地存在着诸多因素影响。主要有测量仪器(压头缺陷、接触零点、测量分辨率等)、试样表面状态(粗糙度、加工硬化、残余应力等)、材料的性质(蠕变、压入凹陷和凸起等)、参数设置(压痕之间距离和压痕距离试样边界的距离等)。在测定薄膜硬度时,考虑到薄膜的二维性质,还要考虑压入载荷大小、薄膜厚度等因素的影响。

纳米压入仪的应用目前也存在一些问题：

(1) 压入仪价格昂贵，测验条件苛刻。对于一般材料，当控制压入深度在微米或纳米量级时，其表面的粗糙度，压头尖端的磨损，测试过程中震动及温度变化都会对测试结果产生影响。仪器要求在恒温和消震条件下使用。

(2) 对仪器的稳定性要求很高。压入过程中载荷—位移曲线所使用的力和得到的位移均很小，对微力和微位移的标定困难。如果仪器的稳定性不好，几乎就无法测定。

4.3.1.3　显微硬度与纳米压入硬度对比

硬质薄膜能够实现对基体的保护，因此制备高硬度的薄膜材料成为目前力学薄膜研究的热点，例如，TiN、CrN 系列薄膜、类金刚石碳膜(DLC)，以及立方氮化硼薄膜(CBN)等。硬度是这些硬质薄膜的关键指标。但各种文献上发表的硬度值由于测试方法的不同，仪器的精度不同等原因，使得众多的数据难以比较。下文就测量微米级硬质薄膜的硬度问题进行讨论，采用显微硬度和纳米压入法测定了离子束辅助磁控溅射制备的 TiN、CrN 薄膜的维氏硬度(HV)、努氏硬度(HK)以及纳米压入硬度(H_{nano})，比较了三种不同方法的硬度值。

表 4-4 列出了采用离子束辅助沉积(IBAD)制备的 TiN 和 CrN 试样材料及膜厚参数。基体 M2($W_6Mo_5Cr_4V_2$)高速钢的硬度为 HRC≥63。

表 4-4　IBAD 制备薄膜试样

编号	TiN1	TiN2	TiN3	CrN1	CrN2
薄膜材料	TiN	TiN	TiN	CrN	CrN
基体材料	M2	M2	M2	M2	M2
膜厚/μm	1.0	3.0	5.0	1.7	5.2

分别采用显微硬度计和纳米压入仪测量表 4-4 薄膜硬度。显微硬度计压头采用 Vickers 维氏压头和 Knoop 努氏压头。在相同载荷下不同位置所测至少 5 个点的平均，有效地减小了系统误差。纳米压入仪采用的压头是 Berkovich 压头。

为了避免测量薄膜硬度时受到基体变形的影响，压入深度一般不能超过膜厚的 10%。这个深度取决于膜和基体弹性模量和屈服强度的相对比值。例如，Linchinchi 发现测量高速钢(HSS)基体上 TiN 硬度时，压入深度 15%时，高速钢基体发生塑性变形。而有文献认为测量硬度大于等于 40GPa 的硬膜时，如果要保证基体不产生塑性变形，压入深度不能超过 5%。为了避免基体变形，必须采用小载荷压入，但是如果太小，不可避免产生压痕尺寸效应问题。准确地测量硬膜的硬度，应当满足以下条件：压入载荷 3~15g，压入深度大于 0.3μm，但不能超过膜厚的 5%，这样膜厚至少大于等于 6μm。一般 TiN、CrN 薄膜的厚度很少达到 6μm，因为此时内应力太大，薄膜容易从基体剥落。

表4-5为载荷20g下分别用维氏和努氏压头测得显微硬度值以及Berkovich压头的纳米压入硬度。

表4-5 IBAD制备TiN、CrN薄膜的HV、HK和H_{nano}硬度(载荷20g)

试样编号	TiN1	TiN2	TiN3	CrN1	CrN2
$t/\mu m$	1.0	3.0	5.0	1.7	5.2
HV/GPa	9.5	23.5	34.3	9.6	21.9
$D_1/\mu m$	0.891	0.569	0.471	0.886	0.581
D_R/HV	0.89	0.19	0.094	0.52	0.11
HK/GPa	14.2	25.9	35.6	12.1	23.6
$D_2/\mu m$	0.465	0.356	0.293	0.502	0.362
D_R(HK)	0.465	0.119	0.059	0.295	0.070
H_{nano}/GPa	20.0	30.0	34.0	14.0	23.0
$D_3/\mu m$	0.15	0.45	0.75	0.21	0.30
$D_R(H_{nano})$	0.15	0.15	0.15	0.12	0.058

注:t表示膜厚,HV、HK分别是维氏和努氏硬度值,D是压入深度,$D_R=D_{ratio}$,压入深度与膜厚之比

可以看出同一种载荷下,采用不同形状压头,同一试样所得硬度值有所不同:基本上呈现H_{nano}>HK>HV的趋势,如图4-21所示。这不仅因为维氏压头和努氏压头测硬度时的定义不同,同时也是由于维氏压头压入深度大,测量值受基体影响较大。而对于硬膜软基体模型,基体硬度较薄膜硬度小,测量时受到基体影响越大,测量值越小。此时的测量硬度比薄膜的实际硬度小。表4-6是同一压头时,不同载荷对于薄膜硬度测量值的影响。D_{HV}表示维氏硬度压入深度;D_{HK}表示努氏硬度压入深度。

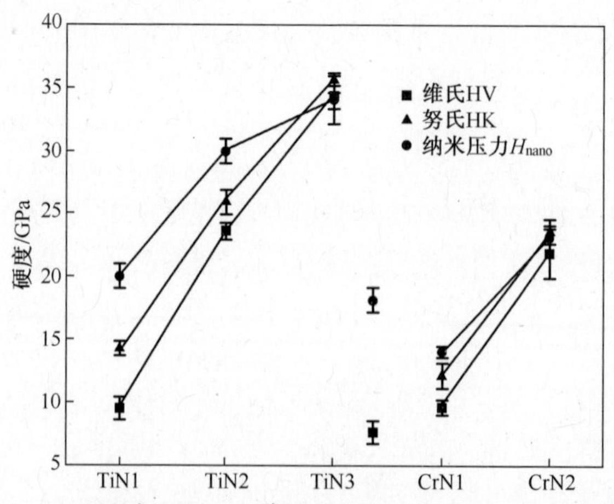

图4-21 IBAD制备TiN、CrN薄膜的维氏硬度(HV)、努氏硬度(HK)和纳米压入(H_{nano})硬度(载荷20g,GPa)

从表4-6可以看出不论采用维氏压头或者努氏压头,不同的载荷下,同一薄膜的硬度测量值也不同。HV(50g)<HV(20g),HK(50g)<HK(20g)。这可能主要与压入深度不同有关,载荷值小者,压入深度浅,硬度值偏高,而且可能还与压痕尺寸效应有关。同样载荷下,努氏压头的压入深度小于维氏压头压入深度,因而,对于薄膜材料的显微硬度测试可以尽量选择努氏压头,这样可以减少压入深度,同时减少了测量误差。实验中,H_{nano}的压入深度1/10~1/7膜厚,虽然有文献认为准确测定薄膜硬度压入深度不能超过1/20膜厚,但一般认为在1/10~1/7范围内,基本上能够较为准确地反映出薄膜的真实硬度。

表4-6 CrN1试样在不同压头不同载荷下的硬度值

载荷/g	HV/GPa	D_{HV}/μm	HK/GPa	D_{HK}/μm
50	8.8	1.47	9.3	0.91
20	9.2	0.90	11.5	0.52

另外,图4-21中TiN数据呈现出与膜厚相关的规律:

首先,膜厚越大(厚度比较TiN3>TiN2>TiN1),测得硬度越大(硬度TiN3>TiN2>TiN1)。说明膜厚越大,压入时基体变形越小,对硬度的影响最小,测定值更接近于薄膜本身硬度值。HV、HK和H_{nano}中,H_{nano}压入深度最小,受到基体的影响最小,更准确地反映薄膜真实硬度。HK比HV更接近于纳米硬度,是相对较为准确的硬度值。

其次,膜厚1.0μm(TiN1)时,HV、HK、H_{nano}相差很大,3.0μm(TiN2)时,HV、HK、H_{nano}接近,而膜厚5.0μm(TiN3)时,HV、HK与H_{nano}基本相等。可以认为,此时($t=5.0\mu m$)显微硬度HV与HK已经较准确地反映了薄膜的真实硬度。之前($t<5.0\mu m$)显微硬度HV与HK都比薄膜的真实硬度小。

图4-21中CrN数据呈现同样规律。

从图4-21可以得到以下结论:①HK比HV更接近于H_{nano}。②厚度越小,三种方法测得硬度值相差越大;厚度越大,相差越小。③薄膜厚度约5.0μm,$HV \approx HK \approx H_{nano}$。

维氏显微硬度测试薄膜硬度时误差较大,努氏压头可以在一定程度上提高测量的准确性。纳米压入可以更为准确地测定薄膜的硬度,但是对试样、外界环境以及仪器的稳定性要求较高。

通过上述讨论,得到以下结论:①对于硬膜软基体模型,测量微米级厚度薄膜的硬度,纳米压入法可以较为准确地测定薄膜的硬度。厚度越大,测定的值越接近真实硬度。②如果膜厚大于5.0μm,采用显微硬度计可以较为准确地测量薄膜硬度,此时压入深度应小于1/10膜厚或者更小;膜厚小于5.0μm时,应避免使用显微硬度计而采用纳米压入硬度。③如果采用显微硬度计测量硬质薄膜硬度,尽量采用努氏压头。

4.3.2 结合强度

结合强度的评定方法是一个受到广泛关注的热门问题。一种有效的结合强度测试方法应满足三个基本条件:①膜层从基体分离,失效发生在界面;②力学模型简单,能得到与界面性能直接相关的力学参量,要求该参量对界面因素敏感,对非界面因素不敏感;③符合工况,即膜基在界面上分离是在一个较长时间过程中完成的,并非一次性破坏。这里介绍使用较为广泛的划痕法、压入法、接触疲劳和拉伸法。

4.3.2.1 划痕法

1. 原理

划痕试验是 20 世纪 30 年代发明的。它是用一根具有光滑圆锥状顶端的划针,在硬质涂层表面以一定的速度划过,同时逐步增大压头的垂直压力。使硬质涂层开裂的最小压力称为临界载荷,用来表征涂层的结合强度。划痕法临界载荷的确定可以根据硬质涂层开裂的声发射确定,也可以根据涂层开裂后压头划过基底时摩擦力的突然改变确定。如今,划痕实验法作为一种半定量的测定方法,已广泛地应用到工业领域中。

划痕过程较为复杂,既有正压力又有摩擦力。临界载荷值(L_c)受到膜厚、膜与基体的硬度、膜层结构以及膜基结合强度等因素的影响。确切地说,L_c是一个综合指标,它代表的是膜基体系的综合承载能力。

2. 临界载荷值 L_c

当压力达到一定值时,薄膜破裂剥落,这一载荷称为临界载荷,用 L_c 表示。临界载荷可用声发射检测,也可用摩擦力检测,近来用显微镜观察以剥落一定面积膜层所对应的载荷定义 L_c 更为精确。

划痕阶段存在四种失效事件,对应临界载荷如表 4-7 所列。

表 4-7 划痕法测结合强度时失效事件的描述

临界载荷	失效事件
L_{c1}	划痕轨迹内出现半圆形的裂痕
L_{c2}	划痕边缘的涂层破损
L_{c3}	划痕内部分基体暴露
L_{c4}	涂层完全失效(基体全部暴露)

3. 临界载荷值 L_c的影响因素分析

影响划痕实验临界载荷 L_c的因素很多,Steinmann 等以钢上镀 TiC 为例系统地研究了内在因素(实验参数)和外在因素(样品参数)对临界载荷的影响,其结果与 Burnett 和 Bull 得到的结论相同,并指出压头尖端半径、压头磨损程度、加载速率 dL/dX 等因素对 L_c 的影响,还将三种检测方法得到的结果进行了对比,主要的影响因素如表 4-8 所列。

表 4-8　影响划痕实验结果的内在和外在因素

内在因素	外在因素
加载速率	基底材料属性
划头移动速率	薄膜材料属性
压头半径	摩擦系数
压头磨损	表面粗糙度
机械强度	膜层厚度

(1) 膜基体系的影响。基体材料的力学性能对膜/基结合强度和失效机理具有重要影响。对于韧性基体,硬度(抵抗塑性变形的能力)对薄膜的实际结合有重要影响;而对于脆性基体,界面黏接强度对薄膜的实际结合有重要影响。

采用电弧离子镀技术在高速钢(HSS)、硬质合金(CC)、多晶立方氮化硼(PCBN)基体上沉积 TiAlN 薄膜。采用划痕法研究了三种薄膜/基体的失效行为[133]。图 4-22 是划痕实验中的摩擦系数曲线。曲线上的突变点对应划痕实验中薄膜的失效,对应的载荷值为划痕实验临界载荷值,反映薄膜在此点结合失效。

现有研究表明,在小载荷下(如<20N),压头在薄膜表面的划动行为主要受到薄膜本身属性影响。如 TiAlN 薄膜最初失效方式是表面轻微塑性变形与宏观粒子的塑性变形和开裂(对电弧离子镀而言,往往存在大颗粒),如图 4-23 所示。

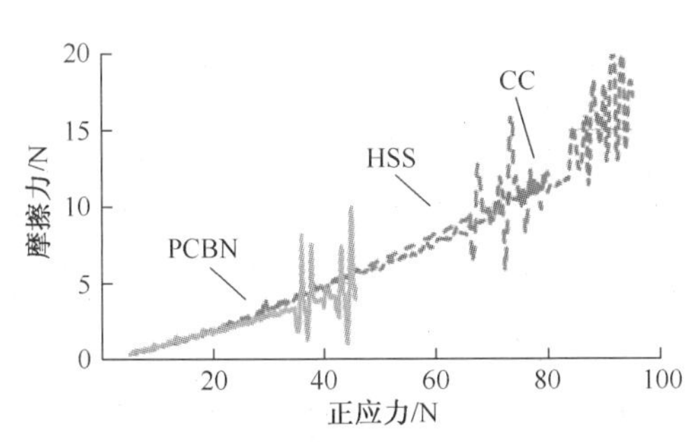

图 4-22　TiAlN 薄膜沉积在高速钢(HSS)、硬质合金(CC)、多晶立方氮化硼(PCBN)三种不同基体上,划痕实验中的摩擦系数曲线

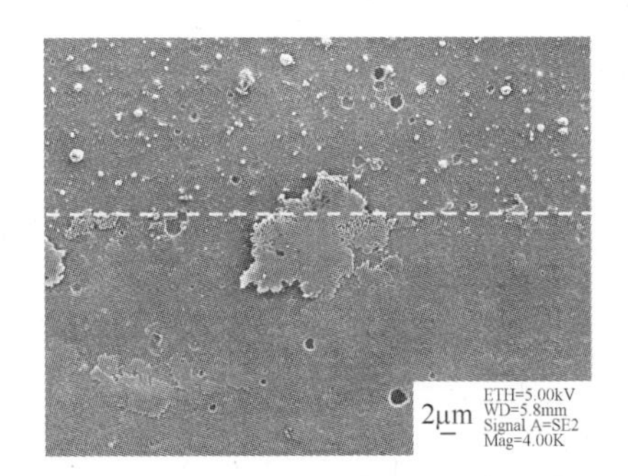

图 4-23　电弧离子镀 TiAlN 表面在小载荷划入时主要发生薄膜表面塑性变形和大颗粒的变形

随着载荷的继续增加,薄膜的塑性变形量增大,载荷通过薄膜传递到基体,基体也随之发生塑性变形。基体的塑性变形量会影响压头在膜/基表面的划动

行为。因此,基体的硬度对划动的影响非常重要。图 4-22 所示三种基体中,多晶立方氮化硼(PCBN)的硬度最高,因此 TiAlN/PCBN 体系塑性变形量最小。

通过对比 TiAlN/HSS、TiAlN/CC、TiAlN/PCBN 三种体系的划痕形貌,发现同样载荷下,TiAlN/HSS 体系薄膜的开裂倾向最明显,而 TiAlN/PCBN 体系直到临界载荷值时才出现裂纹。由此可以证明,基体的硬度在划痕实验中有非常重要的作用,硬度越高,其抵抗塑性变形的能力越强,会减缓薄膜的划痕开裂和破坏。

图 4-24 是三个体系划痕形貌的扫描电镜形貌。可以看到 HSS 基体上的薄膜失效主要是发生严重的塑性变形(临界载荷处的残余位移为 9.5μm),薄膜开裂。这是由于基体发生塑性变形后,导致脆性薄膜发生拉伸变形,产生的拉伸应力导致薄膜开裂;CC 基体上的薄膜失效主要是部分薄膜从基体的剥离,在划痕边缘可以见到剥离形态,薄膜发生结合力型(adhesive)和内聚力型(cohesive)破坏。同时,薄膜也发生明显的塑性变形(临界载荷处的残余位移为 3.5μm);而 PCBN 基体上的薄膜破坏主要发生整体从基体剥离,发生结合力型破坏。薄膜/基体体系没发生显著塑性变形。

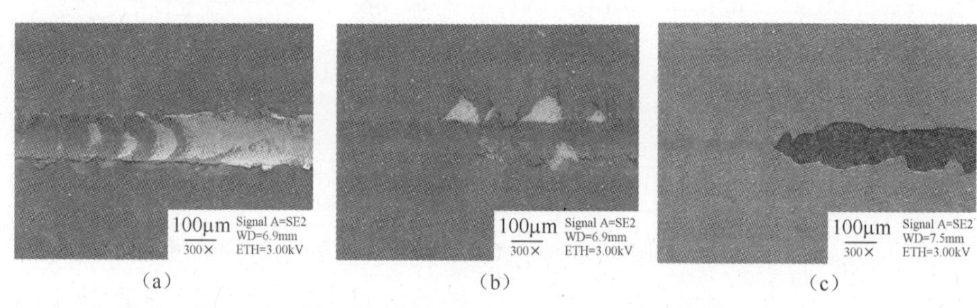

图 4-24 TiAlN 沉积在不同基体上的扫描电镜划痕形貌

(a)TiAlN/HSS;(b)TiAlN/CC;(c)TiAlN/PCBN。

总的来说,基体的性质(尤其是硬度)对薄膜/基体体系的划痕特性有显著影响。如果薄膜的硬度较低,在外载划入过程中发生显著塑性变形,导致脆性薄膜在较低载荷下即发生开裂,且开裂以内聚力型为主;相反,如果基体的硬度很高,薄膜/基体的抗划入能力明显提高,直到临界载荷时,薄膜发生结合力型失效,整体从基体剥离。

2. 压头直径的影响

划痕法临界载荷值与压头直径的关系受膜/基体系塑性变形行为的影响。随着压头直径增加,沉积在金属基体上 PVD 薄膜的划痕临界载荷显著增大,从数值上看,临界载荷值与划痕深度和膜基体系硬度的乘积呈线性关系。

划痕法临界载荷值是压头直径、划入深度、薄膜厚度和硬度、基体硬度的函数。反映了上述因素综合作用的结果。在评价划动结合强度时,临界载荷对应的划入深度是一个非常重要的参数。划入深度与压头直径和薄膜本身属性(如硬度、厚度等)密切相关。

Ichimur 提出，对一典型薄膜沉积在不同基体上的膜基体系，划痕法中临界载荷值与薄膜厚度、基体硬度和压头直径有关，即 $L_C = (At+BH_s)R$，式中，A、B 是常数，t 是薄膜厚度，H_s 是基体硬度，R 是压头直径。根据此公式，可以推导出如下结论：①如果膜基体系确定，那么临界载荷值与压头直径成正比；②如果确定薄膜和压头直径，临界载荷值与基体硬度成正比。

整体来说，压头直径对划痕法临界载荷值的影响，主要与膜基体系的塑性变形方式，或临界载荷下的划痕深度有关。

3. 实验参数的影响

在采用划痕法测试结合强度时，常需要设定一些测试参数，包括加载方式（恒定、连续、线性）、划动方式（直线、圆）、划动长度（或行程）、划动速率等。从众多文献给出的划痕形貌来看，一般选择的方式是直线、连续、线性加载方式。但“划动长度”和“划动速率”这两个参量一般不给出。而从划痕法的原理来看，这两个参量对于临界载荷值的确定有重要意义，原因是这两个参量确定了“加载速率”。“加载速率”指载荷以多快的速率加载到薄膜上。材料具有加载敏感性，尤其是对于脆性硬质薄膜其敏感性更强，故在采用划痕法测试结合强度时，“加载速率”应该是一谨慎选择的测试参数，这一参数由载荷、划动行程和划动速率共同决定。

因此，研究“划动行程”和“划动速率”对结合强度临界值的影响以确定适合的测试参数，可以更准确地测定硬质薄膜的结合强度。

下面以 TiN/304 不锈钢为例，讨论实验参数对结合强度的影响。采用电弧离子镀在 304 不锈钢和单晶 Si 基体上沉积 TiN 薄膜。TiN 薄膜的硬度为 2300HV，304 不锈钢的显微维氏硬度为 212 HV_{50g}。因此，TiN/304 体系为硬膜/软基体。

采用 Rockwell 金刚石压头，直径 100μm。测试参数选择：最大载荷 10N（从 1N 开始加载）；加载方式为连续、线性加载；划动方式选择直线；信号采集频率为 30Hz。固定上述参数，划痕长度 3mm、6mm 和 9mm，划动速率 1mm/min、2mm/min 和 3mm/min。由此确定的加载速率如表 4-9 所列。

表 4-9 不同加载速率下薄膜的结合强度临界载荷

	编号	载荷/N	划痕长度/mm	滑动速率/(mm/min)	加载速率/(N/min)	L_{c1}/N	L_{c2}/N
1	L3R1	10	3	1	3	2.9	4.9
2	L3R2	10	3	2	6	4.3	4.9
3	L3R3	10	3	3	9		4.9
4	L6R3	10	6	3	4.5	5.3	6.2
5	L9R3	10	9	3	3	5.3	

图4-26给出了不同加载速率下TiN薄膜的划痕形貌,以及对应的声发射信号和摩擦力曲线。划痕形貌中薄膜失效位置与声发射信号位置对应。

1) 划痕形貌分析

对于第一组(L3R1)试样,其划痕长度为3mm,划动速率为1mm/min,加载速率为3N/min。声发射信号在2.9N时出现第一次显著峰值(L_{c1}),但划痕轨迹内对应位置未出现半圆形的裂痕;在4.9N出现第二临界载荷(L_{c2}),对应位置划痕边缘涂层破损(图4-25(a));在7.0N出现第三临界载荷(L_{c3}),对应位置划痕内部分基体暴露(图4-25(b)),轨迹内密布裂纹。

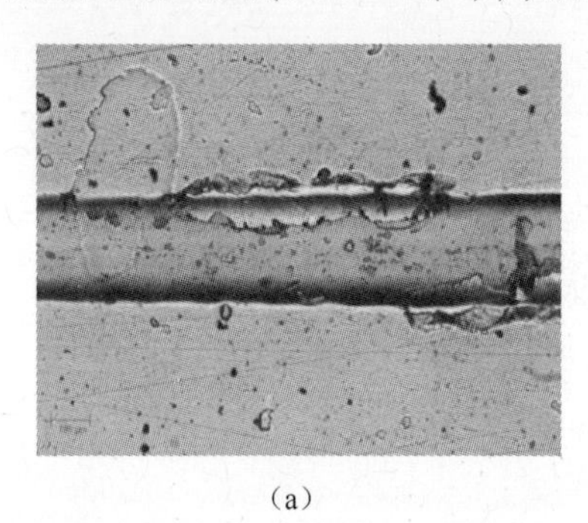

(a)

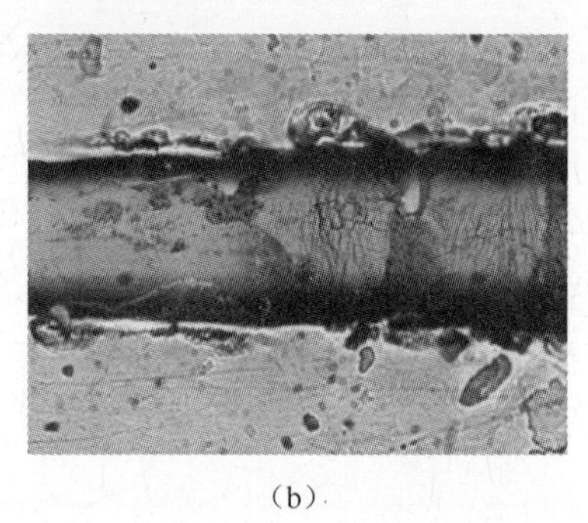

(b)

图4-25 划痕长度3mm,划动速率1mm/min时模式Ⅱ失效与模式Ⅲ失效
(a)模式Ⅱ失效;(b)模式Ⅲ失效。

部分文献发现划痕内部裂纹的弯曲方向与划动方向相同,认为其原因是:硬膜/软基体中基体产生较大变形,使得压头在滑动过程中将载荷集中在前半部,因而压头前端的膜/基体系因塑性变形产生隆起,压头"推"着涂层材料走,薄膜拉伸变形到一定程度,与基体剥离、断裂,释放外加能量,断裂弯曲方向与滑动方向一致,反映了膜-基结合的失效。而图4-25(b)可见划痕内部密布细微裂纹,其弯曲方向与划动方向反向。细微裂纹是应力作用下,压头"拖"着薄膜材料走,由于薄膜的脆性而产生本身开裂,其反映了薄膜本身的脆性而不是膜-基结合的失效。形成细微裂纹会消耗部分能量,但硬膜/软基体塑性变形积累到一定程度,仍然会导致薄膜与基体的剥离失效,形成一段一段的宏观裂纹,有时甚至会裸露出基体,对应位置检测到显著声发射信号。

采用相同的分析方法,确定第二到第五组试样的结合临界载荷,如表4-9所列。

2) 不同参数对临界载荷值的影响

(1) 划动速率对临界载荷值的影响。相同载荷(10N),相同划动行程(3mm)条件下,不同划动速率(1~3mm/min)划痕形貌如图4-26(a)、(b)、(c)所示。三组试样的划痕形貌特征相同,均出现了典型的第一到第四类模式失效。随着划动速率的增加,首次声发射信号延迟出现。快速划动时(3mm/min),第一声发生信号对应第二类失效,即划痕边缘破裂。结合三组试样的临界载荷,发现在4.9N载荷,划痕和声发射均表明出现典型结合失效。

结果表明,划动速率对薄膜结合失效的影响不明显。一旦确定加载载荷和划动行程,其划痕形貌特征基本相同,声发射信号存在共同特征值。

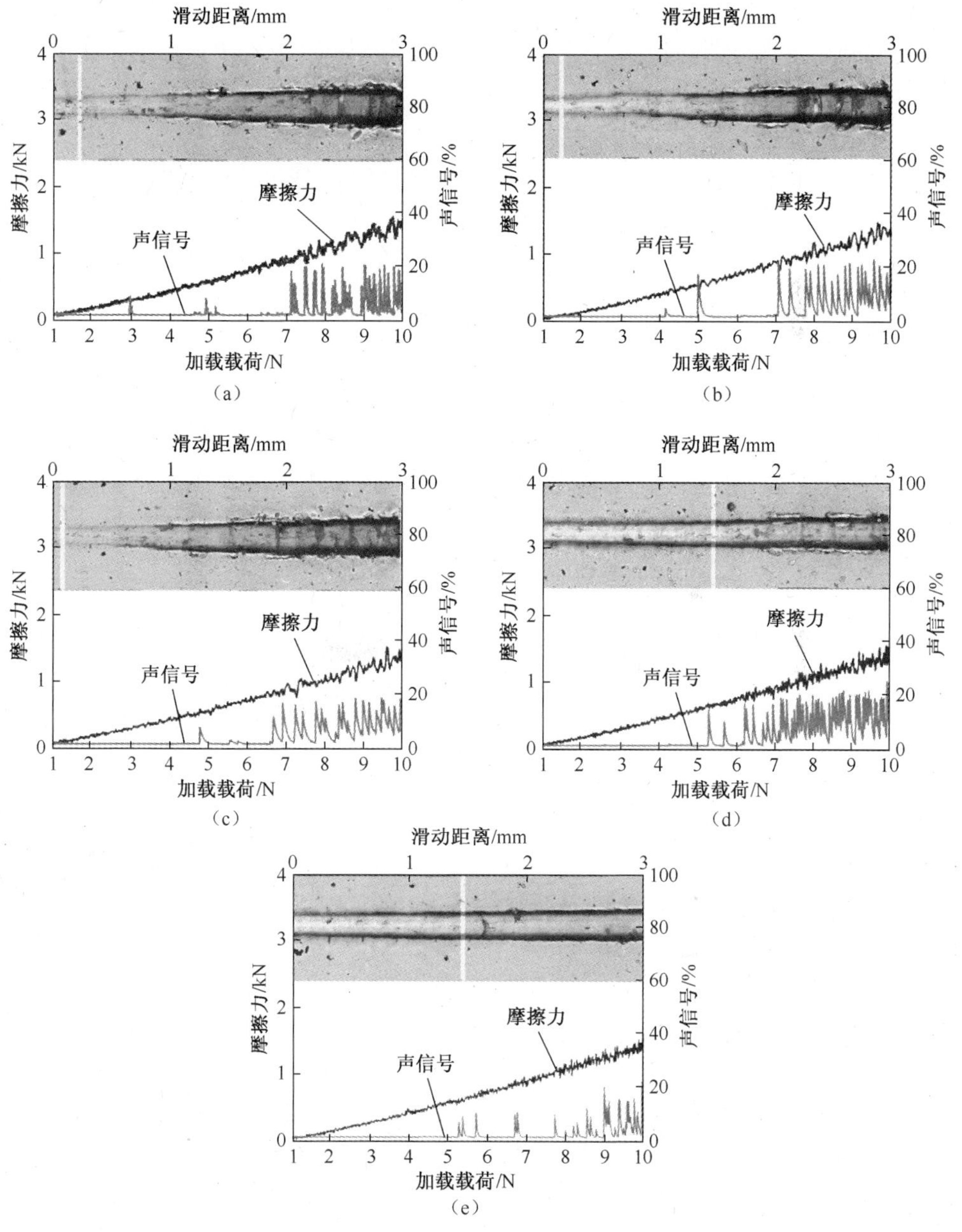

图4-26　不同加载速率下的划痕形貌以及对应的声发射信号
(a)L3R1;(b)L3R2;(c)L3R3;(d)L6R3;(e)L9R3。

(2) 划动行程对临界载荷值的影响。

相同加载载荷(10N),相同划动速率(3mm/min),不同划动行程的划痕形貌如图4-27所示。

三组划痕形貌差异显著。3mm行程出现典型第一到第四类模式失效;6mm行程也出现四类模式失效,但结合失效临界载荷延迟;9mm行程仅出现第一、二类失效,未出现显著的第三、四类模式失效。

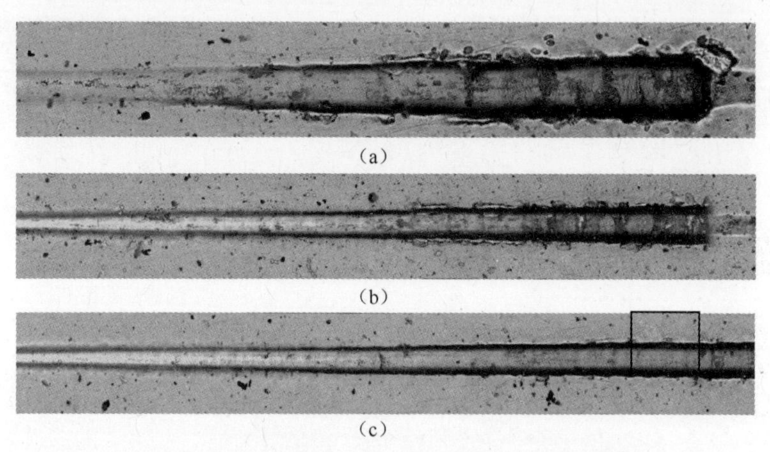

图4-27 不同划动行程的划痕形貌对比(10N载荷)
(a)3mm;(b)6mm;(c)9mm。

此处重点分析9mm行程试样。第一声发射信号出现在5.3N,对应位置划痕轨迹出现半圆形裂痕。5.5N位置出现不明显的划痕边缘破损,对应显著声发射信号。从整个划痕来看,没有明显的第三、四类薄膜结合失效,但7.7N后密集的声发射信号表明薄膜已经结合失效。分析其原因,10N载荷分布在9mm行程中,慢速加载时,更多的能量以显微裂纹的形式消耗,从而导致膜基失效以较为温和的第一、二类模式出现。

(3) 薄膜结合强度临界载荷的确定。上述实验结果表明:①不同参数下,划痕形貌存在显著差异。如果仅依靠划痕形貌判定结合失效的临界载荷,会得到不同的结果。②不同参数下,声发射信号特征值存在若干相同值,即某一典型值在不同参数实验中重复出现,如上文中的临界载荷值4.9N。若干次划痕实验中,4.9N附近的声发射信号,在3mm行程中对应划痕边缘破裂的第二临界值;在6mm和9mm行程中对应划痕轨迹内半圆裂纹的第一临界值。③采用划痕法测定结合强度时,存在适当的参数范围,能够较为准确地测定结合强度值。该参数范围的确定,应该以划痕形貌同时出现第一到第四模式失效,并且对应典型声发射信号为参考。合理的测试参数范围,可重复出现临界载荷值。

测试结果表明,该TiN薄膜的结合强度值约为4.9N。

结合上述讨论,可以得到如下结论:①划痕测试参数影响临界载荷值的确定。相同加载载荷和划动行程条件下,随着划动速率的增加,第一声发射信号延迟;相同加载载荷和划动速率条件下,随着划动行程的增加,第三、四类失效模式逐渐减弱。②不同参数下,声发射信号存在共同的临界特征值。第一个共同临界特征值可作为薄膜结合强度值。

4.3.2.2　压入法

1. 原理

压入法(又称压痕法)是 20 世纪 80 年代初才提出作为检验结合强度的方法,80 年代末将四棱锥压头(棱边引起的应力集中常使膜产生破裂)改为圆锥压头。进入 90 年代后压入法的力学理论分析得到发展,工程上也出现了新的压入仪。

压痕法是对带有涂层的试样在不同的载荷下进行表面压入实验(即硬度实验),通过压痕周围涂层的开裂情况确定其结合强度。图 4-28 为压痕法结合强度测试的示意图。当压入载荷不大时,硬质涂层与基底一起变形;但在载荷足够大的情况下,涂层与基底界面上产生侧向裂纹,裂纹扩展到一定阶段后就会使涂层脱落。可以用在涂层表面观察到侧向裂纹时的最小负载来表征硬质涂层与基底的结合强度。

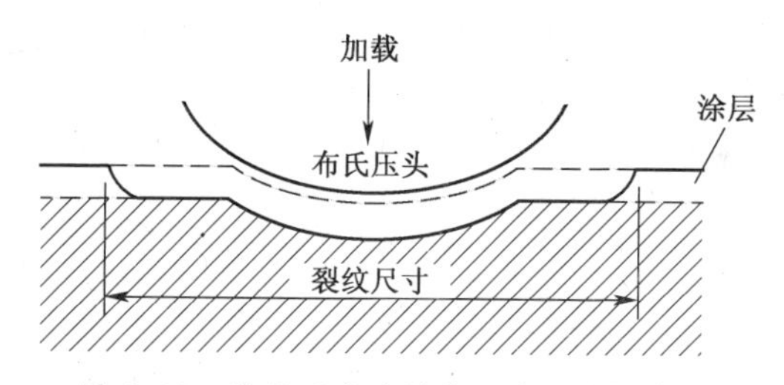

图 4-28　涂层压痕法结合强度测试示意图

2. 临界载荷值 P_c

压入法是根据德国工程师联盟(Verein Deutscher Ingenieure)标准,该标准是一种定性判定膜基结合性能的方法。实验在 Wilson 洛氏硬度计 500 上进行的,Rockwell-C 金刚石压头,压入载荷为 1500N。根据光镜下观察到的压坑形貌,将其结合性能分为从 HF1~HF6 不同的等级。在级别 1 到级别 4(HF1~HF4)时,在压坑边缘只出现一些裂纹和很小区域的剥落,故可认为此时膜基之间结合性能较好;从 HF5 到 HF6 压坑边缘出现大面积剥落,此时膜基性能差。

HF-1:未形成裂纹网络,仅存在轻微径向裂纹,无剥落;

HF-2:裂纹网络不明显,径向裂纹数量较多,基本无剥落;

HF-3:裂纹网络较明显,径向裂纹较多较长,局部边缘存在点状剥落;

HF-4:裂纹网络明显,有大量径向裂纹,边缘出现连续剥落;

HF-5:裂纹网络明显,有大量径向裂纹,边缘大块剥落但没有贯穿整个压坑

边缘;

HF-6:裂纹网络明显,有大量径向裂纹,边缘大块剥落且连续贯穿整个压坑边缘。

压入实验可用球形或棱锥形压头在不同载荷下进行,并用光学显微镜观察与载荷相应的侧向裂纹长度。可由公式 $P_c = 1/2(P_{+1} - P_{-1})$ 来确定临界载荷,式中 P_{+1} 为最初观察到涂层裂纹的最小载荷;P_{-1} 为未观察到裂纹的最大载荷。

3. 临界载荷值 P_c 的影响因素分析

用压入法测定膜基结合强度需要精确测定膜层开裂或剥落的临界载荷。压入实验在低载荷时,膜基一起变形,达到一定载荷,膜基协调变形条件破坏,出现周向裂纹和膜层环状剥落。P_c 是膜层开始剥落的临界载荷,用来表征结合强度。剥落的产生往往出现在卸载时,可能卸载时弹性恢复更易破坏膜基的协调变形。基体表面粗糙度属于界面因素,粗糙度增加,结合强度理应增加,压入法测得的 P_c 随基体表面粗糙度的增加几乎呈直线上升,反映粗糙度影响明显[134]。

压入法的加载是准静载的,与划痕法相比,压头与膜相对静止且行程短,受力情况简单,摩擦力作用小,使用更方便。但是 P_c 值中除了结合强度的因素外,还与基体硬度、膜的性能有关,它也是一个综合指标,代表的也是膜基体系的综合承载能力。P_c 随基体硬度上升而增大。就每一个试样的数据分散度来看,P_c 要比 L_c 小。压入法检测到的参量 P_c 是膜起始剥落的载荷,不是膜基结合强度的应力指标。只有借助力学分析才能将 P_c 进一步转化为直接反映膜基界面的力学特性参量。压入法遇到的困难是膜基结合强度很高,或者膜的硬度很低,使膜基协调变形不易破坏,则不产生界面剥落,而无法测得 P_c 值。

4.3.2.3 接触疲劳结合强度

20 世纪 80 年代末,H. S. Cheng 等研究了不同厚度的硬质薄膜在接触疲劳实验中的失效形式,探讨了在循环应力条件下,膜层断裂剥落的机制[135]。由于实验仅在固定应力的条件下比较了剥落寿命,虽然可定性地比较膜基结合强度,但无法进行定量表征。国内,西安交通大学何家文课题组[136,137]基于滚动接触疲劳(RCF)物理模型,提出可以采用膜基界面处最大切应力幅 $\Delta\tau_c$ 作为膜基界面疲劳强度,定量地表征了膜基结合强度。实验结果表明,该参数对膜基界面因素敏感,可以作为动态结合强度的判据。其后,该方法得到进一步应用,扩展到喷涂、堆焊等厚涂层结合强度的判定应用中。

1. 原理

在弹性接触条件下,用滚动接触疲劳法来测定膜基界面疲劳强度,以此作为膜基结合强度的表征。

采用高周次循环应力,基体和配副(钢球)均为高硬度材料,基体表面沉积硬质薄膜,假定膜基体系中接触应力不高(最大接触应力约 2GPa),可以认为接触应力场为弹性应力场。同时,由于润滑条件好,钢球与试样间为纯滚动,摩擦力带来的附加应力可予以忽略。

对于膜基体系中各应力的分布这一弹性接触问题,采用 Chen 的计算方法,通过数值积分的方法求出三个正应力和一个切应力分量的数值解。正应力分量中拉应力最大值约为 500MPa,该应力对于正常的 TiN 等硬质薄膜不足以产生裂纹。对膜层而言,切应力分量沿深度方向逐渐增加,界面处在 $r=a$ 附近达到最大值。考虑到界面抗切能力比膜层和基体都要差,因此如果由于切力作用萌生裂纹,应优先在界面上。在钢球滚动过程中,各接触点承受对称交变切应力,接触区中心轨迹上,最大切应力幅为切应力的 2 倍。故在滚动接触疲劳实验中,界面处的最大切应力幅 $\Delta\tau_c$ 是控制界面处裂纹萌生和扩展的力学参量。

2. 临界切应力 $\Delta\tau_c$

在上述物理模型的基础上,提出临界切应力 $\Delta\tau_c$ 的定义如下[138]:

利用接触疲劳曲线 $\Delta\tau_c-N$ 测定界面疲劳强度,定义经过 5×10^6 循环周次后薄膜剥落面积达到接触区的 5%时作为膜基的失效,所对应的最大切应力幅 $\Delta\tau_c$ 作为膜基界面疲劳强度,以此表征动态结合强度。

图 4-29 为接触疲劳测结合强度的示意图。图中试样制备成圆柱形(典型尺寸 ϕ40mm×10mm),中间开孔,单面镀膜。镀膜面朝向滚珠(典型件 GCr15 钢,直径 ϕ4.7mm)方向放置,实验中试样静止不同,轴承滚珠在膜层表面做纯滚动,油润滑,施加载荷 P。

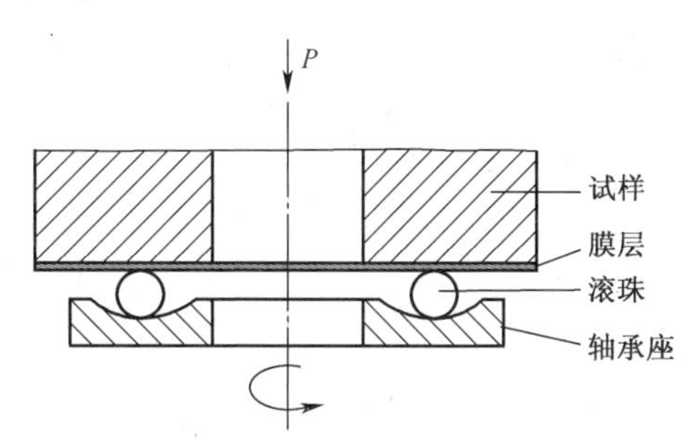

图 4-29　接触疲劳测结合强度示意图

通过改变加载,得到膜层界面处的切应力幅和循环周次之间的 $\Delta\tau_c-N$ 曲线。在给定载荷下,经一定周次后停机检查剥落面积,当剥落面积达到接触区总面积 5%时作为失效。

图 4-30 是典型 TiN 薄膜的 $\Delta\tau_c-N$ 曲线测试结果。图中对比了磁控溅射方法(MS)和离子束辅助沉积(IBED)制备 TiN 薄膜的接触疲劳结合强度。采用 IBED 制备工艺在沉积薄膜之前进行了界面制备,即用高能离子束轰击使膜层和基体之间形成共混层,提高了膜基之间的结合。故采用 IBED 制备的薄膜与基

体之间的结合力应明显高于 MS 制备的薄膜。测试结果发现 IBED 制备 TiN 薄膜的 $\Delta\tau_c$远大于 MS 方法制备的 TiN,表明前者结合强度好于后者。

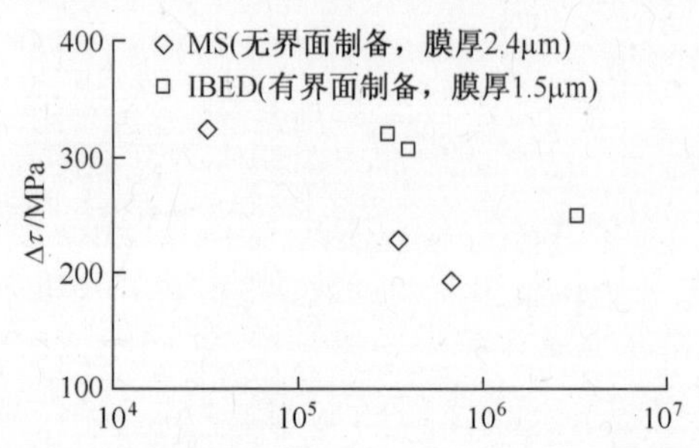

图 4-30 磁控溅射(MS)与离子束辅助沉积(IBED)制备 TiN 薄膜的 $\Delta\tau_c$-N 曲线[139]

3. 临界切应力 $\Delta\tau_c$影响因素分析

接触疲劳法测定的膜基界面疲劳强度切应力幅 $\Delta\tau_c$是一个对界面因素(如膜的成分、基体表面状态)敏感,而对非界面因素(基体硬度和膜厚)不敏感的力学参量。

(1) 薄膜硬度。接触疲劳法采用高周次循环应力,其模型要求基体、配副、薄膜都是硬质材料,以产生弹性应力场。基体、配副是设备固定下来的材料,而待测薄膜硬度会发生变化,对测试结果有显著影响。因此,RCF 法虽然可以较好地得到膜基界面动态结合强度,但仅仅局限于硬质薄膜体系(如氮化物、氧化物等),在弹性接触条件下,用滚动接触疲劳法来测定膜基界面疲劳强度,以此作为膜基结合强度的表征。该方法并不适用于金属等硬度较低的薄膜体系。

(2) 薄膜厚度。当采用 $\Delta\tau_c$ 作为膜基结合强度参量时,对于相同材质的薄膜,由不同膜层厚度计算得到的结合强度值基本相等。接触疲劳法对膜厚这一非界面因素不敏感。

RCF 方法的原理是通过界面切应力使薄膜产生疲劳剥落。界面切应力的大小与薄膜厚度有关。相同外加应力下,较厚膜层在界面处受到的剪应力高于较薄膜层在界面处的剪应力。如果薄膜厚度较小,界面切应力较小,薄膜产生疲劳剥落的周次延长。增大载荷 P 可以提高切应力,但如果膜基结合强度高,则单纯靠增大载荷来提高界面处的剪应力幅,使膜层发生剥落有时难以实现。根据 Hertz 弹性接触理论,增加接触应力,会使接触半径增大,虽也造成最大切应力增加,但出现在离表面更深的基体中,膜基界面处 $\Delta\tau_c$增加不明显。而且载荷过大会导致基体和滚珠发生塑性变形,使弹性应力场计算前提失效。这时应当减小滚珠直径,使切应力最大值增加,并尽可能出现在界面区域。图 4-31 是滚珠半径与接触应力和界面处的切应力关系,可以看到,随着滚珠半径的减小,界面处切应力的增大速率高于最大正应力的增大速率。故对于厚度小的薄膜可以采用减小滚珠半径,保证在较小的最大正应力下,在界面处产生足够的切应力,从而实现膜层在界面处剥离。

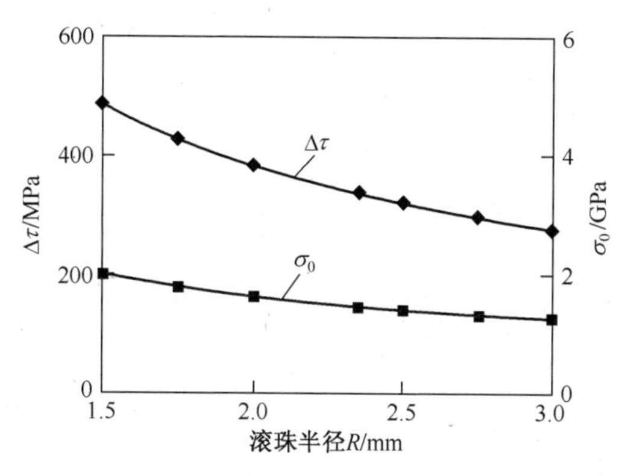

图 4-31　滚珠半径与接触应力和界面处的切应力关系

(3) 膜基结合强度。如果膜基结合较高,需要加大载荷,以增大膜基界面切应力。但会发现加大载荷也较难使膜基界面发生分离。分析其原因主要是当载荷增大时,最大剪切应力值增大的同时,最大剪切应力值的深度分布也远离界面,深入基体内部。因而导致界面处实际的最大剪应力幅变化不大。考虑到基体材料的屈服及薄膜厚度较小(小于 2μm),实验中要达到给定的界面剪切应力,途径之一是减少钢球直径,尝试用小滚球。

低应力条件下,预处理和表面粗糙度对疲劳寿命有显著影响。但高应力状态下,两者影响不明显。对于硬度较低的薄膜,降低应力水平,疲劳脱落点增加。增加薄膜硬度会带来相反的效果。这是因为增加应力水平,失效点的量和尺寸都会增加。这些脱落点源于界面裂纹,并沿着平行于膜基界面的方向扩展。因此,界面失效应力与膜基界面状态密切相关。

(4) 残余应力。采用物理气相沉积或化学气相沉积制备的硬质薄膜往往存在压应力,可提高硬质薄膜的接触疲劳寿命(RCF)。但这种效应受到薄膜厚度的影响。如果薄膜的厚度小于 1μm,压应力会阻止薄膜内裂纹的形核和扩展;但是如果厚度超过 1μm,应力的作用就会减弱。这是因为外加载荷和残余应力的双重作用导致薄膜发生剥落,形成的微小磨损粒子加速薄膜磨损。Spies[140]先对钢基体进行等离子渗氮处理,然后再沉积 TiN 薄膜。发现薄膜的接触疲劳寿命增加,这归因于薄膜硬度的增加和薄膜内形成残余压应力。

4.3.2.4　拉伸法

如图 4-32 所示,拉伸法利用黏结或焊接的方法将涂层结合于拉伸棒的端面上,测量将涂层从基底上拉伸下来所需的载荷大小。涂层的结合强度等于拉伸时的临界载荷与被拉伸的涂层面积之比。

拉伸法另一个值得注意的问题是,必须使黏结杆严格垂直于涂层表面,并严格沿黏结杆轴线加载。当加载偏离黏结杆轴线时,拉杆上产生横向作用力,涂层会在小于其实际结合强度的载荷下剥离，为了克服拉伸法的这一缺点，人们提出各种解决方案，如拉倒法和制作特殊的加载装置，以保证黏结杆与膜层表面垂直，并严格沿黏结杆加载。

拉倒法的具体方法如图 4-33 所示，将圆柱件或中间部分挖空的棱柱杆的底面黏结在涂层表面，在杆件的顶端施加一垂直于杆轴的力，使杆件倾倒。记录下涂层剥离时作用的最大拉倒载荷 f，再考虑到与涂层黏结的杆件形状，由下式即可求出涂层/基底界面结合强度。圆柱杆 $f=4hF/\pi R^3$，棱柱杆 $f=6hF/A^3$。式中：R 为圆柱杆半径；A 为棱柱杆边长；h 为杆高。

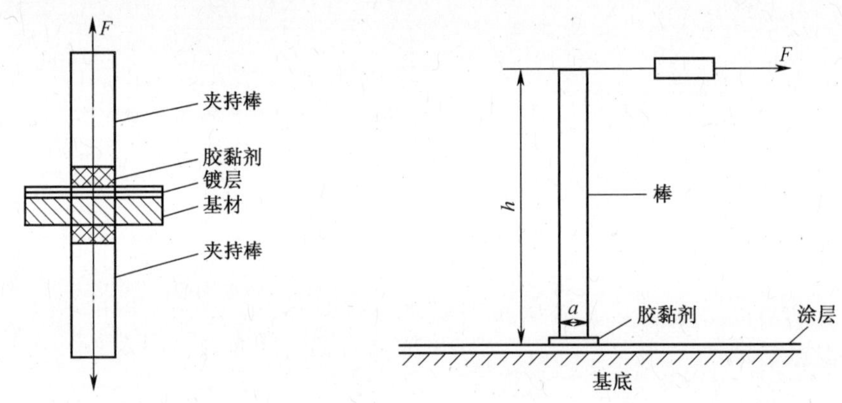

图 4-32　涂层拉伸结合强度测量示意图　　图 4-33　涂层拉倒法结合强度测量示意图

4.3.2.5　不同结合强度测试方法的对比

对于气相沉积方法制备的硬质薄膜，划痕法和压入法是最常用的方法。但这些方法还存在一些问题，如：①测量结果受薄膜和基体硬度、膜层厚度、加载速度、压头或划针的几何形状等许多非界面因素影响；②失效形式复杂，物理意义不清；③属于一次性加载破坏，与实际工况不符。

关于压入法测定结合强度的讨论[140]：

(1) 压入法的加载是准静态的，选用圆锥压头可以使压头—压痕成为轴对称，易于作数值计算。与划痕法相比，压头与膜相对静止且行程短，摩擦力的作用小。

(2) P_c为临界剥落载荷，随压入载荷增大，剥落直径增大，达到一定程度后两者呈线性关系。这是分级加载和卸载后观察到的结果。对加载、卸载过程中膜的开裂和剥落进行动态监测，结果表明，剥落会在加载和/或卸载过程中发生，卸载后所观测到的剥落直径是加载或/和卸载剥落直径(之和)，它并不一定是载荷加到 P_c时的剥落直径。

(3) 压入法检测参量 P_c是膜起始剥落时的载荷，不是膜/基结合强度的应力指标。只有借助力学分析才能将 P_c进一步转化为直接反映膜/基性能的材料力学特征参量。

(4) 对发生剥落的膜/基体系进行硬度考察,发现膜、基硬度的比值绝大部分都大于 3。因此,膜、基硬度差超过某一限度后将对界面裂纹的萌生起显著的作用,膜的韧性高,使裂纹易于在界面扩展。故压入法适于对膜的韧性高、膜与基硬度差比较大、基体表面粗糙度较小的膜/基体系进行评定,如硬膜软基体系。

拉伸法中在使用胶黏剂的情况下,胶黏剂的黏结强度决定了这一方法可以测量的结合夹持棒强度的上限。对于硬质涂层,由于其结合强度有时会达到较高值,往往难以找到更高强度的胶黏剂,因此在这种情况下不能采用拉伸法测定它们的结合强度。

4.3.3　韧性

到目前为止,评价涂层韧性既没有标准程序,也没有标准方法。研究实践中,人们采用了多种方法从各种角度,试图对涂层韧性进行定量或定性的分析。这些方法包括划痕法、静态压入法、显微硬度压入法、拉伸法等。这些方法的应用为评价涂层韧性提供了可能性,至今仍然是评价涂层韧性常用方法。需要指出的是,每种方法都有特定的应用限制,不了解这些限制会误用从而得到错误结果。

从有无基体影响角度,可将测试方法分为两类:一类是膜/基体系;另一类是自支撑薄膜。

(1) 膜/基体系。对于覆盖在基体上的硬质膜层来说,最常用的定性方法包括压入法和划痕法。而在定量方面,则会根据在压力下形成的断裂模式类型,如径向裂纹、槽形裂纹、环形裂纹、脱落等,将测量方法分为不同种类。

最常用的方法是径向裂纹法,即以微小载荷加载形成径向裂纹,测定裂纹长度。然后通过计算得到薄膜的断裂韧性:

$$K_C = \alpha\left(\frac{E}{H}\right)^{1/2}\left(\frac{P}{C^{3/2}}\right) \tag{4-4}$$

式(4-4)是从块体陶瓷材料的韧性测量中借鉴来的。如果想要用于测定薄膜的韧性,加载载荷 P 需要非常小,以避免基体对测试结果的影响。公式要求裂纹的长度大于 $2a$(a 表压痕对角线长度的一半)。因此,应用该方法和该公式时,必须考虑基体和裂纹(尤其是长度)的影响。倘若裂纹贯穿薄膜整个厚度,那么这样的裂纹被称为槽形裂纹。确定膜层断裂韧性值的关键是获得临界应力 σ。然后利用公式计算断裂韧性:

$$K_I = \sigma\left(\frac{1-v^2}{2}\pi t g\right)^{1/2} \tag{4-5}$$

研究者通过基体弯曲法(多应变弯曲)和球压法等方法,制造槽形裂纹。依照胡克定律,临界应力可通过临界应变获得。此方法看起来很简单,但是该方程中的参量 g 是不确定的,增加了应用此方法的难度。槽形裂纹还可以通过另一种方法产生,即采用纳米压入仪压入硬膜/硬基体。硬膜/硬基体的体系本身十分简单,但是硬基体(即基体不发生形变)的假设却一直未被应用。

采用纳米压入方法压入硬(脆)膜/陶瓷基体时,常会形成环形裂纹和剥落。如果获得单位面积断裂能(U/A),可根据公式计算出薄膜的断裂韧性值:

$$K_C = \left[\frac{EU}{(1 - v^2)A}\right]^{1/2} \tag{4-6}$$

许多研究者通过外推荷载—位移曲线获得断裂能 U,荷载—位移曲线上的台阶处对应薄膜断裂。但该方法仍具争议。

(2) 自支撑薄膜。测试薄膜断裂韧性的最直接方法是将拉伸应力直接作用在"自支撑"的薄膜上,因为它消除了基体的影响。研究者采用多种微拉伸法测试薄膜韧性,包括"屈—伸"驱动法、薄膜形变法、残余应力拉伸法、胀形法以及基体宏观拉伸法。所有这些方法的关键是确定薄膜的临界应力 σ。对于中心裂纹,采用公式 $K_I = \sigma\sqrt{\pi l}$ 计算断裂韧性;对于边缘裂纹,则采用公式 $K_I = \sigma\sqrt{\pi a}f(a/W)$。微拉伸测试法的构思十分简单,但是操作的难题在于如何在自支撑薄膜上制造一条尖锐的预制裂纹,怎样固定薄膜,怎样在薄膜上施加一分钟的测试力。从技术角度看,所有的难题都很难解决,通常需要特定的专用设备。

本节讨论了目前常见的若干种(微米尺度)硬质薄膜韧性评价的方法,重点讨论了各种方法的应用条件,并举例说明应用方法。

4.3.3.1 纳米压入法

纳米压痕实验方法是一种在传统的布氏和维氏硬度实验基础上发展起来的新的力学性能实验方法。它通过连续控制和记录样品上压头加载和卸载时的载荷和位移数据,并对这些数据进行分析而得出材料的许多力学性能指标,如压痕硬度和压痕模量等。由于不需要测量压痕的面积就可以从载荷一位移曲线中直接测出材料的力学性能。因此,只要载荷和深度位移的测量精度足够高,即便压痕深度在纳米范围,也可以方便地得到材料的力学性能,这样该方法就成为薄膜、涂层和表面处理材料力学性能测试的首选工具,如薄膜、涂层和表面处理材料表面力学性能测试等。

1. 压痕塑性

压痕塑性(P_i)指在纳米压痕测量时,载荷—位移曲线上塑性位移与总位移的比值(图 4-34):

$$P_i = \frac{\varepsilon_p}{\varepsilon} = \frac{OA}{OB} \tag{4-7}$$

式中:ε_p为塑性位移;ε 为总位移值;OA 和 OB 为图 4-34 所定义的位移值。

纳米压痕已经在评估膜层“硬度”方面得到广泛应用。据报道，nc-TiC/a-C膜层压痕塑性为40%，而nc-TiC/a-C(铝)膜层的压痕塑性为55%。Fox-Rabinovich在一个相关方法中提出“显微硬度耗散系数(MDP)”，表达了在不同压痕测量时期塑性所做的机械功

$$\mathrm{MDP} = 塑性功/(塑性功+弹性功) \tag{4-8}$$

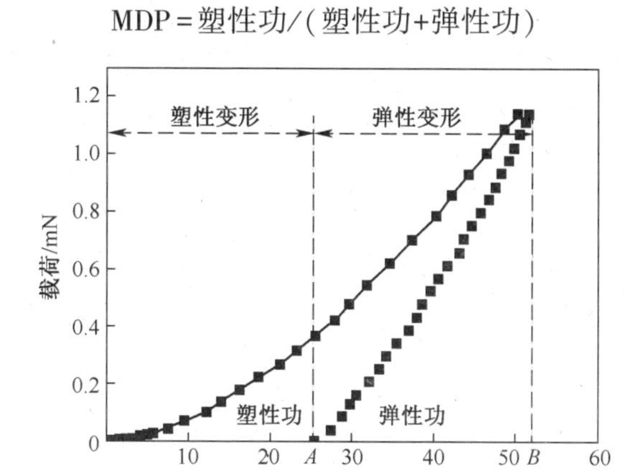

图4-34　纳米压痕载荷位移曲线原理图

塑性通过等式 OA/OB = 塑性功/(塑性功+弹性功)计算，然而塑性不是韧性。塑性是材料抵抗塑性变形的能力(位错移动)，而韧性衡量的是一种材料抵抗裂纹扩展的能力。

压痕塑性法是一种定性测定薄膜韧性的方法，采用压入法测试薄膜的断裂韧性有若干种经验方法。这些方法可以分为两类：压痕裂纹测量法和加载—卸载(P-h)曲线法。

2. 压痕裂纹测量法

所谓压痕裂纹测量法是指：加载卸载后，在薄膜表面留下压痕，在压痕的对角线或边缘存在裂纹。通过测定裂纹的长度作为韧性的表征。

采用压入法测试脆性材料的韧性已经有较长的历史。文献可见许多关于脆性材料(如陶瓷和复合材料)韧性的压入法报道。尖锐的压头(如维氏压头)前端压入脆性材料后，一般会产生径向/中位/横向裂纹，如图4-35所示。

然而，压痕裂纹测量法应用到薄膜结构断裂韧性测定时遇到困难。原因是尖锐的压头形状，导致正应力载荷较大，压入基体深度大，薄膜的破裂过程会受到基体变形或破裂的影响。另一个原因，在纳米压入实验中，载荷一般较小，不足以在薄膜体系中产生可以测量的裂纹。因此，纳米压入技术中采用了立方角形状的压头。

立方体的顶角是90°的三面体。如果压头的几何形状与立方体顶角相同，那么在纳米压入实验中，采用这样的压头压入玻璃材质中，0.5g载荷下即可产

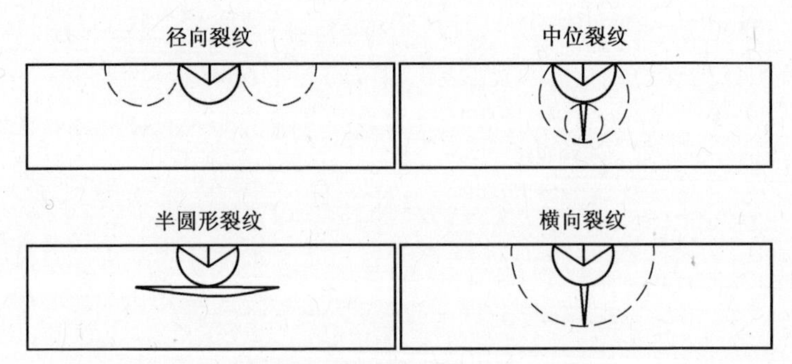

图 4-35　理想的压痕裂纹系统(脆性材料在压入过程中产生的径向/正中/横向裂纹。径向与正中裂纹复合形成半圆形裂纹)

生裂纹。通过测定裂纹长度,计算薄膜断裂韧的公式为

$$K_C = \xi(E/H)^{1/2}(P/c_0^{3/2}) \tag{4-9}$$

式中:H 为硬度;E 为弹性模量;P 为压入载荷;c_0 为裂纹长度;ξ 为一常数,一般为 0.0319。Harding 等采用纳米压入法测试了石英玻璃、硅、蓝宝石和 Si_3N_4 等材料的断裂韧性,证实该方法测试结果与显微硬度很好地吻合。采用立方体顶角形状压头的纳米压入法测试薄膜的断裂韧性是一理想的方法。但是,该方法也有缺陷:由于压痕和裂纹的尺寸非常小,必须通过扫描电镜观察。即使如此,也很难精确的测定。

3. 加载卸载曲线

通过分析纳米压入的加载卸载曲线,可以评价薄膜的断裂韧性。这种方法基于压入实验过程中的能量分散。加载卸载过程中消耗的能量定义为压入能,其大小可用加载卸载曲线下的面积表示:

$$W = \int P\mathrm{d}h \tag{4-10}$$

在纳米压入实验中,压入能包括以下几部分:弹性应变能(U_{el})、断裂能(U_{fr})、塑性能(U_{pl})和热能(D)。故

$$W = U_{el} + U_{fr} + U_{pl} + D \tag{4-11}$$

弹性应变能(U_{el})是可恢复的,而其他几项是不可恢复的。因此,一个加载卸载过程中不可恢复的能量消耗为

$$W_{irr} = U_{fr} + U_{pl} + D \tag{4-12}$$

U_{fr}和 U_{pl}对应发生断裂前的塑性变形过程,热能(D)可忽略。消耗能量的大小可由加载卸载曲线下的面积计算,不同的能量消耗分别对应加载卸载曲线上不同的断裂事件。具体来说,压入过程中的剥离会改变 Wirr-P 曲线的斜率。图 4-36 是 Al_2O_3/Al(薄膜/基体)体系的压入能—载荷曲线。Al_2O_3 薄膜的厚度 1000nm。非常明显地看到曲线斜率连续变化。曲线可分为两部分:分层/剥离和破碎。从分层过渡到破碎时能量发生显著变化。

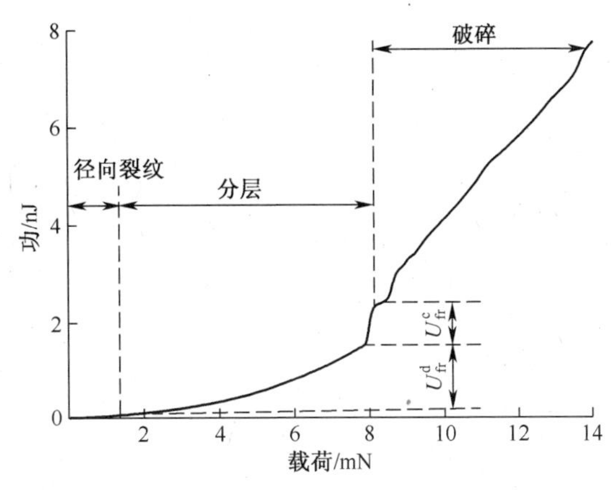

图 4-36　不可恢复能量—载荷曲线(Al_2O_3 薄膜/Al 基体薄膜厚度 1000nm)

图 4-37(a)描述了纳米压入断裂特征。总的来说,加载卸载曲线下的面积表示了压入过程中消耗的弹塑性变形功。第一、二环状开裂所释放的应变能可由加载曲线相应的部分计算得到。图 4-37(b)是开裂所致载荷—位移曲线模型。裂纹产生前后的能量差可在载荷—位移曲线中看到。该能量以应变能的形式释放,产生环状裂纹,故薄膜的断裂韧性可以写成:

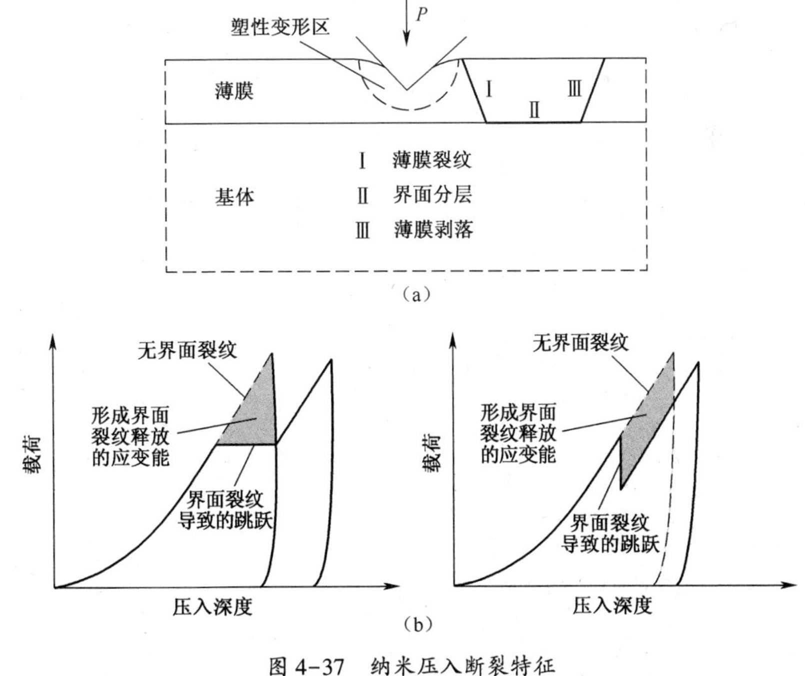

图 4-37　纳米压入断裂特征

(a)膜/基体系纳米压入断裂过程不同阶段示意图;(b)加载循环的载荷—位移曲线,示意图表示了加载时出现台阶以及对应能量释放。

$$K_{IC}=\left[\frac{E}{(1-\nu^2)2\pi C_R}\frac{U}{t}\right]^{1/2} \tag{4-13}$$

式中：E 为弹性模量；ν 为泊松比；$2\pi C_R$ 为薄膜平面的裂纹长度；U 为裂纹产生前后应变能；t 为薄膜厚度。

该公式可用于计算厚度为 100nm 的薄膜断裂韧性。Bhushan 采用该公式计算 0.4μm 厚度碳膜的断裂韧性值为 11.8MPa $M^{1/2}$。

4. 界面剥离与附着力

纳米压入实验也可以评价界面力学性能。有两种方法可以用来评价界面的结合和开裂行为，分别是截面压入和边缘压入。Marshall 和 Evans 以及 Rossington 提出了一种力学分析方法，用来表征纳米压入过程中界面的结合和开裂行为，并分析了 ZnO/Si 体系的压入行为。他们的分析基于这样一种模型：膜厚 t、半无限基体、尖锐的压头，以及在基体上留下的压痕（图 4-38）。压入点被近似半圆的塑性变形区包围。在弹塑性残余应力的作用下，有两种裂纹形式：一种是垂直于表面的径向裂纹（薄膜开裂）；另一种是平行于表面（沿着膜基界面）的横向裂纹。在讨论界面力学性能的时候，横向裂纹是最主要的。横向裂纹的长度由载荷大小、压头形状、沉积残余应力、薄膜和基体的力学性能以及界面的断裂抗力共同决定。

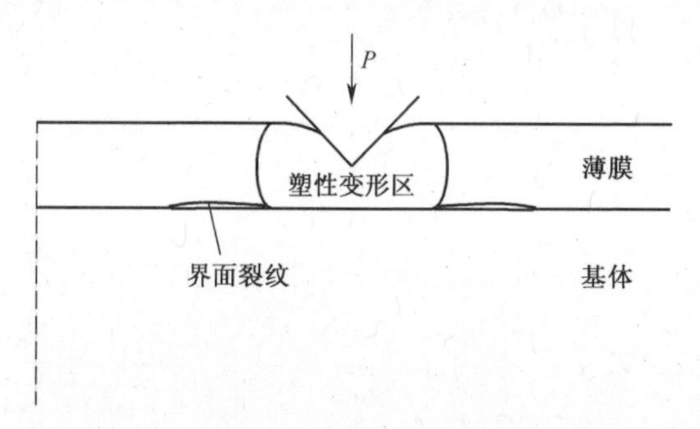

图 4-38 压入过程中膜/基界面剥离示意图

断裂机理分析基于 Evans 和 Hutchinson 提出的界面开裂和屈曲机制。这种模型被广泛地应用于压入实验。

Marshall 和 Evans 假定，当圆锥形的压头压入无应力的薄膜时，会在膜/基界面产生圆形剥离。该模型的关键点是压入时引入的应力为

$$\sigma_0=\frac{E}{2(1-\nu)}\frac{\nu_0}{\pi a^2 t} \tag{4-14}$$

式中：σ_0 为压入引入的应力；ν_0 为压入体积，由压头形状和压入深度决定；a 为裂纹长度（或半径）；t 为薄膜厚度；E 和 ν 分别为薄膜的弹性模量和泊松比。

在该应力下，界面产生剥离、无屈曲时的应变能释放率为

$$G = (1 - \nu^2)t\sigma_0^2/2E \tag{4-15}$$

如果界面产生屈曲,那么应变能释放率为

$$G = (1 - \nu^2)t\left[\frac{1 + \nu}{2}\sigma_0^2 - (1 - \alpha)(\sigma_0 - \sigma_c)^2\right]/E \tag{4-16}$$

式中:$\alpha=0.383$ 为常数;σ_c为薄膜发生弯曲时的临界应力,其值由下式确定:

$$\sigma_c = \gamma E(t/a)^2 \tag{4-17}$$

其中:$\gamma=k/12(1-\nu^2)$,$k=14.68$。如果薄膜内存在由于沉积或其他工艺所致的内应力,则应变能释放率为

$$G = t(1 - \nu)\left\{(1 - \alpha)\sigma_R^2 + \sigma_0^2\left[\frac{1 + \nu}{2} - (1 - \alpha)\left(1 - \frac{\sigma_c}{\sigma_0}\right)^2\right]\right\}/E \tag{4-18}$$

其中 σ_R表示薄膜内残余应力。如果 $\sigma_0+\sigma_R<\sigma_c$,即无剥离,那么 $\alpha=1$;如果 $\sigma_0+\sigma_R>\sigma_c$,即产生剥离,那么 $\alpha=0.383$。式(4-18)是测量薄膜界面断裂韧性的基础。然而应用式(4-18)时,需要确定是否发生界面剥离,同时需要薄膜内应力数据。残余应力可通过测定应力所致膜基体系弯曲程度获得。

Rossington 利用 Marshall 和 Evans 公式分析了 ZnO/Si 体系,测定结果是,当薄膜厚度为 10μm 时,其界面韧性 $G_c = 16\pm7\text{J/m}^2$;厚度为 5μm 时,$G_c = 13\pm4\text{J/m}^2$。Drory 和 hutchinson 提出了一种采用洛氏硬度计测定脆性薄膜/韧性基体的结合强度方法,当采用圆锥形压头时,能量释放率为

$$G = \frac{(1 - \nu^2)t}{2E}\sigma_r(R)^2 \tag{4-19}$$

式中:$\sigma_r(R)=\sigma_{r0}+\sigma_r^{\mathrm{I}}(R)$,$R$ 表示圆形界面裂纹长度;σ_{r0}表示初始残余应力;$\sigma_r^{\mathrm{I}}(R)$表示径向残余应力。

Drory 提出了三种界面剥离形式:①大部分薄膜破裂,仅少量环状残留;②有相当数量环状薄膜残留,无剥离;③相当数量环状薄膜残留,有剥离。

三种形式的能量释放率都可以用公式表示,但 $\sigma_r(R)$不同。其结果用于含 Ti 碳膜界面分析,能量释放率 $G_c=47.5\text{J/m}^2$。

5. 测试实例

采用磁控溅射制备 TiN 薄膜,厚度 1.2μm。采用纳米压入法表征薄膜的力学性能和断裂行为。在压痕实验中使用立方角压头,并采用控制压入深度模式,压痕的最大压入深度为 200~3500nm,应变速率为 0.05/s。

(1) 变形和断裂行为。在研究 TiN 薄膜的断裂行为之前,首先对衬底的断裂行为进行研究,因为在研究薄膜断裂时,压头的位移很可能会超过薄膜自身的厚度,从而使得压头穿透薄膜而达到衬底,这样衬底对 TiN 薄膜断裂行为的影响将会变得非常显著。图 4-39 为在 Si(111)衬底上,最大压入深度分别为

200nm、800nm、1500nm 和 2500nm 时的加—卸载曲线和其相应的压痕 SEM 照片。从图中可以看出这四条曲线的加载和卸载阶段均没有出现明显的台阶,说明在压头压入和退出过程中 Si(111)衬底均没有出现突然的断裂。在这四条曲线的最大载荷处和卸载曲线的末端均出现了明显的台阶。最大载荷处的台阶是由于此阶段(在最大载荷下保持 10s 时间)压头进一步压入 Si 衬底所致;卸载曲线末端的台阶是由于此阶段(在 1/10 最大载荷下保持 100s 时间)Si 衬底的弹性回复将压头推出所致。从压痕的 SEM 照片可以看出沿压痕的三条棱产生了放射状的裂纹,并且随着压入深度的增加,放射状裂纹的长度和宽度呈增加的趋势,这说明随着压入深度的增加,Si 衬底的断裂加剧。但值得注意的是四个压痕所形成倒三棱锥的边缘长度没有随最大压入深度的增加而发生明显变化,均在 1μm 左右,这可能归因于 Si(111)衬底有比较大的弹性回复。通过比较这四个压痕的加—卸载曲线和其相应的 SEM 照片不难发现:压头的压入已导致 Si(111)衬底的断裂,而其相应的加—卸载曲线却没有显示出突然的变化,这说明该断裂不是一个突然的过程,而是随压头压入逐渐形成的,放射状裂纹的产生归因于锋利的立方角压头的楔入效应。

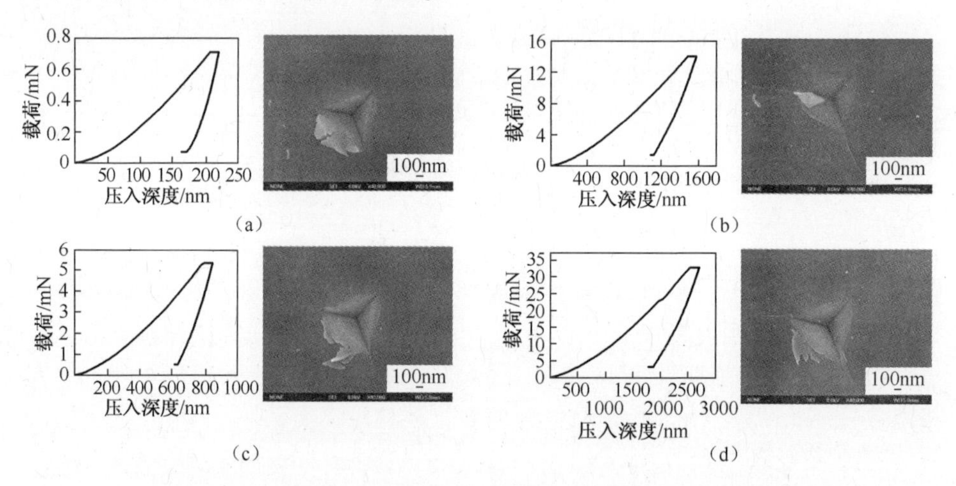

图 4-39 在 Si(111)衬底上加—卸载曲线及相应的 SEM 照片
最大压入深度分别为:(a)200nm;(b)800nm;(c)1500nm;(d)2500nm。

(2) TiN 薄膜在压痕实验下的断裂行为。图 4-40 为沉积在 Si(111)衬底上的 TiN 薄膜在最大压入深度分别为 200nm、800nm、1500nm 及 2500nm 时的加—卸载曲线及相应压痕的 SEM 照片。从图中可以看出当最大压入深度为 200nm 和 800nm 时,加载和卸载曲线光滑,没有明显的台阶出现,说明薄膜在此实验条件下没有突然的断裂。通过对比该加—卸载曲线和在 Si(111)衬底上的加—卸载曲线可以看出,若达到相同压入深度,在 TiN 薄膜上所需要的载荷更大,但

TiN 薄膜比 Si(111)衬底表现出更小的弹性回复。从其压痕的 SEM 照片上也没有观察到放射状的裂纹,但发现由压头导致的压痕周围的薄膜发生塑性变形甚至局部断裂,这种塑性变形和断裂随着压入深度的增加而增大。当最大压入深度达到 1500nm 和 2500nm 时,在加载阶段的约 1000nm 处出现了明显的台阶(如图中箭头所示),这个台阶来源于 Si(111)衬底的断裂以及薄膜和衬底间的界面断裂。

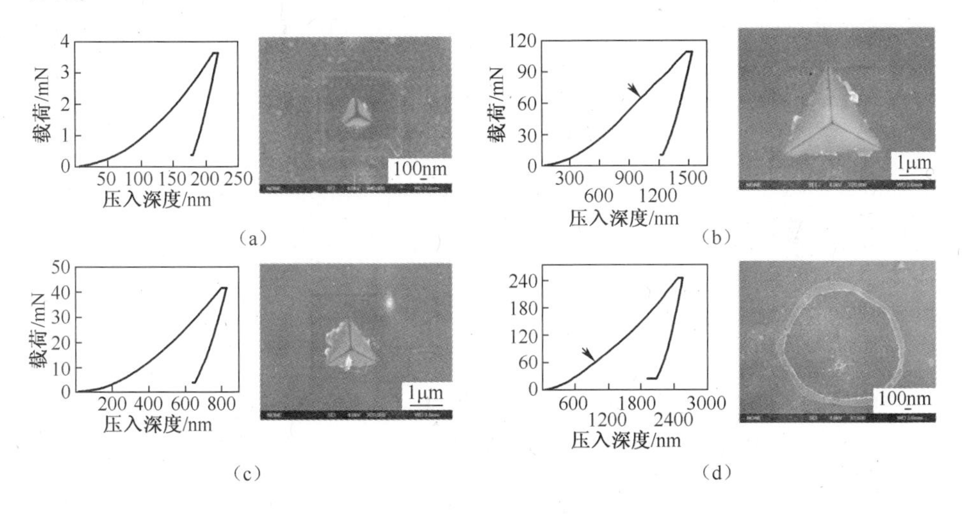

图 4-40　在 TiN 薄膜上加—卸载曲线及相应的 SEM 照片

最大压入深度分别为:(a)200nm;(b)800nm;(c)1500nm;(d)2500nm。

在最大压入深度达到 2500nm 时,其 SEM 照片显示薄膜和衬底间确实发生了界面断裂,并露出一大片裸露的 Si 片,发生界面断裂的直径达到了 50μm。

上述实例采用纳米压痕和纳米划痕方法研究了沉积在 Si(111)衬底上的 TiN 薄膜的变形和断裂行为。在压痕实验中,TiN 薄膜在压入深度为 200nm 时表现为塑性变形及压痕周围的局部断裂,随着压入深度的增大,塑性变形和局部断裂变得越显著,当最大压入深度达到临界值 1000nm 时,薄膜和衬底间发生了界面断裂,继续增加压入深度,界面断裂加剧。

需要指出的是,由于气相沉积薄膜不可避免地存在残余应力,因此采用纳米压痕法测试薄膜断裂韧性应当考虑残余应力的影响。忽略残余应力的影响,将使断裂韧性值明显高于或低于材料的真实断裂韧性。这在第 5 章中有所涉及。

4.3.3.2　维氏硬度压入法

维氏硬度压入法评价薄膜韧性是利用 Vickers 压头在材料表面压制压痕并形成裂纹,根据压痕断裂力学理论及实验观察导出 K_{IC} 计算公式。

1. 原理

压入法最先是用来评定脆性块体材料的断裂韧性的。用带锋利边缘的压头,例如,维氏硬度计或者 Berkovich 压头,压入陶瓷材料表面,就可能会产生放射状裂纹。其原理基于如下的实验现象:在显微硬度计维氏压头压入试样的过程中,载荷达到一定值后中位裂纹首先在压痕下方的塑性变形区成核,随着载荷的增加,中位裂纹扩展,最后穿出试样外表面,表现为在压痕尖角处的径向裂纹,如图 4-41 所示。

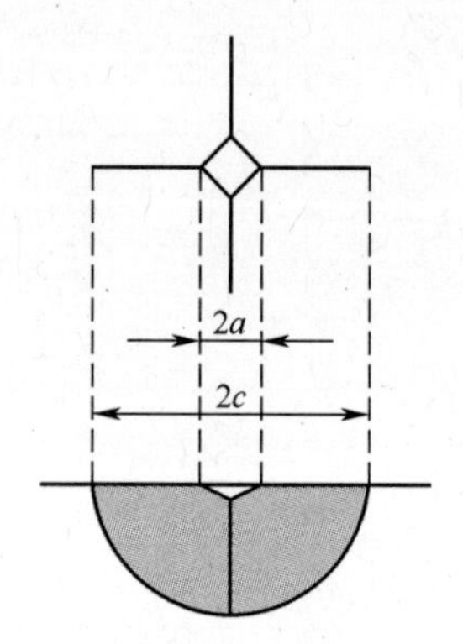

图 4-41　压入过程中形成中位/径向裂纹示意图

对于与基体结合良好的硬质膜层,通过压入的方法,可以产生三种裂纹形式,分别是:径向裂纹、环形裂纹和槽形裂纹。这些裂纹都可以用来定量分析膜层的断裂韧性。

(1) 径向裂纹。Holleck 提出可通过在压入载荷大小相同的情形下,通过比较对角线径向裂纹长度来确定薄膜的断裂韧性;Kustas 等提出比较薄膜的剥落直径来确定薄膜的断裂韧性。这些都是定性的方法。在定量的研究方法中,Lawn 等提出了一个计算 PVD 硬质薄膜断裂韧性的公式:

$$K_{IC}=\delta\left(\frac{E}{H}\right)^{1/2}\left(\frac{F_p}{C^{3/2}}\right) \tag{4-20}$$

式中:F 为压入载荷的大小;E 和 H 分别为薄膜的弹性模量和硬度;C 为径向裂纹的长度;δ 为一个经验常数,对于标准的维氏金刚石棱锥和立方压头,δ 通常分别取 0.016 和 0.0319。但应用于该公式有一限定条件,径向裂纹的长度(C)需要大于或等于压痕对角线长度(a),即 $C>2a$。否则,该公式误差增加。

为了满足方程式(4-29)的几何要求,压痕深度(小于裂纹深度 d)应远远小于膜层厚度的 10%。然而,在压痕过程中,放射状裂纹的产生存在一个载荷临界值。对大多数陶瓷材料来说,维氏压痕或 Berkovich 压痕临界负荷值为 250mN 或以上,而相应引起的压痕深度为几微米。越锋利的硬度计压头越能减小产生放射状裂纹所需的临界载荷。例如,与维氏压头相比,使用立方体压头将临界载荷减小了至少一个数量级。然而,为了形成一个放射状裂纹,许多脆性材料上的压痕深度仍然达到几百纳米。因此,为了排除基体的影响而对压入深度的限制条件(即<10%)是很难达到的。

(2) 环状裂纹。环形裂纹也称环形剥落,描述压头周围的膜层成环状剥落。对于脆性涂层来说,非常小的载荷,如纳米压入就能够使压头周围膜层形成环状剥落。

压头压入 PVD 硬质薄膜表面可以分为三阶段,如图 4-42 所示。第 1 阶段:由于在压头的附近会产生很大的应力场而产生第一个环向裂纹,此裂纹通常贯穿薄膜的整个厚度。第 2 阶段:由于产生的侧向应力而导致的界面开裂、失稳和剥落。第 3 阶段:第二个贯穿薄膜厚度的环向裂纹产生,由于产生的弯曲应力使得失稳的薄膜而剥落。

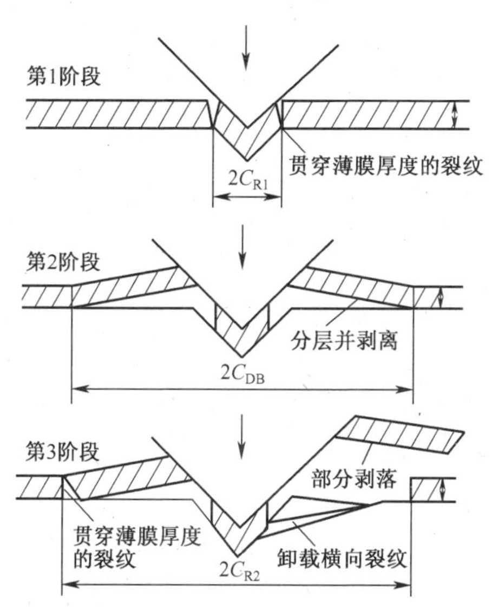

图 4-42　纳米压入离子束薄膜/基体体系时三阶段示意图

第 3 阶段为膜层圆周穿透型裂纹和层裂,导致在位移过程中压头突然偏移,形成载荷位移曲线中的一个突变(图 4-43)。图 4-43 中所给出的 ABC 区域代表能量 U 随膜层产生裂纹而产生耗散,得出的断裂韧性为

$$K_C = \left[\frac{EU}{(1-\nu^2)A}\right]^{1/2} \tag{4-21}$$

其中 $A=2\pi C_R t$ 是裂纹区域,$2\pi C_R$ 是膜层面裂纹长度,C_R 是压头周围的圆周穿透型裂纹的半径,t 是膜层厚度。E 和 v 则分别是弹性模量以及膜层的泊松比。在方程式(4-21)中,膜层断裂能 U 是压头从 A 偏移到 B 时所做的不可逆功 W_{irr}。

然而,如何获得不可逆功 W_{irr} 存在较大争议。DenToonder 提出确定 W_{irr} 的上界与下界的方法(图 4-44):OAB 区域和 $ABFR$ 区域分别对应膜/基体系完全弹性形变和完全塑性形变的情况。Chen 和 Bull 认为 $ABQE$ 区域代表 W_{irr},AE 和

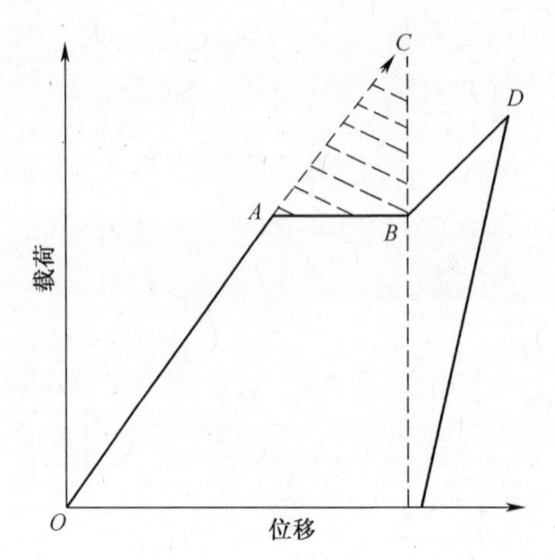

图 4-43　载荷位移曲线示意图，显示在载荷循环和相关能量释放时的一个突变

BQ 则是偏离起点及终点的卸载曲线。此外，他们提供了一种获取卸载曲线 *AE* 的方法，通过位移比率 δ_f/δ_1 和硬度与弹性模量（H_s/E_s）比率之间的线性关系：

$$\frac{\delta_f}{\delta_1} = 1 - \lambda \frac{H_s}{E_s} \tag{4-22}$$

式中：H_s 和 E_s 分别为基体的硬度和弹性模量；Berkovich 压头的 $\lambda = 4.5$；δ_f 和 δ_1 分别为图 4-44 中所示的残余位移和全部位移。式（4-22）既适用于不发生断裂的块体材料，也适用于基体变形占主要地位的膜/基体系。用这种方法，就能够得到不可逆功 W_{irr} 的下界 *ABE* 和上界 *ABFE*。

Michel 认为，除了膜层的断裂能 *U*，压头所做的功也包括基体位移所消耗的能量。他在图 4-45 中提出将 *ABH* 作为膜层的断裂能 *U*。图 4-45 中，*ABFE* 代表压头在膜层产生圆周裂纹过程所做的总功，*GB* 段则代表硅基体的部分载荷曲线。

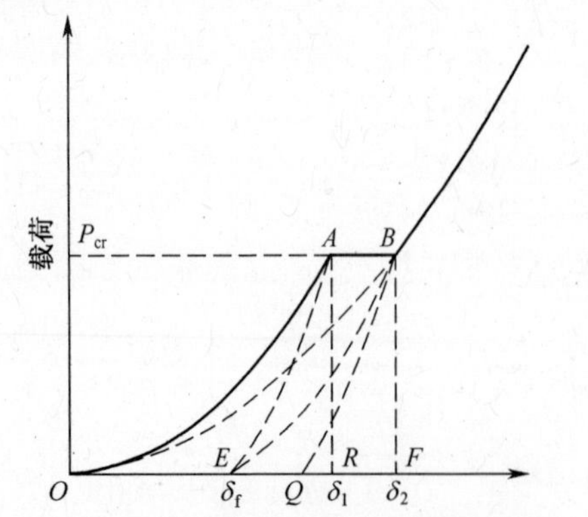

图 4-44　纳米压痕载荷位移曲线的稳定期，不可逆功 W_{irr} 上下界的示意图[141]

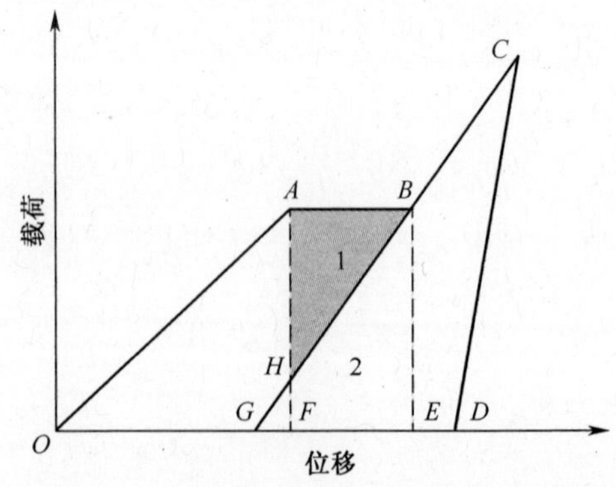

图 4-45　示意图代表纳米压痕载荷位移曲线平稳期的膜层断裂能 U[142]

通过在膜层层裂前后各进行一组加载—卸载的循环实验，Malzbender 研究了不可逆功 W_{irr} 与载荷 P 对应关系。他们发现 W_{irr} vs$P$ 的曲线被分成好几段直线，代表分裂时几个不同的情况：放射状裂纹、脱层、圆周穿透型裂纹最后层裂（图4-46(a)）。很明显，不可逆功 W_{irr} 就是圆周穿透型裂纹前后所得的能量差。他们进一步发现 W_{irr} 取决于膜层厚度：膜层越薄，不可逆能量耗散 W_{irr} 就越大。分析认为这是因为在压入时，膜层越薄，基体位移越大。通过外推膜层的 W_{irr} 至无限膜层厚度，可以得出相应的断裂能 U（图4-46(b)）。

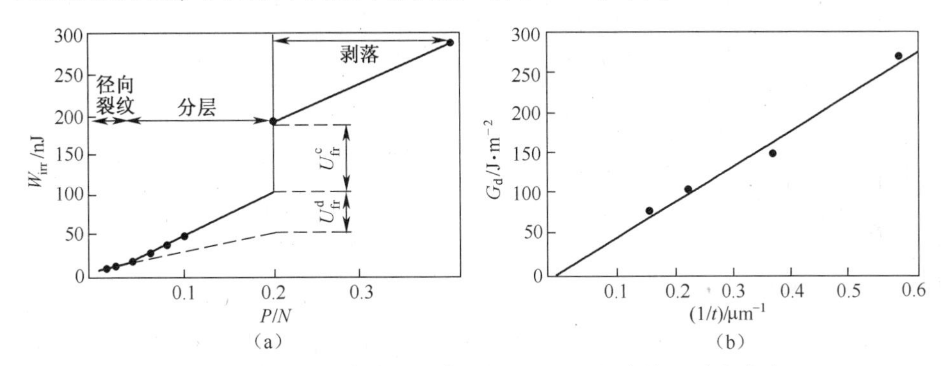

图4-46　加载—卸载过程中不可逆功 W_{in} 与载荷 P 对应关系

(a)压痕时作为所应用峰值负载的功能，能量不可逆转地耗散[143]；

(b)作为逆向膜层厚度 t 的功能，能量在压痕中能量不可逆转地耗散[144]。

Chen 和 Bull 从总功（W_t）—位移（D）曲线得出膜层的断裂能 U（图4-47）。首先，根据从裂纹起始点 A 到终点 C 外推获得初始 W_t—D 曲线。然后，再从开裂后的 D 外推回到起点 A，获得裂纹结束后的 W_t—D 曲线。垂直线 AB 和 CD 代表总功 W_t 的差值。AB 代表在膜层断裂前后，膜/基体系的弹塑性变形中所消耗功的差值，CD 则代表在裂纹产生过程中所做的总功。CD 和 AB 的差就是断裂能 U。

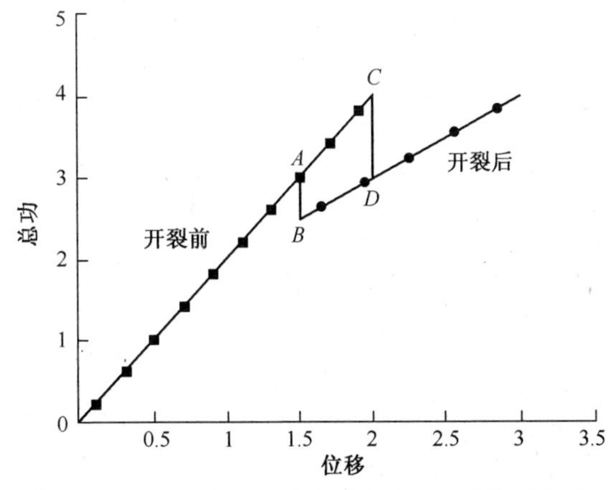

图4-47　裂纹前后的总功—位移曲线外推示意图

（此处 A 点和 D 点代表实测功 vs. 位移曲线中偏移的起点和终点）

Chen 和 Bull 对控制位移纳米压痕实验做了广泛研究。因为膜层断裂时的荷载降低明显与压头和膜/基体系接触减少相关，所以对于膜层裂纹，位移控制压痕更加灵敏。反之，压头除了由于接触减少而做出的移动，还有因为膜/基体系变形而产生的额外移动。图 4-48(a)显示了在一块玻璃基体和 400nm TiO_xN_y 膜层上进行的位移控制纳米压痕的典型荷载—位移曲线，其中 B 和 C 之间的荷载跳动与膜层的径向穿透型裂纹有关。通过 W_t 对 D 的方法获取断裂能 U，并根据方程式(4-21)得到断裂韧性。

Li 和 Malzbender 所描述的硬质薄膜层在纳米压痕中的断裂行为是基于能量的纳米压痕方法论的基础。在径向开裂，脱层和屈曲后，正是圆周穿透型裂纹和层裂导致载荷—位移曲线出现突变。然而，除了环状开裂和层裂，膜层径向裂纹，接触面脱层和硬脆基体的破裂或层裂，甚至基体材料的位错形核和相变都能导致加载曲线产生突变。这些突变在某些情况下可能会重叠。例如，残余压应力薄膜屈曲后发生严重剥落，导致功—位移曲线产生突变；后续的环状开裂和层裂也会导致功—位移曲线突变，两者发生重叠。

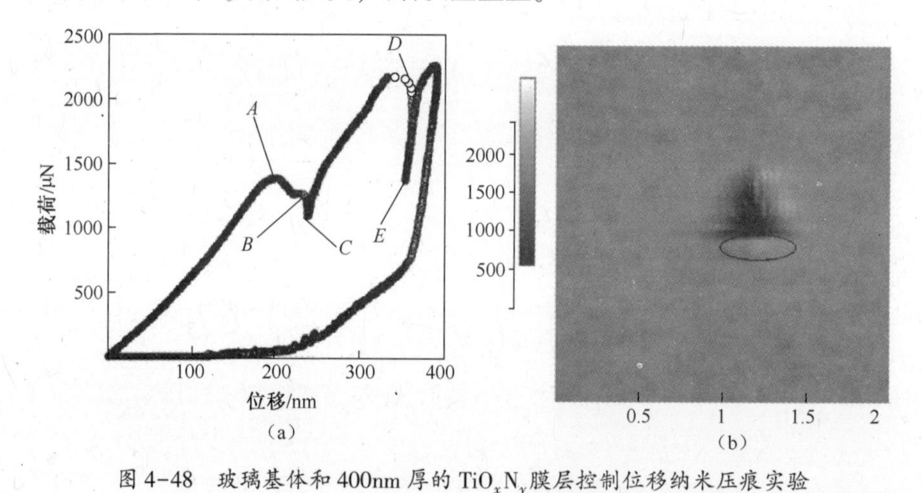

图 4-48 玻璃基体和 400nm 厚的 TiO_xN_y 膜层控制位移纳米压痕实验

(a)图中，A 点是较软基体上塑性位移的起点；B 点和 C 点是穿透型裂纹的起点和终点；D 点和 E 点则是界面断裂的起点和终点。(b)中用圆形标记出了界面断裂引起的隆起区域[145]。

(3) 槽形裂纹。槽形裂纹是指全厚度的裂纹，即膜层全部裂开，且裂纹扩展，延伸至基体。裂纹扩展过程中一直保持“全厚度”的特性，形成了通道形状的裂纹(图 4-49)。在拉伸负荷过程中，由于裂纹的长度约为膜层厚度的 3 倍，因此裂纹以稳定的速度进行扩展，直至膜层完全断裂。研究发现，基体越软，越容易形成槽形裂纹。针对该情况，研究者提出了多应变弯曲实验和球压法等测量方法，用于测量该类膜层/基体系统的断裂韧性。

多应变弯曲实验的详细说明如图 4-50 所示。在韧性(金属)基体上沉积陶瓷膜层，将膜层制成条状。然后将样品置于弯力之下，即条状陶瓷膜层置于弯梁侧面,再沿着横梁轴线对齐。在弯曲过程中,横梁从下到上出现线性应变梯度:横梁顶端是拉伸应变,低端是压缩应变,而中间平面部分则不受力。因此,条状膜层在不同位置受到不同的应变,且条状膜层上所施加的应变大于韧性断裂阈值。通过该方法则可得出临界应变,而临界应力从"应力—应变"关系中得出(胡克定律,假设陶瓷膜层断裂过程中,只发生弹性变形)。将临界应力代入方程式(4-20),即可得到膜层的断裂韧性。

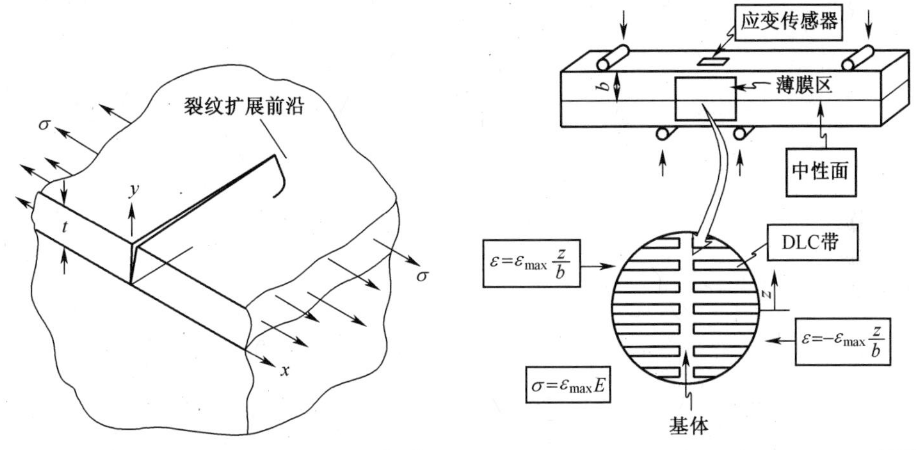

图 4-49　薄膜上的槽形裂纹三维图[146]　　图 4-50　多应变弯曲实验的样品及配置[147]

对于硬质(陶瓷)基体的硬薄膜来说,纳米压入中,用尖锐边缘的压头可以在薄膜内形成径向槽形裂纹,如图 4-51 所示。刚开始压入时,接触区域的下方会形成半球体的塑性区域。随着载荷的增大,该塑性区域逐步扩大,且该半球体区域不断向基体延伸。径向裂纹从半球体中心向外放射。随着载荷越来越大,该塑性区域变为圆柱体形状,径向裂纹变为槽形裂纹(图 4-51(b))。

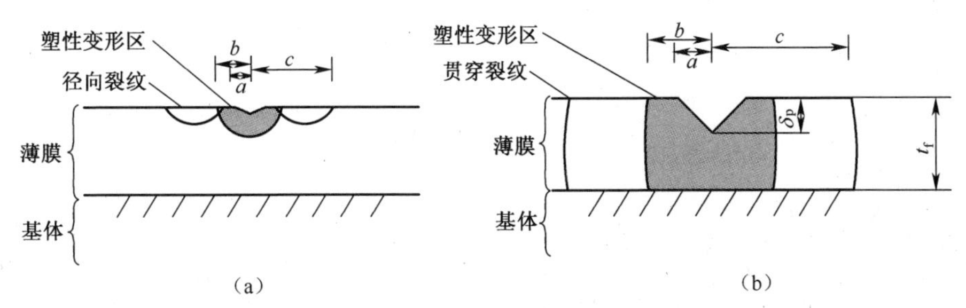

图 4-51　用尖锐边缘的压头可以在薄膜内形成径向槽形裂纹

(a)机械厚度膜层由层压造成的部分穿透径向断裂横截面图解;倘若膜层比塑性区域更厚,则该塑性区域呈现半球体形状,且径向裂纹只出现在膜层表面;(b)机械厚度膜层由层压形成的槽形裂纹,此时,塑性区域由于受到基体的约束呈现圆柱体形状,且槽形裂纹向膜层内部延伸。

2. 测试方法及条件

压入法的设备可以选用维氏硬度计,一般采用维氏压头。加载、卸载后,利用扫描电镜观察压痕形貌。压入法的测试过程可分为三步:加载压入、观察形貌、对比或计算。按照基体弹性模量的不同,可以将薄膜/基体分为两类,分别是硬膜/韧性基体和硬膜/脆性基体。

(1) 硬膜/韧性基体。将硬质薄膜沉积到金属基体上,即硬膜/韧性基体。

压入时,薄膜与基体(金属)同步塑性变形。当变形到一定程度(与载荷大小有关),会在压痕边缘形成环状开裂,如图 4-52 所示。通过比较相同载荷下压痕形貌特征,或比较近似破裂形貌的载荷大小,即可对比不同硬膜的断裂韧性。

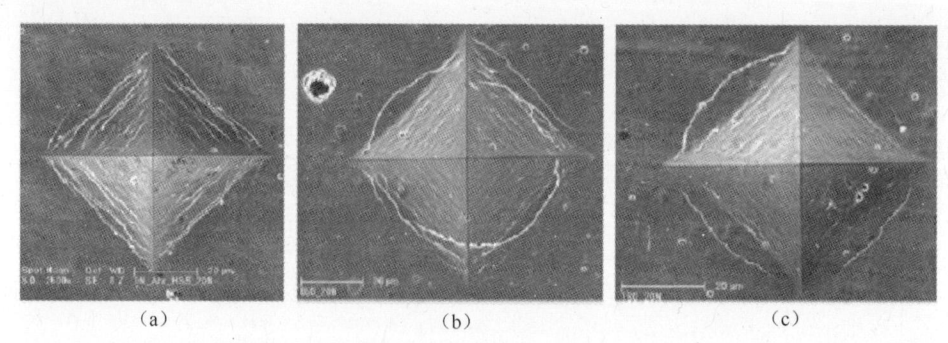

(a) (b) (c)

图 4-52 20N 载荷下金属基体上硬质薄膜的压痕形貌

(a) TiN; (b) TiAlN; (c) TiAlN 。

实测中,经常发现加载到 1000gf(约 10N)时,压痕仍保持完整。如图 4-53 所示,沉积在金属基体上的 TiC/DLC、WC/DLC、YSZ/Au 复合薄膜,载荷到 1000gf 时,压入深度达到 9μm,三类薄膜体系均没有发现裂纹。三组薄膜的硬度分别为 30GPa、26GPa 和 18GPa,差异显著。但在 1000gf 载荷下的压痕形貌并没有区别,因此也就无法比较其断裂韧性的好坏。

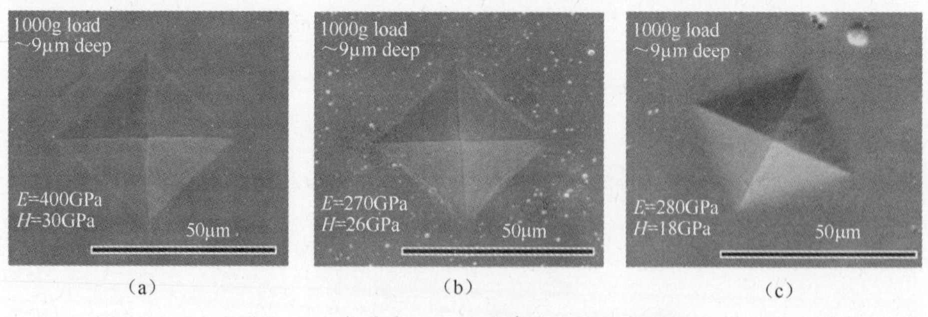

(a) (b) (c)

图 4-53 金属基体上硬质薄膜维氏压痕形貌

(a) TiC/DLC; (b) WC/DLC; (c) YSZ/Au。

为了压出裂纹,继续增加载荷。当载荷达到 2000gf(约 20N)时,才出现如图 4-52 所示的压痕形貌。尽管存在载荷—裂纹规律,但大载荷下压入薄膜/基体体系形成的裂纹不仅反映薄膜的韧性,也反映膜/基结合强度。实际上,压入法是测定膜/基结合强度的常用方法。因此,对于硬膜/韧性基体,通过增大载荷—对比裂纹的方法测定韧性,并不是理想的方法,它并不能区分结合力型破坏(反映膜基结合)和内聚力型破坏(反映断裂韧性)。

(2) 硬膜/脆性基体。如果采用脆性基体(如 Si 片),则可以非常容易地观察到压痕对角线径向裂纹,从而比较薄膜的韧性差异。加载载荷一般选择 0.98~9.8N。小于 0.98N 载荷时,压痕太小,不易观察;大于 9.8N 时,压痕往往破碎严重。

与金属不同,Si 片在压入后很快破裂,即裂纹在 Si 中开始形核,然后扩展到薄膜中,在薄膜的表面表现为径向裂纹。为了验证这一点,在镀膜的过程中通过遮挡 Si 片,得到右侧为膜层而左侧为 Si 基体的试样。在膜层边缘处压入,观察压痕形貌发现裂纹向左延伸到了 Si 基体中,而且左侧裂纹明显比其他三条裂纹要长,如图 4-54 所示。这说明裂纹不是局限在膜层之内,而是扩展到了基体之中;而且由于膜层的韧性要高于 Si 基体,因此裂纹在薄膜一侧的扩展受到了阻碍而导致较短的径向裂纹。而 Z. H. Xia 等则采用了相反的方法,在 Si 片一侧压入,裂纹扩展到 PVD 薄膜中,且薄膜内裂纹长度小于其他三个方向的裂纹长度,反映了薄膜阻碍裂纹扩展的能力(图 4-55(a))。

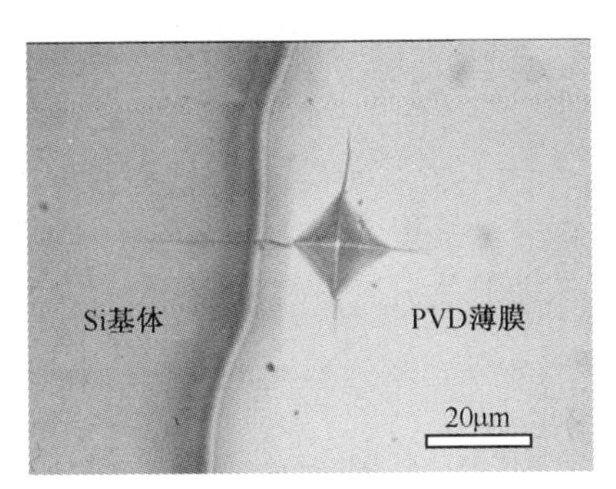

图 4-54　压入 PVD 薄膜后裂纹扩展到基体(载荷 1.96N)

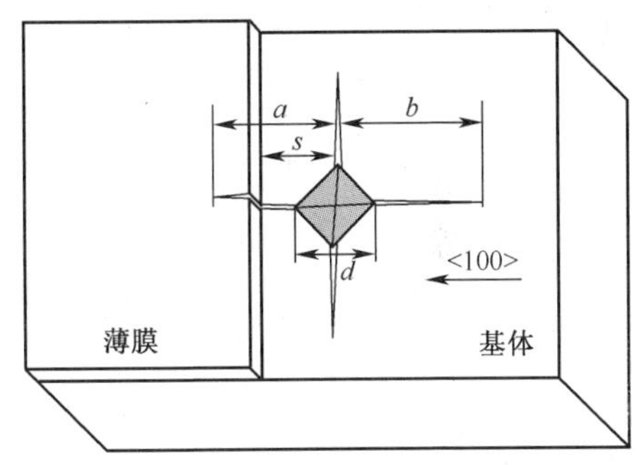

图 4-55　压入 Si 基体后裂纹扩展到 PVD 薄膜中

图 4-55 所示的方法又称为基体压痕法。即在无膜层的基体表面进行压痕,使得基体上的放射状裂纹扩展到膜层。通过这种方法,在膜层上形成一个单一的穿透型裂纹。膜层越坚硬,上面的裂纹就越短。需要说明,压入法所测得的不完全是薄膜本身的断裂韧性 K_{IC}^{f},而是薄膜和基体的复合韧性 K_{IC}^{C}。该复合韧性值受到基体(Si)、薄膜厚度、压头形状的影响。直接以压入法评定薄膜的韧性虽然简单,但是所得到的断裂韧性值可以在膜厚基本相同的情况下作相对的比较。M. Nastasi 等基于线弹性断裂力学的原理提出了一种从复合韧性 K_{IC}^{C} 分离出薄膜本身韧性 K_{IC}^{f} 的方法,该方法假定膜基结合强度很高,不会在压入过程中由于膜基界面的开裂而影响裂纹形状。由于没有实验验证,该方法并没有获得广

泛认可。尽管图 4-55 所示方法可以去除基体的影响,但在 Si 基体上获得完整压痕和规则裂纹较困难,对制样要求高,所以该方法并没有获得广泛应用。

3. 测试实例

(1) 定性比较薄膜韧性。硬质薄膜的压痕形貌有多种形式,如图 4-56 所示。图 4-56(a)的压痕完整,无明显的压痕对角线径向裂纹;图 4-56(b)的压痕完整,有明显的对角线裂纹,且裂纹长度与压痕对角线长度相当;图 4-56(c)压痕开始不完整,围绕压痕出现环状裂纹,薄膜与 Si 基体剥离;图 4-56(d)的压痕破碎,薄膜从基体上剥落。因此,四组压痕形貌对应着薄膜韧性由好到差的过程。观察压痕形貌可定性的比较薄膜的韧性。

图 4-56(a)的截面形貌如图 4-57(a)所示。可以看到薄膜发生了塑性变形,且形状与压头形状吻合。压痕弯曲薄膜未断裂,薄膜与基体未剥离,表明薄膜具有良好的塑性变形能力和膜基结合力。Si 基体碎裂,表明测试中压头压入 Si 基体内部。

图 4-56(c)的截面形貌如图 4-57(b)所示。可以看到压头压入时形成的第一压痕,与压头形状前端吻合。由于侧向应力导致界面开裂,仅靠第一压痕边缘薄膜弯曲,甚至产生破裂、剥落。表明该薄膜的塑性变形能力较差。

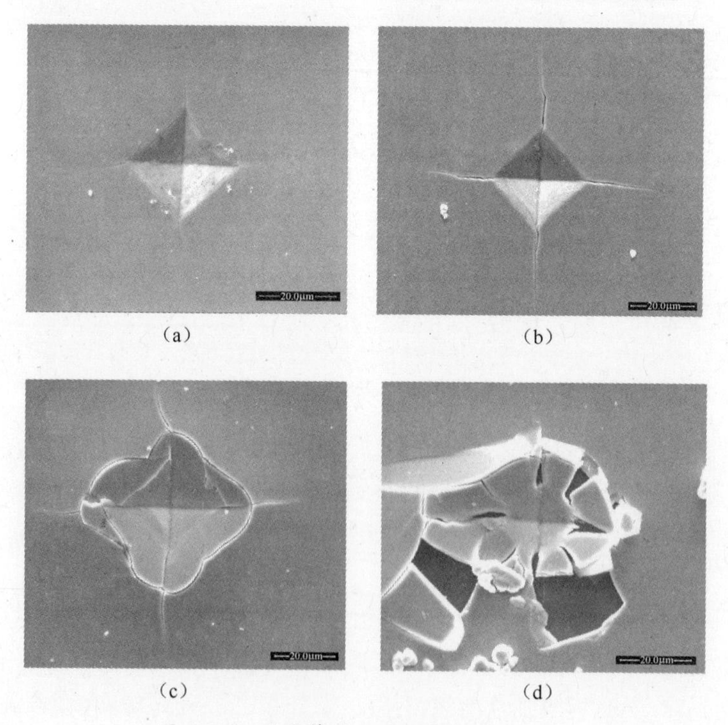

(a) (b) (c) (d)

图 4-56 硬质薄膜不同压痕形貌(4.9N)

(a)压痕完整,无径向裂纹;(b)压痕完整,显著径向裂纹;(c)压痕不完整;(d)压痕破碎。

(a)

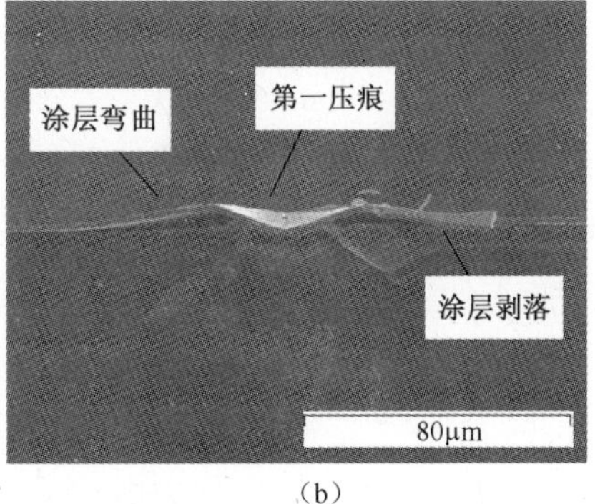

(b)

图 4-57　压痕截面形貌

(a)压痕完整,无径向裂纹;(b)压痕不完整。

(2) 定量计算薄膜韧性。在图 4-56 所示四组压痕形貌中,图 4-56(a)表明该薄膜在 4.9N 载荷下不出现显著径向裂纹,具有非常好的塑性变形能力和韧性。增加载荷到 9.8N 时仍无显著径向裂纹,如图 4-58 所示。故无法用压入法定量评价韧性。图 4-56(c)和(d)压痕不完整,薄膜破裂严重,无法测量对角线长度,也无法用压入法定量评价韧性。只有图 4-56(b)满足式(4-20)要求,可以定量地测定薄膜的韧性。

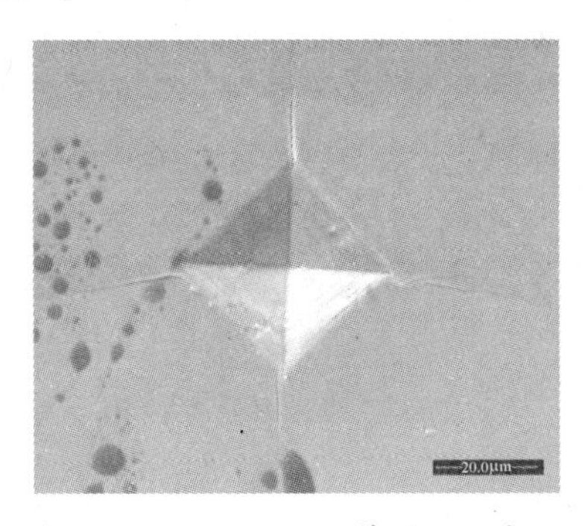

图 4-58　9.8N 时 PVD 薄膜的压痕形貌

在图 4-56(b)中测定裂纹长度 c=24.7μm。由于采用了维氏金刚石棱锥,故 δ 取 0.016。压入载荷 4.9N。将上述参数代入式(4-20)中,得到薄膜的断裂韧性值为 1.8MPa·$m^{1/2}$。

通过上述讨论,可以得到以下结论:

(1) 压入法可采用维氏硬度计、扫描电镜,定性或定量的气相沉积硬质薄膜的韧性,反映了薄膜/基体的复合韧性。相同实验条件下,观察并对比压痕形貌压痕完整性,或压痕对角线径向裂纹长度,可定性比较硬质薄膜的断裂韧性。

(2) 对于硬膜/韧性基体体系,大载荷下出现的裂纹既可能是反映薄膜韧性的内聚型破坏,也可能是反映膜基结合的结合力型破坏。

（3）对于硬膜/脆性基体体系，可以利用 Lawn 公式定量评价 PVD 硬质薄膜的韧性。

4.3.3.3 拉伸法

1. 原理

拉伸法属于能量法的一种。能量法是指以韧性断裂前后能量的变化量为指标，表征断裂韧性大小的方法。能量法的原理是涂层发生了开裂和没有发生开裂的能量差值被认为是涂层的能量释放量，这一能量差值可以从载荷—位移曲线图 4-59 得到。一旦涂层的能量释放率已经确定，就可以通过 $K_C = \sqrt{EG_c}$ 得到涂层的断裂韧性。图 4-59 中，*OACD* 为加载曲线，*DE* 为卸载曲线，那么 *ABC* 的面积就代表了产生的裂纹之间的能量差值，这一能量差值代表了产生的涂层环向裂纹所释放的能量。

如图 4-60 所示为拉伸法测试涂层断裂韧性示意图。该方法主要有两步：第一步在金属基体弹性变形的应变范围内，拉伸涂层/基体复合试样到一定应变致涂层断裂，然后松弛（*OABCO* 曲线）；第二步再次拉伸到相同应变再松弛（*ODO* 曲线）。两次拉伸的应力应变曲线面积之差，代表了两次拉伸过程的能量差异，可表征涂层的韧性。

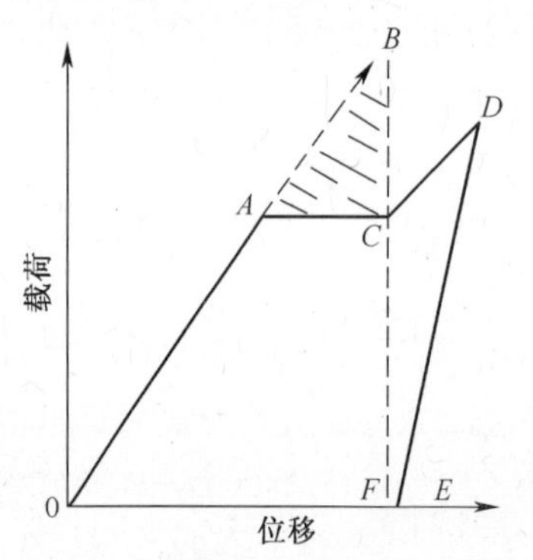

图 4-59 压入载荷作用下载荷—位移曲线发生的跳跃与相应的能量释放之间的关系

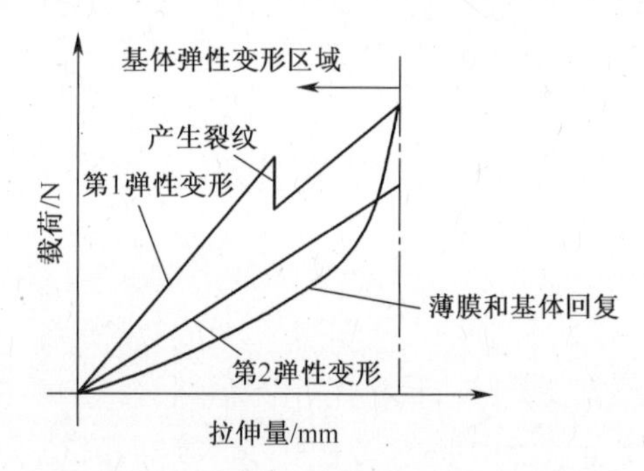

图 4-60 拉伸法测试涂层断裂韧性示意图

理论上，两次拉伸法方法可以定量比较任何涂层的韧性。由于通过减法消除了基体材料的影响，能够准确地反映涂层本身的韧性。

评价涂层韧性是一系统工作。如界面结合性能越强，会给测量方法的合适选取和测得的结果分析带来的难度越大，特别是对于那些界面结合强度大于涂层本身的断裂强度而涂层本身又是非常脆的情形，给测量方法的选取带来了很大的挑战(图 4-61)。

2. 测试方法及条件

单轴拉伸实验可用于测量膜层的断裂韧性。对中间有裂纹（中位裂纹）的

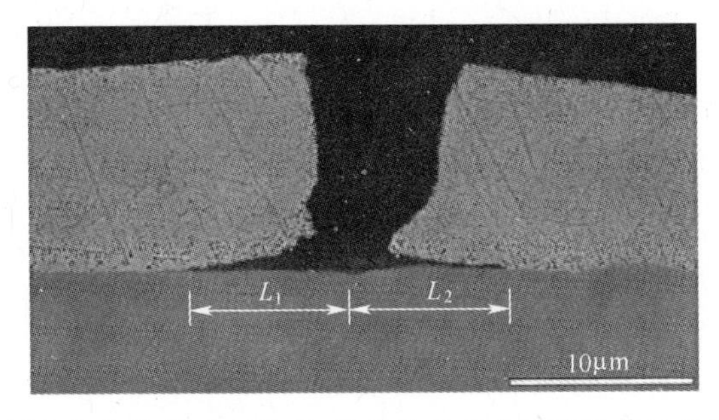

图4-61　侧向基体拉伸法测量Zn涂层界面结合强度时导致的界面开裂图

试样进行单轴拉伸实验时,应力强度因子可由以下公式得

$$K_{\mathrm{I}}=\sigma\sqrt{\pi l} \tag{4-23}$$

式中:σ为试样承受应力;l为中位裂纹长度的1/2。

对于边缘裂纹试样,在拉伸实验中应力强度因子为

$$K_{\mathrm{I}}=\sigma\sqrt{\pi a f\left(\frac{a}{W}\right)} \tag{4-24}$$

薄膜样本的尺寸函数为$f(a/W)=1.12-0.23(a/W)+10.55(a/W)^2-21.72(a/W)^3+30.41(a/W)^4$,其中$a$表示边缘预制裂纹的长度,$W$表示测量区域的宽度。在式(4-24)中,$a/W\leqslant 0.6$。

微拉伸测试根据式(4-23)和式(4-24),直接测量薄膜的断裂韧性。然而,制备微观尺度大小的自支撑薄膜试样非常困难,即便制备,对其进行微拉伸实验也非常具有挑战。

近年来,微观尺度和纳米尺度的拉伸实验取得了显著的进步。例如,光刻技术可以制备自支撑薄膜。根据断裂韧性常规测量方法,需要预先制备已知长度的尖锐裂纹。而最常用的预制裂纹工具是维氏压痕仪和聚焦离子束。对预制裂纹自支撑薄膜加载是非常困难的,易造成薄膜碎裂。关于这个问题,已提出了一些方法:由Chasiotis等提出的"屈—伸"驱动法;由Espinosa等提出的薄膜形变法;Kahn等提出的残余应力拉伸法;Xiang等提出的薄膜胀形法;以及Zhang提出的基体宏观拉伸法。

(1)"屈—伸"驱动法。"屈—伸"驱动法如图4-62所示。图中的"狗骨头"形状薄膜通过光刻法获得。首先在紧邻薄膜的基体上压入载荷直至产生裂纹,裂纹扩展后进入薄膜内,在边缘形成裂纹,即预制边缘裂纹。为了便于控制样品,"狗骨头"形状薄膜的一端与基体相连,另一端则分离。使用无影胶和静电吸力将"狗骨头"薄膜的独立端与负荷横梁相粘连。而后通过"屈—伸"驱动器,在薄膜上施加拉伸载荷。该驱动器的分辨率为4nm,测力传感器的精确度为10^{-4}N。在断裂处施加临界应力,薄膜的断裂韧性可根据式(4-24)计算得出。

该技术已成功测量出类金刚石(DLC)薄膜和多晶硅薄膜的断裂韧性。

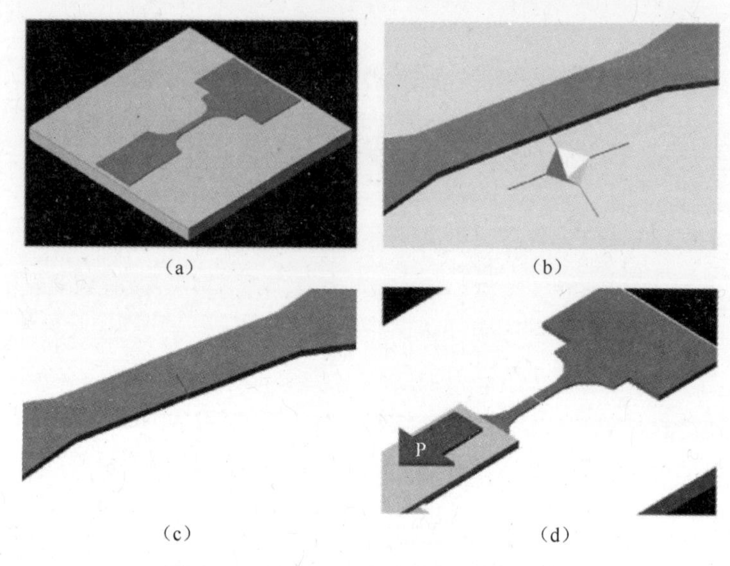

图 4-62 微观尺度断裂样本准备和实验

(a)压入前二氧化硅基体及薄膜样本;(b)压入后有边缘预制裂纹的样本;(c)去掉基体后,带有边缘预制裂纹的自支撑薄膜样本;(d)在作用力 P 下的断裂样本[148]。

(2) 薄膜形变法。在薄膜形变法中,首先在硅片上沉积薄膜,然后通过光刻技术将薄膜制成条状。利用微机电系统技术(MEMS)将待测薄膜区域依附的硅基体从背面刻蚀掉,使待测区域自支撑(步骤见图 4-63)。

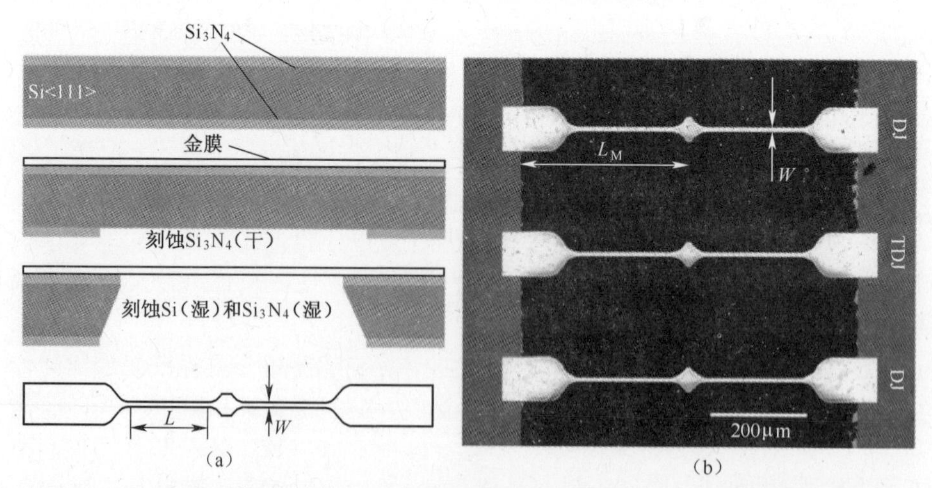

图 4-63 (a)处理薄膜样本的三大常规精密加工步骤图解;(b)三大金属薄膜及其尺寸的光学图像。(L 表示薄膜长度的 1/2;W 表示薄膜宽度[149])

利用纳米压痕仪将载荷垂直加载到自支撑薄膜区域的中间部位(图 4-64)。

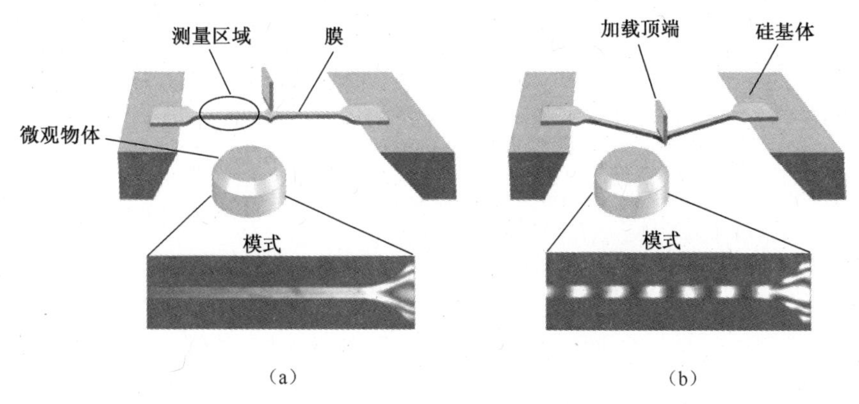

图4-64　薄膜弯曲实验(MDE)设置示意图及薄膜加载前和加载中状态的单色像
(a)加载前;(b)加载后。

显微干涉仪直接安装在样品下方,用于测量薄膜边缘的形变。该边缘形变是由单色光经过不同路径长度后,由产生的相位差引起的。薄膜弯曲的角度为 $\tan\theta=\Delta L_M$,其中,L_M是条状薄膜的初始长度。薄膜拉伸载荷 P_M和应力 σ 分别通过 $P_M=P_V/2\sin\theta$ 和 $\sigma=P_M/A$ 计算得出。P_V表示作用在薄膜上的垂直纳米压入载荷,A 表示待测薄膜区域的横截面积。薄膜断裂后,根据式(4-24)计算得到断裂韧性。

薄膜形变法已被用来测量超纳米金刚石薄膜、类金刚石薄膜、氮化硅(Si_3N_4)薄膜、单晶碳化硅薄膜以及金、铜、铝金属膜的断裂韧性。

(3) 残余应力拉伸法。残余应力拉伸法是一种独创性加载方法:在断裂韧性测量过程中,薄膜上的残余应力作为载荷,使薄膜断裂。利用光刻技术将薄膜制成“桥”状(如图4-65所示,条状薄膜中间位置自支撑,两端与基体相连)。在光刻之前,利用压痕仪在薄膜上预制裂纹(图4-65(a)、(c))。由于残余应力的释放,自支撑的薄膜桥部区域会自动的承载。应力强度与初始裂纹长度相关,如图4-65(d)中 K 与 a 的函数曲线所示。如果应力强度因子超过薄膜断裂韧性,那么薄膜会在桥部区域发生断裂。因此,薄膜的断裂韧性在未断和已断桥部区域的应力强度因子之间(图4-65(d)的虚线)。应用该方法时,要求薄膜内必须残余拉应力,大小在数十兆帕之间。

(4) 薄膜胀形法。薄膜胀形法最初用于精确地测量自支撑薄膜的弹性性能,后来才被用于断裂韧性。该方法中,将部分硅基体刻蚀掉,形成一矩形“窗口”,窗口区域露出的薄膜用于韧性测试(见图4-66(a))。用聚焦离子束在窗面中间较长边缘一侧留下预制裂纹,长度为 $2l$(图4-67)。然后,将气压或水压均匀作用于窗面上,造成薄膜“膨胀”,如图4-66(b)所示。如若窗面长度与宽度比大于4,则说明薄膜的应力 σ 与应变 ε 均匀分布在膨胀薄膜的宽度上(图4-66(b))。

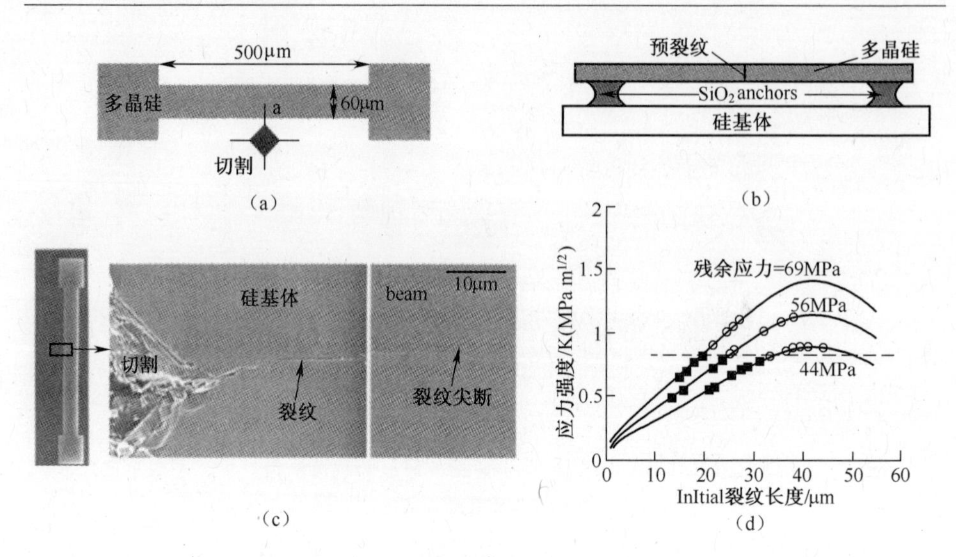

图 4-65 桥膜断裂韧性和应力腐蚀

(a)尺寸顶视图;(b)侧视图;(c)60μm 宽的横梁,邻近中心位置压痕的扫描电镜图;压痕区域预制裂纹从基体向横梁延伸的高倍数扫描电镜图;压痕出现在二氧化硅脱模层,该层随后被氢氟酸腐蚀;(d)多晶硅桥膜应力强度 K 与裂纹长度 a 之间的关系图;实线表示三种不同残余应力值下 K 和 a 关系;虚线表示由这些数据决定的断裂韧性 K_{IC}。

$$\sigma = \frac{p(a^2 + h^2)}{2ht} \tag{4-25}$$

$$\varepsilon = \varepsilon_0 + \frac{a^2 + h^2}{2ah}\arcsin\left(\frac{2ah}{a^2 + h^2}\right) - 1 \tag{4-26}$$

式中:P 为压力;h 为薄膜弯曲程度;t 为薄膜厚度;$2a$ 为弯曲宽度;ε_0为薄膜上的残余应变。

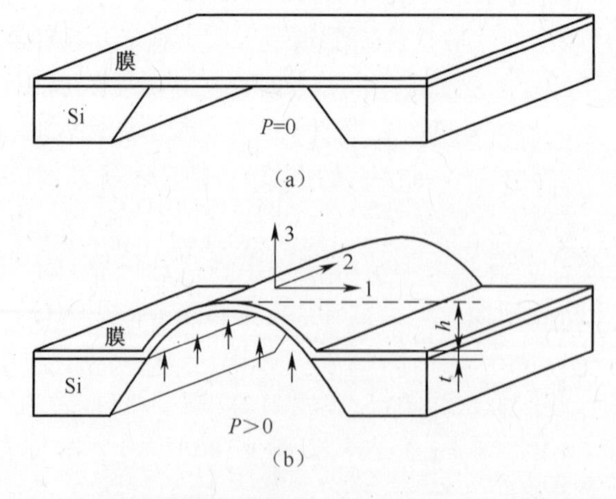

图 4-66 长方形弯曲区域的胀形测试示意图:独立式薄膜的透视图

(a)表示受压应力作用前;(b)表示受压应力作用后。

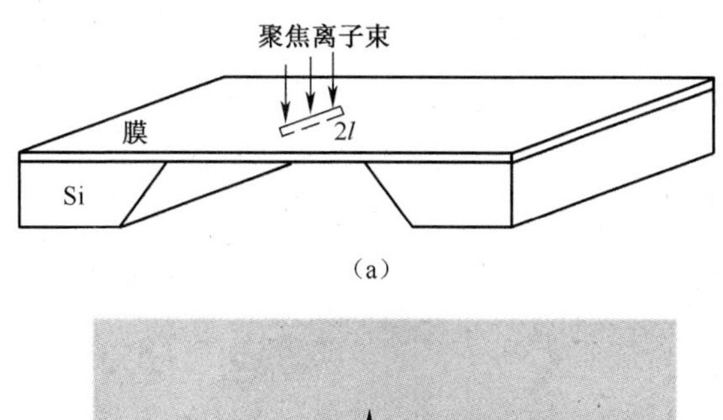

(a)

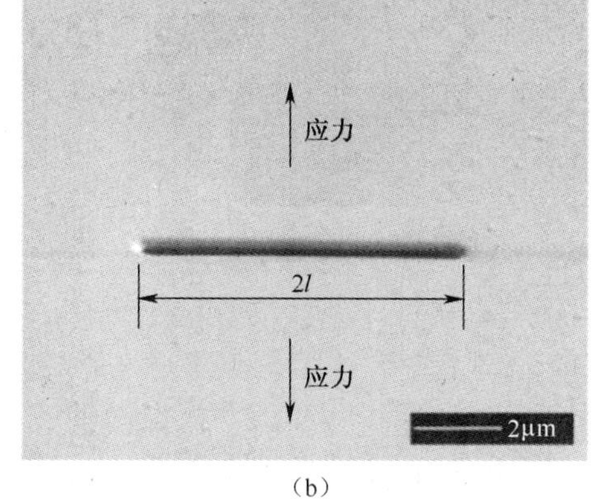

(b)

图 4-67　薄膜胀形法的制样方法

(a)使用聚焦离子束在独立式薄膜弯曲区域中心制造 2l 长预制裂纹的示意图；
(b)硅片为基体的铝钽合金薄膜上的典型预制裂纹。(箭头表示弯曲的横向发展。)

在临界压力的情况下，当薄膜断裂时，计算得出临界应力 σ_c。将临界应力 σ_c 代入公式(4-24)，可计算出薄膜的断裂韧性。

(5) 基体宏观拉伸法。近年来，科学家们提出了测量薄膜断裂韧性的新型方法，即通过将基体进行宏观拉伸，从而对薄膜微桥进行微拉伸测试。在该方法中，首先使用金刚石切割器，以非常微小的力切割矩形硅片，形成边缘裂纹；然后将薄膜沉积在预制裂纹的硅片基体上；再将硅基体裂纹前方的薄膜制成条状，如图 4-68 所示。通过维氏压痕仪，在每块长条薄膜的邻近基体区域压制形成预制裂纹。随后，通过蚀刻氧化锌牺牲层将条状薄膜和基体分离，形成薄膜微桥，即薄膜中间自支撑，两端与基体相连。倘若薄膜样本从液体(允许在水中测试的薄膜支撑物)中取出，那么微桥在蚀刻剂的拉伸作用下，表面很容易发生断裂。在测试过程中，选择位移控制加载模式，手动控制拨动测微计。拉伸载荷使得微桥下方的基体裂纹开裂，引起微桥断裂。

在实验过程中，通过薄膜延伸值 δ 测量薄膜应变 $\varepsilon=\delta/L_0$，L_0 表示加载前微桥的初始长度。延伸值 δ 可以通过基体裂纹的开裂扩展量确定。假定陶瓷薄膜发生弹性断裂，可依据胡克定律 $\sigma=E\varepsilon$ 确定膜层断裂临界应力，然后得出膜层的断裂韧性。

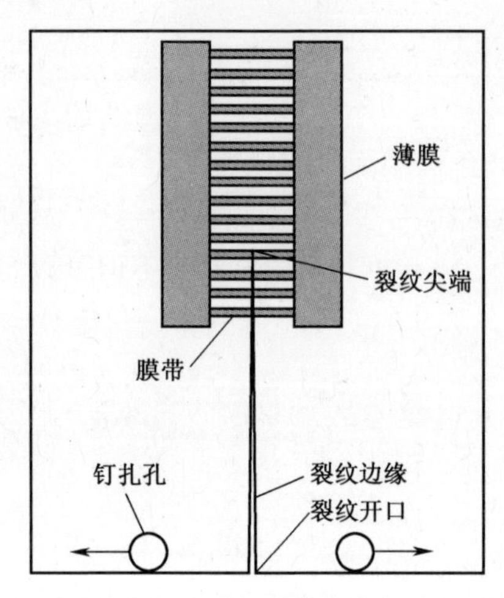

图 4-68　基体宏观拉伸法配置示意图(边缘有裂纹,且有两开孔的矩形硅片基体;测试前,基体裂纹尖端前面的一系列条状薄膜,将薄膜和基体间的牺牲层蚀刻掉,分离条状薄膜;加载过程中,裂纹以稳定的速度在薄膜微桥下方的基体上蔓延。)

基体拉伸法具有许多优势。首先,无须使用聚焦离子束等昂贵设备,仅用高精度测微计即可完成测试。从技术方面看,使用氧化锌分离层作为牺牲层(0.25%盐酸用作蚀刻剂),而不是二氧化硅层作为牺牲层(有毒氟化氢作为蚀刻剂)不仅可以降低毒性,而且能够对大部分陶瓷薄膜甚至金属薄膜进行测试。而该方法存在的缺陷是水中实验需求难度大。

4.3.3.4　小能量多冲法

1. 原理

小能量多冲法一般用于评价涂层抗冲击破坏性能(图 4-69)。当冲头冲入材料表面的时候,基体发生了较大的塑性变形,脆性较大的涂层在冲击载荷的作用下膜内产生大量的裂纹;韧性较好的涂层能够与基体协调变形。因此这种受冲击的膜基体系中,当薄膜和基体具有较好的膜基结合强度的前提下,涂层冲击实验的方法不但可以定量的评定薄膜抗冲击性能,而且可以在一定程度上定性地评定同一系列薄膜的韧性。

(1) 薄膜冲击实验。当冲头冲入材料表面的时候,基体发生了较大的塑性变形(硬膜软基体,基体的硬度都是小于薄膜的,即基体在冲击载荷的作用下,更易于发生较大的塑性变形),薄膜要与基体发生协调变形,就必须随着压痕的形状发生变形,这个时候,薄膜内部产生了较大的拉应力。如图 4-70(a)所示。在载荷 P 的作用下,基体和薄膜沿着冲头的形状共同发生变形。薄膜要伸展变形,压头下方的薄膜受到相邻区薄膜的束缚,因而在其内部产生了内应力,主要表现为膜内的拉应力。对于脆性薄膜来说,膜内较大的拉应力有可能造成了薄膜内产生裂纹,从而使得薄膜内应力集中得到释放,随着冲击周次的增大,裂纹不断扩展最终导致薄膜内小块薄膜发生剥落。而韧性较好的薄膜在一定程度上可以随着基体共同发生变形,膜内不易产生裂纹,薄膜相应的不易被破坏,材料的抗多次冲击载荷能力较强。图 4-70(b)是脆性较大的薄膜在冲击载荷的作用下膜内产生大量的裂纹。图 4-70(c)是韧性较好的薄膜能够与基体协调变形。根据这个分析可知在这种受冲击的膜基体系中,当薄膜和基体具有较好的膜基结合强度的前提下,薄膜冲击实验的方法不但可以定量地评定薄膜抗冲击性能,而且可以在一定程度上定性地评定同一系列薄膜的韧性。

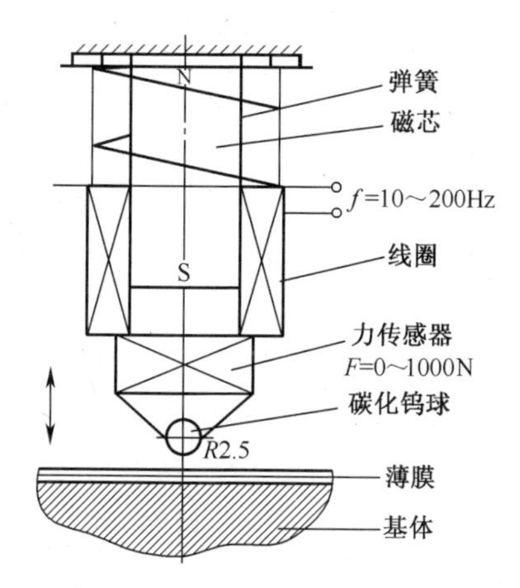

图 4-69　涂层多冲试验机中激振器部分和冲头示意图

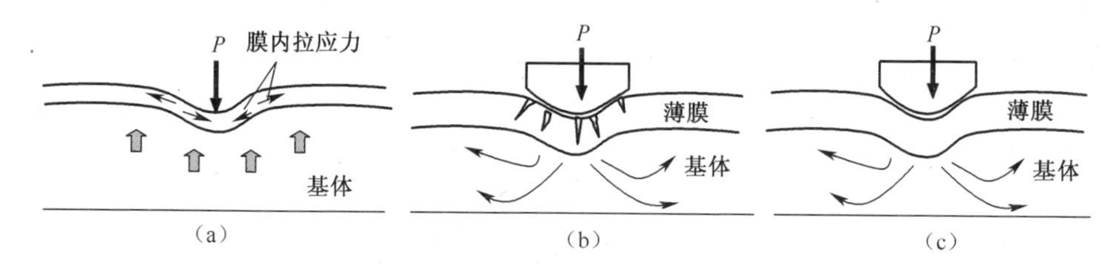

图 4-70　膜基体系冲击原理图

(a)在外加载荷作用下薄膜内产生拉应力示意图;(b)脆性薄膜在载荷 P 作用下膜内产生裂纹;(c)韧性较好的薄膜可以随着基体共同发生塑性变形而不会在膜内产生裂纹[151]。

(2) 冲击载荷下镀层的失效机制。Knotek[152]等的研究表明在冲击载荷作用下,硬质镀层的剥落形式主要表现为两类:一类为以膜基分离形式出现的结合力型剥落;另一类为镀层内部开裂导致的内聚力型剥落。其失效的过程如图 4-71 和图 4-72 所示。内聚力型破坏,破坏区域为冲坑中间部分;结合力型破坏,破坏区域为冲坑的边缘部分。

多冲试验机的冲头冲击试样的时候,冲头球面的最前端先和试样表面接触,然后试样和冲头小球都发生少量的变形,此时试样表面的接触区形成最终的冲坑。实际上在冲坑形成的过程中,冲头的速度很快减小,在冲坑形成的起始阶段,冲坑的中间部分应力波幅值最大,而边缘部分应力波的幅值较小。所以在冲坑的中间部分,冲击的影响最大,而边缘部分冲击的影响要小一些。冲击力越大,所需要的冲头速度越大,冲击的影响也更加明显;冲击频率越大,冲击影响越显著。同时考虑到冲击过程,虽然冲头接触面内部三向为压,但冲头外部水平方向肯定为拉。考虑冲头冲击时是一个由浅入深的过程,所以实际上接触面上除中心点以外的所有点都经历了一个拉—压循环。此循环过程对涂层的影响与压头的行程,即压头压入涂层的深度有关。压入越深,这种拉—压循环效果越显著。

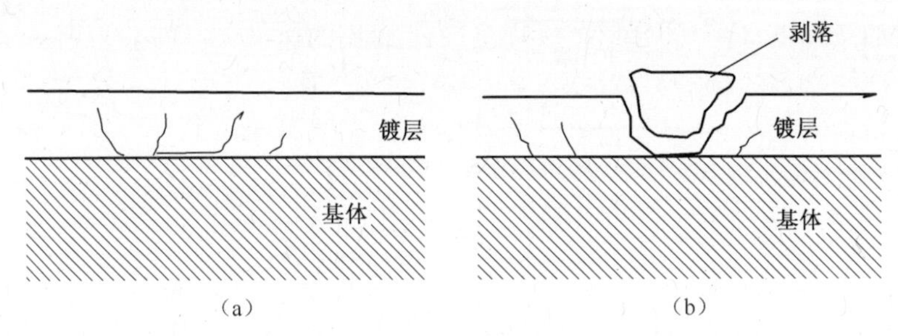

图 4-71　结合力型破坏示意图

(a)裂纹在膜基界面处产生;(b)裂纹沿界面扩展,然后穿透镀层导致剥落。

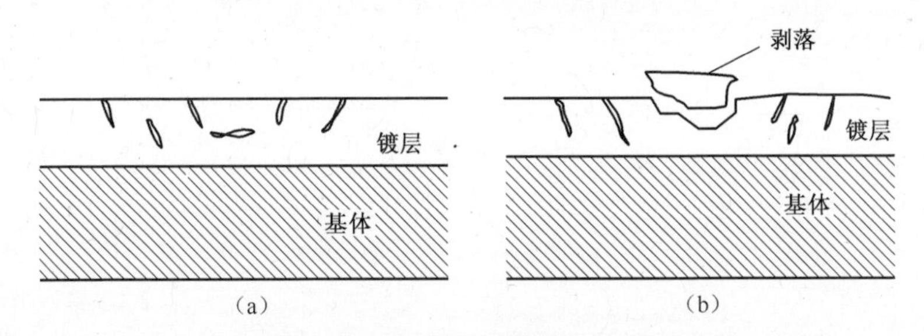

图 4-72　内聚力型破坏示意图

(a)裂纹在镀层内部产生;(b)裂纹扩展,直至镀层剥落。

因此在高载荷下,由于应力波和拉—压循环作用,容易在冲坑的中部出现内聚力型的剥落;而在低载荷冲击下,由于冲击造成的应力波的影响不是很明显,同时压头压入涂层的深度较浅,拉—压循环不显著,这时候实际上类似一种准静载的情况。由于界面上的切应力的作用,容易在冲坑的边缘出现结合力型剥落。

在膜基体系具有一定的膜基结合强度的前提下,镀层主要以内聚力型剥落的方式发生破坏。内聚力型破坏可能主要决定于镀层的韧性,因而有可能用多冲的方法来评定镀层的冲击韧性。涂层在一定的冲击载荷条件下实际所出现的失效形式是内聚力型和结合力型相互竞争的结果,取决于镀层本身韧性和膜基结合强度两个因素。如果韧性较高,而结合强度相对较低,则出现结合力型剥落;反之结合强度较高,韧性相对较低,则出现内聚力型剥落。如果韧性很高,而且镀层和基体能够协调变形,则不会出现剥落的失效形式。结合力型破坏的临界周次能够反映镀层的结合强度,而内聚力型破坏的临界周次能够反映镀层的冲击韧性。

总之,结合力型破坏的临界周次能够反映镀层的结合强度,而内聚力型破坏的临界周次能够反映镀层的冲击韧性。

(3) 多冲抗力与涂层力学性能之间的关系。力学分析表明结合力型剥落是界面处切应力作用的结果,冲击的影响比较小,界面结合强度应该是临界破坏周次的决定因素。内聚力型剥落是冲击载荷引起的应力波作用的结果,在冲击参数不变的条件下,应力波幅值的大小取决于冲头的速度,也即是冲头的动能,动能越大所能达到的冲击力就越大,应力波的作用和拉—压循环作用也更加明显。整体材料在一定的强韧配合条件下,冲击能量达到一定值后韧性成为多冲抗力的主导因素,涂层的多冲试验结果表明,在高载荷出现的内聚力型破坏的临界周次取决于镀层的韧性。

2. 测试方法及条件

小能量多冲法和动态循环压入法实验装置的原理如图4-69所示。动态冲击载荷通过连接在电磁激振器上的冲头实现,调节功率放大器的增益可获得不同大小的冲击力。多冲实验中冲头与试样表面初始距离固定为0.5mm。动态循环应力实验同样利用图4-69所示装置,只是实验中冲头与试样表面始终保持接触状态,载荷大小循环变化。实验中选用直径5mm的硬质碳化钨球和标准维氏金刚石压头为冲头,冲击或循环应力频率固定为20Hz,周次根据需要选定。利用金相显微镜和扫描电子显微镜(配有能谱仪)观察分析膜层失效区域的形貌特征和化学成分。

3. 测试实例

选取几组典型ZrN与ZrCuN涂层式样进行多冲实验测试。

图4-73所示为ZrCuN试样的$P-N$(载荷—周次)曲线。首先可以发现ZrN涂层在100~400N载荷临界周次比ZrCuN涂层要小得多。观察ZrN涂层在100N载荷下冲击1.5×10^5次时的剥落形貌,冲坑在中间出现剥落而且剥落周围出现裂纹,剥落区域能谱分析表明剥落区域的主要成分是Zr,而没有发现Ti,这说明剥落发生在镀层内部,为内聚力型剥落。增大载荷应力波,涂层更容易发生内聚力型剥落,因此ZrN涂层在100~400N均发生内聚力型剥落并且冲击周次相对较小,表明ZrN涂层韧性较差。

观察ZrCuN0试样在100N载荷6×10^5周次以及400N载荷4×10^4周次时的剥落形貌。400N载荷下剥落出现在冲坑中间部分,剥落区域周围有裂纹存在,能谱分析表明剥落区域存在Zr和Cu,表明剥落发生在涂层内部,为内聚力型剥落;100N载荷下剥落出现在冲坑的边缘处,剥落区的周围没有出现裂纹。能谱分析表明剥落区域的主要成分为 Ti,可见剥落发生在膜基界面处,为结合力型剥落。因此,ZrCuN0 试样在低载 100N 和高载 400N 时发生不同的剥落形式,分别对应结合力型剥落和内聚力型剥落。观察其 P-N 曲线发现可以根据斜率将曲线分为两部分,分别对应不同的剥落机理,说明随着冲击能量的不同涂层破坏机制发生变化。

ZrCuN1 和 ZrCuN2 试样在 100~400N 载荷下的剥落均发生在冲坑中部,剥落机理都是内聚力型剥落,对应的 P-N 曲线也保持了同一下降趋势。同时发现,在相同载荷下 ZrCuN1 的临界破坏周次均小于 ZrCuN2,由于内聚力型破坏的临界周次取决于镀层的韧性,因此结果表明 ZrCuN1 的韧性比 ZrCuN2 差。对比的结果发现,压入法测定 ZrCuN1 和 ZrCuN2 涂层的断裂韧性值均为 $1.13\text{MPa}\cdot\text{m}^{0.5}$,表明在静态载荷下两种涂层韧性相同,而在动载荷冲击下表现出不同的韧性。

ZrCuN3 试样 P-N 曲线也近似由两段不同趋势曲线组成,在 100N 时破坏剥落机理对应结合力型破坏,其临界周次明显高于 ZrCuN0 试样,说明了结合强度比 ZrCuN0 要好。高载时对应内聚力型破坏,其临界周次小于 ZrCuN1 和 ZrCuN2 表明在高载动载荷下韧性比后两者差。

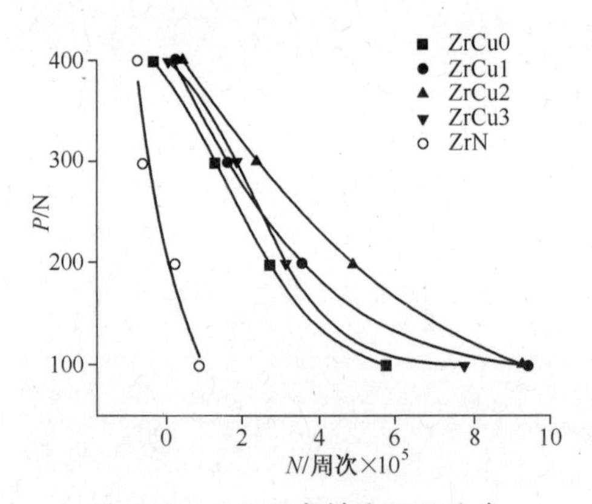

图 4-73　ZrCuN 式样的 P-N 曲线

4.3.3.5　划痕法

在评估硬质膜层结合强度时,划痕实验是最广泛应用的一种方法。在实验中,用金刚石压头在镀膜表面划动,并不断增加载荷,直到到达一个临界值,发生膜—基结合失效破坏。一般来说,对于硬质膜层,在膜—基结合破坏之前,划痕痕迹上会出现微裂纹。第一个裂纹出现时,最小载荷称为"低临界载荷"L_{c1},使膜层完全分离的载荷则是"高临界载荷"L_{c2}(图 4-74)。有些研究人员直接使用低临界载荷(L_{c1})来表示抗裂性,甚至将它命名为"划痕韧性"[153,154]。Zhang[155]指出膜层韧性应与低临界载荷成比例,也应与高临界载荷与低临界载荷之间的差成相应比例。很显然,一个膜层可以有早期裂痕,但如果受到高载荷的情况下才断裂或剥离,那么就表示这个膜层韧性很大,因为在这个测量中,膜层成功地抵抗了裂纹扩展。膜层在彻底断裂前,其抵抗剥落或承受载荷作用的时间越长,表明膜层抵抗裂纹扩张的能力越强;这与抵抗裂纹萌生的能力同样重要。

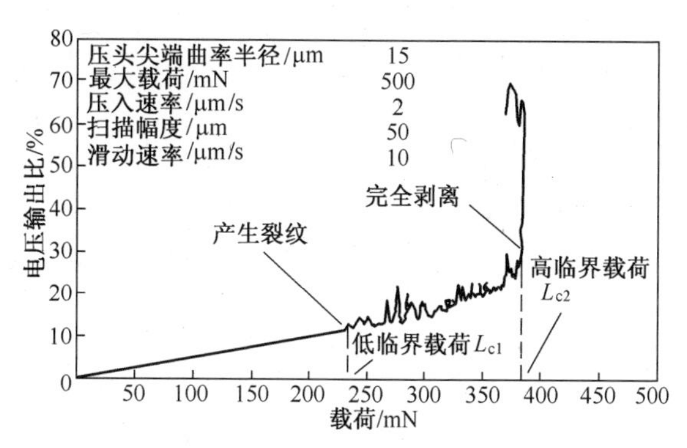

图 4-74 典型的硅片上 nc-TiN/a-SiN_x 膜层的划痕曲线

由此提出了一个命名为“划痕裂纹扩展阻力”的新参数,将划痕结果直接用作表示膜层韧性:$CPR_s=L_{c1}(L_{c1}-L_{c2})$。为了给膜层断裂韧性制定一项表达式,Hoehn 提出了划痕的简化模型[156]:

$$K_{IC}=\frac{2pf_g}{R^2\cot\theta}\left(\frac{a}{\pi}\right)^{1/2}\arcsin\frac{R}{a} \tag{4-27}$$

式中:p 为张开裂纹所需的压力;R 为进入凹槽的压头锥体半径;$2a$ 为裂纹总长度;开槽的摩擦力系数 f_g 取决于锥体角度 2θ,并能通过划痕轨迹宽度和穿透的深度得到数据。

该模型认为,微划痕实验中的开裂是施加在压痕沟槽底部的压力引起的裂纹在表面张开的结果。沟槽的摩擦系数是水平力 F 和垂直力 P 的比值,如图 4-75 所示。

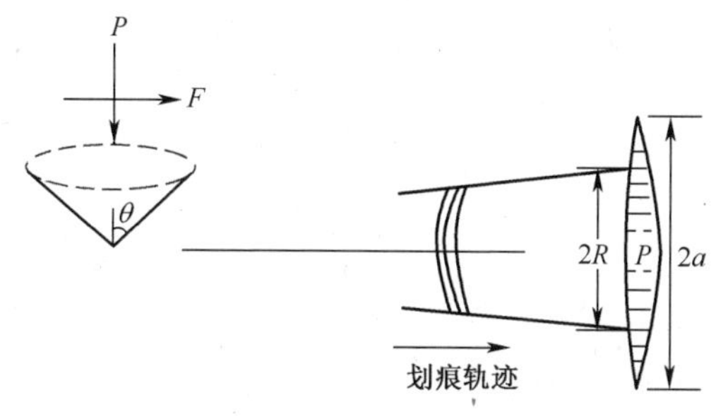

图 4-75 微划痕断裂韧性测验示意图(压力为 p 时在槽宽为 $2R$ 的基体上划出最大宽度为 $2a$ 的裂痕。)

然而,这个模型被过度简化了,压头前方以及尖端下压力的实际状态更加复杂,在描述过程时也需将其考虑在内。为测定断裂韧性,Holmberg[157]通过计算在膜层在被划的过程中产生的拉伸应力设计了一种有限元模型,得到 $K_I = \sigma\sqrt{b}f(a,b)$,K_I 表征薄膜的韧性,σ 是导致裂纹产生的拉伸应力,a 是裂纹长度,b 是裂纹间距。$f(a,b)$是一个基于裂纹长度 a 和裂纹间距 b 的无因次函数。因为从三次有限元模型中得出的 σ 没有通式,所以在实际应用这个方法时还是存在难度。

4.3.3.6 悬臂梁法

S. Massl[158]利用 FIB 制备了悬臂梁,悬臂长度 70μm,由基体和附着在其上的薄膜组成。显微压头压载悬臂梁直到断裂,根据载荷—弯曲曲线并结合残余应力测得断裂韧性和强度。利用该方法测定了 Si 基体上 1.1μm 厚度的 TiN 薄膜的断裂韧性值为 2.6±0.3MPam$^{1/2}$;强度 σ_f=4.4±0.5GPa。尽管压应力不论对薄膜的硬度、强度和服役中保持结构完整都起到重要作用,但薄膜的界面强度起到更重要的作用。

现有测定薄膜断裂韧性的方法有弯曲法、压入法、划痕法以及拉伸法,这些方法都是对膜—基体系进行的测定,必须考虑基体对实验结果的影响。而对自支撑薄膜进行断裂韧性测定一直是研究者期望获得的,其困难主要在于如何制备自支撑薄膜样品以及如何在其上预制裂纹。

Riedl[159]在悬臂梁弯曲方法[160,161]基础上,提出了一种在微米尺度测定硬质薄膜断裂韧性的技术。该技术利用化学侵蚀和聚焦离子束(FIB)方法制备自支撑薄膜悬臂梁,在一端加载直至断裂,从而得到断裂韧性值。

具体实验方法请参考上文所列相关参考文献。

4.3.3.7 不同韧性测试方法的可比性

不同的测量方法在测量同一性能指标时的对比,如果表征指标不同,要在定量、半定量和定性的表征和测量方法之间作比较,可以从它们代表复合体系力学性能的强与弱的趋势的角度来考虑,比如复合体系的界面拉伸强度或剪切强度与划痕法中的临界载荷指标,从量纲的角度分析可以说根本无可比性,但是,针对同时又适合于划痕法的特定涂层体系,如果它们测出来的值能说明该种材料体系韧性在高或低的趋势上都是一致的,那么,这些测量方法之间也应该存在着可比性,因为至少可以说明和证实该种涂层体系是属于强韧性的涂层体系还是脆性涂层体系。

在表征指标相同的情形下,又如何减少由于测量方法的不同而引起的误差呢?我们认为应该至少考虑以下因素:

(1) 测量方法的合适选取。例如,测量的对象为较薄的涂层(纳米至十几微米),采用剪切法不仅会存在难以实现的可能,也可能会存在由于选择此方法而带来较大误差。再如，如果被测复合体系的界面拉伸强度远大于90MPa，如果还采用垂直拉伸法或胶黏法测量，也会存在方法上难以实施的可能和测量值与真实值的较大误差。

（2）在建立测量复合体系力学性能的力学模型时，应该考虑加载的载荷特征、涂层与基体材料的弹性与塑性性能以及它们之间的差异。例如，对于脆性涂层和脆性基体，可以只考虑其弹性性能，反之，则应该充分考虑其塑性性能。

（3）在采用有限元模拟和计算复合体系的界面结合性能时，应该选择合理的界面层模型，同时，在一些关键的地方，如界面处、裂纹边界、自由边界、压入法中的压头接触部位等，须采用足够精密的网格划分密度以此减少由于网格稀疏所带来的误差。只有考虑到尽量多的影响因素，才可能尽量地减少由于测量方法的不同选取和与之相应的力学模型给真实值的测量带来的误差。

对于常规材料来说，硬度越大，往往弹性模量越大。而磁控溅射方法制备的涂层材料可以通过调整成分和微观结构，获得硬度相同，弹性模量不同的涂层材料。较低的弹性模量表示可以将变形分散到更大区域，从而增大了材料抵抗塑性变形的能力，同时表现出不同的弹塑性变形特征。弹性回复相同的涂层，其抵抗塑性变形的能力可以完全不同。压入硬度相同的涂层，他们的整体硬度可能完全不同。纳米压入硬度的准确度与弹性回复有关系，弹性回复大的涂层，允许压入更深，因此其塑性变形抗力就大。这说明可以制备弹性非常大的高硬度涂层材料。

涂层的弹/塑性变形功比反映了微纳米涂层在抵抗外物压入其内时的弹塑性变形特征，代表了一系列反映涂层基本力学参量的对外表现。涂层内部组织结构的变化导致涂层性能的变化，压入不同性能的涂层时，其弹塑性变形特征存在差异，因此涂层强韧化性能可以用压入涂层的方法进行表征，故可以建立变形功比与强韧化性能关系模型，并可利用该模型对微纳米表面工程技术再制造装备零部件进行性能评价和寿命评估。

由于微纳米涂层的厚度往往仅有几个微米，为了避免基体的影响，测量涂层的硬度时，人们采用纳米压入法。压入过程包括加载和卸载过程，由于压入载荷—位移曲线是被压入材料弹塑性变形行为的记录，因此不同的材料具有不同的载荷—位移曲线，从曲线中能够比较出材料弹塑性行为的差异。加载—卸载曲线之间的区域是塑性变形区，该区域的面积表征了压入过程中塑性变形耗散的能量；卸载曲线下的区域是弹性变形区，其面积表征压入过程中弹性变形能。通过一次加载—卸载测试，可以得到涂层的硬度、有效弹性模量和弹性回复等参数，以及弹/塑性变形能比。涂层的力学性能与硬度和弹性模量的比值密切相关。这种相关性使得我们可以通过调整涂层的成分和结构，从而调整涂层的力学性能，比如获得硬度高，塑性变形抗力高，弹性回复大，同时弹性模量低，最大压入深度大的涂层。因此,强韧化效果不同的涂层性能有很大差异,而这种差异与纳米压入过程中的弹/塑性变形功比有密切联系。纳米压入测试方法能够使我们对宏观性能的理解前进一步,就像化学探微针增进了我们对材料化学知识的理解,透射电子显微镜增进了我们对结构的理解一样。涂层内部组织结构的微小变化影响涂层性能,通过纳米压入过程间接的反映,因此建立弹塑性变形功比与强韧性能的关系模型是可能的。

4.4 小　　结

长期以来,人们对材料强度—塑(韧)性关系及强韧化规律的研究大多围绕相对简单的结构体系展开,材料的组织、相、成分等在空间上分布均匀,特征结构单元尺度单一且在微米以上。然而最新的研究结果表明,多尺度、非均匀、多层次耦合结构的强度—塑性关系显著区别于均匀体系;原子尺度的界面结构设计是获得高强高韧材料的有效方式。本章关于薄膜材料强韧原理的论述正是围绕这两点展开的。纳米复合和纳米多层薄膜等非均质材料不仅可以调整其组元几何和微观结构尺度,而且可以引入具有不同本征性能的组元材料和不同结构的异质界面,因此在获得高强高韧薄膜材料方面具有潜力。

材料的宏观性能可以通过微观结构加以调控,可通过结构敏感性设计改变组成物质的种类和组合方式优化其服役性能。对薄膜材料来说,将微观结构表征与机理研究相结合,在更深的层次上揭示材料微观结构特征与宏观力学特性的内在联系,建立行之有效的材料组分与结构设计准则,进而在原子尺度上调控薄膜材料的界面特征与组元结构,实现调控服役性能,是现在乃至未来一段时间研究的热点与挑战。

本章特别强调了从微观结构角度理解薄膜的强韧化,既要考虑组织结构的完整性和致密度,又要考虑晶粒的大小、形状和晶界,特别要认识到晶界对于调控纳米薄膜宏观力学性能的重要作用。从宏观力学性能看,最重要的力学性能指标有硬度、弹性模量、断裂韧性以及结合强度,在采用不同方法对上述力学性能指标进行表征时,需要明确各种方法的应用条件和适用范围。

第 5 章　薄膜内应力对强韧化的影响

1858 年，著名的英国化学家 Gore 在研究电镀薄膜时发现了内应力的存在，“在电镀薄膜的内侧和外侧存在不一致的应力状态，这种应力差使得薄膜的阴极凸起而阳极凹陷。”现在人们知道，这种悬臂式阴极电极凹凸的现象，是由沉积物内部拉伸应力引起的。如果应力及应力产生的影响都是由外载荷引起的，在外载荷去除之后，薄膜应该不受应力作用。然而事实上，即使薄膜没有承受外载荷，薄膜依然承受应力作用，人们把这种应力称为内应力或者残余应力。相同的现象同样存在于采用物理气相沉积和化学气相沉积制备的薄膜中。

已有的研究表明，几乎所有薄膜中都存在着应力，它对薄膜的电学、力学性能、尺寸稳定性和使用寿命有着直接的影响。因此，内应力问题一直是薄膜研究领域中关注的热点。薄膜内应力的产生及演变涉及复杂的物理化学过程，影响因素也很多，例如，薄膜的成核与生长、微观结构、沉积过程、工艺参数、外场环境等。实验已经证明，内应力的存在及其演变是薄膜服役尤其是温变服役过程中，加速热力耦合作用，破坏薄膜结构完整性的重要敏感因素。但长期以来由于测试技术及研究方法的限制，关于温度对残余应力的作用和影响机制的研究主要集中于热处理后内应力状态的分析或定性条件下间接的数值模拟，缺乏温度效应对薄膜结构、形貌、力学性能及内应力状态作用机制的直接表征。

内应力的准确测量是应力研究的基础，具有重要的科学及工程意义。按照应力的产生根源将薄膜的内应力分为热应力和本征应力，通常所说的内应力是这两种应力的综合作用。本征应力是在薄膜沉积过程中产生的，它的形成与特定的薄膜沉积技术以及沉积工艺参数有直接关系；而热应力是由薄膜与基底之间热膨胀系数的差异引起的。通过观察失效试样可知，薄膜的失效通常发生在基体和薄膜的界面，因此服役条件下的热应力是影响薄膜寿命的主要因素。

5.1　气相沉积薄膜的内应力

5.1.1　内应力概念

通常把没有外力或外力矩作用而在物体内部依然存在并自身保持平衡的应力称为内应力[162]。

在我国普遍采用的关于内应力的分类方法是苏联学者于 1935 年提出的,其核心的依据是各类内应力对晶体 X 射线衍射现象具有不同的影响:在宏观尺寸范围内平衡的第Ⅰ类内应力引起 X 射线衍射谱线位移;在晶粒尺寸范围内平衡的第Ⅱ类内应力使谱线展宽;在单位晶胞内平衡的第Ⅲ类内应力使衍射强度下降。

德国学者 E. 马赫劳赫(E. Macherauch)于 1973 年对材料中的内应力重新进行分类,仍把材料中的内应力分为三类,定义如下:

第Ⅰ类内应力(记为 σ_r^{I})在较大的材料区域(很多个晶粒范围)内几乎是均匀的。与第Ⅰ类内应力相关的内力在横贯整个物体的每个截面上处于平衡。与 σ_r^{I} 相关的内力矩相对于每个轴同样抵消。当存在 σ_r^{I} 的物体的内力平衡和内力矩平衡遭到破坏时总会产生宏观的尺寸变化。

第Ⅱ类内应力(记为 σ_r^{II})在材料的较小范围(一个晶粒或晶粒内的区域)内近乎均匀。与 σ_r^{II} 相联系的内力或内力矩在足够多的晶粒中是平衡的。当这种平衡遭到破坏时也会出现尺寸变化。

第Ⅲ类内应力(记为 σ_r^{III})在极小的材料区域(几个原子间距)内也是不均匀的。与 σ_r^{III} 相关的内力或内力矩在小范围(一个晶粒的足够大的部分)是平衡的。当这种平衡破坏时,不会产生尺寸的变化。

在上述定义中,所谓"均匀"意味着在大小和方向上是一定的。

图 5-1 是在一个单相多晶体材料中第Ⅰ类、第Ⅱ类和第Ⅲ类内应力的分布示意图。由图可见,第Ⅰ类内应力可理解为存在于各个晶粒的数值不等的内应力在很多晶粒范围内的平均值,是较大体积宏观变形不协调的结果。因此,按照连续力学的观点,第Ⅰ类内应力可以看作与外载应力等效的应力。第Ⅱ类内应力相当于各个晶粒尺度范围(或晶粒区域)的内应力的平均值。它们可归结为各

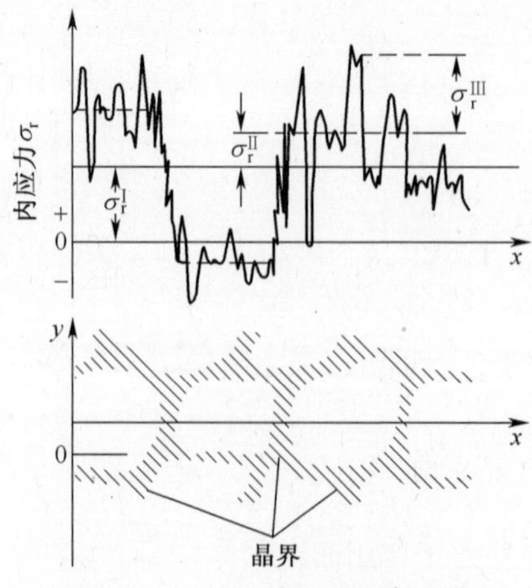

图 5-1 内应力分类的示意图[162]

个晶粒或晶粒区域之间变形的不协调性。第Ⅲ类内应力是局部存在的内应力围绕着各个晶粒的第Ⅱ类内应力的波动。对晶体材料而言,它与晶格畸变和位错组态相联系。在这个物理模型中第Ⅱ类内应力是十分重要的中间环节,通过它才将第Ⅰ类内应力和第Ⅲ类内应力联系起来,构成一个完整的内应力系统。

图 5-1 中(x,y)处的总内应力在 y 方向的分量 $\sigma_{r,y}^{\mathrm{T}}$在数量上为

$$\sigma_{r,y}^{\mathrm{T}}(x,y)=\sigma_r^{\mathrm{I}}(x,y)+\sigma_r^{\mathrm{II}}(x,y)+\sigma_r^{\mathrm{III}}(x,y) \tag{5-1}$$

其中 $\sigma_r^{\mathrm{I}}=\left(\int\sigma\mathrm{d}f/\int\mathrm{d}f\right)_{\text{多个晶粒}}$；$\sigma_r^{\mathrm{II}}=\left(\int\sigma\mathrm{d}f/\int\mathrm{d}f\right)_{\text{一个晶粒}}-\sigma_r^{\mathrm{I}}$；$\sigma_r^{\mathrm{III}}=(\sigma_{r,y}^{\mathrm{T}}-\sigma_r^{\mathrm{I}}-\sigma_r^{\mathrm{II}})$ 在 x,y 点上。

马赫劳赫关于内应力的定义与达维金科夫的分类方法相比,物理概念清楚,并明确了各类内应力之间的关系。特别是将晶粒大小作为最重要的描述内应力影响区域的材料特征尺寸,使得内应力与材料的组织结构有了更为紧密的联系。从而有利于人们对内应力及其对材料性能影响的认识。

在一般英、美文献中把第Ⅰ类内应力称为宏观应力,而对第Ⅱ类和第Ⅲ类内应力采用微观应力的概念。通过下列式子可以把这些概念对应起来。

$$\sigma_r^{\mathrm{macro}}=\sigma_r^{\mathrm{I}} \tag{5-2}$$

$$\sigma_r^{\mathrm{micro}}=\sigma_r^{\mathrm{II}}\ \text{或}\ \sigma_r^{\mathrm{III}} \tag{5-3}$$

$$\sum\sigma_r^{\mathrm{micro}}=\sigma_r^{\mathrm{II}}+\sigma_r^{\mathrm{III}}=\sigma_r^{\mathrm{T}}-\sigma_r^{\mathrm{I}} \tag{5-4}$$

一般来说,人们习惯于把第Ⅰ类内应力称为残余应力,把第Ⅱ类内应力称为微观应力。而第Ⅲ类内应力的名称尚未统一,如有的称晶格畸变应力,有的称超微观应力。

马赫劳赫关于三类内应力的划分同样适用于多相多晶体材料。图 5-2 是在一个双相多晶体材料中各类内应力的示意图。图中 σ_r^{I} 是跨越了相当大的材料区域并与相组分无关的第一类内应力,即残余应力。$\sigma_{r,\mathrm{A}}^{\mathrm{II}}$和 $\sigma_{r,\mathrm{B}}^{\mathrm{II}}$分别是 A 相和 B 相的各个晶粒中的第Ⅱ类内应力。它们相当于 A 相与 B 相中的第Ⅲ类内应力 $\sigma_{r,\mathrm{A}}^{\mathrm{II}}$与 $\sigma_{r,\mathrm{B}}^{\mathrm{III}}$在各个晶粒(或晶粒区域)尺度范围的平均值。用机械方法可以测得试件某一区域纯粹的第Ⅰ类内应力的大小。但若采用 X 射线衍射方法测量,由于 X 射线束的选择性,测得的将是 X 射线束照射体积内 A 相和 B 相特有的平均内应力 $\sigma_{r,\mathrm{A}}$和 $\sigma_{r,\mathrm{B}}$。它们的数值分别是第Ⅰ类内应力 σ_r^{I} 与在 X 射线束照射体积内参与衍射的那些晶粒中的第Ⅱ类内应力平均值 $\overline{\sigma_{r,\mathrm{A}}^{\mathrm{II}}}$ 及 $\overline{\sigma_{r,\mathrm{B}}^{\mathrm{II}}}$ 之和。即

$$\begin{cases}\sigma_{r,\mathrm{A}}=\sigma_r^{\mathrm{I}}+\overline{\sigma_{r,\mathrm{A}}^{\mathrm{II}}}\\ \sigma_{r,\mathrm{B}}=\sigma_r^{\mathrm{I}}+\overline{\sigma_{r,\mathrm{B}}^{\mathrm{II}}}\end{cases} \tag{5-5}$$

此外,还可以证明第Ⅱ类内应力的平均值在各相间保持平衡,即

$$v_{A}\cdot\overline{\sigma_{r,A}^{II}}+v_{B}\cdot\overline{\sigma_{r,B}^{II}}=0 \tag{5-6}$$

式中:v_A和v_B为A相和B相的体积百分数。

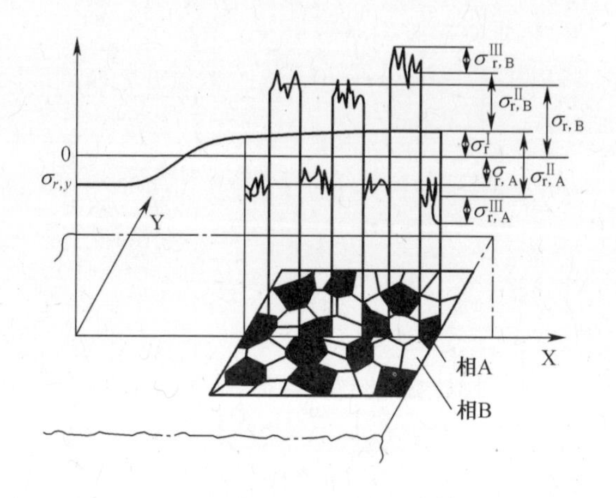

图5-2 双相材料中各类内应力的示意图[162]

$\overline{\sigma_{r,A}^{II}}$和$\overline{\sigma_{r,B}^{II}}$在X射线衍射中能够像宏观应力一样使衍射线发生位移,却又像宏观应力那样能在释放时产生宏观应变,而且用机械法测不出来。

在上述三类应力中,第Ⅰ类内应力的测量技术最为完善,它们对材料性能影响的研究最为透彻。因此,一般提到残余应力时(除非特别说明)均指第Ⅰ类内应力。

5.1.2 薄膜内应力产生的原因

一般来说,内应力是指材料系统所有外部边界无外力作用时,材料系统中存在并自身保持平衡的力。事实上,任何附着在基体上的薄膜或任何多层材料中的单独片层都在其厚度尺度范围内承受着一定的残余应力。如果薄膜不受基底约束,或单独片层不受相邻层的约束,薄膜要么改变平面内尺寸,要么发生弯曲。

气相沉积制备的薄膜往往具有较大的内应力。PVD制备的硬质薄膜一般存在残余压应力,其应力值典型范围是-0.5~-4GPa,甚至高达-11GPa;CVD制备的硬膜可从残余拉应力(0.5GPa)到残余压应力(-2GPa)变化。表5-1列出了常见硬质薄膜的内应力值。残余应力对薄膜的影响最直观体现就是使薄膜从基体上剥落,其潜在不可见的影响是对薄膜的耐磨损、疲劳、冲蚀等性能产生影响。因此,制备薄膜的时候必须考虑如何消除内应力,或者控制内应力到达某一合理的水平。薄膜内应力产生的原因较为复杂,制备方法、镀膜时工作气体分压、偏压等工作参数对内应力影响也各不相同。如果要控制和利用薄膜内应力,首先要清楚薄膜内应力的分类以及产生原因。

表 5-1 采用 X 射线应力仪测定典型薄膜的内应力

基体	薄膜	热应力/GPa(计算值)	残余应力/GPa(测量值)
WC/TiC/Co	TiN	-4.11	-0.36
WC/TiC/Co	TiAlN	-5.86	-0.65
WC/TiC/Co	CrN	-3.14	-0.17
WC/TiC/Co	CrAlN	-5.77	-0.42
WC/Co	TiN	-2.68	-0.22
WC/Co	TiAlN	-4.00	-1.42
WC/Co	CrAlN	-3.77	-0.58
WC/Co	CrAlTiN	-2.63	-0.32
1Cr18Ni9Ti	TiN	-0.60	-0.08
1Cr18Ni9Ti	TiAlN	-1.43	0.38
1Cr18Ni9Ti	CrAlN	-1.42	0.43
1Cr18Ni9Ti	CrAlTiN	-0.71	0.18

5.1.2.1 生长应力与热应力

薄膜应力一般分为两大类[163]:一类是本征应力(或生长应力,后文中统一使用生长应力,用 σ_i 表示),是指薄膜在基底上或相邻层上生长后在薄膜中出现的应力分布。生长应力受所涉及的材料、沉积过程中基底温度、生长流和生长室条件等影响。通常对一个给定的过程来说,生长应力是可重复的,而且生长结束时的应力值可在室温下保持很长时间。第二类薄膜应力表示生长之后薄膜材料的物理环境变化引起的应力状态。这种外部诱发的应力一般称为外加应力(或热应力,后文中统一使用热应力,用 $\sigma(T)$ 表示)。在许多情况下只有当薄膜黏附于基底上才会产生这类应力。需要指出,有时生长应力与热应力之间的差别并不明显。

因此,简单地说,薄膜内应力 σ_f 由两部分组成:一是生长应力(σ_i);二是热应力($\sigma(T)$),即 $\sigma_f=\sigma_t+\sigma(T)$。对于特殊材料体系、基底温度和生长流来讲,生长应力的发展取决于很多因素。在这些因素中最重要的是沉积到基底上的结合方式(如外延与否),吸附原子在薄膜材料上的可动性(扩散能力),以及生长过程中形成的晶界的可动性。除了理想外延生长以外,最终得到的结构都是亚稳态。关于薄膜材料沉积过程中应力的产生已经提出许多种机制,包括:表面和/或界面应力;团簇合并以减少表面积;晶粒长大,或晶界面积减少;空位湮灭;晶界弛豫;晶界空洞收缩;杂质合并;相转变和沉淀;水蒸气吸附或解吸附;外延生长;溅射或其他能量沉积过程导致的结构损伤。理解这些过程需要对薄膜的生长有深入的了解。

生长应力表现出相当大的不确定性，随沉积参数，薄膜/基体结合性质以及薄膜厚度的改变而改变，但仍有规律可循。例如，Milton Ohring 在其专著中指出[164]：①在蒸发的金属薄膜中，应力一般为拉应力，典型数值为 1GPa；②与蒸发金属薄膜比较，在溅射沉积的金属薄膜中，应力值提高 2 ~ 3 倍，此应力值远远超过块体材料的屈服应力；③薄膜内应力对基体的性质没有明显地依赖关系；④在非金属薄膜中，典型应力大小为 100~300 MPa；⑤介电薄膜中既有压应力又有拉应力。

5.1.2.2 蒸发镀膜内应力

蒸发（金属）薄膜的内应力一般为拉应力。硬质难熔金属和高熔点金属相对于软质低熔点金属，倾向于展现出更高的残余应力。通常来说，高熔点金属（如 Ti、Fe、Cr）的生长应力大于热应力，低熔点金属（如 Al、Cu）的生长应力小于热应力。一般情况下，蒸发薄膜厚度增加到 100Å 时，薄膜中即出现显著的内应力，且随厚度增加内应力持续增大，直到 600Å 左右。厚度增长范围恰恰与薄膜合并长大形成连续膜的过程相一致。

采用悬臂梁法分别测试高熔点金属（如 Ti、Fe、Cr）和低熔点金属（如 Ag、Cu、Al 和 Au）薄膜内应力随薄膜厚度及沉积时间变化的情况，发现对于高熔点金属 Ti、Fe、Cr 而言，薄膜应力随厚度线性增加，内应力分别为 0.6GPa、1.3GPa 和 1.4GPa，并且沉积结束后长时间保持稳定。这些高熔点金属表现出低移动性的形核—长大（Volmer-Weber，VW 模型）生长模式，易于形成柱状晶且晶界处呈拉应力状态。对于低熔点金属而言表现出另一变化趋势：应力值初期增大到一峰值，然后降低，最终变为压应力。应力的这种变化过程与薄膜的生长过程是对应的。这些低熔点金属表现出高移动性的 Volmer-Weber 生长模式，其应力至少降低一个数量级。因此，存在这样一个规律：即难熔金属表现出低移动性的 Volmer-Weber 生长模式；低熔点金属表现出高移动性 Volmer-Weber 生长模式。但这一规律并非一成不变。

蒸发多晶薄膜的内应力强烈依赖于沉积原子在表面的运动迁移。基体温度足够高的话，会促进缺陷消除（退火）、再结晶及晶粒生长过程，降低薄膜内应力。薄膜内杂质元素扩散加速，会引起薄膜内部应力变化。有研究[165]发现调整真空室内的氧气分压会改变薄膜内应力，甚至由拉应力变为压应力。因此对于蒸发镀膜来说，薄膜内应力可以通过改变成分、沉积速率、基体温度等工艺参数进行调整。

5.1.2.3 溅射镀膜内应力

对于采用溅射沉积制备的薄膜来说，一般会按照形核—长大生成多晶体显微结构。这种生长方式的特点是从一开始沉积材料在基底表面集合成分散的团簇（或小“岛”，这是一种形象的表示，描述原子团簇聚集长大的形态）。然后，微观结构经历一系列阶段演化，依次包括岛生长，岛与岛接触、合并成较大的岛，建立大面积的接触和填充结构中剩余的空隙以形成连续薄膜。伴随该过程，薄膜的内应力也发生变化。

Freund[163]在其专著中详细讨论了压应力—拉应力—压应力演变过程，该过程是沉积多晶体薄膜时的共性特征。一旦薄膜连续覆盖基体后，中断沉积过程并测定薄膜内应力，发现仅发生微小变化；而且恢复沉积后，应力演变将从中断前的状态继续变化。这表明与时间有关的应力弛豫过程非常微弱，与沉积过程本身无关。

(1) 岛合并前的压应力。在沉积过程早期所引起的压应力一般归因于表面和/或界面应力作用的结果。这个概念的起源是基于这样的观察结果，即非常小的孤立岛晶体的晶格间距小于相同温度相同材料块体晶体的晶格间距。生长初期的压应力从晶胚(或“岛”)的生成，到表面上建立大面积的连接一直在起作用。“岛”的生长是形核与长大的过程，一些“岛”以双晶或三晶形式存在。在生长过程的最初阶段，岛形核非常接近并随之生长在一起。也有人认为，在沉积的最初阶段，小尺寸的“岛”在生长表面上是可移动的。原位实验测量 Volmer-Weber 生长多晶体 Cu 薄膜的应力表明，在岛合并前出现的压应力在生长中断时将大量弛豫。一旦生长岛相互接触，在较大部分基底表面上形成相互连接的结构，应力逐渐趋于正应力或拉伸应力。

(2) 岛接触引起的拉应力。Hoffman 以及 Doljack 提出，两个相邻晶粒之间的微小空隙可以通过形成晶界闭合，而且通过减小表面积释放的能量可以转化为参与晶粒的弹性变形，用作使间隙闭合所需的变形。通过原子间和晶体表面间的交互作用能量之间的类比，可估计使晶体表面之间的空隙闭合所需跨过的最大距离。用这种方法得出的结论是能够闭合的最大空隙大约为 δ_{gap} = 0.17nm。根据这个概念，可以获得当岛相互接触时产生的应力大约 1GPa，这是一个很大的应力值。

(3) 连续生长过程中的压应力。随着多晶体薄膜的形核和长大，薄膜内首先产生压应力，继而变成拉应力，随后可观察到拉应力减小，直到薄膜内应力状态逐步由拉应力转变为压应力。最终对一个给定生长流来讲，平均压应力达到一个稳定值。对一个给定的材料体系来说，这个值取决于温度和生长流大小。

(4) 最终应力与晶粒结构间的关系。多晶体薄膜中的生长应力与薄膜最终晶粒结构之间存在特定关系。Thumer 和 Abermann 等通过实验验证，提出了两种微观结构模型。类型 1 结构通过在薄膜—基底截面处形核的晶粒顶部均匀外延生长，薄膜厚度增加，产生很大的残余拉应力；类型 2 结构具有较高的表面扩散率，导致应力弛豫，拉伸残余应力松弛。当膜变厚时，拉应力消失。对厚度较大的薄膜，内应力转变为压应力。团簇形成和生长过程中团簇碰撞形成晶界。

晶粒结构的发展和薄膜的随后生长很大程度上由相对于沉积速率的吸附原子的表面动性和相对于薄膜材料熔点的基底温度决定。对一给定材料，当基底温度(t_s)升高时，可出现从类型 1 到类型 2 的转变。

与蒸发镀膜相比，溅射镀膜内应力显得复杂得多。这是由于溅射镀膜中等离子体环境和沉积工艺参数的影响。而且讨论溅射镀膜内应力时，既与沉积工艺参数有关，又与薄膜本身性质有关。简要地说，溅射沉积与气相蒸发沉积的区别是：溅射沉积原子携带的能量较高以及在氩(Ar)气氛中进行沉积。在持续的原子轰击作用下，更多的原子进入晶格间隙位置，使得薄膜内产生压应力。所以，一般认为原子撞击基材及薄膜表面是产生应力的主要原因。这明显不同于气相沉积蒸发镀膜过程。

5.1.2.4 化学气相沉积镀膜内应力

通常 CVD 薄膜在高温沉积，薄膜应力的符号、大小与材料和制备参数有关。既要考虑衬底性质、前驱气体的成分及其化学计量比，还要考虑化学沉积类型，如热或等离子化学沉积、沉积温度、等离子条件以及反应物质的压力等。一般来说，CVD 制备金刚石膜往往存在较高的残余压应力。为了降低残余应力，可以采用过渡层、退火处理以及掺杂元素等方法。在这些方法中，掺杂元素成为研究的热点。掺杂元素包括硼(B)[166]、硫(S)[167]、B/S 共掺杂以及硅(Si)[168]等。

溅射镀膜产生内应力的研究深入而广泛，相比之下，化学气相沉积薄膜(CVD)内应力的研究还不够系统。现有研究结果表明，CVD 薄膜内应力受化学元素和制备参数的影响显著，应力状态可以由拉应力到压应力转变，应力大小也可以调节。Milton Ohring 在其专著 Materials Science of Thin Films 中对硅工艺中设计的多晶硅、二氧化硅、氮化硅和金属进行了详细论述[164]。有兴趣的读者可参考相关文献。

5.1.3 薄膜内应力的测试方法

实验证明，几乎所有的薄膜中都存在着很大的内应力(包括宏观内应力和微观内应力)。薄膜和基体的结合强度及薄膜本身的力学性能的优劣与残余应力状态及分布关系很大。所以，薄膜残余应力的测试以及有关薄膜残余应力对薄膜性能影响的研究是非常有意义的。

在具有内应力的薄膜中，应力常常通过测量其所引起的应变而被发现。一般地，对于膜/基体系，因为薄膜所占比例远远小于基体，所以要想提取薄膜的应力(σ)或应变(ε)信息是非常困难的。测量薄膜内应力的实验方法基本上分为两类：一种是基于测量薄膜所附着的基体的偏角或曲率；第二种涉及通过 X 射线衍射方法直接给出弹性应变。通过变化样品的几何结构和使用新设备新技术，新的测试方法已被发展并将被继续更新完善。

5.1.3.1　Stoney 公式

现在所使用的计算薄膜内应力的公式都是 Stoney 在 1909 年给出的计算薄膜应力方程的改进公式。薄膜应力(σ_f) 可以通过下面的公式近似得

$$\sigma_f = \frac{F_f}{d_f\omega} = \frac{Y_s d_s^2}{6R(1-\upsilon_s)d_f} \tag{5-7}$$

式中：w 为薄膜/基底的单位宽度；d_f和 Y_f分别为薄膜厚度和弹性模量；d_s和 Y_s分别为基底的厚度和弹性模量；ν_s为泊松比；R 为悬臂测量半径。

这里给出一个典型的 Stoney 公式计算气相沉积薄膜的内应力公式[169,170]：

$$\sigma = \frac{1}{6}\left(\frac{E_s}{1-\nu_s}\right)^{\frac{1}{2}}\left(\frac{t_s^2}{t_f}\right)\left(\frac{1}{R_2}-\frac{1}{R_1}\right) \tag{5-8}$$

式中：σ 为薄膜残余应力(GPa)；E_s、ν_s和 t_s分别为应力片弹性模量、泊松比和厚度；t_f为薄膜的厚度；R_1、R_2为镀膜前后的曲率半径。

5.1.3.2　基体偏角或曲率法

测量薄膜所附着的基体的偏角或曲率，可以获得薄膜的内应力信息。采用测定偏角方法时，基体设计成悬臂梁型结构；采用测定曲率方法时，基体设计成圆片型结构。下文分别就两种类型进行讨论。

(1) 悬臂梁型。基体设计成悬臂梁型，一端固定，另一端自由状态，如图 5-3(a)所示。薄膜沉积于悬臂梁型基体表面，然后确定悬臂梁自由端的偏角(或位移)。每单位宽度上应力(S)可通过薄膜应力(σ_f)和薄膜厚度(d_f)的乘积得到，即

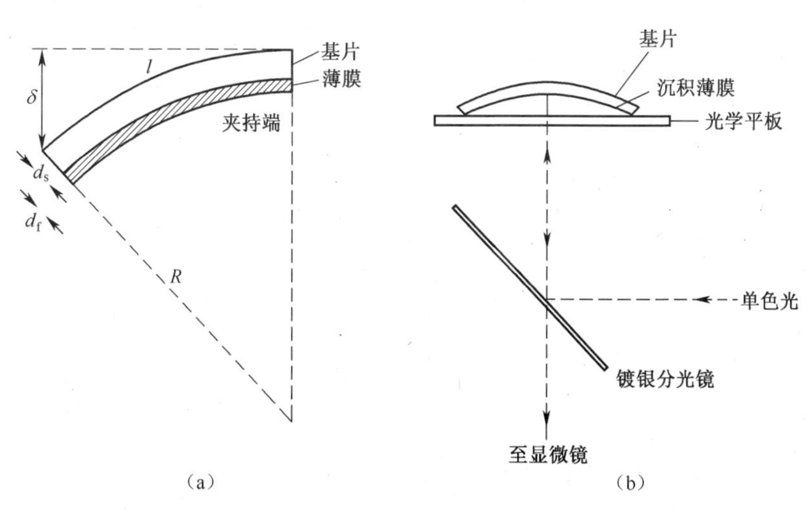

图 5-3　薄膜应力测量方法示意图

(a)悬臂梁型基体；(b)圆片型基体。

$$S = \sigma_f d_f = \frac{\delta Y_s d_s^2}{3L^2(1 - v_s)} \tag{5-9}$$

式(5-9)分母中没有薄膜厚度(d_f),因此该式回避了极薄的薄膜厚度对确定σ_f大小带来的问题。S与偏角成正比;为了获得σ_f,必须给出d_f值。

应力的测量常常是在薄膜沉积和生长过程中实时进行的。通过机电方式或磁性方式复位到零,或者复位到悬臂梁零偏角位置,同时测定回复力,可以连续监测薄膜内应力。回零法相对于悬臂梁(或板)偏角测量法具有许多优势。第一,由于基体的形变被有效地抑制,因此薄膜中应力很少;第二,弹性模量不再是测定薄膜内应力的必要参数,而弹性模量往往很难确定。因为没有偏转,所以Stoney公式不适用;第三,回复力产生一动量,由此可根据公式由等式$M = \sigma_m d^2 w/6$,计算得到薄膜内应力。

对悬臂梁法的Stoney公式进行修正,修正后的悬臂梁法测定薄膜内应力的公式为

$$\sigma = \frac{E_s t_s^2 \delta}{3(1 - \nu_s^2) L t_f} \tag{5-10}$$

式中:E_s为基片的弹性模量;ν_s为基片的泊松比;t_s为基片厚度;t_f为薄膜厚度;L为基片长度。基片自由端的位移δ的测定方法有直视法、电容法、光杠杆法、光干涉法等[171,172]。

(2) 圆片型。基体设计成圆片型。在这种情况下,仍然可以用式(5-10)计算薄膜内应力,但此时L表示圆盘的半径,δ代表中心偏角。

使用激光扫描法来测量基底曲率是获得薄膜应力最普遍的方法之一。它主要用于半导体工业,其中晶片的弯曲成为一个备受关注的问题。沉积或生长在非常厚的圆形晶片上的应力薄膜会使晶片发生很微小的弯曲。因此,在测定晶片曲率变化的过程中对灵敏度要求很高,图5-4中所展示的系统提供了这种可能。通过一个旋转光镜,一入射激光光束对薄膜表面进行扫描。通过增加一个凸透镜可使激光束明显垂直于基体,同时采用一个位置敏感光探测器来记录反射光束。反射光束的角度依赖于薄膜被探测点处的表面曲率。对一个无应力的薄膜/基体来说,表面是完全平整的,同时反射光线交于同一点与光束位置无关。但是,如果晶片弯曲,光线被反射到不同的探测器位置,正如同薄膜/基体的位置被光速依次扫描一样。光学探测器采集的信息被转换成角度,然后被转换成曲率,最后被转换成应力。

在上述测量薄膜内应力的方法中,需要考虑的另一重要问题是测量精度。首先是针对弹性理论在处理薄膜/基体整体性质、形状及形变时的有效性问题。一般地,如果与悬臂梁或圆片型基体的厚度相比形变较小,那么这个简单理论满足要求。基体的弹性常数也非常重要,应该仔细选取,并通过验证判定它们是否

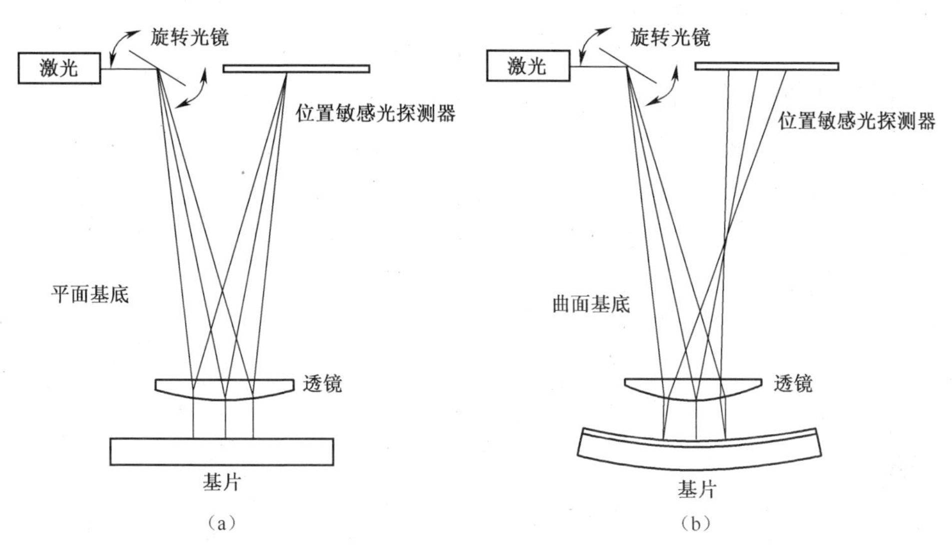

图5-4 用激光扫描仪测量基体曲率及相应薄膜内应力的示意图

是各向同性的。由于薄膜和基体的弹性常数都是各向异性的,因此在测量外延薄膜中的应力时要特别注意。

一般通过测量最小可测应力就可知道测量的灵敏度。对于厚度为100nm的薄膜而言,在悬臂梁法中,不同实验手段测得的数值范围为0.05(机电测量法、干涉测量法)~25MPa(磁复位测量法、光学测量法);使用压力(膨胀)法和光学法对圆盘形基体测量的灵敏度相对较低,而激光扫描法可以获得较高的灵敏度(约为0.2MPa);对于X射线法,最小的可测应力约为50MPa。

假设实验前将圆片的曲率半径为 R_0,沉积薄膜后其曲率半径为 R,当圆片的厚度 t_s 比 R 小很多时,薄膜应力的Stoney公式可表示为

$$\sigma = \frac{E_s t_s^2}{6(1 - v_s)t_f}\left(\frac{1}{R} - \frac{1}{R_0}\right) \tag{5-11}$$

式中:E_s 为基片的弹性模量;v_s 为基片的泊松比;t_s 为基片厚度;t_f 为薄膜厚度。若 E_s、v_s、t_s 和 t_f 为已知,则只要测得 R_0 和 R 便可以计算出薄膜内应力。在一般情况下,可假设 R_0 为无限大,R 值一般通过牛顿环干涉法求出。在原理上牛顿环法精确度较高,但实际上由于干涉条纹的位置相当模糊,因此测量精度达不到理论精度。

5.1.3.3 X射线衍射法

用X射线衍射分析技术测定材料中的内应力称为X射线衍射应力分析。该技术并不是直接测出应力,而是先测量应变,再借助材料的弹性特征参数确定应力。不过它所测量的应变不是宏观应变,而是晶体材料的晶格应变。

当一束波长为 λ 的单色X射线束入射到具有无择优取向多晶体材料时,由

于晶体的周期结构,将产生相互干涉,在非入射方向上出现强的散射线,如图 5-5 所示。当衍射角 2θ 与晶面间距 d 之间满足布拉格方程 $2d_{\mathrm{hkl}}\sin\theta=n\lambda$ 时,在对称于晶面法向相同角度 θ_0 处会出现一束衍射 X 射线。式中,d_{hkl} 是{hkl}晶面族的晶面间距,θ 是布拉格角,n 是干涉级数,λ 是 X 射线波长。X 射线只能在一定的晶面和特定的角度(满足布拉格方程)发生衍射。

X 射线测量应力的基本思路是把一定应力状态引起的晶格应变认为与按弹性理论求出的宏观应变一致。如图 5-6 所示,不同(ϕ,ψ)方向上的晶面间距变化是与宏观应变相联系的,晶格应变可以通过布拉格方程由 X 射线衍射技术测出,这样可以从测得的晶格应变推知宏观内应力。

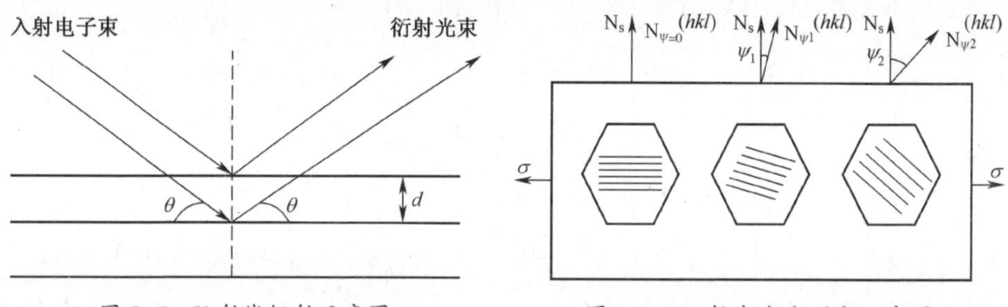

图 5-5　X 射线衍射示意图　　　　图 5-6　X 射线应力测定示意图

一般 X 射线应力测定方法在应用于薄膜时遇到了相当大的困难。首先是薄膜的厚度在微米数量级或者更小,参与衍射的体积小,衍射强度低;其次由于薄膜的内应力大,衍射线宽化严重;最后薄膜还往往存在明显的织构。所以必须谨慎处理所获得的测量结果。

在薄膜应力测定时,为了减小 X 射线的透入深度,增加衍射强度,一般均采用低角掠射技术。根据这个思路,首先从原来的聚焦照相法发展起来一种 Seemann-Bohlin 掠射法(简称 S-B 法)。用 S-B 法测量时,由 X 射线管的靶发出的 X 射线经单色器聚焦后照射到弯曲试样的表面上,反射线又聚焦于探测器,所以 S-B 法又称聚焦法。聚焦法的几何布置使衍射线强度提高。另外,入射线又以 3°~10°的角度掠射在试样表面,增加了表层信息的权重,故比较适合于表层状态的分析。

一般应力测定时,只选择某一组(hkl)面,测定在不同 ψ 角下的衍射线的相对位移。而 S-B 法的 X 射线入射角是固定的,通过探测器转动测定不同(hkl)面的晶面间距 D。这样就出现了:①用低角衍射线测定的 D 值误差大;②不同晶面具有不同的弹性常数等问题。此外,S-B 法要求特殊的测角仪装置,实验步骤烦琐,故实际使用并不普遍。

在普通衍射仪上采用传统的 Bragg-Brentano 聚焦原理,建立较为实用的薄膜应力测定方法,近年来国内外都在探索。所谓掠射侧倾法与 S-B 法相比可以测得更加准确的薄膜残余应力值。该法的着眼点是增大薄膜中的X射线行程和降低应力(或成分)梯度及织构的影响,比一般的常规法和侧倾法更适合于薄膜的应力测定。

X射线衍射技术是目前测定材料内应力的主要手段,但薄膜中的织构会造成 $2\theta \sim \sin^2\psi$ 的非线性,导致不合理的应力测定结果。例如,当铜薄膜存在(hkl)丝织构时,其各弹性矩阵分量的计算结果与各向同性材料相差较大,丝织构薄膜的弹性矩阵对称性降低,出现类似六方晶系的弹性矩阵形式[173]。针对铜薄膜中存在显著织构的情况,解决办法是分别计算了具有(100)、(110)和(111)丝织构铜薄膜的弹性常数与X射线弹性常数以及二者随 $\sin^2\psi$ 的非线性规律,利用加权多晶各向同性和具有理想丝织构铜薄膜X射线弹性常数的方法,优化了铜薄膜X射线应力测定方法,提高了应力测定结果的可靠性。

5.1.3.4　纳米压痕法

原位提取薄膜中的残余应力已成为薄膜应用领域中日益迫切的需要,而在线测量必须满足的条件是简便且没有破坏性。纳米压痕技术作为原位及纳米级力学分析技术,目前已被国内外科研者用于材料的微观力学性能检测。一方面,压痕法中薄膜残余应力的存在对压入过程会产生影响,即不同的应力状态会阻碍或者促进压入过程,从而对压痕过程的载荷—位移曲线产生影响,通过对比不同应力状态下的载荷—位移曲线,可以判断应力状态及相对大小;另一方面,压入载荷的作用会使材料表面产生塑性变形形成压痕,同时随着压入载荷的逐步增加,被压头挤出的材料受塑性流动作用,自由流向压头的旁边,形成凸起;还有些材料会形成塌陷。压痕区的凹陷变形行为和凸起量的大小与压入载荷、屈服强度、材料的硬度以及残余应力有关,因此可通过压痕特征判断其残余应力的性质和大小。

近些年,已经发展出了5种使用纳米压痕技术检测材料表面残余应力的理论模型,且均是基于对载荷—位移曲线的分析。其中3种模型是基于锥形压头:Suresh模型(Suresh et al,1998)、Lee模型(Lee et al,2003)和Xu模型(Xu et al,2006);2种模型是基于球形压头:Swandener模型Ⅰ和Swandener模型Ⅱ(Swandener et al,2001)。Xu模型在测量残余应力时需要使用特殊的三点弯装置,而Swandener模型Ⅰ和Swandener模型Ⅱ则分别需要提前测量出材料的屈服应力和一个已知应力状态的参考试样,可见Xu模型和Swandener模型在实际应用中存在很大困难,而Suresh模型和Lee模型的应用较为广泛。基于压痕法的残余应力测试模型主要有Suresh模型(1998)和Lee模型(2004),两种模型均适用于等双轴残余应力状态,但两个模型的测试原理不同。

Suresh模型适用于不同尺寸的对象,从大型的结构件到薄膜,从宏观、微观到纳米级尺寸都可以使用该理论模型。该模型有以下几个前提条件:①压头和被测材料之间没有摩擦；②压痕过程视为准静态；③压头为弹性的，被测材料为各向同性的弹塑性基体；④被测材料中存在等双轴的残余应力。

固定载荷时，残余拉应力的计算公式为 $\sigma=H(1-h_0^2/h^2)$；残余压应力的计算公式为 $\sigma=H/(\sin\alpha(h_0^2/h^2-1))$。固定深度时，残余拉应力的计算公式为 $\sigma=H(A_0/A-1)$；残余压应力的计算公式为 $\sigma=H/(\sin\alpha(1-A_0/A))$。式中：$\sigma$ 为残余应力；H 为材料的硬度；h_0 为无应力材料的压入深度；h 为有应力材料的压入深度；A_0 为无应力材料的接触投影面积；A 为有应力材料的接触投影面积；α 为压头边界与材料表面的夹角，对于玻式压头，$\alpha=24.7°$。

残余拉应力与压应力计算公式相差了一个因子 $\sin\alpha$，这是因为拉应力和压应力对压入过程的影响机制不同。拉应力对压入过程的影响相当于施加了一个 σA 的载荷，而压应力的影响则相当于施加了载荷 $\sigma A\sin\alpha$。

Suresh 模型仅仅给出了理论分析，并没有进行实践验证，因此在采用 Suresh 模型时需要对其进行可靠性评价。

需要指出，纳米压痕法测试残余应力的准确性是值得探讨的话题。文献[174]采用纳米压痕法和 XRD 方法测试了等离子喷涂 FeCrBSi 涂层的内应力，发现 XRD 测定涂层内的残余拉应力为 40～120MPa，而纳米压痕法测定残余拉应力为 753 MPa。产生如此大的差异的原因除了涂层表面粗糙度的影响外，压头接触区域的变形也是主要影响因素。5.3.1 节和 5.3.2 节对该问题进行了详细的讨论。

5.1.3.5 其他内应力测试方法

除了上述几种内应力测试方法以外，出现了 Raman 法和 FTIR 方法。

Raman 法测试残余应力的原理是应力会导致晶格的形变，而晶格间距的变化会反映到其振动频率上，从而引起拉曼峰的频移，通过拉曼特征峰的频移与应力的正比关系可以较准确地检测这类物质的内应力[175]。对于不同的薄膜材质来说，Raman 光谱位移量与应力的对应关系没有给定的数据可查，需要通过与无应力状态下同材质的材料进行对比获得。Miki[176]采用 Raman 光谱法测定 DLC 薄膜的残余应力，发现 Raman 光谱中 G 峰位移和宏观残余应力呈线性关系，而 D 峰位置不随残余应力变化而变化。Alhomoudi[177]采用磁控溅射制备了 TiO_2 薄膜，采用 Raman 法和曲率法测试了薄膜的内应力，发现 Raman 谱中线形和峰位移能够给出应变随膜厚变化的分布信息，因此可以根据应变分布信息获得应力随厚度变化情况。Chen[168]采用偏压增强 HFCVD 技术在 WC-Co 基体上制备了 Si 掺杂金刚石膜，分别采用 X 射线衍射 $\sin^2\psi$ 法和拉曼光谱法测定了薄膜的残余应力。结果发现，两类方法测得的残余应力值相吻合。所有 Si 掺杂 CVD 金刚石膜内都存在残余压应力。但与 $\sin^2\psi$ 法不同，Raman 法中 Si 掺杂薄膜的残余应力小于未掺杂金刚石膜。这种结果上的差异反映了两种测试方法的不

$\sin^2\psi$ 法对晶格畸变敏感,而 Raman 法受晶界杂质强烈影响。总之,在薄膜材料残余应力检测方面,拉曼光谱法具有独特的优势,因为经典的基片曲率法通过测量薄膜材料的翘曲变形,基于固体力学的平面假定反算出薄膜材料的残余应力,对于厚膜结构、多层膜结构、局部应力大等情况会存在较大误差。

FTIR 法是研究薄膜中各组成元素之间成键情况的有效方法,用于残余应力的测试并不广泛。其测量薄膜内应力的原理是基于元素成键峰位的变化。王玉新等采用 FTIR 法研究了 BCN 薄膜的内应力,发现随着溅射功率的增大,B-N、C-N、B-C 和 B-N-B 键的峰均向高波数方向移动,表明薄膜内应力增大。当沉积温度从 300℃提高到 350℃时, BCN 薄膜的各个特征峰均向低波数方向移动,说明薄膜内应力减小。

5.1.3.6 内应力深度分布分析方法

上述方法获得的都是平均内应力,并没有考虑应力的深度分布。硬质薄膜内应力并不是均匀的,沿着深度方向存在应力梯度。应力梯度对于硬质薄膜的性能产生显著影响,合理设计并制备残余应力梯度分布的硬质薄膜,可提高其结合强度和磨损抗力。因此,研究内应力沿深度分布具有重要意义。聚焦离子束(FIB)技术可以实现逐步地应力松弛,成为研究沿深度方向应力分布的主要方法。

近年来开展的残余应力梯度研究使得人们可以确定残余应力沿深度方向实际分布情况,从而可深入研究残余应力与力学性能之间的关系。Pobedinskas[178] 发现 AlN 薄膜内部残余应力并不是均匀的,而是沿厚度方向存在一应力梯度。为了研究 AlN 薄膜内部的硬度梯度,对沉积在 Si 基体上的 AlN 薄膜(厚度 1.5μm)进行逐层刻蚀,发现从表面到内部,应力值是逐步增加的。不同基体上 AlN 薄膜的应力梯度不同,Al_2O_3基体的残余应力梯度大于 Si 基体。AlN 的晶体取向是决定应力梯度的关键因素,AlN 薄膜的晶界密度对残余应力也起到重要影响。Schöngrundner[179] 采用离子束剥层法分析了薄膜残余应力沿薄膜深度方向的分布。采用聚焦离子束得到悬臂梁样品,基于 Euler-Bernoulli 理论获得残余应力分布;采用耦合优化算法的有限元方法计算残余应力分布。Bemporad[180] 对比 XRD 和 FIB 方法测试高度织构化的 CrN 薄膜样品的残余应力,认为 FIB 方法在高度织构化薄膜残余应力分析中具有巨大优势。

5.1.4 薄膜内应力的调控

残余应力是影响薄膜性能和应用的重要因素。理解和掌握残余应力的形成、发展过程,以及其生长条件及材料性能的依赖关系,对我们预测和控制它非常重要。压应力和拉应力是相互竞争的应力,两者之间可以相互转换,而这种转换与薄膜的结构演变有关。沉积原子形成的岛、岛的相互连接,以及连接后形成均匀的膜,每一阶段都对应着应力的变化。模拟研究表明,应力与沉积原子的扩散速率、生长速率以及晶粒尺寸有关[181]。

5.1.4.1 工作气压的影响

工作气压(或气体分压)是溅射镀膜中最重要的参数之一。沉积速率、均匀性、粒子能量以及残余应力都受到工作气压的影响。其原因是气体分压直接影响溅射粒子以及背反射粒子的输运过程。粒子输运过程非常关键且复杂,可以采用蒙特卡洛模型模拟输运过程中粒子的运动方式、粒子能量、角分布以及沉积均匀性。

首先,工作气压显著影响沉积速率。Nakano 等发现直流溅射 Al、Cu、Mo 时沉积速率随工作气压增加而增大,到 1Pa 达到最大值,超过 1Pa 后溅射速率反而下降[182]。沉积速率受限于气体分压的原因是:①溅射靶流改变;②热电离区域分布改变。假设靶材的有效电流密度为 j,则 $j=n_e \cdot q \cdot \nu$,其中 n_e 为电子浓度,q 为电荷,ν 为电子速率。气体分压增加会提高电子浓度,从而提高原子离化率。原子离化率提高,会增加刻蚀速率和沉积速率。当溅射原子与环境气体分子碰撞频率增大到一定程度后,会导致溅射沉积速率发生转变。该转变点与靶材原子质量有关。原子质量之所以影响沉积速率转变点,原因在于原子质量决定了热电离发生之前的原子运动距离。热电离是指等离子体中溅射原子与反射 Ar 离子通过碰撞达到热平衡的状态。热电离距离与靶材原子质量成正比。当气压较低时,大部分溅射原子都可以携带足够高的能量达到基材表面,沉积速率随气压增加而增大;当气压增加时,溅射原子的碰撞平均自由程降低,这导致热电离区域向靶材收敛,此时沉积速率达到最大值并开始降低。

溅射原子与气体原子的碰撞也会影响残余应力。气体分压对残余应力的影响已得到广泛而深入的研究[183-186]。最早的工作是由 Hoffman 和 Thomton 在 19 世纪 60 年代开始的。他们研究了溅射薄膜的微观结构以及残余应力的起源,发现残余应力强烈依赖于气体分压。低气压导致高残余压应力(最高达 2GPa[187]),随着气压的增加残余应力会向拉应力转变。图 5-7 中,由压应力到拉应力的转变是在非常窄的气压范围迅速完成的。如果气压低于 0.266Pa,将很难维持等离子体放电,膜内残余应力将很大,导致薄膜剥落,故沉积气压一般要高于 0.266Pa;但如果大于 1.33Pa,膜内将存在较大的残余拉应力。因此,知道压—拉应力的转变临界点是非常必要的。

研究发现,该转变临界点受溅射系统配置、电流、电压等参数的影响[189]。由于柱状靶比平面靶电流增加更加显著,这导致膜系在更低的气压发生压—拉应力转变。低气压时膜内残余压应力可归因于到达基体表面的原子和背反射中性气体原子携带足够高的动能。气压越低,轰击效果越明显,产生所谓的“原子喷丸”效应,原子在强烈的撞击下偏离平衡位置并有可能发生级联碰撞,最终导

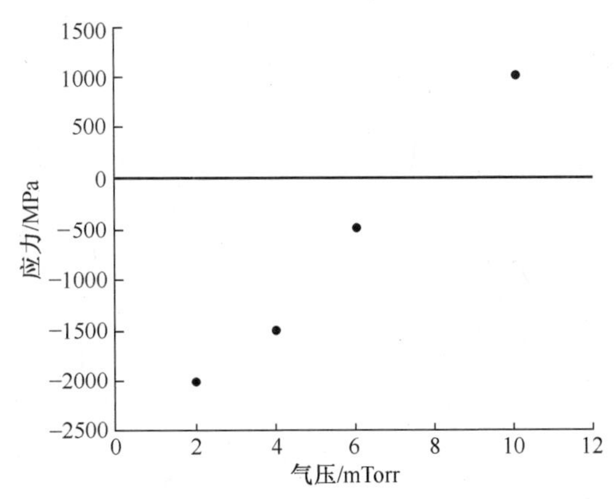

图 5-7 Ar 气分压对钨膜残余应力的影响[188]

致一定体积范围内的结构损伤。Hoffman 和 Gaerttner 给出了令人信服的“原子喷丸”证据。他们测定了蒸发铬(Cr)膜的内应力,发现其为残余拉应力。当在蒸镀时辅以惰性气体离子轰击后,膜内形成压应力,而且这种效应在低气压中非常明显,这就表明溅射膜内的残余压应力是以动量和能量驱动过程。从此角度看,高气压时沉积原子与环境气体原子碰撞后能量损失,膜内出现残余拉应力也就不奇怪了。

气压越高,粒子流中的低能组分所占比例越高,导致离子的能量和动量衰减。当粒子能量被气体分子散射耗散,会发生热电离过程。到达基材的粒子能量是由气压以及靶—基距离决定的。大多数的溅射系统中靶—基最小距离为 5cm,故几乎所有溅射及背反射粒子在,1Pa 以上时都会热电离。溅射原子能量降低意味着到达基材表面的原子运动能力降低。

以上讨论了溅射过程中压—拉应力随气压变化情况。实际中,不同的溅射方式下,气压对内应力的影响也会存在差异。Aissa[190] 研究了不同工作气压下直流磁控溅射(DC-MS)和高频脉冲磁控溅射(HIPIMS)制备 AlN 薄膜的结构性能和残余应力变化,发现 HIPIMS 制备薄膜更致密,且残余应力随气压增加而降低的幅度更加明显。

5.1.4.2 偏置电压的影响

一般来说,磁控溅射关键工艺参数包括 Ar/N_2 流量比、基体偏压、基体温度和靶功率。由于偏置电压提供给沉积原子能量,增加了其附着在基体上的原子的扩散能力,因此具有非常重要的作用。Kong[191] 研究了中频磁控溅射 CrN 薄膜时,基体偏压对微观结构和残余应力的影响。结果发现:①沉积速率:随偏压(绝对值)增加,沉积速率降低,这是由于高偏压下沉积在基片上的原子发生再次溅射效应。②化学成分:当偏压从-100V 增加到-300V 时,原子离化率增大,因此薄膜内 N 含量稍有增加。但进一步增大偏压后,N 含量显著降低。一方面,N原子更容易被溅射(高偏压导致溅射加剧);另一方面,薄膜织构的变化也起到重要作用。③微观结构和残余应力:偏压从低到高逐渐增大到-200V,薄膜呈(111)择优,残余拉应力状态;当偏压大于-300V时,呈(200)择优,膜内残余压应力。产生压应力的原因是由于离子轰击导致出现高密度缺陷,因此该残余应力属于生长应力。

在反应直流溅射过程中,真空室内沉积的绝缘层造成"阳极消失"。这会导致放电过程不稳定,薄膜的结构和成分不可控。解决方法之一是采用双极性脉冲电源控制两个磁控源,在一个周期内两磁控源交替作为阳极和阴极,不但可以消除"阳极消失"现象,实现溅射过程稳定持续进行,同时还可以提高离化率,等离子体中离子/中性原子比增大,薄膜质量提高。

Park[192]研究了基体偏压和氢元素掺杂对六方碳氮化硼(h-BCN)残余应力的影响。采用Ar与N_2混合气氛中溅射B_4C靶材在Si(100)基体上沉积h-BCN薄膜。结果发现,随着基体偏压从-200V增加到-300V,h-BCN薄膜的残余应力从5.5GPa降低到4.5GPa;掺杂H后,残余应力进一步降低到3.0GPa。偏压变化引起的h-BCN薄膜(0002)取向的变化被认为是残余应力降低的主要原因。

5.1.4.3 基体温度的影响

图5-8是薄膜沉积时沉积温度与薄膜内应力的一般规律。可见随着温度的升高,生长应力逐渐降低,而热应力线性增加。生长应力与热应力的叠加,使得薄膜内应力出现先减小,后增加的趋势。尽管存在上述规律,对于不同制备技术和膜系来说,温度对残余应力的影响依然较为复杂,需要审慎对待。

Dong[193]研究了基体温度对Ti膜结构和残余应力的影响。结果发现,随着基体温度升高,Ti膜的晶粒尺寸先增加后减小,而残余应力从压应力转变为拉应力。分别采用纳米压入法和曲率法测试残余应力,两者变化趋势相同,且Suresh模型比Li模型更接近于曲率法结果。基体温度为300℃时残余应力最小且最均匀。Inamdar[194]采用直流磁控溅射在Si(100)基体上沉积FeCo薄膜,发现在300~600℃范围内,应力状态为残余拉应力,且随基体温度升高,应力绝对值由600MPa降低到200MPa。H. Y. Wan[195]采用脉冲激光在850℃得到无应力的GaN薄膜,而当沉积温度高于或者低于850℃时,薄膜内产生残余应力。无应力的GaN薄膜结晶性非常好;而有应力的GaN中存在因释放应力产成位错而生成的不规则晶粒,结晶性变差。Liu[196]采用磁控溅射沉积Ti_6Al_4V薄膜,发现薄膜内存在残余压应力,且随基体温度升高而降低。薄膜硬度随基体温度升高而降低,归因于升温过程中残余应力的释放。图5-9给出了残余应力随基体温度变化情况。由于携能粒子的撞击作用,在薄膜内部形成压应力。当温度升高时残余应力减小有两个原因:一是基体温度升高,沉积原子的扩散能力增强,更多原子运动到平衡位置停下来,降低了薄膜应力;二是沉积结束后薄膜和基体的温度降低,由于 Ti_6Al_4V 薄膜的热膨胀系数大于硅基体,从而产生拉伸热应力,部分地抵消了残余压应力。文献[197,198]提到了 ZrN、TiC 薄膜内残余压应力提高硬度的现象。由于残余压应力是由于沉积原子撞击形成的,撞击过程中形成的高密度缺陷成为阻碍位错运动的障碍,从而提高了硬度。

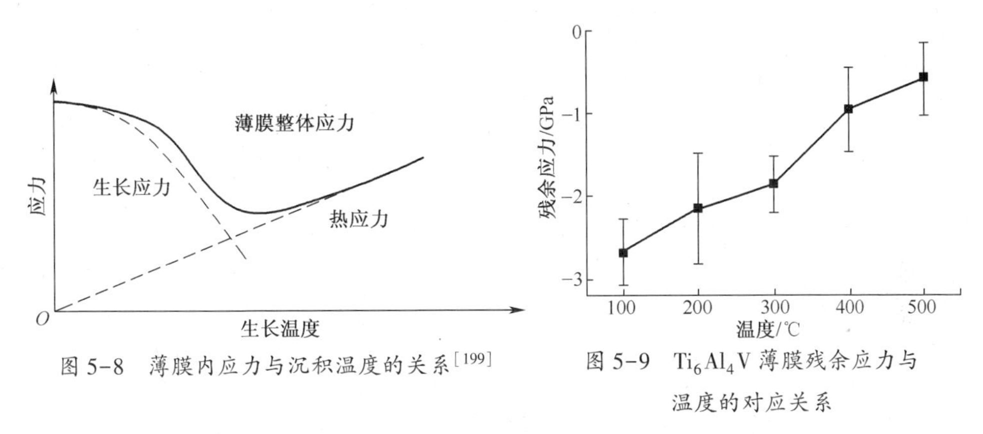

图 5-8　薄膜内应力与沉积温度的关系[199]

图 5-9　Ti_6Al_4V 薄膜残余应力与温度的对应关系

5.1.4.4　厚度的影响

图 5-10 表示在稳定沉积过程中薄膜的体平均应力的时间演化与膜厚的关系,表明:在通过气相沉积形成多晶体薄膜期间,体平均应力先为压应力,然后为拉应力,随后又变成压应力。这个规律对很多薄膜材料都是适用的。

Kumari[200]采用直流磁控溅射在 Si(001)和 MgO(001)基体上沉积了 30~600nm 厚度的 $Fe_{65}Co_{35}$ 薄膜。采用曲率法利用 Stoney 公式测试了残余应力。图 5-11 给出了不同厚度薄膜残余应力情况。可以看到薄膜内应力状态为拉应力,且随厚度增加而降低。产生拉应力的原因是由于晶界收缩作用。随晶粒尺寸增大,晶界面积减小,收缩率降低,从而导致薄膜内应力降低。

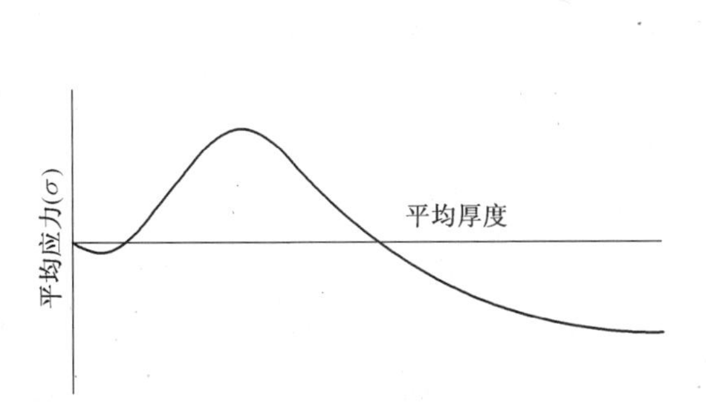

图 5-10　稳定生长过程中薄膜内应力与厚度的关系[163]

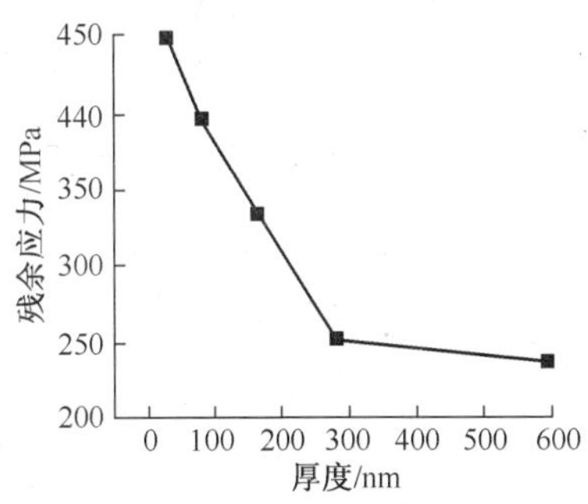

图 5-11　Si 基体上沉积 FeCo 薄膜内应力与厚度变化对应关系[200]

Liu[201]采用等离子体浸没离子注入和沉积技术在AISI52100轴承钢表面制备了TiN薄膜，采用XRD掠射法测定了残余应力，研究了薄膜厚度对残余应力的影响。结果发现沉积态的TiN薄膜应力状态均为残余压应力，且绝对应力值随着厚度的增加而降低，从1.5μm的2.16GPa降低到4.5μm的1.16GPa，由此得出结论，合理选择工艺参数，可以有效地控制膜内残余应力。

Moridi[202]探索了薄膜中由较大的晶格错位应变而引起残余应力的机理，从热失配、晶格错配及界面位错的作用角度解释了残余应力随膜厚变化规律。研究结果表明，薄膜的厚度与残余应力存在一定对应关系，但这种关系并不能仅用热失配、晶格错配或两者耦合来解释。在100~500nm厚度范围，对残余应力起关键作用的是界面位错的密度，而位错分布形态的影响可以忽略。

Pobedinskas[178]采用直流脉冲磁控溅射沉积了17nm~3.9μm厚度范围的AlN薄膜。采用Stoney公式计算了残余应力值。图5-12中所有厚度AlN薄膜均呈残余压应力状态，且随厚度增加残余压应力数值降低。在最初100nm厚度范围内，应力数值降低的斜率非常大，其后逐渐变缓。当真空室内气氛变化时，AlN膜内的残余应力状态发生显著变化：N_2气氛中AlN薄膜均为残余压应力，而$Ar+N_2$气氛中AlN薄膜的残余应力值较纯N_2气氛平均增加0.86GPa，这表明Ar气环境有利于降低薄膜内的残余压应力值。

Pandey[203]研究了Si(100)基体上生长AlN薄膜时，薄膜残余应力随膜厚的变化规律。分别采用XRD法、红外吸收法和曲率法测定残余应力。结果表明随薄膜厚度增加，残余压应力从-2.1GPa降低到-0.6GPa。XRD法、FTIR法和曲率法测试范围大于薄膜晶粒尺寸，故这三种方法得到的是相对宏观的残余应力。图5-13中，三种方法测得的残余应力值吻合性非常高。产生残余应力的原因有：①Si基体($2.6\times10^{-6}\ K^{-1}$)和AlN薄膜($4.5\times10^{-6}\ K^{-1}$)热膨胀系数差异；②基体与薄膜晶格不匹配；③由晶界、缺陷和掺杂而导致的本征应力。对于不同厚度薄膜残余应力存在差异的原因，该文认为本征应力起到决定性影响：当薄膜厚度较小时，晶粒尺寸较小，由此导致晶界密度较高；当薄膜厚度较大时，晶粒尺寸变大，导致晶界密度降低。AlN薄膜残余应力受到多种因素影响，因此需要根据实际制备条件确定应力演变规律。

晶界的形成会促进拉应力的发展；而沉积原子被晶界捕获，则会释放拉应力并导致压应力。增量应力显然与平均应力完全不同。即使薄膜内平均应力是拉应力，新沉积的层内应力也可以是压应力。平均应力反映了所有层的应力叠加，而增量应力仅反映了新沉积层对已沉积薄膜结构的影响。对于多晶态的薄膜来说，测定其应力演变过程是非常重要的。以Ag膜为例，在其生长过程中经历了一系列应力状态变化，最先沉积层具有较小的增量压应力，紧接着变为增量拉应力。随厚度的增加，增量应力由拉应力转变为压应力。当到达一定厚度后，增量应力达到一稳定值,不再随厚度变化而变化。沉积温度对应力也产生重要影响。当 Ag 沉积到 SiO_2基体上,在较低温沉积时(-80℃),薄膜内部残余拉应力;而在 30℃沉积时,增量应力由拉应力转变为压应力,并最终呈压应力状态。同样的现象也出现在 Fe 膜中,但区别是室温时 Fe 膜中应力保持较高拉应力,而 Ag 膜已经转变为压应力。

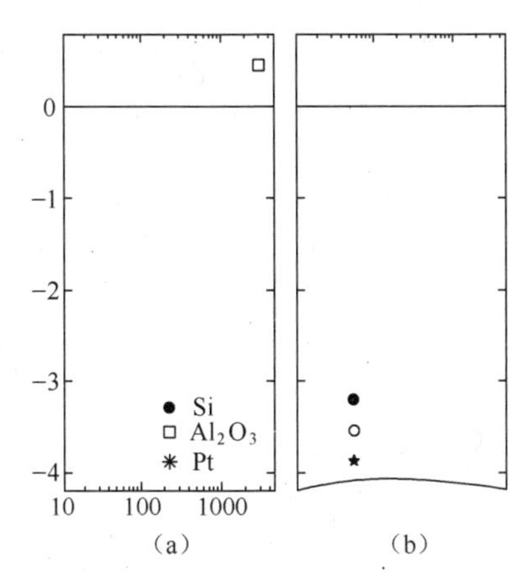

图 5-12　磁控溅射 AlN 薄膜厚度与平面残余应力对应关系[178]

(a)分别沉积在 Si、Al_2O_3和 Pt 基体上;

(b)沉积在 Si 基体上,但工作气体不同。

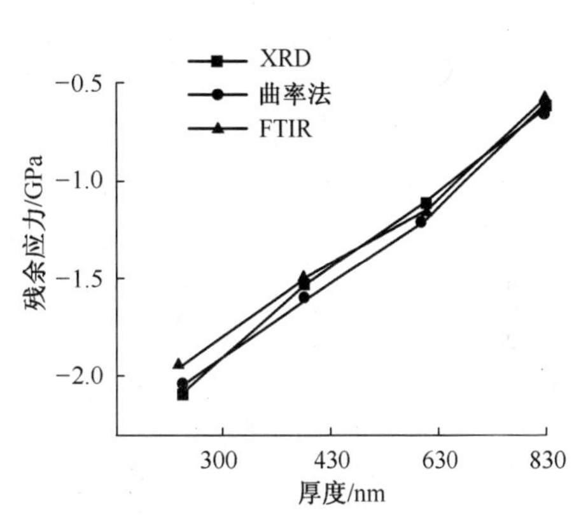

图 5-13　XRD 法、FTIR 法和曲率法三种方法测定残余应力对比[203]

5.1.4.5　结构设计的影响

上文讨论了制备工艺参数对薄膜内应力的影响。除了工艺参数以外,薄膜的结构、成分也会对内应力产生显著影响。下文就多层结构、梯度结构和掺杂等结构设计因素对内应力的影响展开讨论。

(1) 多层结构能显著降低薄膜的内应力,且调整多层周期、单层的成分等参数对薄膜内应力的影响是不同的。图 5-14 所示为 CN_x/CN_x多层膜的压应力随调制周期(Λ)的变化曲线,单层富 sp^3-CN_x 和富 sp^2-CN_x 薄膜的应力分别是 4.58GPa 和 4.18GPa。从图中可以看出,$\Lambda=2nm$ 的 CN_x/CN_x多层膜具有最大压应力 3.8GPa,这明显低于单层富 sp^3-CN_x和富 sp^2-CN_x 薄膜的应力。随着调制周期增加,CN_x/CN_x多层膜的应力变小,$\Lambda=60nm$ 的薄膜应力接近 1.8GPa,应力的减小归于薄膜层界面间的拉应力。Logothetidis 等[204,205]指出在多层膜中,硬层和软质层之间额外的界面增加了薄膜的总能量(表面能和应力能)迫使基底弯曲,这种弯曲诱导显微拉应力去补偿薄膜的压应力,对于具有大调制周期的多层膜,额外的界面数较小,总体能比小周期的多层膜的总体能要小,使得界面处的应力快速减小[206]。所制备多层膜的压应力都小于单层膜的应力。另外,多层膜中富 sp^3-CN_x 层应力比富 sp^2-CN_x 层高,而薄膜中富 sp^2-CN_x 层比较厚(> 30nm),足够支撑大的塑性变形去释放富 sp^3-CN_x 层的高应力。因此,CN_x/CN_x 多层膜应力随着调制周期急剧变小。

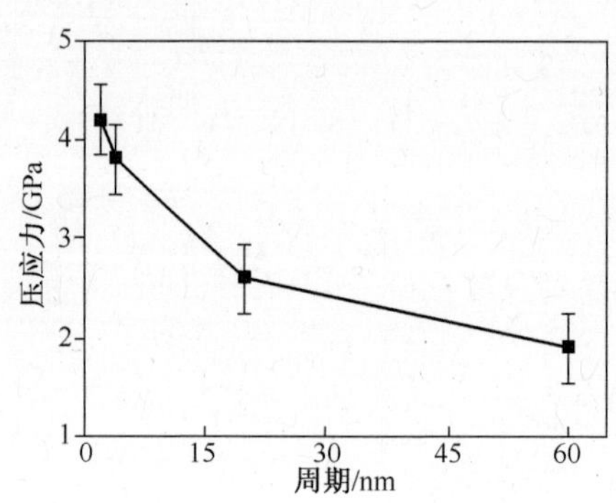

图 5-14 CN_x/CN_x 多层膜的压应力随调制周期增加而减小[209]

Ali[207]认为,纳米多层是控制残余应力、提高结合强度和韧性的有效方法。寻找多层膜中每一单层的理想厚度可以降低界面轴向和平面剪切应力。例如,通过合理设计 Ti 中间层的厚度,可以使 Ti/TiN 薄膜的结合强度提高 27%。多层膜比两层薄膜临界载荷提高 22%,同时保持原来的硬度和刚度。Ti 层在多层膜中的位置和厚度对结合和韧性有显著影响。具体来说,Ti 层越靠近基体一侧,所带来的正向效果越明显。残余应力在其中起到有益的效果。

Guo[208]利用 Stoney 公式推导出多层膜残余应力,提出多层膜残余应力可以通过每一单层的残余应力加权平均得到。适当的残余应力可以提高膜的韧性和结合强度,而过高的残余应力会导致膜失效。

(2) 梯度结构显著降低溅射薄膜的内应力。在 $a-CN_x$ 与 Ti_6A1_4V 基体之间制备形成了结构组成呈均匀梯度变化的 $Ti+TiN/CN_x$ 中间层,即 $Ti/TiN/CN_x$ 梯度多层膜,该结构的 $a-CN_x$ 基薄膜材料相对于 $a-CN_x$ 单层膜具有结合强度高、硬度高、内应力小和摩擦系数小的优点[209]。在不同温度下设计的 $Ti/TiN/CN_x$ 梯度多层膜和单层碳氮膜的硬度、结合力、摩擦系数和磨损率都随沉积温度的上升而表现出下降趋势。

Meng[210]采用磁过滤真空电弧沉积在 Si 基体上沉积不同残余应力状态的 TiAlN 薄膜(厚度约 600nm),通过改变 TiAlN 与 Si 基体间梯度中间层的厚度(10~300nm)调控 TiAlN 薄膜内残余应力的大小。利用 Stoney 公式 $\sigma = \frac{E_s h_s^2}{6(1-v_s)h}\left(\frac{1}{R}-\frac{1}{R_s}\right)$ 计算 TiAlN 薄膜的平均内应力。其中,E_s 和 ν_s 分别为基体 Si 的弹性模量和泊松比;h 和 h_s 分别是膜和基体厚度;R 和 R_s 分别为镀膜前后 Si 基体曲率半径。结果发现,所制备的 TiAlN 呈柱状晶,晶粒平均直径 100nm。

由于陶瓷薄膜与基体在结构、热膨胀系数和力学性能上的差异,在陶瓷膜内一般会形成残余应力,而梯度中间层是降低残余应力的有效方法。结果表明残余应力随梯度中间层厚度增加而逐步降低,没有中间层时,薄膜内部应力状态为压应力(-1.58GPa);当中间层厚度大于200nm,残余应力降低到0.01~0.1GPa。在研究TiAlN薄膜的硬度(H)、弹性模量(E)与残余应力对应关系时发现,随残余应力值降低,H和E逐渐增加,且当残余应力值为零时H和E值达到最大值。该文给出了H、E与σ的经验公式,$\overline{H} = 8.7183 - 0.6865\ln(0.5036 - \overline{\sigma})$;$\overline{E} = 199.645 - 5.3399\ln(0.3758 - \overline{\sigma})$,公式等号右侧第一项为热平衡状态时的本征硬度,第二项反映了残余应力对薄膜力学性能的影响:式中残余应力以对数衰减函数形式,在残余应力值增大时降低硬度和弹性模量。根据该拟合表达式,既可以在已知残余应力时计算硬度和弹性模量,又可以在已知硬度和弹性模量时得到残余应力值。

(3) 掺杂对残余应力产生显著影响。Li[211]研究了Ti/Al掺杂对非晶碳膜残余应力及碳键结构演变的影响。发现当Ti、Al掺杂量较少时(Ti<3.9 %(原子分数);Al<4.4%(原子分数)),Ti原子和Al原子固溶到碳基体中;当Ti、Al含量超过该范围后,Ti以晶态碳化钛的纳米颗粒形式存在,Al以氧化铝形态存在于非晶碳膜中。碳膜的残余应力、硬度和弹性模量强烈依赖于掺杂Ti、Al原子的化学状态,随Ti、Al含量先降低后增加。从头算法计算结果表明,Ti、Al掺杂后碳膜应力的降低归因于扭曲C-C键的松弛以及较弱的离子键Ti-C键和Al-C键的形成。

尽管研究薄膜残余应力的文献有很多,但薄膜生长过程与残余应力的关系仍未被很好地理解和掌握,如应力与生长速率的关系。图5-15中,当沉积速率0.1nm/s时,薄膜内具有很大的残余拉应力;而当沉积速率20nm/S时,薄膜内具有很大的残余压应力。如果改变温度或沉积原子的运动能力,会发现同样的规律。对很多金属膜来说,薄膜生长的初期阶段为拉应力,随着厚度的增加逐步转变为压应力。那么,这种应力状态转变的根源是什么?应力与生长条件具有怎样的联系?如果不能回答这些问题,对于薄膜应力状态的优化和控制就只能在试错法中摸索前进。模拟技术的进步使人们更好地理解应力与生长条件、微观结构以及材料参数的关系成为可能。

Bouaouina[212]采用射频磁控溅射制备了Mo_2N/CrN多层膜,采用曲率法测试薄膜残余应力,发现Mo_2N单层中残余应力状态为压应力,而CrN单层中为拉应力。且多层膜周期越小,薄膜的残余应力、弹性模量和硬度越小。

除了上述内应力的因素外,还有其他因素影响薄膜的残余应力。薄膜的残余应力值与基体有关。将TiN、DLC和MoS_2沉积到钢基体和硅基体上时,钢基体时的残余应力值是硅基体残余应力值的2倍。典型TiN/钢基体的断裂韧性

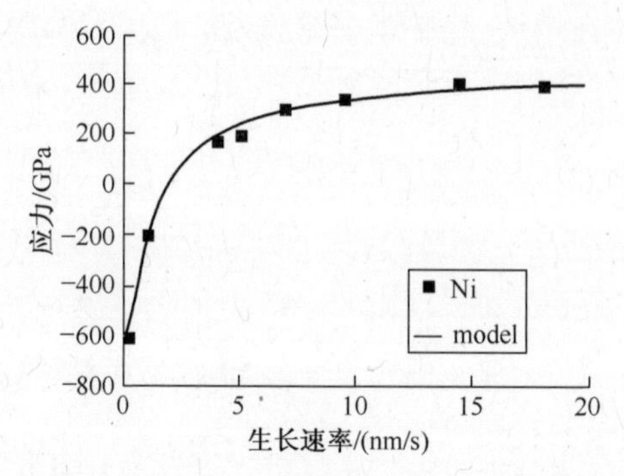

图 5-15　电沉积 Ni 到 Si 基体时沉积速率与应力对应关系

值为 3.8~8.7GPa · $m^{1/2}$,DLC/Si 的断裂韧性值为 1~10.9GPa · $m^{1/2}$。

Ghosh[213] 采用脉冲电沉积在不锈钢基体上沉积 Ni/Cu 纳米多层膜,发现该多层膜的应力状态与子层厚度密切相关。在研究其摩擦磨损行为与残余应力关系时发现,残余应力的作用与载荷大小有关:载荷较小时,H/E 比值和残余应力共同决定磨损率,其磨损机理是磨粒磨损;随载荷增加,残余应力的影响逐渐减弱;载荷较大时,起决定作用的是薄膜的塑性变形能力。

5.2　内应力对强韧化力学性能的影响

内应力对气相沉积薄膜的影响是非常明显的。以最常见(被视为最简单的二元氮化物体系)的 TiN 为例来说,当沉积在硬质基体上时,往往存在内应力,对薄膜的力学性能产生显著影响。本节主要讨论内应力对硬度、结合强度和韧性的影响。

尽管本节将内应力对硬度、结合强度和韧性的影响分开讨论,但实际上内应力对上述三个强韧化力学参数的影响并不是孤立的,往往相互之间存在一定的联系。在阅读过程中读者也会看到这种相互联系。

5.2.1　内应力对硬度的影响

Wang[214] 分析了爆炸喷涂 WC-Co 涂层的残余应力对硬度和弹性模量的影响。采用修正的 Stoney 公式计算了不同涂层后的残余应力。发现随厚度增加,涂层内应力从最初的拉应力转变为压应力。图 5-16 中可以看到,弹性模量和硬度随压应力的增大而增加,随拉应力的增大而减小。残余应力改变了晶格中原子的平均距离,由此改变了材料的弹性响应。由于原子周围势阱的不对称性,导致压应力比拉应力对弹性响应的影响更加明显。一般来说,原子间力的强度和键长对材料的弹性响应起到非常重要的作用。拉应力时键长有增大的趋势,导致相对较低的弹性模量;而压应力相反,导致弹性模量增加。硬度也随之发生相应的变化。

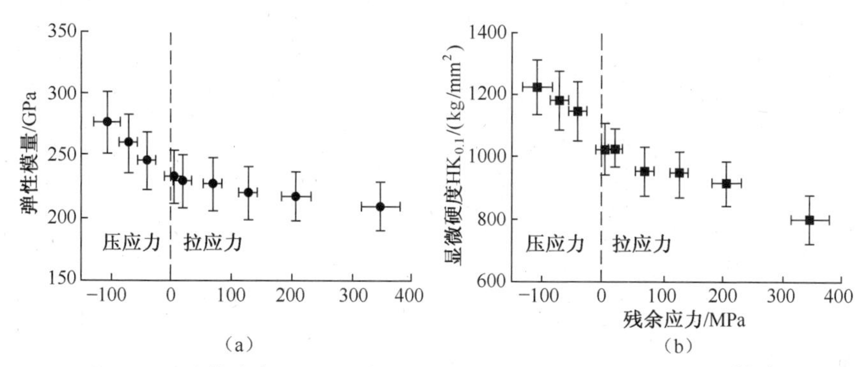

图 5-16 爆炸喷涂 WC-Co 涂层内应力对弹性模量和硬度的影响[214]

马德军[215]通过量纲分析及数值计算系统分析了残余压应力对薄膜硬度的影响,发现当残余压应力 σ_r 接近材料的屈服强度 σ_y 且 σ_r/E_r 在 0.02~0.05 范围内,残余压应力对硬度的影响较大,硬度最大变化可以达到近 1.43 倍。因此,有必要对残余压应力场中薄膜硬度进行修正。在已知薄膜残余压应力(可以用 X 射线衍射法或基片弯曲法等方法测定)的前提下,根据 5.1 节所揭示的 H_r/H_0 与 W_e/W、σ_r/E_r 间的近似函数关系,可以给出残余式压应力场中薄膜测量硬度的校正程序,其步骤如下:①利用纳米压入仪测定薄膜纳米压入加/卸载曲线;②根据纳米压入加/卸载曲线及 Oliver 与 Pharr 提供的方法确定残余压应力场中的薄膜硬度 H_r;③通过积分加载卸载曲线分别计算压入总功 W 和卸载功 W_e;④根据修正公式

$$\frac{H_r}{H_0} = 4.8876\left(\frac{\sigma_r}{H_r}\right)^{0.9}\left(1 - \frac{W_e}{W}\right) + 1$$

确定不受残余应力影响,即 $\sigma_r = 0$ 时的薄膜硬度值 H_0。

本书作者课题组利用 O&P 法计算了无应力单晶铜在 0.5~2.5mN 载荷下的硬度值,如图 5-17 所示。可见随着压入载荷或深度的增大,单晶铜的硬度值不断降低,即表现出明显的尺寸效应。Nix 等提出的应变梯度塑性理论是目前得到广泛认可的用来解释尺寸效应的有效方法。该理论的基本思想是将材料的内部位错分为统计存储位错密度和几何必需位错密度,其中统计存储位错密度一般不随压入深度的减小而增大,而几何必需位错密度则会随着压入深度的减小而急剧增大,导致纳米硬度的增大,从而使硬度呈现出明显的压痕尺寸效应。这种尺寸效应会影响硬度在材料检测与评价中的应用,尤其对于薄膜材料的硬度测试中,因此,在评价材料的硬度指标时,对于同种材料只有在相同载荷/深度下测得的硬度之间进行比较才有意义。用 O&P 法计算了单晶铜在固定载荷 1mN

和固定深度 700nm 时不同应力状态下的硬度值,如图 5-18 所示。无论是固定载荷还是固定深度模式,硬度值对残余应力均较为敏感,与无应力状态相比,拉应力状态下的硬度值明显降低,而压应力下的硬度值明显增大,且随着残余拉应力/压应力的增大,硬度值显著减小/增大。但 O&P 法计算硬度时忽略了压痕周围凸起变形的接触面积,而对于压痕周围有显著凸起变形的单晶铜,该方法会低估其真实接触面积,严重时会造成 60%的误差,从而使硬度值偏大。当使用合适的接触面积时,硬度并不随残余应力的改变而变化。

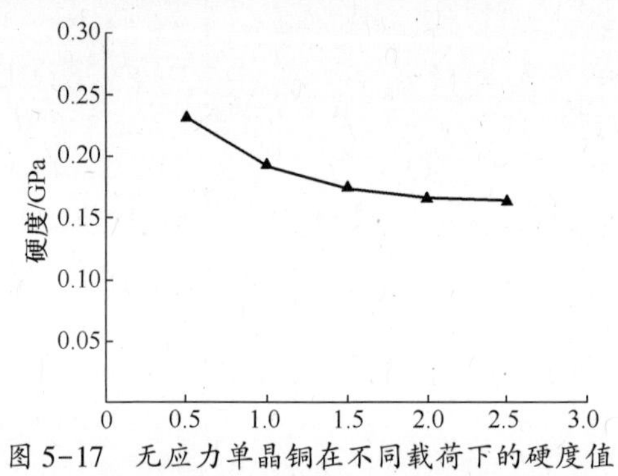

图 5-17　无应力单晶铜在不同载荷下的硬度值

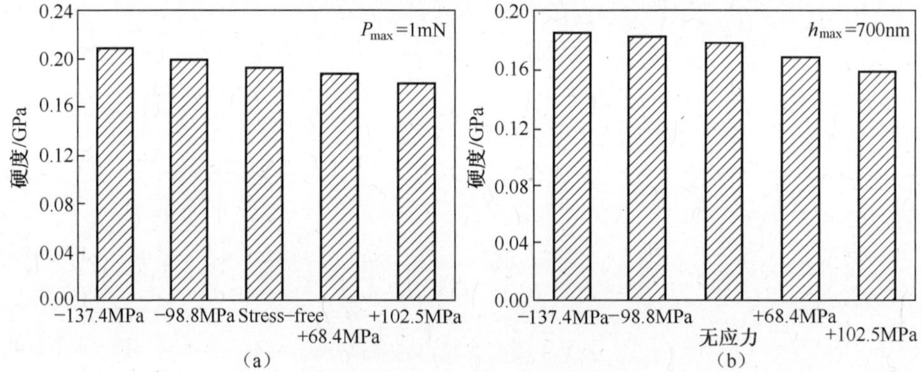

图 5-18　残余应力对单晶铜硬度的影响

(a)固定载荷 1mN;(b) 固定深度 700nm。

在 X 射线物相分析中,拉应力会导致 X 射线谱峰向高角度移动,压应力导致 X 射线谱峰向低角度移动,因此分析薄膜物相时要考虑内应力的影响。实际上,内应力对纳米压入法测试薄膜硬度的准确性也起到重要的影响。这种影响是通过对载荷—位移曲线的影响产生的。

1. 残余应力对加载曲线的影响

图 5-19 为单晶铜在固定载荷 1mN 时不同应力状态下的加载曲线。与无应力相比,拉应力下的加载曲线发生右移,而压应力下的则发生左移,且随着残余应力的增大,加载曲线偏移的幅度增大,即存在拉应力的单晶铜试样的压入深度

明显大于无应力试样,且随着拉应力的增大,压入深度也明显增大,而压应力则相反。这是因为压入过程中压头产生的应力方向与试样表面垂直,当试样中存在拉应力时,拉应力方向与压头下方的接触剪切应力方向相同,从而会使剪切应力增强。剪切应力的增大会提高压痕的塑性,因此产生较大的压入深度。可见,拉应力对压痕过程起促进作用,而压应力则起阻碍作用。同理,当固定压入深度时,拉应力试样所需要的最大压入载荷小于无应力试样,压应力试样则需要较大的压入载荷,且随着残余拉应力/压应力的增大,所需要的压入载荷也明显减小/增大,如图 5-20 所示。

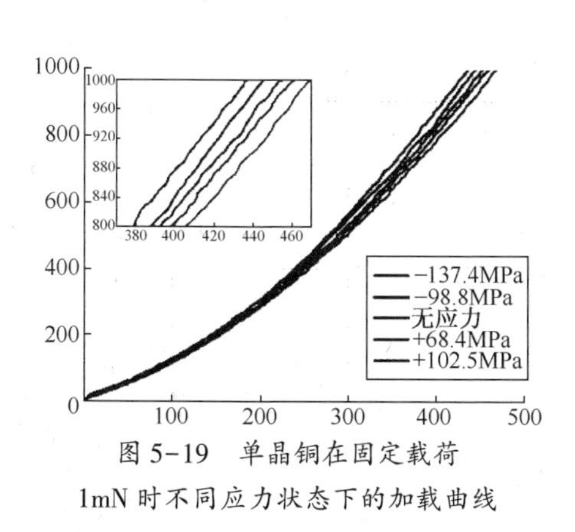

图 5-19　单晶铜在固定载荷 1mN 时不同应力状态下的加载曲线

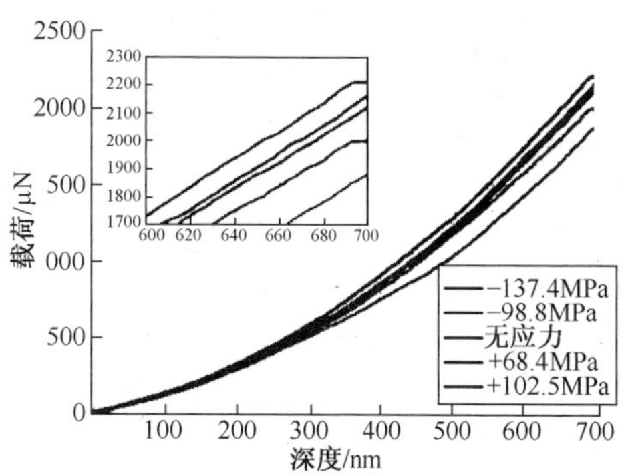

图 5-20　单晶铜在固定深度 700nm 时不同应力状态下的加载曲线

2. 残余应力对卸载曲线的影响

图 5-21 (a)、(b)分别为单晶铜在固定载荷 1mN 和固定深度 700nm 时不同应力状态下的卸载曲线。残余应力对卸载曲线同样产生显著的影响,在固定相同的载荷和深度时,与无应力状态相比,拉应力均使卸载曲线右移,压应力均使其左移,且随着残余应力的增大,偏移的幅度增大。即拉应力使弹性回复深 h_e 减小,残余深度 h_r 增大,而压应力则相反。这是因为卸载过程是一个纯弹性的过程,拉应力倾向于使材料远离压头表面,从而造成较小的弹性回复;压应力则促使材料靠近压头表面,使弹性回复深度增大(Xu et al, 2005)。

3. 残余应力对压痕凸起变形的影响

在纳米压痕试验结束时,压痕周围的材料会表现出凸起或凹陷变形,如图 5-22 所示。由于塑性变形的不可压缩性,具有较低加工硬化的材料的压痕周围容易产生凸起变形。Bolshakov 等(1998)的有限元模拟结果表明,当 $h_r/h_{max}>0.7$ 且加工硬化程度较小时,压痕周围的材料会产生明显的凸起变形。图 5-23 为单晶铜在固定载荷 1mN 和固定深度 700nm 时不同应力状态下的 h_r/h_{max} 值。无论是固定载荷还是固定深度模式,单晶铜在不同应力状态下的 h_r/h_{max} 值均接近于 1.0。此外,单晶铜的弹性回复较小,主要以塑性变形为主,表现为较小的

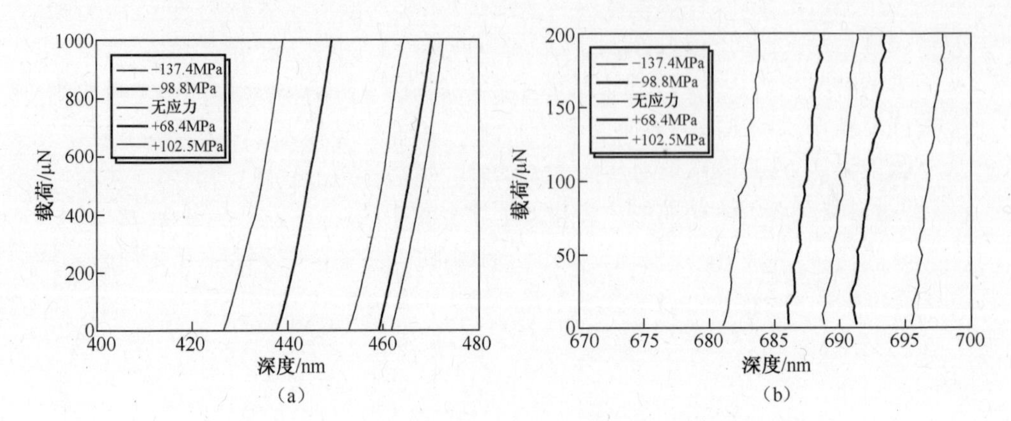

图 5-21　单晶铜在不同应力状态下的卸载曲线

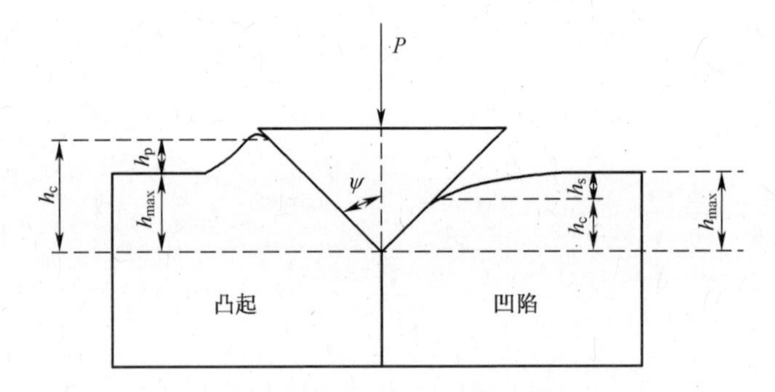

图 5-22　压痕周围材料的凸起和凹陷变形示意图

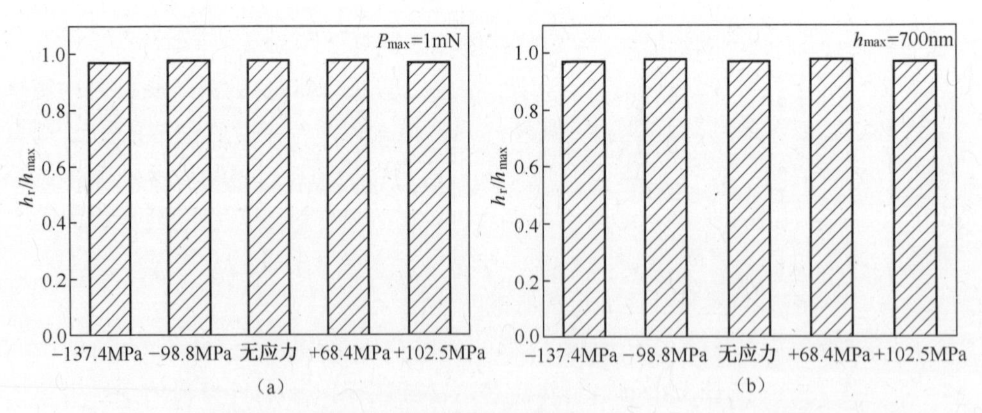

图 5-23　单晶铜在固定载荷 1mN 和固定深度 700nm 时不同应力状态下的 h_r/h_{max} 值

(a)固定载荷 1mN;(b) 固定深度 700nm。

加工硬化,因此压痕周围可能会有明显的凸起变形。

图 5-24 和图 5-25 分别为单晶铜在固定载荷 1mN 和固定深度 700nm 时,不同应力状态下的凸起高度和凸起宽度值。可见,在固定载荷和固定深度的实

验模式下,拉应力均使凸起变形高度明显降低,而压应力则使其显著增大,且随残余拉应力/压应力的增大,凸起高度显著降低/增大。这是因为拉应力会将压头下方的材料拉离压头的表面从而会使凸起高度减小;而压应力倾向于将压头下方的材料挤压到压头的表面上方从而使凸起高度增大。无论是固定载荷还是固定深度模式,凸起宽度值对应力并不敏感,这是因为等双轴应力在凸起宽度方向上的作用相互抵消,从而对凸起宽度值影响较小。

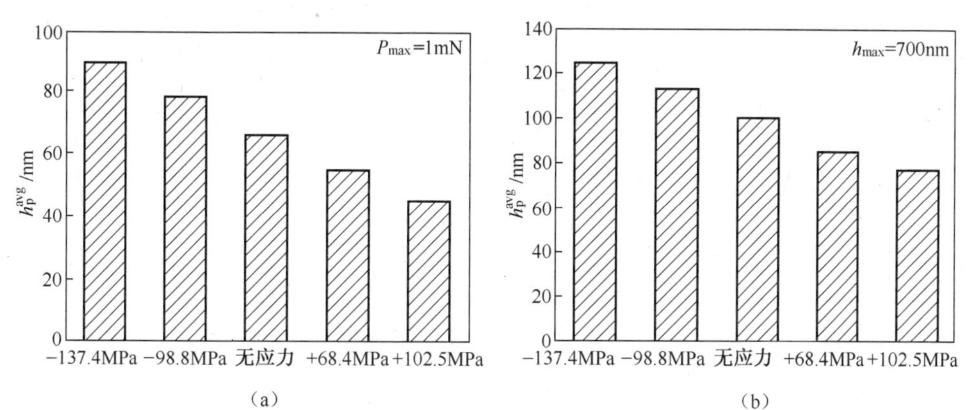

图 5-24　单晶铜在固定载荷 1mN 和固定深度 700nm 时不同应力状态下的凸起高度

(a)固定载荷 1mN;(b)固定深度 700nm。

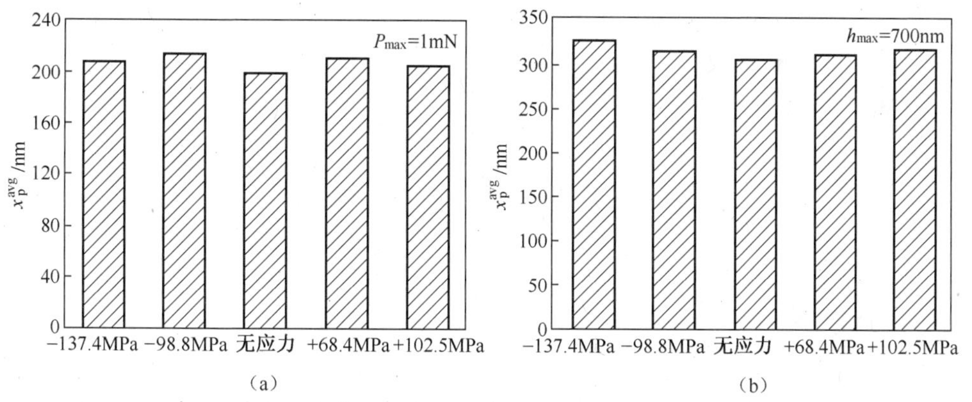

图 5-25　单晶铜在固定载荷 1mN 和固定深度 700nm 时不同应力状态下的凸起宽度

(a)固定载荷 1mN;(b)固定深度 700nm。

4. 残余应力对接触面积的影响

图 5-26(a)为用 O&P 法计算得到的单晶铜在固定载荷 1mN 时不同应力状态下的接触面积 A,该方法未考虑凸起部分的接触面积。由于固定相同的压入载荷时,拉应力产生的压入深度较大,造成接触面积比无应力状态明显增大,而压应力状态下的接触面积明显降低,且随着残余拉应力/压应力的增大,接触面积显著增大/减小。可见,固定载荷下当不考虑凸起部分面积时,接触面积对残余应力较为敏感。图 5-26(b)为单晶铜在固定深度 700nm 时不同应力状态下

的接触面积。固定相同的深度时,不同应力状态下的单晶铜的接触面积几乎一样,不受残余应力的影响。

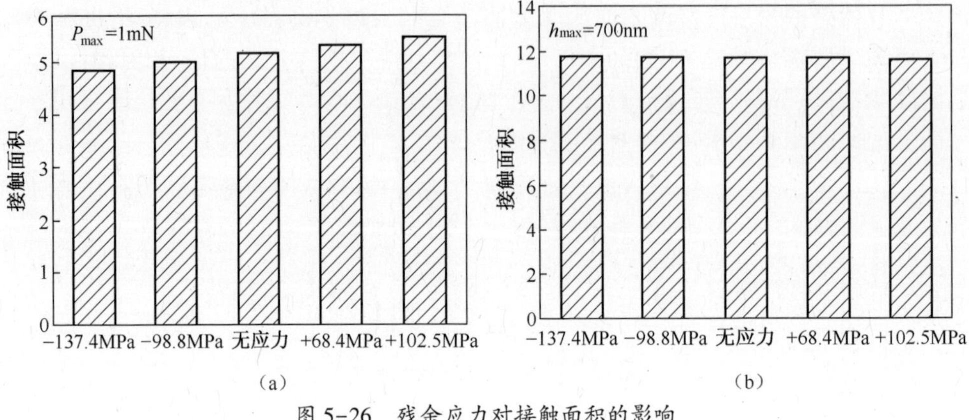

图 5-26 残余应力对接触面积的影响

(a) 1mN;(b)700nm。

5.2.2 内应力对结合强度的影响

薄膜的残余应力是影响薄膜与基体间结合强度的一个重要因素。如果薄膜的残余应力大于薄膜的结合强度,则薄膜无法附着在基体上。事实上,实验所测试的薄膜与基体的结合强度是残余应力与结合强度的综合体现,所以薄膜中残余应力越小,薄膜与基体的结合强度越高。这样梯度薄膜的结合强度高于均质薄膜,且随着梯度的加大,结合强度也增大。

Bull[216]研究了残余应力对 AlN 膜结合强度的影响,发现与未镀膜的 Si 基体相比,压应力提高了划痕法失效临界载荷;拉应力降低了失效临界载荷。在采用划痕法测试结合强度的实验中,最早出现的临界载荷 L_{c1} 对应于划动过程中切向摩擦力引入的拉伸应力导致薄膜的开裂(内聚力型失效);随着划动的进行,载荷越来越大,压入深度越深,膜/基界面的弹性应变能增加。当弹性应变能超过界面的 2 倍时会导致膜基结合失效(结合力型失效)。图 5-27 给出了划痕法测结合强度时内聚力型失效和结合力型失效的示意图。

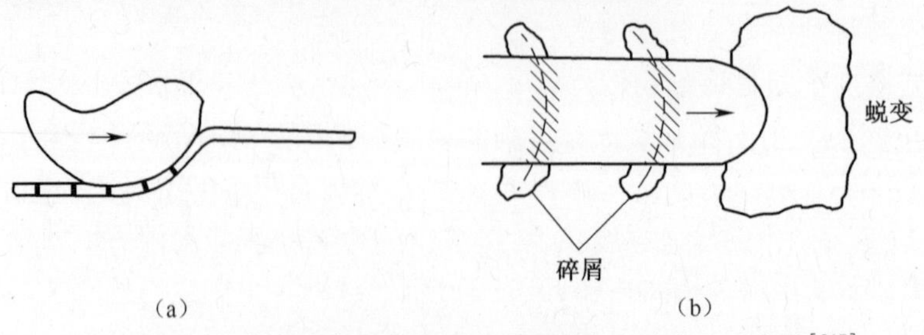

图 5-27 划痕实验中内聚力型失效和结合力型失效示意图[217]

(a)内聚力型失效;(b)结合力型失效。

薄膜硬度对界面结合性能影响明显,高硬度薄膜与压头作用时,由于应变较小,产生剪切应力小,从而可以减小剪切应变,延缓或消除裂纹的产生。然而,薄膜与基体硬度差异及晶格不匹配导致的残余应力可能会产生界面分层,过渡层一方面能够调控膜/基之间的不匹配性,降低界面应力;另一方面,相对 DLC 硬质薄膜,金属、金属化合物过渡层的缓冲作用及良好的韧性,能够降低压头划动过程中薄膜的脆性剥落,尤其在高载荷作用下,多层金属过渡层层间界面能够起到缓冲应力、偏转裂纹、释放载荷的作用。因此,对于薄膜与基体的结合强度的好与坏,是薄膜与基体弹性模量比、残余应力以及薄膜的韧性综合作用的结果。结合良好的体系表现出的一般规律是:既具有较低的残余应力,又具有较高的韧性。而这种良好的力学性能指标往往会带来薄膜的服役性能如摩擦磨损性能的提高。

薄膜的机械失效与薄膜的残余应力和结合力是密切相关的。薄膜中基底只能抵抗弹性应力,不能抵抗塑性变形。由于薄膜通常都具有高的残余应力,过高的应力可能会导致薄膜在膜基结合界面上脱落。部分残余应力通过薄膜的剥落而释放。释放的弹性能容易使薄膜从基底分离。沉积在刚性基底上的具有残余应力的膜基系统的失效过程不需要外加载荷。实际上,裂纹驱动力或应变能释放率可以写成 $G = \partial U/\partial A$,其中 U 为储存在薄膜中的弹性能,A 为裂纹的面积。裂纹扩张的条件是 G 超过韧性或抗断裂能力,也就是裂纹每增值单位面积所需要的能量。薄膜的断裂和分层是由最初黏结在基底表面上时所储存的弹性能所决定的。在薄膜中,弹性能的大小取决于薄膜的厚度和残余应力的大小。假设薄膜内残余应力 σ 是双轴的和各向同性的,单位面积储存的弹性能 U 就为

$$U = (1 - v_{\mathrm{f}})/E_{\mathrm{f}})t_{\mathrm{f}}\sigma^2$$

式中:t_{f}为薄膜的厚度,括号里的部分是薄膜的双轴弹性模量的倒数。应力值通常与薄膜的厚度无关,这就导致了弹性能随着薄膜厚度的增大而线性增加。这些能量可能释放并导致膜基系统的机械失效。特别是,当弹性能(U)大于某一临界值(U_{C}) 的时候,可以观察到膜基系统的机械不稳定,这一值可以通过失效时薄膜的表面自由能(γ)确定,在薄膜断裂过程中有两个新的表面形成,对应于表面自由能增加 2γ。

对于具有最大膜基结合强度的理想膜基界面,当薄膜从基底剥离时增加的自由能可以写为

$$\gamma_{\mathrm{d}} = \gamma_{\mathrm{f}} + \gamma_{\mathrm{s}}$$

式中:γ_{f}与 γ_{s} 分别为薄膜和基底的自由能,实际上等于次理想膜基界面的分离功。对于非理想膜基界面,分离功为

$$\gamma_{\mathrm{d}} = \gamma_{\mathrm{f}} + \gamma_{\mathrm{s}} - \gamma_{\mathrm{t}}$$

式中:($\gamma_{\mathrm{f}}+\gamma_{\mathrm{s}}$)为已知量;$\gamma_{\mathrm{i}}$为未知量。

实际上，γ_i依赖于界面的化学成分、形态和结构的完整性。然而，通过最小化 γ_i，分离功(γ_d)在许多系统中会大幅增加。

膜内残余应力对此产生显著影响。文献[217]发现，采用划痕法分别测试电弧和磁控溅射沉积 TiN 薄膜结合强度，发现电弧 TiN 膜既有内聚力型失效，又有结合力型失效；而磁控 TiN 膜主要出现内聚力型失效。由于电弧 TiN 膜内残余压应力大于磁控 TiN 膜，该文认为残压压应力会阻碍内聚力型失效，促进结合力型失效。

Xie[218]提出了一种计算划痕法测量结合强度时，结合力型失效对应的结合能计算方法。首先，划痕法中压头压入产生的压应力可以由下式获得

$$\sigma_s = \frac{0.15}{R}\left(\frac{PH_f}{H}\right)^{0.5} E_f^{0.3}E^{0.2}$$

式中：R 是压头半径；P 是临界载荷；H_f、H、E_f、E 分别是涂层和基体的硬度和弹性模量。因此结合力型失效处薄膜所受的临界应力 σ 是由两部分组成：一部分是薄膜内残余应力 σ_R；另一部分是 σ_s，即 $\sigma = \sigma_R + \sigma_S$。结合能可由下式计算得到

$$W = K_2(\sigma_s + \sigma_R)^2 t\frac{1 - v_f^2}{E_f}$$

式中：K_2为常数；t 为薄膜厚度；v_f为薄膜的泊松比(约 0.3)。

从该公式可以看到，不论是划痕法测试结合强度，还是磨损时的膜基剥落，都是与膜基结合能相关的过程。而膜基结合能与内应力直接相关的，故内应力对薄膜的结合强度和摩擦磨损性能都会产生影响[219]。

有研究者[220]采用有限元计算方法研究了四点弯曲载荷作用下，残余应力、涂层与基体的弹性模量比(简称弹性模量比)对涂层/基体材料界面能量释放率及其相角的影响。结果表明：能量释放率随着残余拉应力、弹性模量比的增大而增大；能量释放率中的相角也随着残余拉应力的增大而增大，但并不敏感，其随着弹性模量比的增大而减小。残余应力对能量释放率的影响十分明显，随着残余拉应力的增大，能量释放率将增大，因此残余拉应力将促使裂纹扩展；反之，可通过减小残余压应力来降低能量释放率，抑制裂纹扩展。

有研究者[169]采用线性阳极离子束复合磁控溅射技术在硬质合金 YG8 基体上设计制备了单层 W(钨)过渡层、WC 过渡层、双层 W 过渡层和三层 W 过渡层 4 种不同 W 过渡层的 DLC 薄膜，探讨了不同过渡层对 DLC 薄膜结构、硬度、内应力、结合性能和摩擦学特性的影响，结果发现：相比于单层过渡层，三层过渡的 DLC 薄膜体系残余应力明显降低，从单层过渡层的 1.89GPa 降低到 0.85GPa，降幅约 55%；WC 过渡层的 DLC 薄膜体系应力也出现降低，分析认为薄膜中碳化物纳米颗粒增多，内应力通过颗粒相的变形和界面滑移释放而导致

内应力大幅度降低。具有不同过渡层的 DLC 薄膜均结构致密,界面柱状生长随着层数的增加及过渡层厚度降低而打断,有利于提高薄膜的韧性,具有三层过渡层结构的 DLC 薄膜断裂韧性达到最大值 6.44MPa · $m^{1/2}$。膜/基匹配性更佳,结合强度高达 85 N,此时薄膜具有较低的摩擦因数和磨损率,表现出优异的抗磨减摩性能。

采用气相沉积法制备薄膜时,经常会出现薄膜从基体上自发脱层的现象。这一过程往往发生在向真空室充气取样过程,或早或晚出现。因为发生脱层的过程没有任何外载作用或其他任何外部原因,因此称为自发过程。这一过程的驱动力是薄膜错配应变引起的弹性储能的释放,简单地说,薄膜残余应力引起薄膜脱层。Freund[163]在其关于应力的专著中详细讨论了内应力引起薄膜脱层和开裂的情况。

外力作用下,薄膜的开裂有两种形式:一种是薄膜内开裂,指裂纹平面垂直于薄膜表面的一类失效模式;另一种是界面开裂,指裂纹沿薄膜/基体界面扩展,导致薄膜剥离的一类失效模式。如果薄膜存在内应力,将会对薄膜开裂有显著影响。

将 TiN 薄膜沉积在钢基体表面,通过改变工艺参数,调控薄膜内应力,然后采用四点弯曲法测试不同内应力 TiN 薄膜在外力作用下的开裂行为。四点弯曲法中,外弯曲面的 TiN 薄膜在拉应力的作用下发生内开裂。结果发现,如果薄膜存在残余压应力,会阻碍薄膜在外力作用下的开裂。且残余压应力的大小,会影响薄膜开裂的临界值。当残余压应力较小时,试样在偏折 1.6mm 即发生开裂;而残余应应力较大时,试样在偏折 3.5mm 才发生开裂。结果表明,薄膜开裂的临界拉应力为 1000MPa,而如果薄膜内存在残余压应力,薄膜可发生较大变形而不开裂。

由于残余应力可以阻止裂纹形核和扩展,因此可以提高硬质薄膜的结合强度和韧性。人们往往研究的是薄膜的平均应力。实际上,残余应力在薄膜内并不是均匀的,往往沿着从表面到内部(膜基界面)存在一应力梯度。应力梯度对于薄膜性能的调控具有重要意义。研究残余应力梯度的困难在于:一方面,应力演化机理知识缺失;另一方面,实验手段的限制。随着制样技术和模拟技术的进步,逐步开展了该方面的研究。Renzelli[221]设计并制备了 CrN/Cr 多层薄膜,研究了残余应力沿厚度方向分布状态(应力梯度)对膜基结合强度的影响。结果发现,较低的界面残余应力以及沿厚度方向由表面到内部逐步降低的应力梯度有利于提高结合强度。

Renzelli[221]提出一种控制并优化薄膜中残余应力分布状态的方法,即采用金属/陶瓷交替沉积多层结构薄膜。基于弹性接触应力场分析优化算法(Analytical Optimisation Algorithm)设计了最优期望应力分布,然后在其指导下设计、制备了 Cr/CrN 多层薄膜并进行了表征。结果发现在厚度、结构、织构、硬度等参数保持不变的情况下，残余应力分布状态可以显著影响划痕结合强度。Renzelli 采用的多层膜结构设计方法是，针对如何评价圆形压头在不同负载接触条件下残余应力对力学行为的影响，探索了优化算法在寻找最优残余应力分布中的应用。采用附带专用内应力优化模块的分析模型软件包，根据 Hertzian 理论分析计算薄膜内弹性接触应力分布。为了研究在较大载荷条件范围的薄膜响应，改变压头直径和加载载荷进行了一系列模拟。图 5-28 给出了一个实例。CrN 薄膜厚度约 3μm，采用钢基体。金刚石压头直径 200μm，载荷 500mN。优化后，同一薄膜被分成 5 个相等的部分，迭代后得到最优应力分布。等效应力明显降低。通过分析，M. Renzelli 指出应当针对具体摩擦磨损环境，设计最优应力分布状态。针对压头直径 10~300μm，载荷 50~500mN 范围最优内应力梯度的研究，得到以下结论：①载荷从 50mN 到 500mN 变化时，优化应力梯度完全改变；②点接触时（如较小压头直径和较低负载），需要较高的表面残余应力和较低的界面残余应力；③接触面较大时，需更高的界面应力；④压头越小，应力平均值和应力梯度越大；⑤小压头、大负载情形需要整个涂层厚度范围高的平均应力；而小压头、小负载情形需要更大的应力梯度。

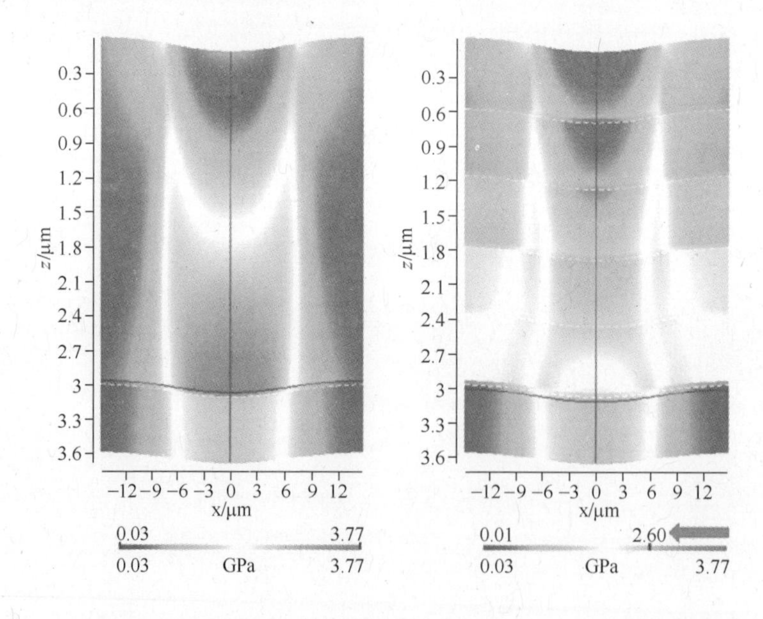

图 5-28 在钢基体上沉积 CrN 薄膜，采用金刚石压头压入后应力分布

(a)应力梯度优化前；(b)应力梯度优化后。(箭头表明优化后等应力明显降低。)

具体制备薄膜的工艺是在−120V、−150V 和−180V 三种不同偏压下制备多层薄膜。多层薄膜由三层 CrN 和两层 Cr 中间层组成，在基体表面沉积 Cr 中间层以提高结合强度。采用 FIB 方法研究应力梯度的制样过程如图 5-29 所示。

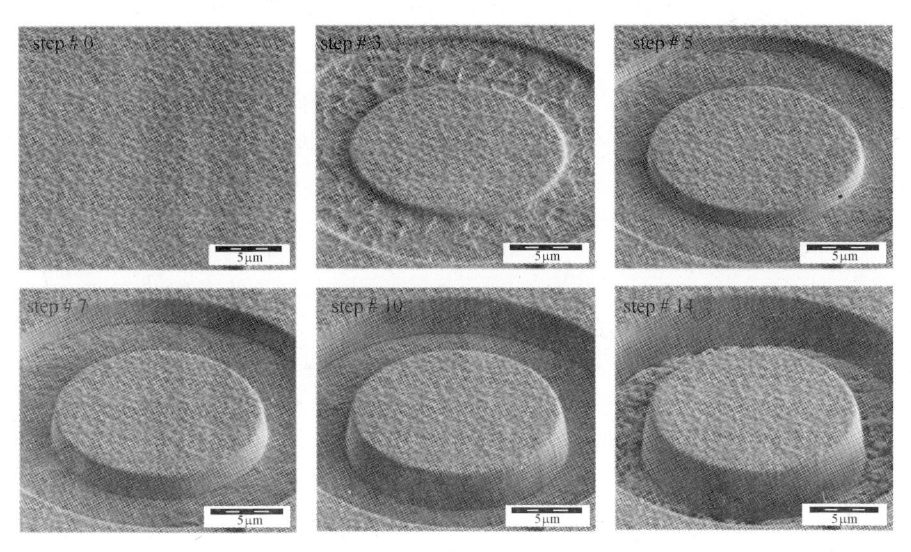

图5-29 采用FIB方法在CrN薄膜上制备15μm直径柱子的过程

观察单层薄膜和多层薄膜的截面形貌发现晶粒贯穿界面。采用柱子压碎法(Pillar Splitting Method)测试了韧性。图5-30给出了典型失效形貌。图5-30(b)给出了-150V单层和三种多层薄膜韧性对比,可见后者韧性比单层稍有提高但不明显。需要指出,采用该方法测试韧性时,残余应力不会对结果产生影响,这是因为在破碎过程中,应力被完全释放[222]。

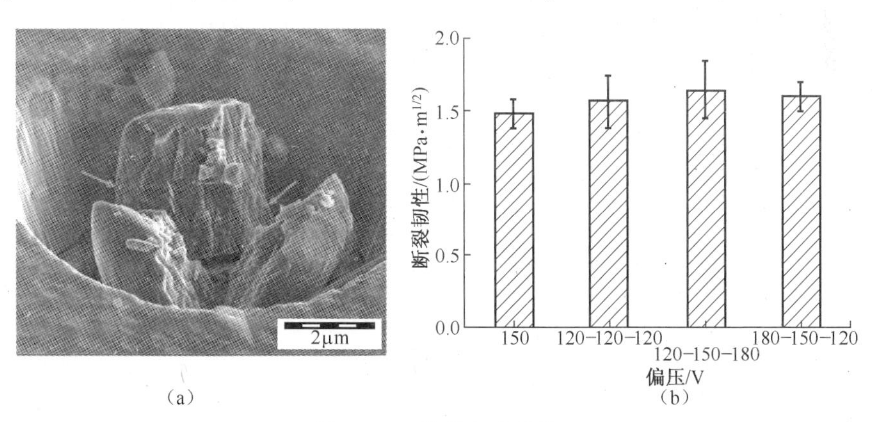

图5-30 典型失效形貌

(a)将多层薄膜的柱子压碎后的典型形貌,图中用箭头指出中间层;

(b)采用该方法测定的韧性值,包括单层和多层薄膜。

图5-31是采用XRD $\sin^2\psi$法和FIB法测定单层CrN平均残余应力结果。可见在较低(-60V)和较高(-210V)偏压时平均应力相对较大,随偏压增加呈U形分布。这种U形分布特征与沉积气压较低有关。当沉积气压较高时,残余应

力与偏压一般呈线性关系[223]。

图 5-31 中 XRD $\sin^2\psi$ 法和 FIB 法测定的残余应力值存在差异，这是由两种方法的测试原理不同造成的：XRD $\sin^2\psi$ 法更易受到薄膜织构的影响。

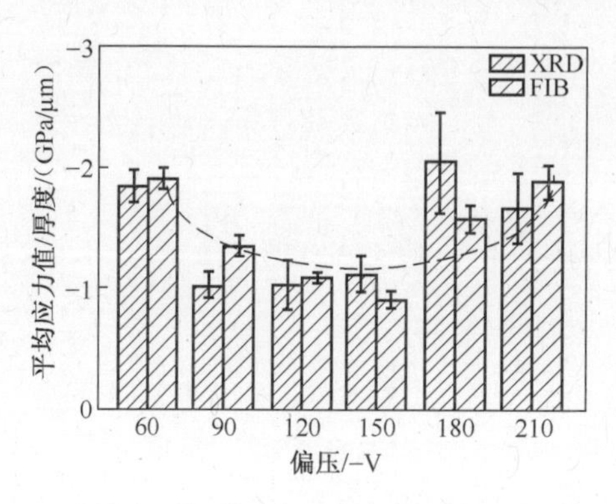

图 5-31　单层 CrN 薄膜不同偏压下的平均残余应力值

图 5-32 给出了三种 CrN/Cr 多层薄膜平均应力值，同时给出了单层 CrN 在 -120V 和 -180V 时平均应力值。可见三组多层膜内应力平均值稍大于单层 -120V应力，但明显低于单层-180V 应力。

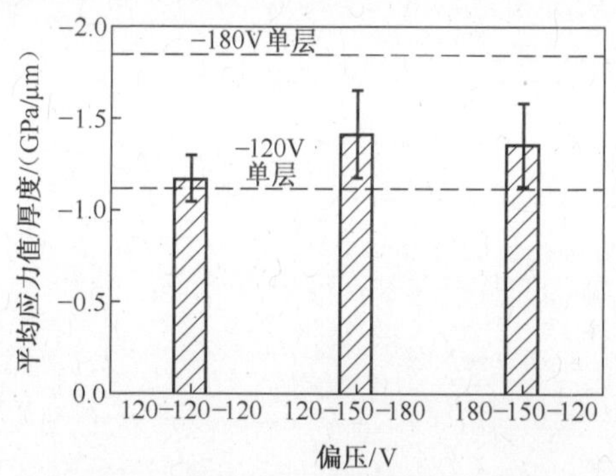

图 5-32　三组不同多层膜的平均残余应力，两条虚线分别表示在 -120V 和-180V 偏压下制备的单层薄膜的内应力

研究三种多层膜沿厚度方向从表面到内部的应力分布。结果发现-120V 时制备的多层膜在表面和界面应力相等，表面应力最大，沿厚度方向应力梯度最小；偏压逐步增大(120V-150V-180V)的薄膜样品在表面处偏压最小，界面处偏压最大，这导致其表面应力较小而界面应力较大。与此相反，偏压逐步减小(180V-150V-120V)样品的界面应力并不是最小的。

图 5-33 给出了不同偏压下单层 CrN 薄膜的临界划痕值。结合图 5-31 可以得出如下结论：较高的平均残余应力降低了划痕法剥离载荷，表明了残余应力对膜基结合强度的影响。尽管残余应力有利于提高结合强度，但并非越大越好，

而是存在某一限度，过高残余应力会导致薄膜过早失效。

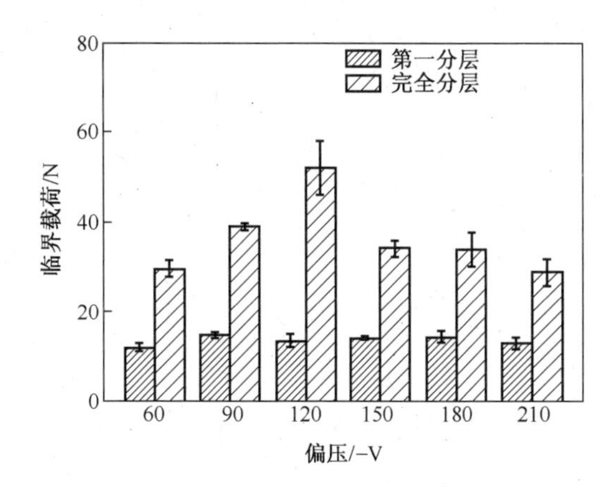

图5-33　单层CrN薄膜在200μm直径压头下的划痕结合强度

图5-34给出了不同偏压下多层膜的临界划痕值。结果表明多层膜的膜基结合均好于单层CrN膜。原因可能是多层膜中韧性金属层带来的正向效果。而对比三种多层薄膜，可观察到如下不同：最低界面应力和最小应力梯度的180V-150V-120V样品具有最高的临界载荷。

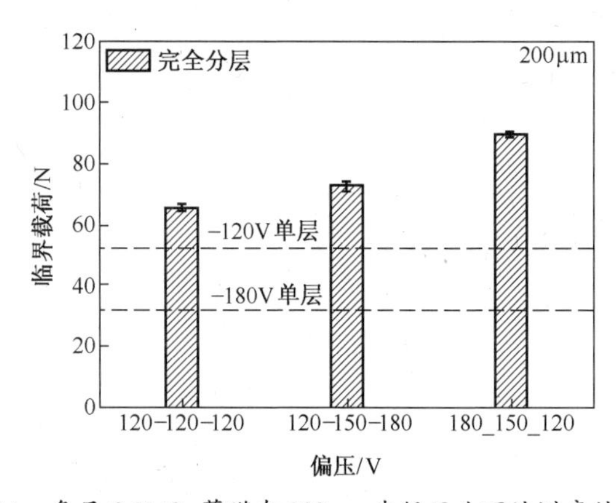

图5-34　多层CrN/Cr薄膜在200μm直径压头下的划痕结合强度

图5-35中，180V-150V-120V样品同样表现出最高的结合强度。尽管韧性也会改善结合，但此处结合强度的提高并不能仅仅归因于韧性，因为在压碎法韧性测试中，多层膜的韧性仅稍微好于单层薄膜。在硬度、弹性模量以及结构等基本相同的情况下，单层CrN薄膜和多层CrN/Cr/CrN结合强度的变化应归因于多层膜中的应力梯度调整。

为了提高膜基结合强度，需要降低残余应力（如采用多层或功能梯度过渡层的方法）。有研究发现，增加残余应力可以提高薄膜的破坏抗力[224,225]。这

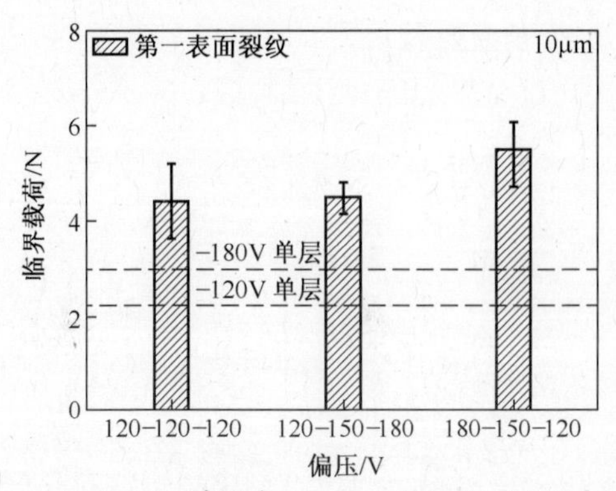

图 5-35　多层 CrN/Cr 薄膜在 10μm 直径压头下的划痕结合强度

就存在一个进退两难的困境,一方面,降低残余应力可以提高结合强度;另一方面却可能降低薄膜的破坏抗力。这就提出一个疑问,能否合理控制残余应力,既可以获得高结合强度,又可以具备高的破坏抗力? Mohammad 研究了残余应力对 TiSiN 薄膜破坏抗力的影响[226],尝试回答上述疑问。首先采用反应非平衡磁控溅射在钢基体表面沉积纳米复合 TiSiN 薄膜,为了提高结合强度制备 TiN 过渡层和 Ti 黏接层。然后在 400~900℃ 对薄膜进行退火热处理,采用纳米压入法测定残余应力的变化情况;采用 Rockwell-C 压入法评价薄膜的破坏抗力和结合强度,利用 FESEM 观察压痕形貌从而判定失效模式,然后根据广泛采用的结合强度指标进行分级[227];采用 FIB 技术观察了压痕处薄膜结构变化及亚表面结构损伤。压入法测试残余应力的公式为

$$\sigma_R = \sigma_r\left(1 - \frac{1.26}{\pi}\left[\frac{\alpha_0}{\sigma_r} - \frac{E_e}{R}\right]\right)$$

式中:σ_r为薄膜的屈服强度;a_0为压入时的接触半径;E_e为薄膜弹性模量;R 为压头半径。

结果发现,退火可降低薄膜的残余应力,如图 5-36 所示。沉积态薄膜的残余应力为 10±1GPa;400℃ 退火后应力降低为 6.7±0.7GPa;900℃ 退火后降低到 1±0.2GPa。

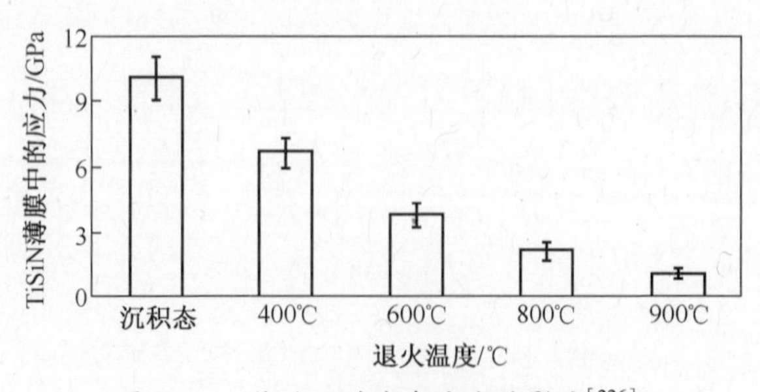

图 5-36　热处理对残余应力的影响[226]

Rockwell-C 压入后压痕形貌如图 5-37 所示。根据压痕边缘以及内部质量,将结合强度分为 HF1(优)~HF6(差)六级。600℃退火后压痕边缘无剥落,内部完整,表明抗破坏能力强;400℃及 900℃退火后均在压痕边缘剥落,900℃时压痕内部破坏严重。沉积态薄膜(as-deposited,未进行热处理)压痕边缘出现剥落,但内部保持完整。

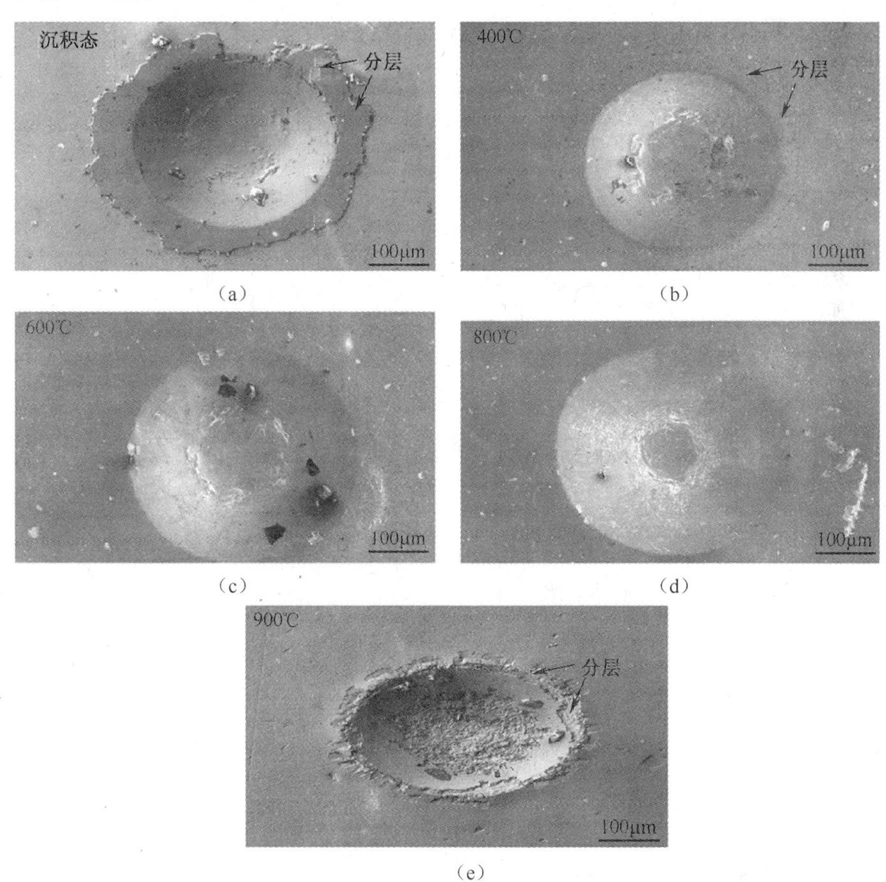

图 5-37　通过 TiSiN 薄膜 Rockwell-C 压入法压痕形貌判定失效模式[226]

(a) as-deposited 沉积态;(b) 400℃;(c)600℃;(d)900℃。

5.2.3　内应力对韧性的影响

当前薄膜韧性的研究并不深入,尽管关于内应力与韧性关系的文献时有报道,但单独分析内应力对韧性影响的文献非常少。有研究认为随着残余应力的增加,薄膜脆性增大,韧性下降,但并没有直接的证据表明两者间的这种关系。就现阶段而言获得广泛认可的说法是,压应力利于抑制微观裂纹的萌生和扩展,因此增加薄膜的韧性;拉应力促进微观裂纹的萌生和扩展,因此降低薄膜的韧性。甚至有研究认为薄膜内部存在压应力是获得“强、韧”薄膜的关键。这种规律不仅对气相沉积的微米级薄膜有效,对于热浸镀 $Al_{12}(Fe,Cr)_3Si_2$ 金属间化合物涂层同样有效[228]。

气相沉积薄膜内应力对强韧性能的影响可以借鉴其他涂层。有研究者[229]计算机模拟研究了残余应力对碳纳米管(CNT)/Al_2O_3复合体韧性的影响,结果发现热残余应力对韧性影响较小,而碳纳米管周边区域的不可移动位错伴随的残余应力对韧性有显著的影响。在采用空气等离子喷涂方法制备的 CoNiCrAlY 涂层中,残余压应力显著增加了涂层的界面韧性,从而提高了涂层与基体的结合[230]。在采用等离子喷涂 YSZ 热障涂层中,增加沉积温度会增加残余压应力,从而提高了涂层的抗裂性能,涂层韧性增大[231]。对于热障涂层而言,界面韧性、残余应力和力学性能是影响其服役性能和可靠性的重要因素。文献[232]发现残余应力对热障涂层韧性的影响起到关键作用:随残余压应力从 36.8MPa 提高到 243MPa,涂层韧性从 0.64 提高到 3.67MPa · $m^{1/2}$;沿着热障涂层厚度方向残余压应力梯度变化,涂层韧性也出现梯度变化情况。文献[233]采用等离子增强化学气相沉积方法制备内应力从 300MPa(拉应力)到-1GPa(压应力)变化的 SiN_x:H 薄膜,研究了断裂韧性随内应力的变化规律,发现压入法断裂韧性值从小于 0.5MPa · $m^{1/2}$ 到大于 8MPa · $m^{1/2}$ 范围变化,并认为薄膜内应力与断裂韧性呈线性关系,如图 5-38 所示。

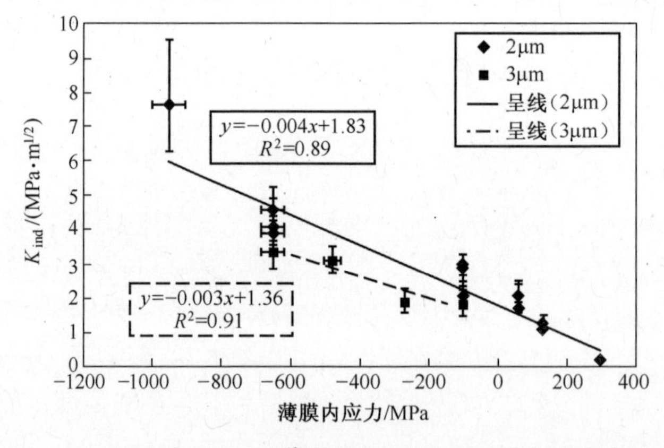

图 5-38 PECVD 制备 SiN_x:H 薄膜内应力体与压入法韧性呈线性关系

TiN 薄膜内应力状态与厚度相关。Janssen[234]观察到如下规律:当 TiN 厚度较薄时,存在较大压应力;随厚度增加,压应力逐渐减小并最终转变为拉应力。如果在沉积氮化物涂层(如 CrN)时,预先沉积金属过渡层(如 Cr),过渡层的厚度和结构将会显著改变薄膜的应力状态[235,236]。沉积过程中的离子轰击效应对薄膜内应力产生显著影响,薄膜的晶粒尺寸、织构和形貌会影响内应力状态,而这些都可以通过沉积条件进行调控。

Janssen 发现在沉积 Cr/CrN 薄膜时内应力在整个厚度上并不均匀,靠近基体—薄膜界面处具有很高的拉应力,而远离界面处拉应力逐渐减小。如果沉积薄膜时附加离子轰击,拉应力就会转变成为压应力。薄膜内的残余拉应力和残余压应力是相互独立并且可以叠加的。因此,研究薄膜内拉—压应力转变的过程和机理,以及该过程中伴随的力学性能的变化具有重要意义。

图 5-39 给出了典型 TiN 薄膜内应力随厚度变化规律。可以看到在厚度 286nm 时内应力为压应力(-0.85GPa),当厚度增加到 516nm 时压应力增加到 -1.1GPa;随后在厚度 1006nm 时压应力转变成为拉应力,并随厚度增加逐渐增大。当厚度 1928nm 时达到 0.68GPa,这种情况被认为与 Ti 过渡层和沉积温度有关。

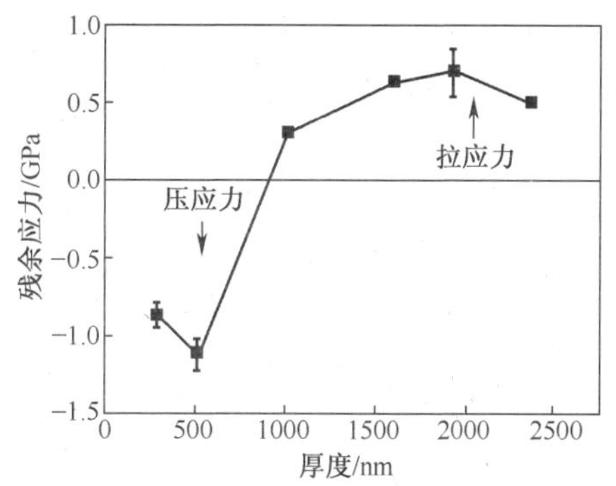

图 5-39 TiN 薄膜内应力随厚度变化规律[237]

从压应力到拉应力的转变可以从两个方面解释,首先携能原子(形成薄膜的原子和惰性气体原子)的撞击对生长薄膜产生类似于“喷丸”的效果,导致压应力;其次随着晶粒尺寸增加,缺陷(尤其是晶界)数量降低,薄膜更加致密,薄膜内有自发产生拉应力的倾向。

薄膜内压应力可以从沉积过程中原子的注入和原子碰撞引起的微塑性变形两个角度进行量化研究。携能 Ar 原子注入薄膜内,是产生压应力的原因之一。Ar 原子注入后多余的原子导致工件表面材料膨胀,而由于下部薄膜的限制导致产生压应力。同时,原子对生长薄膜的碰撞作用导致产生塑性变形。表面元素产生塑性变形,这种变形是通过位错运动的增多产生的。下部薄膜的限制作用在薄膜内产生双向压应力。溅射薄膜内拉应力大小与薄膜沉积到基体上以后的收缩倾向有关。因此,内应力是与内部原子的重新排列或者薄膜的致密化有关的过程。如果溅射后的结构向致密化发展,薄膜内就会产生拉应力。在沉积的初始阶段,晶粒尺寸非常小,原子注入产生的点缺陷密度非常高,由此产生压应力。在该阶段,基体限制了薄膜晶格的膨胀,也是产生压应力的主要原因。随着薄膜厚度的增加,晶粒尺寸增大,晶界密度降低,导致薄膜致密化。晶界密度降低,意味着外来原子掺入到晶界的可能性降低,外来原子掺入引起的压应力效果减弱,降低残余压应力,甚至可能转变为拉应力。

Chaudhart[238]指出,与晶粒内部相比,晶界原子排列较疏松。随着晶粒的长大,晶界湮灭使其所占比例越来越小,薄膜变得越发致密,这就导致薄膜内产生拉应力。同时,随着薄膜厚度增加,晶界处会形成亚晶粒。亚晶粒的形成以及晶粒粗化使薄膜内缺陷密度降低,应力松弛。Chang[239]发现 TiN 薄膜内的残余应力与晶粒大小和晶粒的择优取向有关。图 5-40 中,当晶粒尺寸小于 25nm 时薄膜表现出较高的压应力,而大于 25nm 后转变成拉应力。因此,存在一个临界晶粒尺寸,当初始晶粒小于该临界值时,晶界迁移导致晶粒长大,薄膜内产生拉应力。

图 5-41 给出了不同厚度 TiN 薄膜的残余应力与硬度的对应关系。结果表明当薄膜内残余压应力时,其硬度要高于残余拉应力时的硬度。

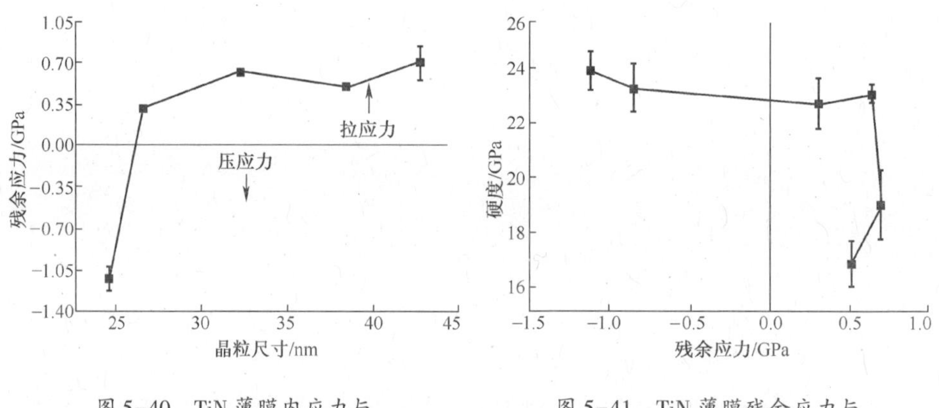

图 5-40　TiN 薄膜内应力与晶粒尺寸关系[237]

图 5-41　TiN 薄膜残余应力与硬度的对应关系[237]

图 5-42(a)、(b)分别给出了 TiN 薄膜断裂韧性(K_{IC})与塑性变形抗力指标(H^3/E^2)和残余应力的对应关系。图 5-42(a)可以看到 K_{IC} 随 H^3/E^2 的增加而增大。图 5-42(b)中压应力提高了薄膜的断裂韧性值,压应力越大,断裂韧性值越高;而拉应力显著降低薄膜的断裂韧性。从图中可以看到,当薄膜内的应力由压应力转变为拉应力时,薄膜的断裂韧性值随拉应力增加近似断崖式降低。当分析这种现象的原因时,压应力对裂纹的闭合作用再次被提及。因此,残余应力是影响断裂韧性的显著且关键的因素。

为了更深入探究 TiSiN 破坏抗力与残余应力的关系,采用 FIB 取样并观察压入后亚表面微结构变化,如图 5-43 所示。沉积态薄膜内部存在较大的环状和横向裂纹,环状裂纹萌发于压痕边缘并向膜内扩展;横向裂纹位于 TiSiN 与 TiN 界面。400℃退火后,环状裂纹的数量和程度均减弱,但横向裂纹仍保持,随退火温度升高到 600℃(残余应力进一步降低),与环状和横向裂纹相关的微裂纹广泛分布；到 900℃后，微裂纹密度非常高。

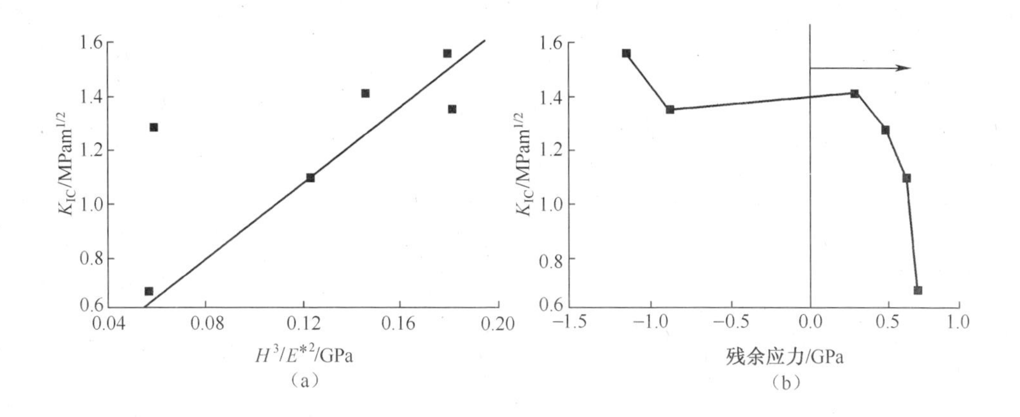

图 5-42　TiN 薄膜的断裂韧性与 H3/E2 和残余应力的对应关系[237]
(a) H3/E2；(b) 残余应力。

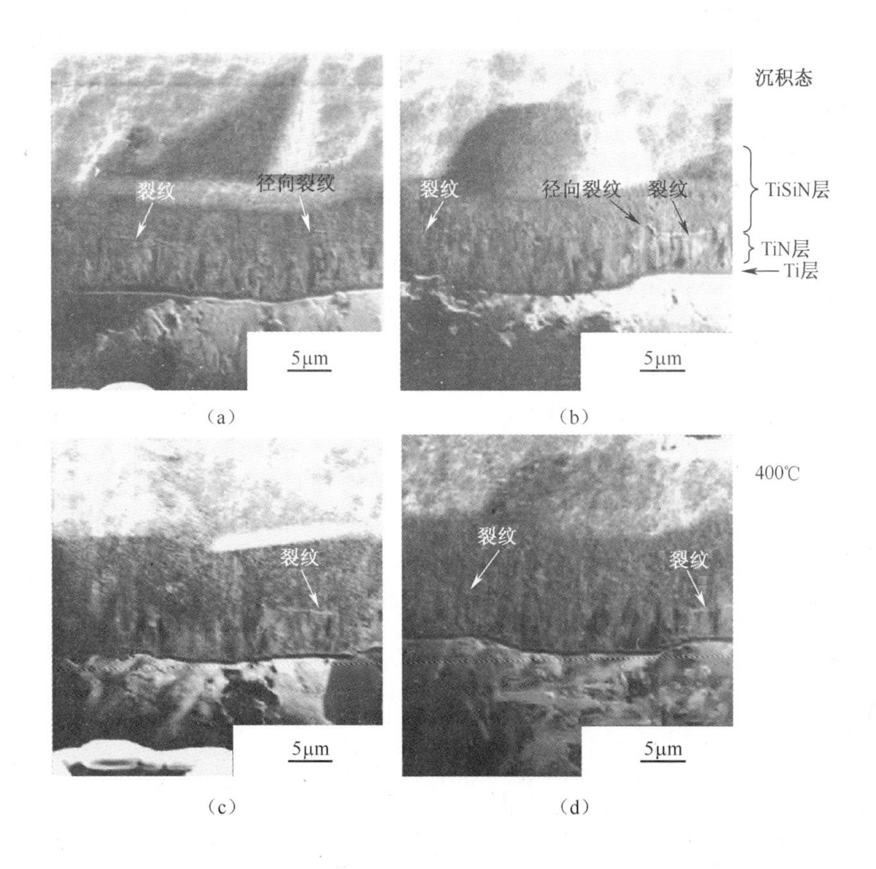

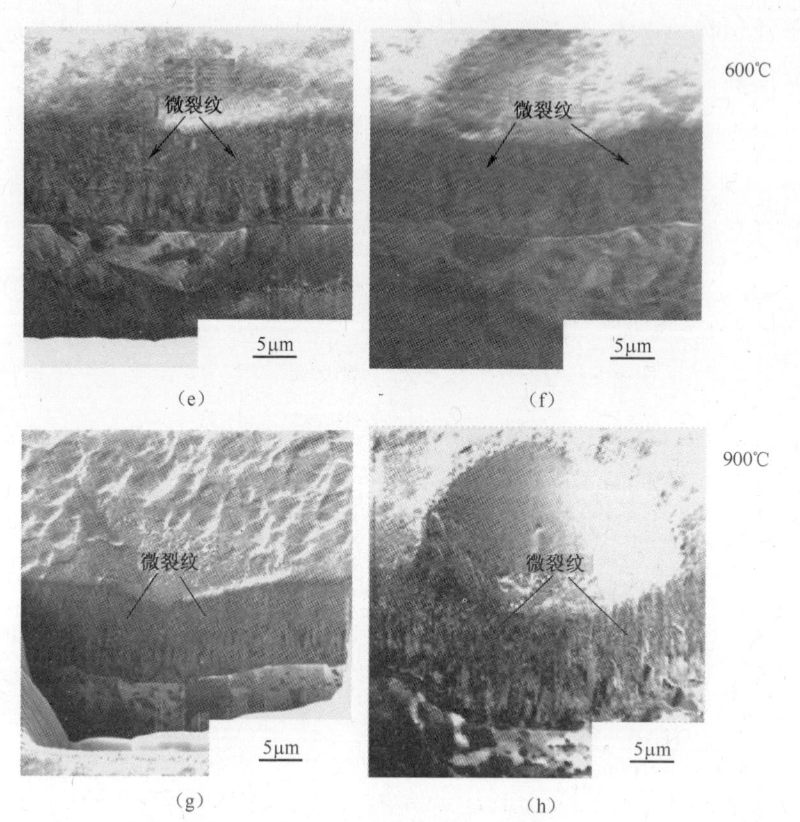

图 5-43 FIB 取样后观察 Berkovich 压头(左侧)和圆形压头(右侧)压痕截面形貌

(a)、(b)沉积态;(c)、(d)400℃;(e)、(f)600℃;(g)、(h)900℃[226]。

气相沉积制备陶瓷膜一般都存在较高的残余应力。残余应力对力学行为的影响研究较少。Mohammad 研究结果表明,残余应力对薄膜破坏抗力和结合强度起到至关重要的作用。当残余应力较大时,薄膜成脆性特征,表现为相对较大的环状和横向裂纹。降低残余应力后,激活了纳米尺寸 TiN 晶粒的旋转和滑动[240],这可从压痕处形成大量微裂纹得到验证。微裂纹使得能量被分散,从而增加了破坏抗力。然而,过分地降低残余应力会减弱纳米复合结构限制裂纹形成的能力,会形成广泛分布的微裂纹,从而降低抵抗破坏的能力。900℃热处理后破坏抗力降低的原因正在此。当残余应力降低到一定程度后,TiSiN 薄膜的断裂行为从脆性转变为韧性,其临界状态为微裂纹被激活,从而避免形成宏观的裂纹;但残余应力过分降低,失去了限制微裂纹的能力,微裂纹过分增加会降低破坏能力。随残余应力降低,结合强度提高。

Chen[241]采用计算分析法研究了热残余应力对提高碳纳米管/Al_2O_3纳米复合体的断裂韧性的作用。结果表明,CNT/Al_2O_3断裂韧性的提高机理是:应力导致碳纳米管周围区域存在大量不可移动的位错,成为纳米裂纹的形核源,起到释放主裂纹前端应力集中的作用,从而提高了断裂韧性。从图 5-44 中可以清楚地看到在断裂表面存在大量的纳米台阶,给出了上述机理的直接证据。

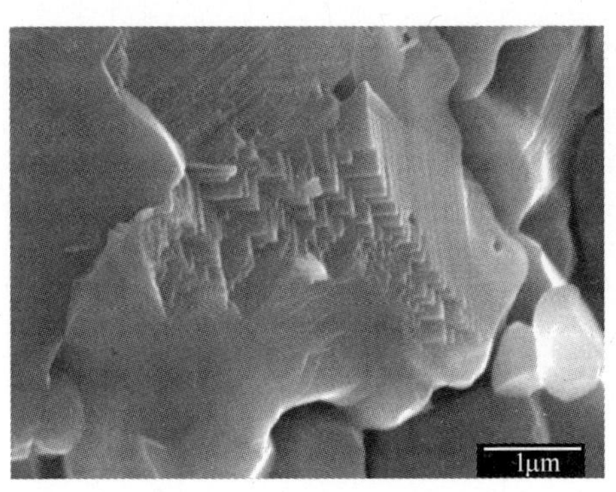

图 5-44　纳米碳管/Al_2O_3纳米复合体的纳米台阶断裂表面[241]

文献[242]采用脉冲直流磁控溅射 Al_2O_3薄膜,获得较低残余应力和较高的韧性。尽管 Al_2O_3具有优异的光学和摩擦学性能,但在反应溅射中稳定地高速沉积致密 Al_2O_3并非易事。采用短脉冲(10us),高频(10kHz)条件下,在不加热、不加偏压条件下将 Al_2O_3沉积到玻璃和 Si 基体上。得到了透明的非晶 Al_2O_3薄膜,硬度 11.5GPa,残余应力 200MPa 以内。沉积速率 30nm/min。优化工艺后制备 Al_2O_3薄膜最高断裂韧性达 2.7MP · $m^{-1/2}$。结果表明,10 kHz 短脉冲沉积技术非常有利于制备绝缘材料,如氧化物薄膜。射频磁控溅射可用于沉积绝缘材料,但沉积速率较低,且该方法制备的薄膜一般呈多孔状。

Holmberg[243]研究了残余应力对 TiN、DLC 和 MoS_2薄膜摩擦断裂行为的影响,发现残余应力对薄膜摩擦磨损行为起到至关重要的影响。PVD 沉积 TiN 和 DLC 薄膜在不同基体上时,其残余应力状态不同:钢基体上残余压应力范围 0.03~4GPa;Si 基体上残余压应力范围 0.1~1.3GPa。而 MoS_2沉积在钢基体上时应力状态为拉应力(0.8~1.3GPa),沉积在硅基体上时为残余压应力 0.16GPa。采用弯曲法和划痕法分析了钢基体上薄膜的断裂行为,发现高的残余压应力和弹性模量可提高薄膜的断裂韧性。由于残余压应力可阻碍裂纹形核和扩展,因此适当的残余压应力可提高薄膜的摩擦磨损抗力,而这与残余压应力提高薄膜的断裂韧性有关。

Engwall[244]探讨了残余应力与薄膜结构和动力学过程的关系。不同制备薄膜方法中沉积粒子能量有高(如溅射)有低(如蒸发、电沉积),这导致薄膜应力状态完全不同。当采用电沉积方法制备 Ni 和 Cu 膜时,通过周期性中断沉积过程,可以区分表面晶粒尺寸大小对残余应力的影响和亚表面晶粒生长过程对应力的影响。通过实验测试和模拟计算发现,电沉积薄膜晶粒尺寸发生变化,会改变膜内残余应力状态。

Skordaris[245]采用 PVD 方法制备了 2μm 厚度 TiAlN 涂层,调整偏压获得了不同残余压应力。其中,具有最小残余压应力的刀具在惰性气氛中进行 700℃退火以后膜内形成拉应力。采用有限元法计算了从沉积温度到室温时的热残余应力。采用纳米冲击评价了涂层的内聚强度、脆性和结合强度。通过建立性能与磨损行为的对应关系,得到了最优残余应力的最大值。采用纳米冲击方法评价涂层内聚强度和脆性。冲击载荷 30~40mN,最大冲击周次 1800 次。采用侧倾法冲击实验评价涂层内聚强度和结合强度。在侧倾冲击实验中,振荡载荷将重复剪切应力引入膜/基界面区域,导致膜/基界面开裂,或产生膜内开裂(内聚力型失效)。利用纳米压入法评价残余应力对薄膜力学性能的影响。结果表明,压应力越大,薄膜承受压入能力越强,力学性能越好。对样品进行退火热处理后,由于薄膜内残余压应力降低(甚至转变成拉应力),膜力学性能变差。用屈服强度(S_Y)/断裂强度(S_M)比(S_Y/S_M)来表征薄膜脆性,该比值越大,表明脆性越大。偏置电压越高,膜内残余应力越大,原因是沉积原子的运动能力增强。在离开表面 0.5μm 处,-40V 偏压样品内存在非常小的残余压应力,而-65V 和-85V样品分别存在-2.7GPa 和-5.7GPa 压应力。对-40V 样品进行退火热处理后,膜内压应力转变为拉应力。另外还发现,在 2μm 厚度范围内,压应力随厚度增加有所降低,但变化幅度并不大。

图 5-45 给出了倾斜法冲击测试中涂层失效深度与冲击周期的对应曲线。通过测定涂层失效深度(CFD)作为一定冲击次数后疲劳断裂[246]指标。CFD 的确定方法是 10^4周次(或 10^x)冲击后剩余冲击深度。结果发现 10^4周次冲击后均没有发现失效。假设膜结合力型失效开始的临界判据为 CFD = 0.5μm。-40V 样品残余应力可忽略,其内聚力型失效发生在 7.5×10^4 周次;而-65V 样品(-2.5GPa)冲击抗力好于-40V,归因于前者的力学性能好于后者。对于压应力最大的-85V 样品,在 5×10^4周次即失效,归因于其膜基界面承受了过大应力作

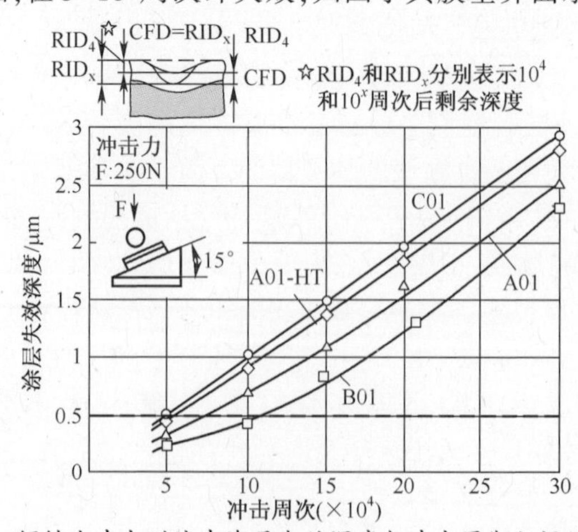

图 5-45　倾斜法冲击测试中涂层失效深度与冲击周期之间的关系[245]

用。退火后样品冲击抗力变差。综上所述,归纳出一规律,即膜的抗冲击性能与残余应力大小有关,且存在一残余压应力值,在该应力下抗冲击性能最优。该应力条件下,膜的力学性能较好,该应力值既能保证膜基界面结合强度,又不太大以至于使膜基界面过载而破坏。-65V 样品表现出最好的切削性能,归因于其具有良好的力学性能和抗冲击能力;-85V 尽管力学性能良好,但应力值过大,弱化了膜基界面;-40V 最差。结果表明,合适的残余压应力有利于提高薄膜的结合强度,而过大或过小的残余应力都会降低结合强度。

5.3　典型薄膜体系的内应力与强韧性能研究

5.3.1　Ti 薄膜的残余应力与力学性能

采用直流磁控溅射方法在单面抛光的单晶 Si<100>和玻璃基底上,制备了 100nm 与 400nm 两种不同厚度的 Ti 薄膜。本节主要讨论 Ti 薄膜的残余应力与力学性能的关系。

1. Ti 薄膜的残余应力

(1) 纳米压痕法测试残余应力。在采用纳米压痕法测试 Si 基体上的 Ti 薄膜(Ti/Si 体系)残余应力时,压痕周围产生了明显的凸起变形。在设置最大压深为 400nm 的连续刚度压痕中(图 5-46),平均堆积高度为 98.3nm,平均堆积宽度为 500nm,由新建压痕接触面积模型计算得到 Ti/Si 薄膜的 θ 值约为 59.7°,堆积部分产生的投影面积为 3.12μm^2,而压痕法用于硬度计算的面积为 5.18μm^2,修正后在此深度下的硬度为 10.42GPa。由于压痕固定深度测试对于厚度较小薄膜的局限性,特制备较厚 Ti 薄膜进行压痕法测试。表 5-2 给出了两种方法得到的较厚薄膜的残余应力值。

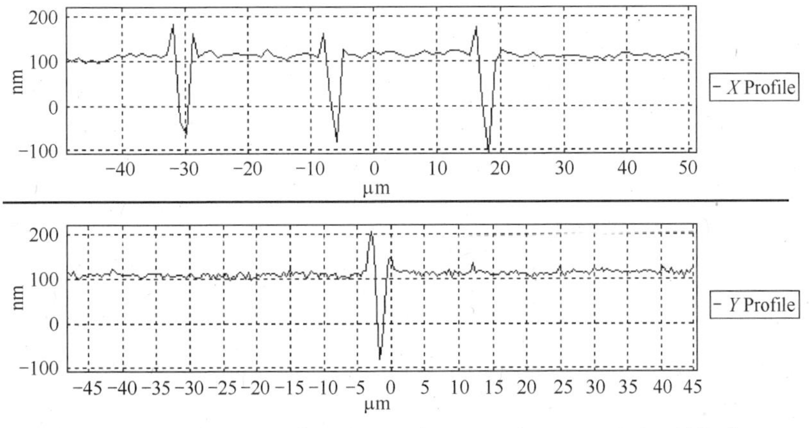

图 5-46　Si 基体上 Ti 薄膜(Ti/Si)在压入深度 400nm 时的二维轮廓

表 5-2　Ti 薄膜不同模型的应力计算结果

σ/MPa	600nm	1200nm	2400nm	3600nm
曲率法	-0. 753	0. 344	-0. 811	-0. 074
Suresh 模型	-0. 609	0. 336	-0. 717	-0. 014

利用 Suresh 模型对不同厚度 Ti 薄膜中的应力值进行计算,发现其结果与曲率法所得数值吻合较好,但残余应力数值比曲率法得到的偏小。可见 Ti 薄膜应力状态在 1200nm 时出现了转变,这可能与薄膜的生长过程、择优取向以及应力控制因素变化有关。沉积较短时间时,Ti 薄膜表面颗粒细小,薄膜由许多独立的微小晶粒组成。可认为微晶的结晶受到表面应力的抑制,使得厚度为 600nm 的 Ti 薄膜中存在残余压应力,随着沉积时间的增加,薄膜中晶粒逐渐变大,晶粒距离变小,当薄膜厚度为 1200nm 时,Ti 薄膜产生拉应力。因薄膜残余应力的演化主要依赖于应变能最小化及缺陷的演化,根据得到的残余应力结果可知,如果薄膜与基底之间热膨胀系数相差不大,失配度较小时,随薄膜厚度的增加,薄膜中会出现界面位错,用来松弛薄膜中的大部分应变,降低弹性应变能。当薄膜厚度增大到一定数值后,应变能最小化占据支配作用,伴随着薄膜中孔洞等缺陷数量的减少,薄膜中残余应力存在减小趋势,当厚度为 2400nm 时,Ti 薄膜的残余应力转变为压应力,并随着薄膜厚度的增加,薄膜中压应力逐渐变小;当厚度为 3600nm 时,Ti 薄膜残余应力达到最小值。

(2) 曲率法测试残余应力。根据溅射前后基体的曲率变化情况不同,利用电子薄膜应力测试系统测得薄膜的三维应力分布情况。各薄膜内部的不同区域分布着残余压应力和残余拉应力,应力的最大值 S_{max}、最小值 S_{min} 和平均应力值 S_{avg} 如表 5-3 所列。4 种薄膜的平均应力值都表现为残余压应力,且随着薄膜厚度的增加,Ti 薄膜残余压应力都逐渐减小,应力的分布也逐渐趋于均匀。单晶硅基体的薄膜,应力值从 100nm 厚 Ti 薄膜的-0. 184GPa 减小到 400nm 厚薄膜的-0. 021GPa。相比于单晶硅基体的 Ti 薄膜,玻璃基体上的 Ti 薄膜具有更大的应力值。

表 5-3　沉积在 Si 基体(Ti/Si)和玻璃基体(Ti/G)上 Ti 薄膜的平均应力

厚度/nm		100 Ti/Si	400 Ti/Si	100 Ti/G	400 Ti/G
σ/GPa	S_{max}	1. 577	0. 638	4. 217	3. 405
	S_{min}	-2. 036	-1. 124	-2. 562	-2. 218
	S_{avg}	-0. 184	-0. 021	-0. 258	-0. 182

Ti 薄膜的热膨胀系数大于单晶硅(4.8×10^{-8}/℃),也大于玻璃(5.5×10^{-7}/℃),Ti 薄膜与单晶硅热膨胀系数绝对值的差值更大,所以单晶硅基体上

的Ti薄膜存在更大的热张应力分量。实验中应力测量值是本征应力和热应力之和,所以综合之后,单晶硅上的Ti薄膜的残余压应力值小于玻璃上的Ti薄膜。随着薄膜厚度的增加,由热膨胀系数差异而引起的薄膜与基底之间的界面应力,对薄膜内应力的影响会逐渐减弱。所以,薄膜内应力的绝对值随薄膜厚度的增加逐渐减小。对于应力值的影响因素,除以上这两个主要原因外,还包括基体表面状态,基体晶体取向等因素。实验用单晶硅表面为机械抛光,对应力值有降低的效果,由于这些因素对应力值的影响较小,只做简略说明。

2. Ti薄膜的微观力学性能

(1) 硬度。利用纳米压痕仪的连续刚度测试组件(CSM)测得薄膜的硬度—深度曲线和弹性模量—深度曲线,得到薄膜的硬度值如表5-4所列。其中基体单晶硅的硬度值为9.8GPa,模量值为164GPa;玻璃的硬度值为7.1GPa,模量值为81GPa。

表5-4 沉积在Si基体(Ti/Si)和玻璃基体(Ti/G)上Ti薄膜的硬度与弹性模量

	Ti/Si-100nm	Ti/Si-400nm	Ti/G-100nm	Ti/G-400nm
硬度/GPa	9.8	7.3	8.3	7.4
弹性模量/GPa	121	114	96	109

(2) Ti薄膜的结合强度。薄膜的残余应力影响膜基结合强度,从而影响薄膜的性能和寿命。采用纳米划痕法测试了薄膜的结合强度。实验采用线性加载的方式,在划痕长度为400μm的行程中,载荷从20μN增加至10mN,压头深度出现突然变化一般对应薄膜的破坏,此时对应的载荷即薄膜的结合力。测试得到100nmTi/Si薄膜和400nmTi/Si薄膜的结合强度分别为6.8mN和7.9mN,100nmTi/G薄膜和400nmTi/G薄膜的结合强度分别为6.1mN和6.8mN。Ti/Si薄膜比Ti/G薄膜的结合强度好,这与它们的残余应力分布有关。深度突变的位置一般对应薄膜的厚度,即划痕到达膜基结合处发生破裂;或小于薄膜的厚度,即划痕离膜基界面还有一定距离时,在压头载荷作用下,内部应力的瞬间释放使得薄膜破裂。

薄膜形核生长初期受基体材料影响显著,玻璃基体上的Ti薄膜为面心立方晶体结构,而硅片上形成了密排六方形结构,各自择优取向不同。随着沉积时间的增加,Ti薄膜的纵向生长明显,晶粒长大使表面粗糙度增加,薄膜厚度不断增加,薄膜的力学性能和结合强度也有显著的变化。而这些方面共同影响了薄膜的残余应力状态,薄膜整体表现为压应力,且随着厚度增加,应力值减小,应力分布逐渐均匀。

5.3.2 Ti/TiN多层薄膜的内应力与力学性能

在薄膜设计时为实现薄膜的特殊功能通常采用多层膜结构,多层可以改善薄膜的应力分布状态,增加镀厚能力,本节设计了 Ti/TiN 多层膜,研究了调制周期对薄膜结构以及应力的影响规律。在单面抛光的 45 钢基底上,采用直流磁控溅射方法制备三种不同调制周期的 Ti/TiN 多层薄膜。

1. 微观结构分析

从图 5-47XRD 图谱可知 Ti/TiN 多层薄膜中最强的衍射峰为 Ti(110)和 TiN(111),同时,还存在较弱的衍射峰 Ti(002)和 TiN(222)。TiN 薄膜图谱中只含有(111)和(222)特征衍射峰,而 Ti/TiN 多层薄膜中出现了(110)和(002)生长方向的 Ti 峰,并没有对 TiN 的生长取向产生影响。各峰没有明显宽化现象,且杂峰少,基线平直接近于 0,Ti/TiN 多层薄膜生长良好。由图可见,调制周期对 Ti/TiN 多层薄膜的 XRD 谱图的强度有明显的影响,尤其是 Ti(110)和 TiN(111)。在较高的调制周期条件下 Ti(110)和 TiN(111)的峰值较低;随着调制周期的减小,当调制周期为 0.3μm 时 Ti(110)和 TiN(111)的峰值也随之升高并达到最高,并且在图谱中出现了微弱的 Ti(002)、TiN(222)方向的衍射峰,说明出现一部分粒子在衬底其他位置成核,薄膜生长开始向多晶面取向进行;当调制周期继续降低至 0.15μm 时,Ti(110)和 TiN(111)的峰值略有降低,但仍保持较高的强度。但随调制周期的减小 Ti(110)方向的生长特性有所增强,说明调制周期对多层薄膜的生长取向存在影响。

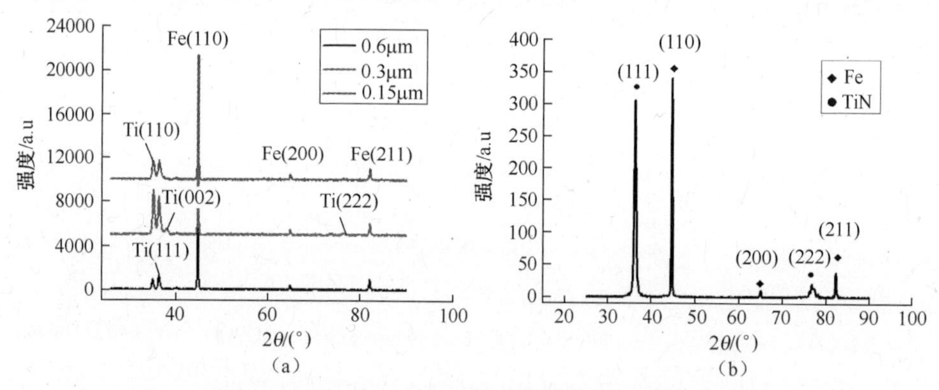

图 5-47 TiN 和 Ti/TiN 多层薄膜的 XRD 衍射图谱

2. Ti/TiN 多层薄膜的微观力学性能

TiN 以及不同调制周期的 Ti/TiN 多层薄膜的载荷—位移曲线如图 5-48 所示,由图可以看出,固定 100nm 压入深度的情况下,TiN 薄膜曲线所需压力明显高于多层薄膜所需的压入载荷的大小,TiN 薄膜抵抗外加载荷的能力,其抵抗塑性变形的能力最强;卸载后弹性变形得到恢复,而塑性变形保留下来,TiN 薄膜的残余压深最小,因此 TiN 薄膜塑性变形最小。对于 Ti/TiN 多层薄膜来说,随着调制周期的减小薄膜抵抗塑性变形的能力逐渐减弱,卸载后残余压痕深度逐渐增大,说明受到 Ti 薄膜的影响,Ti/TiN 多层薄膜的塑性变形逐渐增加。

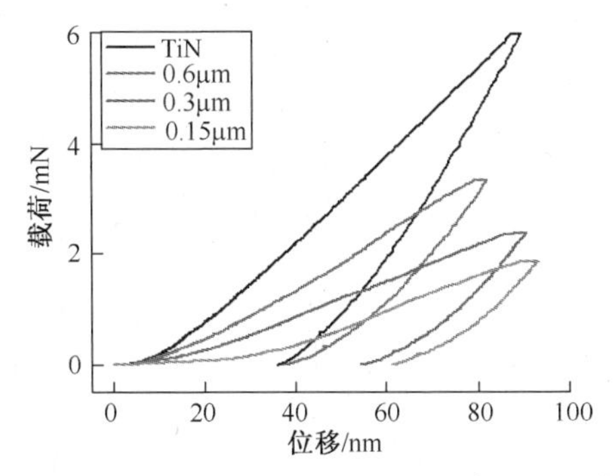

图 5-48 TiN 和不同调制周期的 Ti/TiN 多层薄膜的载荷—位移曲线

利用纳米压痕仪对试样进行连续刚度实验,压入深度 2000nm,得到了材料的硬度和弹性模量随压入深度的变化曲线。测得的 TiN 及 Ti/TiN 多层薄膜的硬度和弹性模量与接触深度之间的关系如图 5-49 所示。由图可见薄膜硬度和弹性模量在距离表面 80~90nm 处达到最大值,随后受基体材料影响逐渐降低。其中 TiN 薄膜的硬度和弹性模量分别达 31GPa 和 440GPa,而多层膜的硬度和弹性模量均有不同程度降低。由于 Ti 单质层的硬度较低,降低了整个多层膜的承载能力,而在不同调制周期的多层膜里,0.15μm 的多层膜力学性能较好,硬度达到 23GPa,由于多层结构的影响,硬度和弹性模量随深度出现波动。

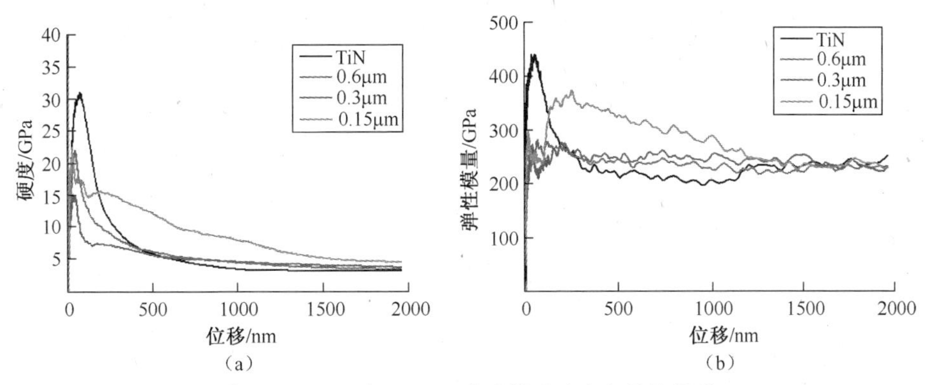

图 5-49 TiN 和 Ti/TiN 多层薄膜硬度和弹性模量

(a)硬度;(b)弹性模量。

3. Ti/TiN 多层薄膜的残余应力分析

(1) 曲率法测试残余应力。用 GS6341 型电子薄膜应力分布测试仪测量 Ti/TiN 多层薄膜的应力,45 钢基体制备的 TiN 和不同调制周期的 Ti/TiN 多层薄膜残余应力值如表 5-5 所列。从表中数据可以看出,多层膜降低了单一 TiN 薄膜的平均应力值,并且随着调制周期的减小,多层薄膜应力值逐渐降低。而且薄膜内部的应力差异也有变化,当调制周期为 0.6μm 时,薄膜最大应力与最小应力之间差异最大,随着调制周期的减小,这种差异减小。因此可知,多层膜结构有利于改善薄膜内部应力分布状态。

表 5-5 曲率法测试 TiN 和不同调制周期的 Ti/TiN 多层薄膜残余应力值

样本	σ_{avg}/MPa	σ_{min}/MPa	σ_{max}/GPa
TiN	-403.665	-1448.431	522.921
0.6μmTi/TiN	-399.566	-1651.578	2983.609
0.3μmTi/TiN	-229.572	-1482.218	654.495
0.15μmTi/TiN	-190.036	-1059.567	1195.755

(2) 纳米压痕法测试残余应力。对不同调制周期的多层薄膜分别进行无应力试样与存在应力试样的压痕实验,得到载荷—位移曲线如图 5-50。从图中可以看出,TiN 和不同调制周期的 Ti/TiN 多层薄膜的加载和卸载曲线均较无应力薄膜正移,由前面的研究表明薄膜存在残余压应力。利用 Suresh 模型通过计算得到 TiN 和不同调制周期的 Ti/TiN 多层薄膜的残余应力数值如表 5-6 所列,可以看出调制周期对于薄膜的残余应力分布有较大影响,随着调制周期的减小,残余应力逐渐减小。结合薄膜应力测试仪测量结果发现,纳米压痕法测量的薄膜残余应力状态与曲率法测试结果相同,但结果比其数值要大些,不过仍在其残余应力变化范围内。

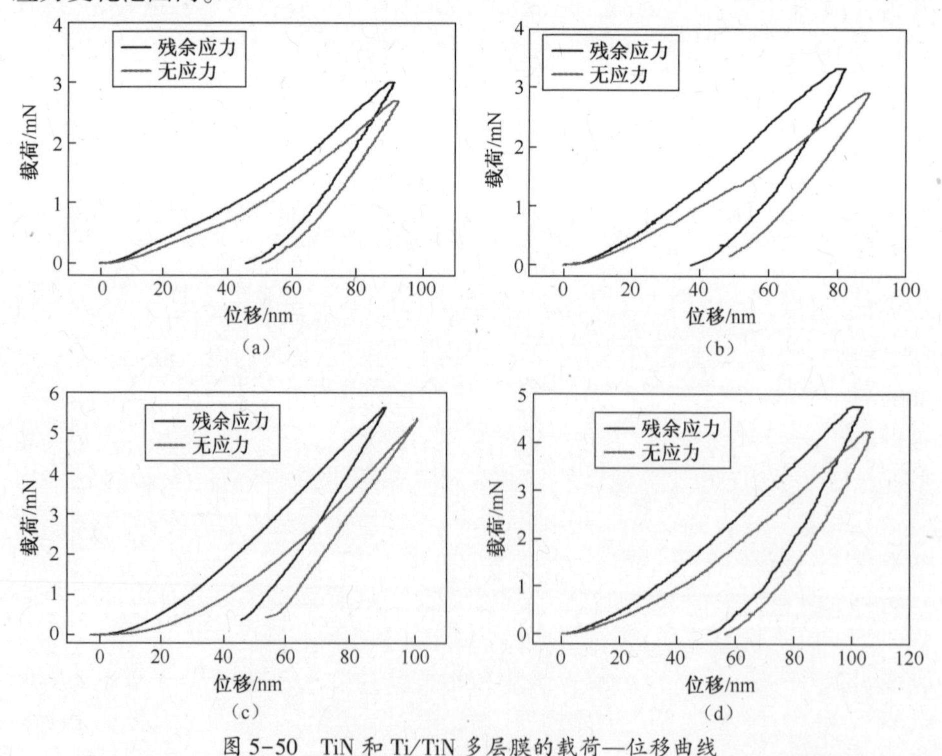

图 5-50 TiN 和 Ti/TiN 多层膜的载荷—位移曲线

(a)TiN 薄膜;(b)、(c)、(d)调制周期分别为 0.6μm、0.3μm、0.15μm 的 Ti/TiN 多层薄膜。

表 5-6 纳米压痕法测试 TiN 以及 Ti/TiN 薄膜残余应力数值

样本	TiN	0. 6μmTi/TiN	0. 3μmTi/TiN	0. 15μmTi/TiN
σ_{avg}/MPa	-418. 600	-583. 966	-266. 018	-258. 939

一般对于压痕测试而言,压入深度越大测试的结果就会越稳定。但对于薄膜来说为消除衬底的影响要求压痕的深度为膜厚的 1/10~1/7。压入深度过小会受压头尺寸缺陷的影响,压入深度过大会受基片的影响,在用压痕法进行残余应力测试时也会出现同样问题。为研究残余应力随厚度的变化,本实验使用纳米压痕仪对 TiN 薄膜选定 5 个固定深度进行纳米压痕实验,固定压痕深度分别为 50nm、100nm、150nm、200nm、300nm 的压痕实验,加载和卸载的时间分别为 5s,每组薄膜表面随机选取 5 个点进行测量,但保证两个相邻点之间的距离大于 15μm。所得载荷位移曲线如图 5-51 所示。采用 Suresh 模型及 Lee 模型分别计算了薄膜的残余应力,并将结果与曲率法测试值进行比较。

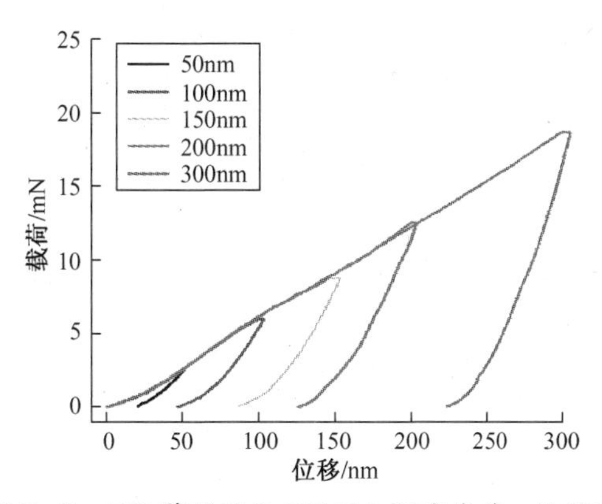

图 5-51 TiN 薄膜固定不同压入深度载荷—位移图

使用 Suresh 模型及 Lee 模型进行固定压痕深度及固定载荷的残余应力计算得到的结果如表 5-7 所列:从测试曲线和表中数据中发现在压入最大深度达到 300nm 时,残余应力由压应力转变为拉应力,可能是压痕深度已超过 TiN 薄膜厚度的 1/7,测量数据受到了基片材料和状态的影响。Suresh 模型和 Lee 模型计算的残余应力数值都随压入深度的增加逐渐减小,即随着薄膜沉积厚度的增加压应力逐渐增加,并在固定压深为 300nm 时,出现了应力状态的转变,但 Lee 模型数值比 Suresh 模型大 2~3 倍。与曲率法比较发现 Suresh 模型更适合计算 TiN 薄膜内部残余应力,并且当固定压深为 150nm 时,两者计算结果最为接近。

表 5-7 不同压入深度下 TiN 薄膜残余应力

位移/nm	残余应力/MPa	
	Suresh 模型	Lee 模型
50	-440. 495	-988. 604

（续）

位移/nm	残余应力/MPa	
	Suresh 模型	Lee 模型
100	−418.600	−904.341
150	−397.450	−1027.316
200	−209.909	−692.380
300	97.465	243.210

4. Ti/TiN 多层薄膜的微结构与残余应力的关系

结合 XRD 对不同调制周期的磁控溅射 Ti/TiN 多层薄膜作微结构分析，发现设定工艺参数下制备的 Ti/TIN 多层薄膜结晶状态良好，多层薄膜分层结构明显。其颗粒大小随调制周期的减小先增大后减小，当调制周期为 0.3μm 时，薄膜表面粗糙度大于 Ti 薄膜小于 TiN 薄膜，但当调制周期减小到 0.3μm 时 Ti/TiN 多层薄膜的颗粒最大，调制周期达到 0.3μm 后最小。力学测试结果表明，不同调制周期的 Ti/TiN 多层薄膜的残余应力有明显的差异。对于 TiN 薄膜来说，在薄膜沉积的开始阶段，厚度较小应力较小，表面能往往决定薄膜总能量，表面能较小的晶面能择优生长。随着厚度的增加，应力增加，应变能就成为决定薄膜总能量的决定性因素，应变能较小的晶面择优生长。TiN 是 NaCl 型面心立方结构，存在明显的各向异性。经理论计算 TiN（100）面的表面能最小，（110）和（111）面有较小应变能，但（111）面的应变能最小。结合 TiN 薄膜 XRD 图谱可知，当应力较小时，表面能最低的（100）面择优取向生长，且与表面平行时，薄膜总能量最低。而我们制备的 TiN 薄膜沿着应变能最小的（111）面择优取向生长，因此可推断出此时制备出的 TiN 薄膜中存在的应力较大，为−403.665MPa。

对于 Ti/TiN 多层薄膜来说，残余应力随调制周期的减小出现减小趋势，当调制周期为 0.15μm 时，多层薄膜具有最小的残余压应力。因此可推断较软的 Ti 层起到剪切带的作用，使得硬层之间可以产生一定的“相对滑动”，由此可以减小薄膜的内应力和各层之间的界面应力。而调制周期的减小使得相同厚度的薄膜拥有了更多的缓冲带，最终表现出多薄膜残余应力随周期数的减小而减小。

通过对磁控溅射不同调制周期的 Ti/TiN 多层薄膜进行微结构分析表明，颗粒大小随调制周期的减小先增大后减小，当调制周期为 0.3μm 时，薄膜表面粗糙度大于 Ti 薄膜小于 TiN 薄膜；当调制周期减小到 0.3μm 时，Ti/TiN 多层薄膜的颗粒最大，调制周期达到 0.3μm 后最小。运用纳米压痕技术对薄膜的力学参数进行测量，发现随着调制周期的减小薄膜抵抗塑性变形的能力逐渐减弱。分别应用纳米压痕法和曲率法对薄膜残余应力的测定，发现 Suresh 模型比曲率法更适合计算 TiN 薄膜内部残余应力，并且残余应力随调制周期的减小出现减小趋势，当调制周期为 0.15μm 时，多层薄膜具有最小的残余压应力。

5.3.3 Cu/Si 薄膜的内应力与力学性能

在单面抛光的单晶 Si<100>和双面抛光的 NaCl 基底上,采用直流磁控溅射方法制备7种不同厚度的金属铜薄膜。

1. 微观结构分析

对铜薄膜进行的X射线衍射分析表明,薄膜呈现Cu(111)择优取向,如图5-52所示。这是由于 FCC Cu(111)面的表面自由能最低。Weihnacht 和 Bruckner 的计算表明:当薄膜厚度很薄时,表面能和界面能的最小化将起主导作用,导致(111)取向晶粒优先长大。随着薄膜厚度的增加,衍射峰强度增加。在 NaCl 基底上的 Cu 试样中,能清楚地看到 2θ 在 20°到 30°之间有馒头峰出现,说明薄膜中有非晶相的存在,对应晶面的相对峰强也有较大变化。可见基底对薄膜的生长影响显著。

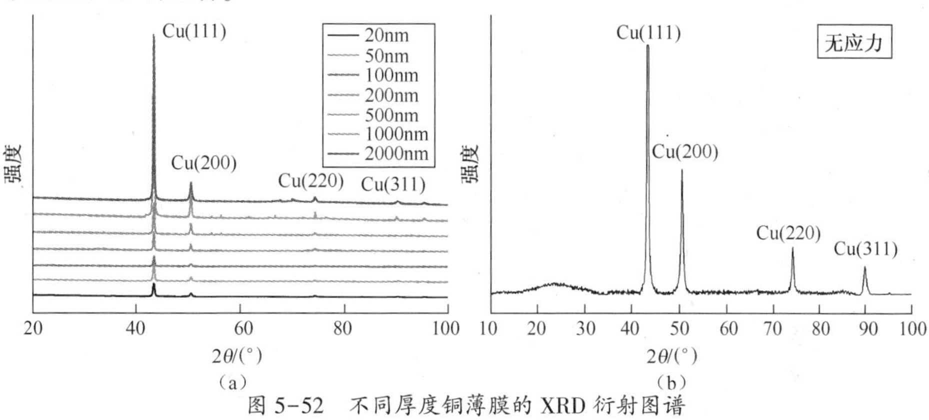

图5-52　不同厚度铜薄膜的 XRD 衍射图谱

由图5-53给出的2000nm厚薄膜的透射电镜的明场像及相应 SAED 图,可以看出,薄膜呈多晶态,晶粒尺度为纳米级,约为40nm,且晶界较明显。晶格间距大概为0.2nm。通过衍射花样的标定分析,与 XRD 的测量结果相符合,薄膜择Cu(111)晶向生长。

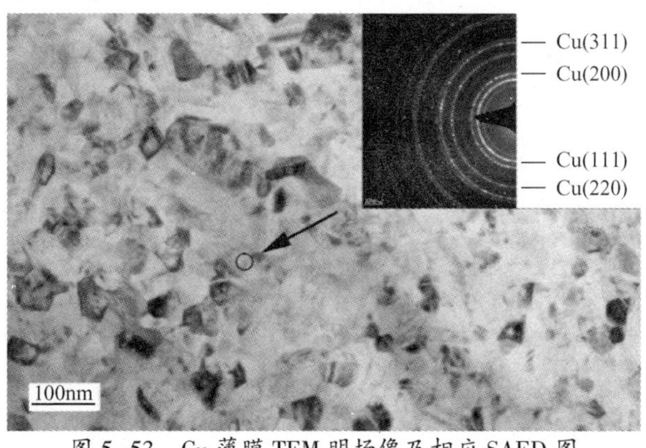

图5-53　Cu 薄膜 TEM 明场像及相应 SAED 图

2. Cu/Si 薄膜的微观力学性能

采用连续刚度测试模块获得硬度和弹性模量随深度的变化曲线。通过计算可以发现无应力试样的硬度和弹性模量分别为 2. 295GPa 和 49. 421GPa，有应力试样的硬度和弹性模量分别为 2. 388GPa 和 171. 798GPa。两种基片上的薄膜硬度接近，但弹性模量相差较大。这可能是由于基片材料不同使薄膜的结构产生了影响。

3. Cu/Si 薄膜的残余应力测试

(1) 基于曲率法的残余应力测量。用 GS6341 型电子薄膜应力分布测试仪测量铜薄膜的应力。不同厚度 Cu/Si 膜在 ϕ44. 5mm 选区所测得的平均应力 S_{avg}、最大应力 S_{max} 和最小应力 S_{min} 值，如表 5-8 所列。

表 5-8　不同厚度 Cu/Si 薄膜的内应力

薄膜厚度/nm		20	50	100	200	500	1000	2000
σ /GPa	S_{avg}	-20. 030	-12. 579	-11. 394	-4. 991	-2. 881	-1. 527	-0. 974
	S_{max}	-95. 442	-37. 747	-36. 821	-24. 738	-4. 627	-3. 785	-2. 990
	S_{min}	16. 246	9. 779	4. 132	2. 709	2. 753	1. 858	1. 014

图 5-54 可以看出：所有厚度的 Cu/Si 薄膜整体均呈现出压应力，且全场平均应力随着膜厚的增加而降低，其分布范围大致为-20. 030 ~ -0. 974GPa。且 Cu/Si 薄膜的应力最大值与最小值的差值随膜厚的增加而呈下降趋势，说明在所选厚度范围内，磁控溅射制备 Cu/Si 膜的内应力分布随膜厚的增加趋于均匀。从分布图可以看出在圆形样片中部应力值较大，而周围应力值较小。

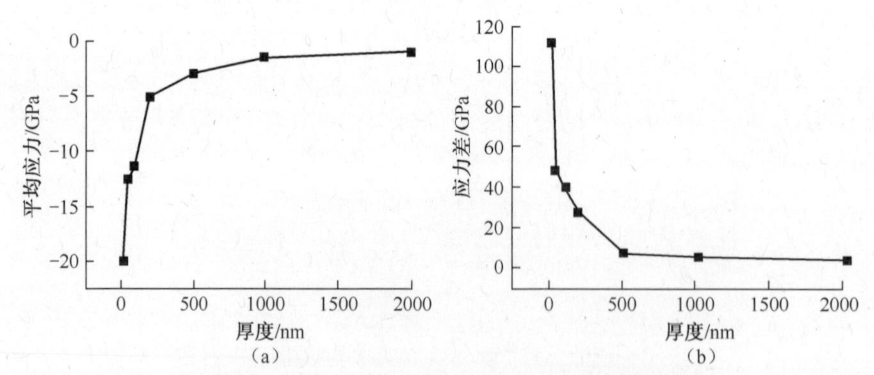

图 5-54　Cu/Si 薄膜平均应力和应力差随厚度的变化

(a)平均应力随厚度的变化；(b)应力差随厚度的变化。

对于 2000nm 的 Cu/Si 薄膜，两种方法测得的应力均为压应力，应力值分别为-0. 974GPa 和-1. 09GPa，数值接近，说明纳米压痕法可以较好地表征薄膜材料的残余应力情况。但对于非常薄的膜层，例如，低于 100nm 的薄膜，由于压入深度不能超过膜厚的1/10~1/7,深度测试上的极小误差将带来面积计算的较大差异,从而使应力计算产生较大误差。另外,由于压痕法是局部测试,所得应力值仅代表压痕周边较小范围的应力情况,对于应力分布复杂的样品会产生较大差异。

(2) 基于纳米压痕法的残余应力计算。采用安捷伦 Nano Indenter XP 纳米力学系统对薄膜厚度为2000nm铜薄膜分别进行压痕实验获得典型载荷—位移曲线,并采用原位成像系统对压痕区域进行扫描,用建立的面积模型对凸起的样品进行真实接触面积计算。在Cu膜的压痕区域也出现了非常明显的凸起变形,如图5-55所示,在设置压痕深度为1000nm的实验后,Cu膜表面以下的剩余深度为720nm,而堆积高度为370nm,约为剩余深度的1/2,堆积的宽度约1200nm。由于Cu硬度较低,而基片硬度较大(约13.5GPa),压入过程使得Cu流向压头周围形成材料堆积。

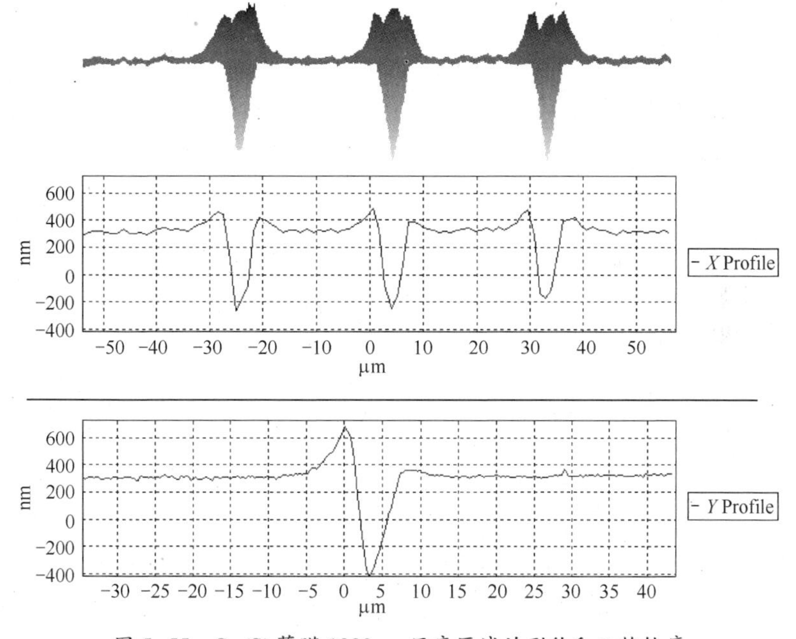

图5-55 Cu/Si 薄膜1000nm压痕区域的形貌和二维轮廓

选择 Suresh 模型,对铜薄膜的残余应力进行计算。根据无应力和有应力的2000nm厚的铜薄膜在固定深度200nm时的载荷—位移曲线,与无应力状态相比,在相同压入深度的情况下,有应力薄膜所需要的载荷更大,说明其内部存在压应力。利用 Suresh 模型中固定深度时的压应力公式进行计算,得到薄膜应力的大小为-1.09GPa。

通过对磁控溅射制备的不同厚度 Cu/Si 薄膜进行微结构分析表明,随着时间的增加薄膜厚度增加,Cu膜结晶越发明显,晶粒逐渐长大,缺陷减少。运用纳米压痕技术对薄膜的力学参数进行测量,得到 2000nm 厚的铜薄膜硬度和弹性模量分别为 2.388GPa 和 171.798GPa。分别应用纳米压痕法和曲率法对薄膜残余应力的测定,发现 Cu/Si 薄膜厚度对薄膜的内应力有显著影响,随着膜厚增加,平均应力值逐渐减小,应力分布趋于均匀。各个厚度的薄膜均存在残余压应力。对于 2000nm 的 Cu 薄膜,两种方法测得的应力值分别为 -0.974GPa 和 -1.09GPa,数值接近,说明纳米压痕法可以较好地表征较厚薄膜的残余应力。

5.3.4 SiN_x:H 薄膜的内应力与断裂韧性

断裂韧性是材料抵御裂纹或者其他缺陷破坏能力的参数。研究者采用许多方法来测试脆性材料的断裂韧性,并拓展这些方法用于薄膜材料的测试。对于薄膜来说,纳米压痕法是常用的测试断裂韧性(K_c)方法[247,248]。与其他测试方法不同,纳米压痕法测试断裂韧性对样品尺寸没有特殊要求,而只需测量压痕产生的裂纹尺寸和长度。人们采用不同形状的压头和裂纹分析技术已成功获得了许多材料的断裂韧性。然而,这些测试结果的波动较大(高达 40%),有的研究者甚至质疑这种方法用于测试断裂韧性的可行性[249]。数据的波动大是因为压痕裂纹的长度测量困难,主要是判定裂纹萌生的初始位置,并区分弹塑性变形时通过形成裂纹而产生的能量释放。对于薄膜来说使用压痕法的更大问题是需要考虑测试过程中内应力的影响。在基底上沉积薄膜必然产生内应力,这来自很多方面,包括膜基热膨胀系数的差异、晶格常数不匹配、沉积过程生成非平衡键、结构重组/再结晶过程、化学反应以及原子表面注入等。然而,纳米压痕法测试薄膜断裂韧性并未考虑薄膜内应力的影响。

事实上所有的纳米压痕法测试薄膜的断裂韧性 K_c 都需要对压痕区域进行断裂力学分析,这种方法最初用于块体陶瓷材料断裂韧性 K_c 的测试。许多分析没有明确考虑压痕前材料内已然存在的残余应力或者内应力。当把块体材料分析方法用于薄膜纳米压痕实验时,薄膜的内应力被忽略不计或者认为对实验影响很小。即使在纳米压痕法测试断裂韧性过程中考虑内应力的影响,也是假定只发生弹性形变。这样才能应用叠加原理并计算出应力场强度系数 K。由内应力或者残余应力产生的应力场强度系数 K 定义如下:$K=\psi\sigma\sqrt{c}$,其中 ψ 是一常数/应力幅系数,由块体材料受拉力时的弹性理论计算得到;c 是裂纹长度。对于薄膜来说,假设其应力场强度系数与块体材料的公式相同。有时块体材料的 ψ 直接用于薄膜材料,而有时使用半无限、稳态裂纹扩展时的弹性能释放率计算得来的 ψ 考虑内应力的影响。然而,薄膜内应力可以是拉应力也可能是压应力。对于压应力薄膜,准确的 ψ 值不那么容易得到。在压应力薄膜上产生的压痕裂纹不是半无限裂纹,这使得情况更加复杂。即使如此,很多情况下仍使用受拉伸载荷的薄膜得到的 ψ 来分析压应力薄膜压痕裂纹的形成。因此,有必要证明采用拉伸载荷计算得到的 ψ 分析压应力薄膜压痕裂纹的有效性。

本节采用纳米压痕法测试了等离子增强化学气相沉积(PECVD) SiN_x:H 薄膜的断裂韧性[250]。薄膜应力状态既有压应力也有拉应力,以评价内应力状态对纳米压痕法测试断裂韧性数值的影响。SiN_x:H 薄膜能够调节内应力从压应力到拉应力,是微电子工业用以及与 SiCN:H 相似的代表性薄膜材料。研究显示纳米压痕法测试断裂韧性时忽略内应力,将使断裂韧性值明显高于或低于材料的真实断裂韧性。另外,研究也证实通常用于评价内应力影响的因数 ψ 严重低估了内应力对 SiN_x:H 薄膜压痕法 K_c 的影响。通过后文分析发现无应力/本征断裂韧性可以通过表观断裂韧性随内应力增加呈线性递减的关系中获得。

纳米压痕测试采用 Hysitron 压痕仪,立方金刚石针尖,载荷范围 5~30mN。压痕后的裂纹采用仪器自带 AFM 立即扫描成像。为减少表面粗糙度的影响并提高成像质量,压痕之前也进行成像并从压痕后成像中扣除。使用 SPIP 软件进行压痕后—前图像处理和测量裂纹长度,并观察薄膜的失效形式:碎片、剥落、分层。压痕应力场强度系数或者表观(未进行应力校准)断裂韧性 K_{ind} 采用 Harding、Oliver 和 Pharr[251]方程进行计算:

$$K_{ind} = 0.00319\left(\frac{E}{H}\right)^{\frac{1}{2}}\left(\frac{P}{C^{\frac{3}{2}}}\right)$$

式中:0.0319 为立方压头的形状系数;E 和 H 为薄膜的弹性模量和硬度;P 为最大载荷;C 为裂纹长度。为提高精度,每个薄膜测试 18 个压痕。为减少环境对数据分散性的影响,所有测试均在 30%~40% 的相对湿度下进行。上面的方程是在块体材料上进行压痕实验产生"放射裂纹"获得的,同样适用于在厚薄膜上进行的纳米压痕测试,此时也产生放射裂纹并完全在薄膜内不受基底的影响。对于压应力薄膜,放射裂纹的长度是膜厚的一部分。这一方程对于压应力薄膜的纳米压痕测试的适用性后面再进行讨论。

对于拉应力的 SiN_x:H 薄膜,纳米压痕产生的裂纹长度接近或者大于膜厚。这种情况下裂纹被视为贯通裂纹,使用 Jungk[252]修正方程进行计算 K_{ind}:

$$K_{ind} = 0.016\left(\frac{E}{H}\right)^{\frac{1}{3}}\left(\frac{1}{t_f}\right)\left(\frac{P}{C^{\frac{1}{2}}}\right)$$

式中:t_f 为膜厚。

为获得 SiN_x:H 薄膜准确的本征断裂韧性,通过假设只发生线性弹性断裂来评估薄膜内应力的影响,并计算压痕测试产生的应力场强度系数与薄膜内应力产生的应力场强度系数之和,即

$$K_C = K_{ind} + K_{film}$$

式中:K_{ind} 是压痕测试产生的应力场强度系数;K_{film} 是薄膜内应力引起的应力场

强度系数;K_c是薄膜的本征应力场强度系数或者断裂韧性。$K_{film}=\psi\sigma_f h^{1/2}$,其中$\psi$是一常数/应力幅系数,$\sigma_f$是薄膜应力,$h$是特征长度(裂纹长度或者膜厚)。实验采用多组$\psi$和$h$值以获得更准确的曲线,$\psi$值是对残余拉应力的薄片和薄膜进行弹性力学和弹性能分析后确定。这些形状系数的适用性后面会进行讨论。ψ值也可以直接通过测试K_{ind}与内应力或者残余应力之间的关系函数确定。于是,$K_{ind}=K_C-K_{film}=K_C-\psi\sigma_f h^{1/2}$。

基于上面的分析,希望K_{ind}与薄膜内应力呈以$\psi h^{1/2}$为斜率的线性函数关系。Y轴截距即为材料无应力或者本征断裂韧性K_c。

测试SiN_x:H薄膜断裂韧性与内应力之间的关系复杂之处是弹性模量、密度、氢含量都会随内应力而变化。如果实验不考虑这些因素将使得到的应力与K_c之间的关系趋势偏移。因此,选用具有较大变化范围的拉—压应力的SiN_x:H薄膜,而弹性模量、密度和氢含量变化较小。由图5-56可见,内应力与弹性模量、密度和氢含量之间存在一定的关系。三图均呈现线性下降趋势,R_2范围在0.5~0.65之间。SiN_x:H薄膜的弹性模量、密度、氢含量与内应力之间的关系趋势在其他研究中也有出现[253]。此处这个变化趋势稍有不同,因为断裂能和断裂韧性与密度表现出一定的关系。此次实验中密度随着应力的变化还不够大,不足以对K_{ind}产生数量级的影响。

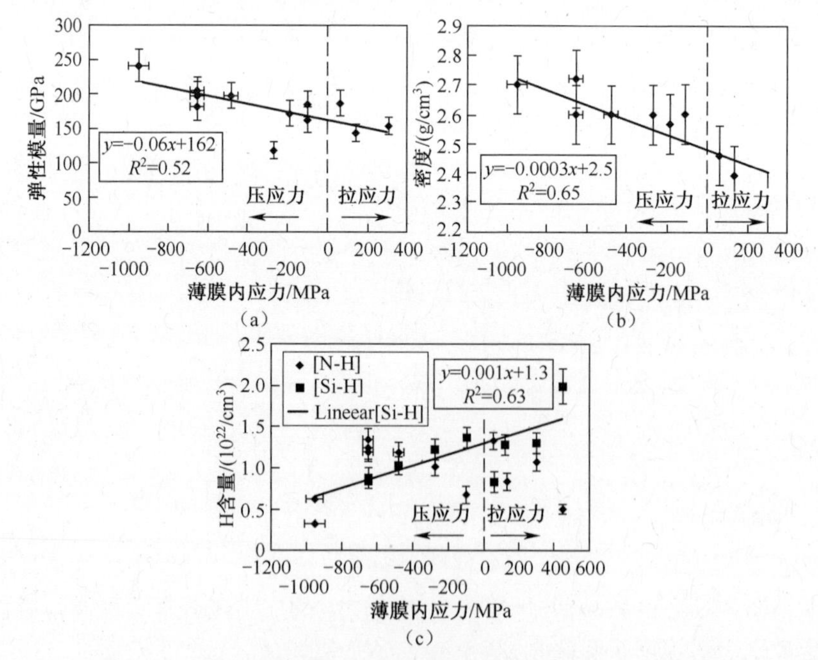

图5-56 SiN_x:H薄膜内应力与弹性模量、密度和H含量的关系

图5-57给出了压痕AFM形貌。由图可见所有的裂纹从压痕向外呈放射状

分布,薄膜未出现剥落或分层破坏。压痕深度小于 0.3μm,因此不必考虑基底影响。

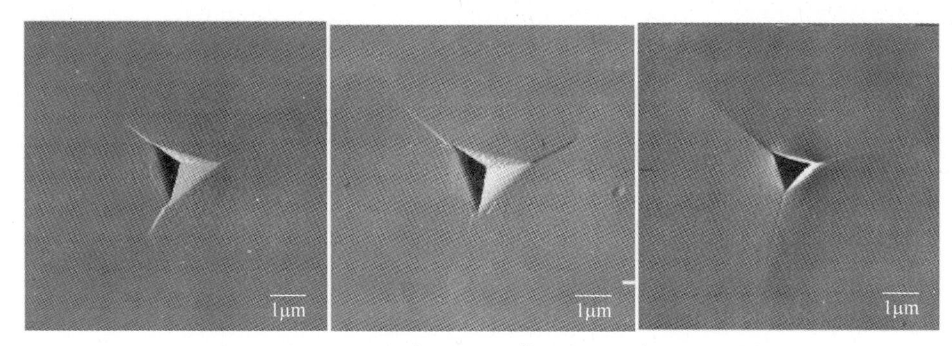

图 5-57　PECVD 制备 SiN_x:H 薄膜纳米压痕 AFM 形貌

图 5-58 给出了 SiN_x:H 薄膜 K_{ind} 与薄膜内应力之间的关系图。K_{ind} 与薄膜内应力呈现明显的线性关系(R_2>0.9),随着薄膜内应力从压应力 950±47MPa 减少到 0 再增加至拉应力 300±15MPa,K_{ind} 从 7.6±1.3MPa · $m^{1/2}$ 逐渐减少至 0.2±0.1MPa · $m^{1/2}$。同时实验发现,3μm 薄膜的 E、H 和 K_{ind} 都低于 2μm 薄膜。然而两个薄膜的 E/H 比值相同。两个薄膜 K_{ind} 差异导致裂纹长度的不同。这可能是基底对结果产生的影响。两种厚度的薄膜 K_{ind} 与薄膜内应力呈现线性减少的趋势,且斜率及 y 轴截距也接近。对于理想的无应力薄膜,这些线性拟和可得临界应力场强度系数/本征断裂韧性为 1.6±0.25MPa · $m^{1/2}$。

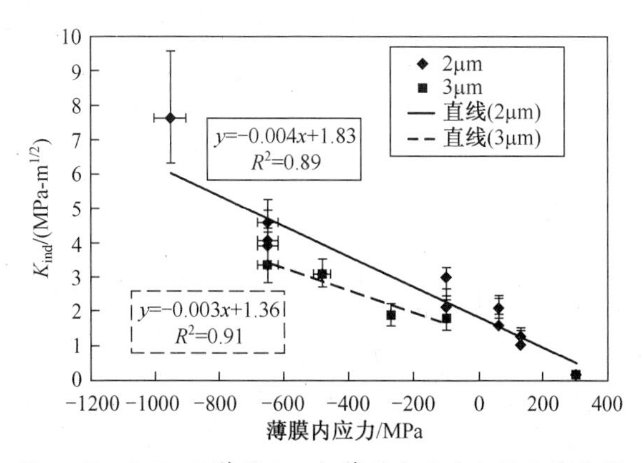

图 5-58　SiN_x:H 薄膜 K_{ind} 与薄膜内应力之间的关系图

不考虑基底的影响(后面单独讨论这一点),K_{ind} 与薄膜内应力的变化曲线也会受薄膜密度与弹性模量的关系影响。实验发现 K_{ind} 与薄膜的密度和弹性模量没有明显的线性关系。

为得到 SiN_x:H 薄膜真实或者本征断裂韧性,将方程 $K_{film}=\psi\sigma_f h^{1/2}$ 直接代入

薄膜内应力(压痕实验前的内应力)计算应力场强度系数。ψ 值采用弹性能分析法确定,完全开裂薄膜采用 Beuth[254] 弹性能分析法,部分开裂采用 Ye[255] 分析模型。两种方法得到了 ψ 与 Dundur 系数 α 和 β 之间的关系,而 α 和 β 是基于薄膜与基底的弹性失配计算得到。为进行对比并验证各种假设,对拉应力和压应力薄膜的 K_{ind} 都进行了计算,并采用完全开裂和部分开裂模型分别计算。前者 h 取值膜厚,后者 h 取值为所测裂纹长度。

图 5-59 给出了 K_c 与薄膜内应力的关系,$c/t_f>0.9$ 的薄膜绘制的是贯穿裂纹的 K_c,$c/t_f<0.9$ 的薄膜绘制的是部分开裂的 K_c。由图可见对于 3μm 和 2μm 薄膜,K_c 与薄膜内应力依然呈线性关系,$R_2=0.84$。由于大多数 K_c 是采用部分开裂公式计算,这意味着在内应力修正过程中 ψ 或者 c 的影响值被低估。为测试 c 对部分开裂内应力修正值的影响,同时也采用贯通裂纹内应力的公式计算了所有薄膜的 K_c,因为这也能代表部分开裂的极端情况。在±400MPa 内应力范围内,采用贯通裂纹和部分开裂计算得到的 K_c 基本相同。当应力小于 -400MPa,由于 c/t_f 比值下降导致两个结果开始偏离。采用贯通裂纹公式得到的 K_c 与薄膜内应力依然呈明显的线性关系。这说明 ψ 值在两种计算过程中被低估。然而,使用贯通裂纹得到的两个厚度薄膜的 K_c 与内应力的斜率变小,$R2$ 也减小,其中 2μm 薄膜的降至 0.79,3μm 薄膜的降至 0.4。这说明对于基底显现影响的膜厚和 c/t_f 比率(像本次实验中出现的情况),两种计算过程 h 取值 t_f 更准确。

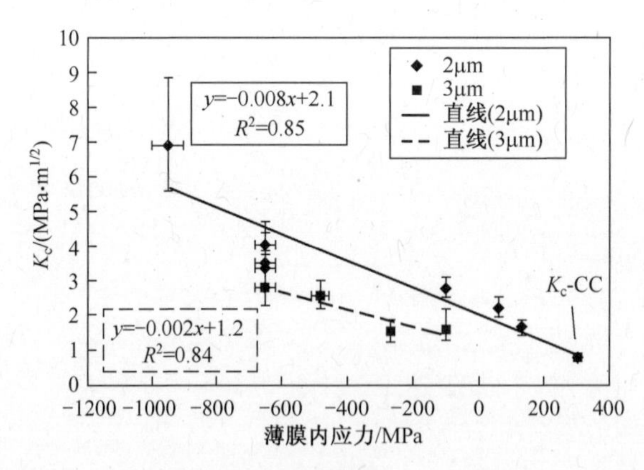

图 5-59 PECVD 制备 SiN_x:H 薄膜的 K_c 与薄膜内应力的关系

图 5-60 给出了 K_c 与内应力的关系,其中 ψ 值从图 5-58 得到,h 取值膜厚。由图可见两种膜厚的 K_c 不再强烈依附内应力的变化,此时 $R_2<0.15$,所有数据在 1.8MPa · $m^{1/2}$ 左右,所有薄膜的平均值为 1.8±0.7MPa · $m^{1/2}$。这一平均值与从图 5-58 得到的无应力薄膜的断裂韧性基本一致。

关于 K_{ind} 与薄膜内应力之间所呈现的趋势有两个较合理的解释。第一个这种趋势只是弹性模量 E 或者密度随着内应力变化的假象。E 的变化不是 K_{ind} 与薄膜内应力趋势的原因（图 5-56）。最大与最小弹性模量比值的平方根显示只对 K_{ind} 值产生了 $(250/100)^{1/2}=1.6$ 的改变，而实际结果却是两个数量级的变化。而图 556 中薄膜密度、内应力和 K_{ind} 存在更明显的关联。密度与 K_{ind} 之间的趋势可以解释为，密度较低的材料内聚力较小更易破坏因此断裂能或断裂韧性较低。密度和弹性模量的影响仅能得到 K_{ind} 的一个影响因子，这一影响因子不足以产生试验观察到的数量级的变化。显而易见，内应力是影响 K_{ind} 主要的原因。

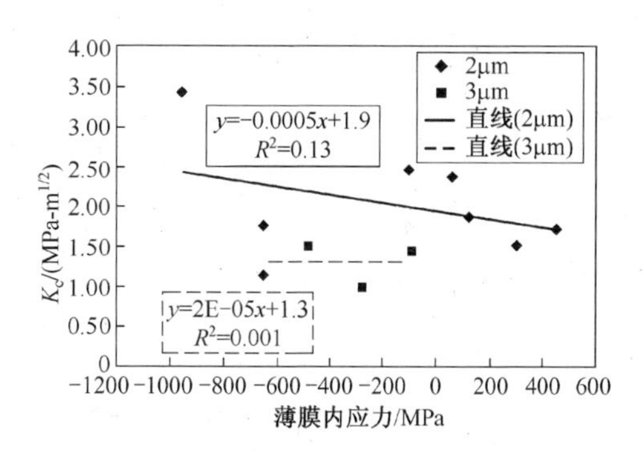

图 5-60　PECVD 制备 SiN_x:H 薄膜的 K_c 与薄膜内应力的关系（修正后）

内应力对 K_{ind} 影响趋势确立后，接下来讨论如何准确地获得薄膜内应力并计算无应力/本征断裂韧性 K_c。为准确地获得压痕实验前存在的薄膜应力，基于薄膜应力计算了应力场强系数 K_{film}，然后假设实验遵循线性弹性断裂理论 $K_c=K_{ind}+K_{film}$。计算 K_{film}，采用方法 $K_{film}=\psi\sigma_f\sqrt{h}$，其中 ψ 是一常数/应力幅系数，h 是临界尺寸取值为裂纹长度 c 或者薄膜厚度 t_f。ψ 通过拉应力薄膜半无限裂纹完全或部分开裂弹性理论计算得到。这种方法得到的 K_{film} 用于 K_c 计算，不管 h 是取值为裂纹长度 c 或者薄膜厚度 t_f，K_c 依然与内应力呈现明显的关系。这可能是因为假设中至少有一个是不准的。由实验结果 K_{ind} 与 σ_f 呈线性关系可知，线性弹性断裂理论和 $K_{film}=\psi\sigma_f\sqrt{h}$ 是有效的，由此可知只有 ψ 取值可能不准确。从受拉伸载荷薄膜得到的 ψ 用于压应力薄膜可能会产生错误的结果。将前述弹性理论分析半无限长贯穿裂纹的假设，得到的 ψ 用于无限裂纹薄膜计算也会有问题。

实验结果显示 K_{ind} 与膜厚有关，这意味着采用 Cube 压痕法测试厚度 $\leqslant 3\mu m$ 薄膜的 K_{ind} 时，为了考虑基底的影响而采用弹性理论得到的 ψ 值对于膜厚必定会更加敏感。尽管实验采用的 PECVD SiN_x:H 薄膜与硅基片的弹性失配较小，膜厚/基底的影响无论是在纳米压痕测试 E 和 H，还是测试 K_{ind} 都很明显。如前所述，E 和 H 测试数据中基底影响不会进入 K_{ind} 测试中，因为 K_{ind} 与 E/H 之比呈一定的函数关系,而对于 2μm 薄膜和 3μm 薄膜这个函数关系是相同的。K_{ind}依厚度而变化的关系似乎是因为裂纹长度因厚度变化而来。这意味着使用参数 ψ 来考虑内应力对纳米压痕法测试 K_{ind}的影响,比采用弹性理论分析半无限的贯穿裂纹,对膜厚必定更敏感。从 K_{ind}与 σ_f的实验数据图分析得到的 ψ 值大 2 ~ 3 倍,也证实了这一点。对于 3μm 薄膜,实验计算得到的 ψ 与通过弹性理论得到的值差异较小,这说明对足够厚的薄膜基底对 K_{ind}的影响不再存在,由弹性理论得到的 ψ 能更准确地反映内应力的影响,尽管上面所做的一些假设并不适用。然而对于基底影响依然存在的薄膜的 K_{ind},只能通过实验得到所需 ψ,或者更详细的分析纳米压痕实验中的基底及其他方面的影响。

通过分析实验得到的 K_{ind}与 σ_f的线性递减的关系,获得薄膜准确的 ψ 之后,可以更有效地分析内应力对 K_{ind}测试的影响,并获得每个薄膜的 K_c。所有薄膜 K_c平均值为 1. 8±0. 7MPa · $m^{1/2}$,这与前面基于应力开裂临界厚度分析,在拉应力 SiN_x:H 薄膜所得 $K_c = 1 \sim 1.7$MPa · $m^{1/2}$值较好吻合,这一数值与晶体 Si_3N_4理论值 2. 0MPa · $m^{1/2}$也吻合。通过引入非晶材料密度与晶体材料密度之比的平方根($(2.5/3.2)^{1/2}$),可以得到更接近的数值 1. 75±0. 15MPa · $m^{1/2}$。同样,考虑密度降低了全致密多晶 Si_3N_4的 K_c,$3\times(2.5/3.2)^{1/2} = 2.65\pm0.15$MPa · $m^{1/2}$。我们实验中所得 K_c的分散数据也可能是薄膜/结合密度不同造成。事实上,基于理想的 Si_3N_4晶体的 K_c值和 SiN_x:H 薄膜的 K_c,至少存在如下差异范围 $2\times((2.7/3.2)^{1/2}-(2/3.2)^{1/2}) = 0.25$MPa · $m^{1/2}$。为了确定实验 K_c值是否依然存在密度的影响,绘制了 K_c与薄膜密度的关系图,结果发现实验 K_c与薄膜密度的变化趋势与理论值趋势吻合。因此,K_c的波动范围±0. 15MPa · $m^{1/2}$可以归因于 SiN_x:H 薄膜密度的变化。

本文所有压痕测试是在实验室 30% ~ 40% 的相对湿度范围内进行的,考虑大气湿度对实验结果的影响也很重要。之前关于压痕断裂韧性测试研究已证实大气湿度能够降低 SiO_2及其他氧化物材料裂纹扩展的域值从而导致较低的 K_c值,另外,PECVD SiO_2薄膜内应力随着时间明显变化,因为与大气发生反应。实验中的 PECVD SiN_x:H 薄膜应力在纳米压痕实验过程中保持稳定,说明相对于 PECVD SiO_2薄膜,PECVD SiN_x:H 薄膜对大气湿度的敏感度较低。

讨论 SiN_x:H 薄膜的缺陷及其对 K_{ind}测试的影响也很重要。缺陷可能是宏观的(颗粒、孔隙)和微观/纳观(夹杂、气孔等)的原生缺陷。宏观的缺陷可能性较小,因为压痕实验过程尽量避开可见的缺陷,薄膜的制备过程使用大容量 PECVD 设备,每个基片>0. 1μm 缺陷控制率≤1 ~ 2。远远小于宏观缺陷的是规格在 1 ~ 10nm 的缺陷,主要是指与薄膜材质具有不同键合角和特性的第二相材料。如果这种缺陷较多,就可以被 FTIR 检测到。图 5-61 给出了几个薄膜的 FTIR 谱,应力范围从 450MPa 拉应力到 950MPa 压应力。图中包含了从 600 ~

$1400cm^{-1}$范围,涵盖了 Si-N、Si-C、Si-O 主要吸收带。如图 5-61 可见,只有 Si-N不对称峰和 N-H 峰。随着薄膜应力从 450MPa 拉应力到 950MPa 压应力,Si-N 峰从 $830cm^{-1}$到 $850cm^{-1}$范围稍有偏移,这是内应力对 Si-N 键振动频率影响的直接结果。而 N-H 峰发生了更大的结构变化,随着应力从压应力变为拉应力,N-H 峰更加明显。这说明随着应力从压应力变为拉应力,薄膜内部的结合下降,这也与薄膜密度下降,SiN_x:H 薄膜氢含量增加相一致。这就说明上述 K_{ind}值的假设是合理的。

最后,验证几个已经报道的应力差异较大的相似材料的纳米断裂韧性结果。这一方面 Nastasi[256] 对类金刚石薄膜的压痕断裂韧性测试值得关注,在硅片上沉积的 1.9μm、弹性模量为 160MPa,压应力为 2.49GPa 的 DLC 薄膜的 K_c测试值为 10.3MPa · $m^{1/2}$,基于单键破坏计算得到该 DLC 薄膜本征断裂韧性应该只有 1.5MPa · $m^{1/2}$,他们认为这一差异是压痕断裂过程中的塑性变形和/或裂纹扩展路径非直线造成的。基于此研究的结果显示,DLC 薄膜存在明显压应力对表观纳米压痕断裂韧性具有主要的影响。基于 Nastasi 的薄膜数据,得到无应力 DLC 薄膜的 K_c值为 0.2±2MPa · $m^{1/2}$。这个 K_c值的波动较大,但与 Nastasi 计算得到的 DLC 理论 K_c值更吻合。使用弹性理论贯穿裂纹模型得到的 ψ 计算的 K_c值较大,为 6~8MPa · $m^{1/2}$。近来采用微米断裂梁测试四面体非晶碳薄膜(ta-C)的无应力断裂韧性为 3~4MPa · $m^{1/2}$。给定 ta-C 的弹性模量为 760GPa,可以推断 DLC 薄膜无应力断裂韧性 K_c值应该为小于 3MPa · $m^{1/2}$[257]。

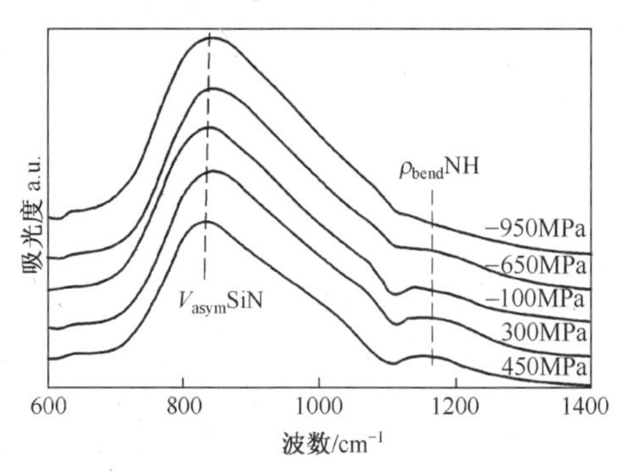

图 5-61　PECVD 制备 SiN_x:H 薄膜的 FTIR 测试

薄膜内应力的存在影响纳米压痕法测试表观断裂韧性值,而常用的应力幅系数低估了内应力对纳米压痕断裂韧性测试的影响。这可能是 K_{ind}测试中的基底影响以及 K_{ind}和 ψ 测试中缺少合理的弹性分析以定量基底影响两方面共同作用的结果。研究结果说明有必要提出准确的理论模型来分析压痕测试薄膜断裂韧性过程中内应力的影响,并希望更多的研究者进一步优化这一理论模型。

综上所述,本节采用纳米压痕法测试了内应力范围从 300MPa 拉应力到

950MPa 压应力的 PECVD SiN_x:H 薄膜的断裂韧性。在整个应力范围内薄膜的表观断裂韧性(K_{ind})变化超过一个数量级,为 0.2~8.0MPa · $m^{1/2}$。基于相关分析得出,K_{ind}的变化主要是内应力引起的,而内应力与薄膜性能,例如,密度、氢含量和弹性模量等相关。在满足线弹性理论的假设下,K_{ind}与内应力同预期一样呈现近似线性关系。然而已提出的定量内应力对压痕法断裂韧性影响的修正方法对于膜厚小于 3μm 时都低估了内应力的影响,这是多个因素共同作用的结果,包括 K_{ind}测试中的基底影响,计算含应力薄膜应力强度系数时低估了实际的应力副系数 ψ。基于实验结果得出的 K_{ind}与 σ_f线性递减的关系曲线,可以获得准确的 ψ 值,并由此确定无应力 PECVD SiN_x:H 薄膜的断裂韧性为 1.8±0.7MPa · $m^{1/2}$。

5.4 小　　结

薄膜内部存在一定内应力对于提高气相沉积硬质薄膜服役性能是有益的。如果要控制薄膜内应力达到某一合理水平,必须明确内应力产生的原因。气相沉积薄膜内应力产生原因较为复杂,大致可以分为生长应力和热应力两类。对于蒸发镀膜来说,薄膜内应力可以通过改变成分、沉积速率和基体温度等工艺参数来进行调整;溅射镀膜与蒸发镀膜相比,由于原子携带更高的能量,原子撞击基材及薄膜表面成为产生应力的主要原因;同时,不论是物理气相沉积还是化学气相沉积,都可以通过改变化学元素、过渡层、退火处理以及合金化等方法调整薄膜内应力。工作气压、偏置电压、基体温度、厚度以及结构设计也是必须考虑的。因此,薄膜内应力的影响因素较为复杂。

薄膜内应力测试方法主要包括曲率法、X 射线衍射法、纳米压痕法、拉曼法和 FTIR 方法。上述方法获得的是平均内应力,没有考虑应力的深度分布。聚焦离子束(FIB)技术可用于研究沿深度方向应力的分布。

内应力改变晶格中原子的平均距离,由此改变材料的弹性响应。因此,薄膜弹性模量和硬度会受到应力的影响。在采用纳米压入法测定薄膜硬度时,由于内应力对加载曲线、卸载曲线和接触面积的影响,需要对应力场中薄膜的硬度进行修正。内应力对膜/基结合强度的影响较为复杂,一般来说压应力比拉应力好,而且压应力大小要适度,过高或过低的内应力都会降低薄膜结合强度。内应力对薄膜韧性的影响主要从抑制微观裂纹的萌生和扩展角度进行考虑,由此有研究认为薄膜内部存在压应力是获得强韧薄膜的关键。

第6章 薄膜强韧化技术实例

本章主要讨论三类典型强韧化薄膜,分别是氮化铬(CrN)、氮化锆(ZrN)和非晶碳膜。氮化物薄膜和非晶碳膜在耐磨损、耐冲蚀、冲压模具等场合得到广泛应用。这些场合的特点是高载荷及动态载荷,这不仅要求薄膜具有高的硬度、结合强度,同时还要有好的韧性,以提高薄膜的承载能力。

(1) 摩擦磨损。硬度是评价膜层摩擦磨损性能的重要参数。进一步深入讨论磨损与硬度的关系时,发现影响磨损率的因素,除硬度外,还必须考虑断裂韧性。当载荷较小时,磨损率主要由硬度决定。硬度越高,耐磨性越好。当载荷较大时,断裂韧性成为影响磨损率的重要因素。这是因为膜层的磨损是裂纹的萌生、扩展和剥落过程。根据Suh提出的剥层磨损理论,磨损过程主要包括3个阶段:塑性变形积累、裂纹形核和裂纹扩展。原则上,任何一个阶段都会影响磨损性能。而对于硬质薄膜来说,其硬度较高,能够产生的塑性变形很小,因此在摩擦磨损过程中,能够产生的塑性积累对膜层磨损的控制作用影响很小;同时,如果膜层在制备过程中形成很多微观组织缺陷,这些缺陷对裂纹的形核萌生起很大的促进作用。因此,在摩擦磨损领域,薄膜的强韧化具有特殊的意义。

(2) 冲蚀磨损。材料的冲蚀问题的研究持续了相当长的时间,但由于冲蚀问题的复杂性,至今仍然有许多机理和工艺上的问题有待解决,如决定材料耐冲蚀的根本因素是硬度还是韧性?表面涂覆层能否解决冲蚀问题?这些都还没有得到圆满的解释。潘牧认为硬度并不是材料抗冲蚀性能的决定性因素,与抗冲蚀性能有直接关系的关键物理性质是材料的弹性模量[258]。由于弹性模量是组织不敏感因素,因此改变材料组织结构的工艺方法不适合用于提高材料抗冲蚀性能,但可以通过合金化或材料复合等手段提高材料的弹性模量。大量的抗冲蚀涂覆层研究结果表明:小冲蚀角、小颗粒冲蚀条件下,硬质涂层能有效增加抗冲蚀性能;而大冲蚀角、大颗粒冲蚀条件下,涂层的断裂韧性以及组织结构的致密程度,是决定冲蚀率的重要因素。因此,为了达到理想的防护效果,抗冲蚀涂层既要具备足够的硬度,又要拥有一定的韧性。采用物理气相沉积技术制备硬质氮化物薄膜,通过多元化和多层复合设计可以调整涂层的硬度和韧性,获得与基体结合牢固的抗冲蚀涂层。由于氮化物涂层往往具有好的耐腐蚀性能,故此类涂层在满足抗冲蚀性能的同时,还具备优良的耐腐蚀性能。目前,涂层种类主要包括TiN、ZrN等二元硬质陶瓷涂层及其多元合金化、多层化复合薄膜[259,260]。

(3) 冲击磨损。冲压模具上用到的膜层,需要耐冲击,同时摩擦系数小,与成形模具的黏接倾向小。这里的冲击是指连续的、允许范围内的载荷(小于膜层的屈服强度)冲击,与常规材料的过载冲击并不相同。常规材料的过载冲击是瞬间、偶发的大载荷一次性冲击,其抗过载冲击能力与基体材料的本质有关,耐冲击膜层无法承受这种大载荷一次性冲击。冲压模具涂层在连续载荷冲击下的失效,是疲劳失效过程,其耐冲击性能既与涂层的硬度有关,又与涂层的断裂韧性、内应力状态密切相关。

总的来看,硬质薄膜在冲蚀、磨损、冲压等领域应用,不可避免地遇到动态载荷、高载甚至是过载的情况,因此需要薄膜不仅要有较高的硬度,同时也需要有较好的韧性。强韧化是工业应用对薄膜提出的必然要求。本章主要以三类典型硬质薄膜的强韧化方法和过程为例,讨论如何在强韧化机制、原理的指导下,结合强韧性能指标表征及微观组织结构控制,实现硬质薄膜的强韧化。

6.1 耐磨损 CrN 基薄膜的强韧化

2000 年以来国内外工作者对 CrN 基薄膜优良的摩擦学性能产生了很大兴趣。对 CrN 和 TiN 进行的磨损对比实验表明 CrN 比 TiN 更耐磨,同时它还具有精细晶粒结构、结合力强、化学稳定性高、抗热扰动性能好和 700℃ 以下良好的热稳定性等优点,可用于工模具的减摩抗磨与无油切削及加工工具的表面强化加工处理。目前已经开发出 CrN 纳米晶结构涂层硬度高达 40GPa,韧性更好,附着力更强,而且摩擦系数低至 0.1。

虽然 CrN 涂层具有非常优异的综合性能,但随着机械加工业向更高速和连续化生产的发展以及极端环境下使用的工模具需求的增加,人们对涂层的性能提出了更高的要求,如更长的使用寿命、更高的硬度、韧性和抗磨减摩性能、切削相容性、膜基界面友好等。以发动机活塞环 CrN 耐磨涂层为例,随着发动机向高载、高比负荷、高功效、低排放的方向发展,CrN 涂层已难以满足大功率高运转的重载柴油发动机活塞环的服役需求,如高热负荷承载能力、抗烧损能力和低摩擦磨损等特性。如重载柴油发动机台架实验发现活塞环表面 CrN 涂层出现不同程度的局部片状剥落的现象,其失效机制主要为局部疲劳剥落,通过局部剥落区成分分析及断面形貌分析确定这种剥落并未完全从基体处剥落,因而不是涂层与基体结合力问题造成的,而是由于 CrN 涂层受到的循环应力及热负荷作用超过了涂层的疲劳性能极限而引起表面疲劳裂纹的产生导致涂层局部发生剥落,这说明已有的 CrN 涂层自身性能已不足以满足使用要求,无法满足重载柴油发动机的发展需要。

因此,基于 CrN 间隙相的特点,可采用金属或者非金属的“合金化”改善和提高其性能。利用合金复合、纳米复合与纳米多层等多种方法制备出综合性能更优异的 CrN 基复合薄膜系统备受机械加工工业的重视。

6.1.1　工艺方法对强韧性能的影响

CrN 薄膜可以采用多种气相沉积方法制备,主要可以由电弧离子镀、磁控溅射、离子束辅助沉积等。不论采用何种方法制备 CrN,调控工艺参数可以在很宽范围内获得不同组织结构-性能的 CrN 薄膜[261]。

1. 电弧离子镀

影响离子镀沉积 CrN 涂层理化性能的工艺参数有功率(弧电流)、基底负偏压、基底温度(沉积温度)、氮气分压、腔体压强、基底的表面状态、涂层搭配及涂层的厚度等,其中氮气分压、弧电流、基体偏压对 CrN 涂层的结构性能影响显著。

VIB 族的金属 Cr 和 N 之间的反应活性较低,通常的反应法生成单相的 CrN 涂层较为困难,涂层中的相组成主要取决于沉积过程中环境气氛中的氮气分压,因此在沉积 CrN 涂层过程中,氮气分压是一个关键因素。随着氮气分压的不同,沉积涂层的相组成可以为 Cr、Cr+N、Cr+N+Cr_2N、Cr_2N+CrN 或 CrN。在较低氮气分压(20%)时沉积的涂层以金属相为主,表面粗糙,颗粒尺寸较大,致密性差,硬度较低;当氮气分压增加到 40%时增加了氮离子与 Cr 离子之间的碰撞概率,减少了直接沉积到基体表面的金属 Cr 大颗粒的数量,涂层中金属 Cr 与 Cr_2N 含量减少,出现 CrN 相,同时氮离子的刻蚀作用增强,减小了涂层表面颗粒尺寸。涂层致密性增加,同时硬度也较高;进一步增大氮气分压到大于 60%,氮离子多于 Cr 离子,所制备的涂层均为单相 CrN,结构更加致密,硬度增大;继续增大氮气分压会由于过多氮离子对蒸发出的 Cr 粒子产生散射和冷却作用,致使涂层中的大颗粒及孔洞增加,硬度有所降低。此外,氮气分压较小时,CrN 涂层的生长择优取向不明显,随着氮气分压的增大,涂层呈(200)和(220)择优生长取向;随着氮气分压继续增大,涂层则趋向于(111)择优生长取向。

CrN_x 薄膜的生成主要依靠 N_2 的离化和 Cr 的蒸发离化,因此 N_2 离化率越高,越容易形成 CrN。电弧离子镀的离化率较磁控溅射高,故采用电弧离子镀技术更容易制备 CrN。Ar 气作为工作气体,会影响相组成。镀膜过程中 Ar^+ 会促进形成 Cr_2N;N_2 是反应气体,随着 N_2 分压的增加,利于 CrN 的生成。

Cr_2N 和 CrN 的理论硬度分别为 2175 HV 和 2740 HV。CrN_x 薄膜的硬度随着 N_2 含量的增加出现两个峰值,对应于薄膜为单相 Cr_2N 和 CrN 状态。而有两相 Cr_2N+CrN 的薄膜则呈现较低的硬度,即会出现两相薄膜的硬度略低于单相薄膜的现象。随着 N_2 含量增加,有利于膜层中 Cr_2N 相向 CrN 相转变,使膜层硬度升高。

偏压为-150～-50V 时,涂层均由 Cr_2N 相和 CrN 相组成,随着偏压的增加,涂层表面粗糙度降低,硬度和耐磨性增强;偏压过高,涂层的微观质量和性能反而下降。偏压为-100V 时,涂层的硬度和耐磨性最佳。硬度和表面质量是影响 CrN_x 薄膜摩擦磨损性能的主要因素。

2. 磁控溅射

影响 CrN 涂层结构和性能的沉积过程参数与 TiN 涂层类似,包括溅射功率(靶电流与靶电压)、基底偏压、氮气的分压、腔体内气体压强、基底温度、磁控溅射阴极的磁场等过程参数。其中,氮气分压和基底偏压是影响磁控溅射 CrN 涂层结构—性能的主要因素。

由于磁控溅射镀膜过程中粒子的离化率相差很大,因此要获得一定化学计量比的 CrN 涂层所需的氮气分压各不相同,如平衡磁控溅射过程中由于离化率低,即使在很高的氮气分压下也难以获得单相的 CrN,但总体趋势,与电弧离子镀沉积 CrN 涂层的相结构一致,即随着氮气分压的增加,沉积涂层的相组成从 Cr、Cr+N、Cr+N+Cr_2N、Cr_2N+CrN 直到 CrN 转变;而闭合场非平衡磁控溅射技术中可大幅度提高粒子的离化率,在很低的氮气分压情况下即能获得单相的 CrN 涂层,而且能保证涂层的高沉积速率,所制备的 CrN 涂层的力学性能可与电弧离子镀技术制备的 CrN 相媲美,而且还能避免电弧离子镀技术带来的表面大颗粒污染的缺点,可取代电弧离子镀 CrN 涂层在某些工模具、机械等高质量装饰和保护涂层的领域应用,也易于实现大规模的工业生产。由于磁控溅射过程中金属的离化率较低,施加基底偏压主要是改变了溅射气体离子的动能,因此荷质比远小于金属 Cr 离子的气体离子对基底或涂层表面轰击效应有限而对涂层的性能影响较小。然而基底偏压的变化会影响涂层的择优取向,在较低的基底偏压下,涂层以低表面能的(111)面择优取向生长并呈现出具有棱边和棱角的形貌;增大基底偏压,一方面会由于离子浓度的增大而增加表面岛状形核概率,另一方面会使得 CrN 涂层以高表面能的(200)面择优生长,促使涂层以各向同性的颗粒状生长;进一步增大基底偏压会增强离子的轰击作用而使得基体温度升高,加快粒子在基体表面的迁移,这时涂层以表面能更高的(220) 面生长,同时大量的 Ar^+进入涂层表面的缺陷位置会增大形核率而减小晶粒尺寸,使得涂层呈现等轴晶结构。

除了氮气分压和基底偏压外,其他过程参数对 CrN 涂层的结构与特性也有一定的影响。如在不同的基底温度下沉积的 CrN 涂层的相组成有所变化,在较低的基底温度时,涂层由单相的 CrN 构成;当基底温度升高时则会出现 Cr_2N 相,且随着基底温度的升高 Cr_2N 的含量也增大。另外,基底温度升高会减小涂层的沉积速率,不利于厚膜的制备。磁控溅射阴极的磁场状况,如磁场的非平衡度和闭合状态可改变电子的运动轨迹而改善 Ar 和 N_2的离化率,对涂层的结构和性能也产生一定程度的影响,如增大磁场的非平衡度和闭合度会显著增大 Ar 和 N_2的离化率而增强离子的轰击效应,为沉积过程中原子的吸附、迁移及重排提供了能量,使镀层的组织结构更加致密化,因此将闭合场与非平衡磁控溅射技术结合获得的 CrN 涂层无论在沉积速率方面还是在性能方面都接近离子镀 CrN 涂层,可作为耐磨涂层用于工模具和切削工具的表面强化方面。

3. 离子束辅助沉积

利用离子束辅助沉积,以不同能量氮离子辅助轰击制备 CrN 薄膜。随着轰击能量的提高,镀层硬度有一定程度的增高;随着轰击能量的升高,CrN 薄膜的断裂韧性下降,高的轰击能量可以使镀层形成附着损伤,产生空位,从而使镀层致密性降低硬度提高的同时塑形下降也使其 K_{IC} 数值下降。镀层组织成分改变,CrN 含量增加,也使韧性降低。

采用离子束增强沉积技术制备的 CrN 涂层相结构单一,主要以 CrN(200)面择优生长,涂层硬度高达 26GPa,大气环境下 CrN 涂层具有良好减摩耐磨性能,如干摩擦条件下 CrN 涂层与 GCr15 轴承钢对磨的摩擦系数可低至 0.3,磨损率则是轴承钢基体的 1/7;采用高功率脉冲磁控溅射技术制备的 CrN 涂层表面光滑、致密、无大颗粒、相结构单一,而且涂层与基底的结合强度非常好,临界载荷最高达到 68N。

6.1.2　多层结构提高强韧性能

在防腐领域采用环境友好的 PVD 技术制备 CrN 是代替电镀 Cr 的一个重要趋势,特别是其低应力、高韧性、强耐腐蚀以及,可以镀厚膜等优点成为可应用于淡水或海水环境关键摩擦副零部件最有前途的耐磨防护涂层之一。然而具有压应力的 PVD 涂层通常会在应力腐蚀环境的作用下加速腐蚀裂纹的产生及扩展并导致严重的腐蚀失效,而且较厚的单层 PVD 涂层一般都具有相对疏松的柱状晶体结构,不利于涂层的腐蚀性能提高。理论上,多层涂层因每个层间的材料常数不同能拥有比单层涂层更高的抗裂纹扩展能力,同时多层及梯度涂层皆可有效防止柱状晶的形成并具有更高的密度,因而有望提高涂层的抗腐蚀性能,如 TiN/CrN、CrN/NbN 等多层复合涂层的抗腐蚀性均有大幅度提高,但是只有在特定的调制周期下多层组合涂层才会出现优异的抗蚀性能,通常还以损害涂层的摩擦学性能为代价。而纳米级调制结构则能够在保证理想的抗蚀性能的同时保证高硬度和良好的摩擦学性能,但在实际应用过程中会由于涂层工艺过程复杂以及难以在复杂部件表面均匀涂镀而限制了纳米多层复合涂层的应用。

中国科学院兰州化学物理研究所的郭峰利用工艺多层技术,通过交替改变沉积过程中的偏压,制备的 CrN 涂层较常规工艺制备的 CrN 涂层的组织结构显得更加致密,而且颗粒的尺度显著减小,这种多层结构的 CrN 涂层与基体的结合力显著增大,如采用常规工艺制备的 CrN 涂层的临界载荷最大为 108 N,而多层结构的 CrN 涂层在划痕测试的终点 150 N 时未监测到明显的声信号,即其临界载荷大于 150 N。多层结构的 CrN 涂层在人造海水中有较强的耐腐蚀性能,其自腐蚀电位为-0.23V,高于常规工艺的单层 CrN 涂层的-0.48V,腐蚀电流密度也远小于常规工艺 CrN 涂层。因此,多层结构的 CrN 涂层由于周期变化的沉积偏压而阻断了纵向贯穿型的晶间间隙以及其致密的结构,使得其发生腐蚀反应的速率小于常规工艺的单层 CrN 涂层。这种具有致密结构、高结合力以及耐腐蚀性能优异的多层结构 CrN 涂层在海水环境承受外力作用时能够对裂纹的萌生、扩展有较强的抑制作用,在海水环境中能有效抵御海水介质渗透而产生的腐蚀,涂层的摩擦系数与磨损率比较图可以看出多层结构的 CrN 涂层与硬质合金配副对磨时摩擦系数与磨损率均处于较低的水平,磨痕内仅有少量微裂纹存在,未观察到涂层剥离失效,因此这种多层结构的 CrN 涂层能够抵抗更加苛刻的服役环境。

同样由于在沉积 Cr-C-N 涂层过程中,通过调整反应气体乙炔的流量交替变化获得的多层涂层中耐腐蚀的碳化物聚集在晶界处,并能显著强化晶界而使得介质渗入基体的概率大幅降低,因此多层 Cr-C-N 涂层具有比多层 CrN 涂层更高的自腐蚀电位与更低的自腐蚀电流密度。由于在摩擦过程中,Cr-C-N 涂层因晶界区域的富碳硬化而使得微区的接触应变不统一,对偶-工件表面接触区域的微凸体在摩擦过程中相互挤压变形进入稳定磨损状态的时间较长,且倾向于微凸体相互牢固嵌合并在切向力的作用下发生撕脱损伤,导致在施加较小载荷时多层 Cr-C-N 涂层与硬质合金配副在海水环境中的摩擦系数与磨损率略高于多层 CrN 涂层;然而在高载高频状态下,摩擦接触区域的互嵌微凸体在高速运动中倾向于被碾压变形,摩擦区域表面迅速趋于平滑进入稳定磨损状态,因此具有高硬度与优异的耐腐蚀性能的多层 CrCN 涂层表现出优于多层结构 CrN 涂层的耐磨损性能。CrN 系涂层为水环境或海水环境下摩擦或耐腐蚀零部件表面处理中最有前途的防护涂层之一。

6.1.3 合金化提高强韧性能

过渡金属的二元氮化物和碳化物在多数情况下,既可在同类之间又可在不同类之间互溶,因此可能制备出三元或多元的复合涂层。通过适当的方法,将各种氮化物、碳化物、氧化物、硼化物组合起来,可以组成种类繁多的多相复合涂层和固溶体涂层,以满足不同领域的特殊要求。在 CrN 基础上通过加入金属元素、非金属元素或同时加入金属元素和非金属元素进行强化,所形成的各种氮化物涂层是目前研究的热点。

添加Al、Ti、Mo、Cu、Nb、Ta、W等元素可改善单层CrN涂层的性能。下面将以Mo元素合金化为例说明CrN基薄膜的强韧化过程。

研究发现将Mo加入到传统的CrN涂层中形成三元涂层,能够降低涂层的摩擦系数,提高其耐磨损性能。MoN涂层由于“自润滑”机制而表现出良好的磨损性能。CrMoN三元涂层有可能综合CrN与MoN的特点。

在CrN涂层应用于活塞环镀膜方面,研究者发现,CrN薄膜的抗高温磨损性能和抗高温氧化性能虽然明显优于Cr电镀层,但摩擦系数与Cr电镀层相差不大。且当活塞环处在上止点处时,活塞环—缸套摩擦副之间温度极高,润滑油膜非常稀薄,处于边界润滑和干摩擦状态,容易与缸套之间产生黏着磨损,导致活塞环过早的磨损失效。另外,在发动机起动初期,由于油膜未及时布满缸套表面,使活塞环与缸套之间发生干摩擦,产生快速磨损。

随着发动机功率的提高,单位时间内活塞环经过的工作循环将大大增加,对活塞环的抗磨损性能提出了更高的要求。活塞环在工作循环中承受动态载荷的冲击,在某些时刻承受高冲击过载,这就要求活塞环表面涂层具有较高的承动载能力,即要有足够的韧性,吸收动态冲击能量。因此微纳米复合、多层硬质涂层的韧化成为这类涂层应用需要解决的问题。

因此,活塞环表面薄膜不仅要耐磨,而且要减摩,还需要一定的韧性。为了进一步改善CrN基活塞环的性能,出现了CrBN、CrMoN、CrN+DLC、CrMoN+DLC等掺杂元素复合涂层。CrMoN涂层在润滑油环境中具有比CrN涂层更低的摩擦系数和磨损率。由此,作者课题组提出了CrMoN复合涂层的设计思想。如图6-1所示,涂层与活塞环基体(65Mn钢)之间的结合层采用与钢基体附着性好的Cr元素,保证涂层与基体之间的结合强度;中间为CrN过渡层,使涂层获得适当的韧性和硬度,避免裂纹的产生和扩展;功能顶层通过固定Cr、Mo两种元素的含量比例,形成均匀致密的CrMoN复合涂层,满足活塞环耐磨性和耐热性等要求。

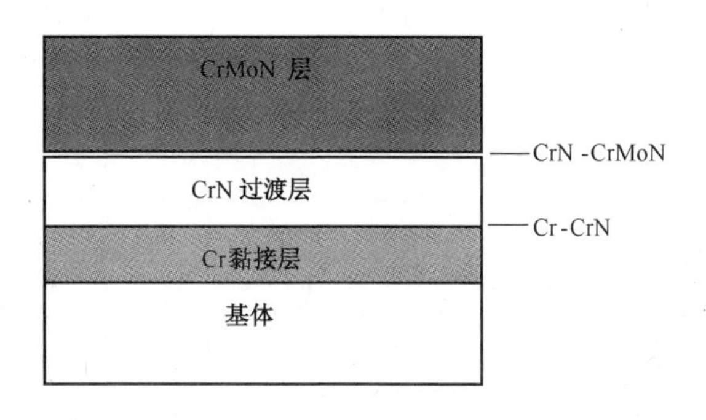

图6-1　CrMoN复合涂层设计

添加Mo元素后,CrMoN复合涂层表面变得较为致密,孔隙大大减少,晶粒细化随着Mo含量的增多,涂层的致密度增加,晶界增多,晶粒变小。采用透射电镜分析CrMoN薄膜的显微结构,发现CrMoN复合涂层中大量与基体相平行的内界面能起到阻碍裂纹扩展的作用,提供位错运动阻力,在增加韧性的同时,涂层的硬度和强度也得以提高。

CrMoN复合涂层力学性能强化的主要因素有:①晶粒细化。CrMoN复合涂层的致密度明显高于CrN涂层,且随着CrMoN复合涂层中Mo含量的增加,CrMoN复合涂层的晶粒尺寸变小,细晶强化提高涂层硬度。②固溶强化。CrN与MoN具有相同的晶体结构,均具有面心立方点阵的NaCl结构,Mo原子可置换在CrN晶格中的Cr原子,形成(Cr,Mo)N固溶体,置换固溶引起晶格强烈的点阵畸变,产生残余应力,晶格畸变导致的残余应力一方面可以提高涂层的硬度;另一方面可以抑制涂层的晶粒生长,进一步提高了涂层的硬度。随着CrMoN复合涂层中Mo含量的增多,形成的置换固溶体增加,引起晶格的点阵畸变程度增强,使其硬度升高。

CrMoN复合涂层由于复合了CrN和MoN,具有较高的硬度,但从摩擦学的角度讲,并不是硬度越高越好,过高的硬度在一定程度上使得其韧性下降;同时,高硬度膜层存在内应力大、膜基结合强度下降的缺点,这严重影响了高硬度膜层的应用。因此,理想的表面抗磨镀层应该既有高硬度,又具有低的摩擦系数,通过减摩抗磨途径提高镀层工件的摩擦学性能。本书作者课题组采用磁控溅射技术与低温离子渗硫技术相结合制备的CrMoN/MoS_2涂层,同时发挥CrMoN"硬膜"及MoS_2"软膜"的优势,既具有较高的硬度、较低的摩擦因数,又具有较好的韧性,成为一种优异的耐摩擦磨损性能涂层。

渗硫后,CrMoN复合涂层中Cr元素和Mo元素的含量略有减小,其原因在于渗硫处理的前半期,阴极靠离子轰击加热时,固定于阴极的CrMoN复合涂层表面受到氩离子的不断轰击,部分Cr离子和Mo离子被溅射剥离出CrMoN复合涂层表面,S原子将沿着缺陷及晶界向CrMoN薄膜内部渗透。并且随着Mo靶电流值的增大,渗硫后CrMoN复合涂层中S元素的含量也逐渐增加。

采用扫描电镜观察表面形貌。渗硫后的涂层表面形貌发生很大变化,晶粒结构由原来的块状转变为颗粒状,晶粒尺寸大大减小。CrN涂层表面还可观察到晶界,CrMoN/MoS_2复合涂层表面晶界完全消失,呈疏松多孔的颗粒状结构。在渗硫过程中,硫化物会在晶界处及缺陷处位置形核,然后逐渐长大,形成渗硫层宏观上的颗粒状结构。在渗层的生长过程中,会有择优生长的现象。某一部位的择优生长可能来源于优先形成的核心或已形成的硫化物层表面的粗糙不平以及基体表面本身的凹凸不平。随着硫化物核心的形成以及表面的粗糙化，由于凸起的几何阴影作用，较高的部位更容易优先生长，因此这些地方硫化物会优先沉积、长大，而凹的地方就会形成微孔。当渗硫处理时间足够长的时候，渗硫层就沉积得比较完整，表面呈颗粒状，有许多细小的微孔，呈现渗硫层的最终表面形貌。当 Mo 含量增多时，CrMoN/MoS_2复合涂层表面晶粒尺寸减小，变得较为平整。其原因为在 CrMoN 复合涂层沉积过程中，大量的 Mo 原子会置换 CrN 晶格中的 Cr 原子，形成置换固溶体，引起晶格剧烈的点阵畸变，并出现离子冲击的大小凹坑，沿晶界更多，有利于硫化物在凹坑内的聚集与沉积，也有利于硫原子的扩散。在低温离子渗硫过程中，可形成较多的成核结点，硫化物在这些结点沉积并长大，相互间迅速聚集，形成细小颗粒的硫化物，之后硫化物逐层生长，已形成的硫化物层表面趋于平整，且缺陷减少。

采用纳米压入法测试薄膜的硬度和弹性模量。CrMoN/MoS_2复合涂层的硬度低于 CrMoN 复合涂层。分析 CrMoN/MoS_2复合涂层硬度值降低的原因为：在渗硫结束后形成的 CrMoN/MoS_2复合涂层中出现了 MoS_2这种新相，而 MoS_2是硬度较低的软相，同时 S 原子进入层间的间隙与(Cr,Mo)N 结构中的 Mo 原子形成六方层状相结构，使得原本因 CrN、MoN 相互固溶形成的高内应力结构被破坏，固溶强化效果减弱，从而降低了薄膜的硬度。随着 Mo 含量的增加，CrMoN/MoS_2复合涂层的硬度值增大，塑性变形抗力提高，力学性能提升。根据 Hall-Petch 关系，硬度与晶粒直径平方根的倒数成正比，随着 Mo 含量的提高，CrMoN/MoS_2复合涂层的晶粒尺寸逐渐减小，故其硬度逐渐提高。弹性模量是材料的重要性能指标，是研究材料断裂行为的基本参量，它表征的是原子离开平衡位置的难易程度，体现了材料抵抗弹性形变的能力，和原子间结合力密切相关。随着 Mo 含量的提高，CrMoN/MoS_2复合涂层的 $H^3/E*^2$值增大，抗塑性变形能力提升，晶间键合强度增强。

采用划痕法测试结合强度，CrMoN/MoS_2复合涂层的结合强度明显提高。从划痕形貌中可以看出，CrN 沉积涂层存在大量裂纹，并有部分裂纹扩展到划痕轨迹之外，形成片状剥落，脆性较大，CrMoN 复合涂层仍可以发现裂纹存在，但相比之下要细小，没有明显剥落。CrMoN/MoS_2复合涂层的韧性明显变好，裂纹和剥落数量都少于 CrMoN 复合涂层。MoS_2的层状界面结构能够使裂纹偏移，同时能够更有效地阻止塑性变形，使薄膜结合强度提高。同时，(Cr,Mo)N 硬相中嵌入的 MoS_2软相通过剪切应变可以吸收划痕时的能量，从而提高了结合力。

磨损量是耐磨损性能的直观反映。实验结果表明，CrN 基涂层耐磨损性能依次为 CrMoN/MoS_2>CrMoN>CrN，如图 6-2 所示。

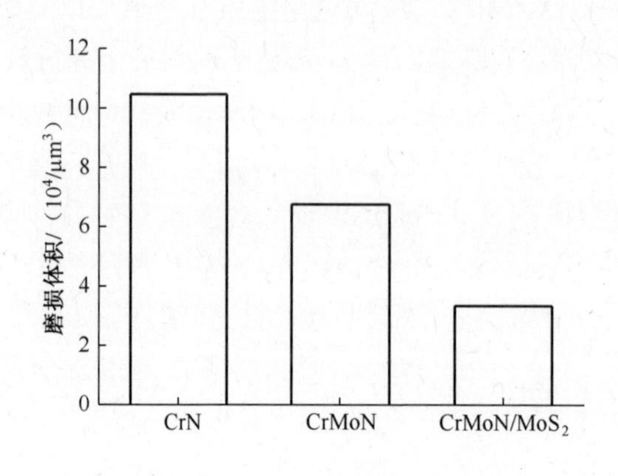

图 6-2　CrN 基涂层的磨损体积

6.2　耐冲蚀 ZrN 基薄膜的强韧化

氮化物抗冲蚀涂层的研究首先围绕 TiN 及其多元硬质涂层展开。Yang 等[262]采用磁控溅射技术在钛合金上沉积了不同 Al 含量的 TiN、TiAlN 涂层，结果表明，TiAlN 涂层的抗冲蚀性能取决于涂层化学组成及沉积条件，当 TiAlN 涂层中 Al 原子分数为 35%时，其抗冲蚀性能比 TiN 涂层提高 7 倍。ZrN 涂层抗冲蚀性能优于 TiN 涂层。吴小梅[263,264]在 TC11 钛合金基体上沉积 ZrN 涂层后，TC11 遭受冲蚀时更容易达到稳定冲蚀，且 ZrN 涂层冲蚀速率比 TC11 钛合金降低 10 倍；国内外在二元涂层的基础上开始进行合金化多元涂层及复合涂层的研究，向二元硬质涂层中加入合金化元素 Al、Cr、Si、B、Hf 等以获得所需要的涂层性能。一般是在 TiN 或 ZrN 涂层中加入 Al 元素，由此获得的(TiAl)N 或(ZrAl)N 不但硬度、抗冲蚀磨损性能优于 TiN 或 ZrN，而且大大改善了涂层的抗高温氧化性能。为提高涂层与基体间的黏接性能，典型的方法是在基体与 TiN 涂层间沉积一层 Ti 中间层。Ti 中间层可溶解保留在基体界面的氧化物层，并释放界面剪切应力。此外，Ti 中间层与基体和 TiN 间的氧化物有好的黏接性能，从而提高了 TiN 的黏接性能。但在冲击载荷的反复冲击下，载荷直接作用于 Ti 中间层，具有 Ti 中间层的 TiN 涂层不能很好地满足使用需求。所以，Kim[265]研究了 Ti 缓冲层厚度对 TiN 涂层力学性能的影响，采用阴极弧离子镀技术沉积 Ti 缓冲层，能够有效地吸收冲击能，提高 TiN 涂层的冲击黏接性能，并保持涂层硬度和耐磨性能。Ti 缓冲层越厚，效果越明显。Shum 等[266]采用非平衡磁控溅射技术在 450℃下沉积 TiAlN 涂层。涂层沉积前先用金属蒸气真空弧源离子注入设备进行 Ti 离子注入，以在基体表面生成 Ti 复合梯度层作为缓冲层，然后进行涂层沉积，涂层厚度 4.0μm。实验结果表明，通过引入梯度复合层，提高了涂层与基体的结合力,硬度可达32GPa,改善了涂层的抗冲蚀性能。其原因在于复合梯度层减少了界面应力梯度和裂纹的产生,硬度提高抑制了载荷过程中的塑性变形。

总的来说,影响PVD涂层抗冲蚀磨损性能的因素主要包括以下几个方面:①硬度。一般来说,薄膜的抗冲蚀磨损性能随硬度的提高而增加。②韧性。除了硬度,涂层的韧性也对冲蚀性能有显著影响。多层叠加的方法可以提高涂层的韧性。但现有研究表明,多层涂层并不一定会增加其抗冲蚀性能。甚至有研究表明,在同样膜厚情况下,多层膜不如单层硬膜耐冲蚀。原因是对于多层膜,每一层硬膜的厚度都太薄不足以抵挡冲蚀,尤其对于软/硬交替(如Ti/TiN)的多层膜,一旦一个薄层硬膜被冲蚀掉,下边的一层软膜很快就被冲蚀没了。而对单一均匀(或连续变化)膜层,厚度越大,其抗冲蚀性能越好。③残余应力。残余应力对涂层抗冲蚀性能的影响仍未明确。一般认为,残余压应力对涂层的抗冲蚀磨损性能有利,残余拉应力则有害。随着涂层内的残余压应力的提高,涂层的抗冲蚀性能就提高。

综上所述,为了达到理想的防护效果,抗冲蚀涂层既要具备足够的硬度,又要拥有一定的韧性。采用物理气相沉积技术制备硬质氮化物涂层,通过多元化和多层复合设计可以调整涂层的硬度和韧性,获得与基体结合牢固的抗冲蚀涂层。

6.2.1 工艺方法对强韧性能影响

ZrN涂层的性能与制备方法和制备工艺密切相关。为了优化ZrN的性能,偏压、温度、氮气分压对组织结构、性能的影响至今仍然是研究的重点。同时针对ZrN涂层的稳定性进行了研究。

1. 偏压的影响

偏压是磁控溅射工艺中的重要参数之一,它的作用在于形成离子轰击效应。这种离子轰击效应一方面导致有益的低能粒子轰击作用,另一方面也将导致额外加热,进而影响薄膜性能。另外,偏压在镀膜前预轰击时,可以清除基体表面吸附的气体和污染物,有利于提高膜基结合力。

图6-3为ZrN涂层的硬度和弹性模量随脉冲偏压的变化曲线,样品的硬度值分别达到11.32GPa、25.23GPa、31.98GPa、36.76GPa、35.20GPa。由图可知,偏压对ZrN涂层的硬度有较大的影响。在无偏压时,ZrN涂层的硬度较低;随着偏压的增加,硬度值增大。在偏压达到-150V时,硬度达到最大值36.76GPa;再继续增加偏压时,涂层的硬度值反而开始缓慢减小。弹性模量的变化趋势与硬度基本相同。ZrN涂层的韧性与偏压关系密切,0~-150V范围内,随着偏压的增加,涂层韧性逐步降低,当负偏压增加到-200V时,韧性稍有增加(图6-4)。

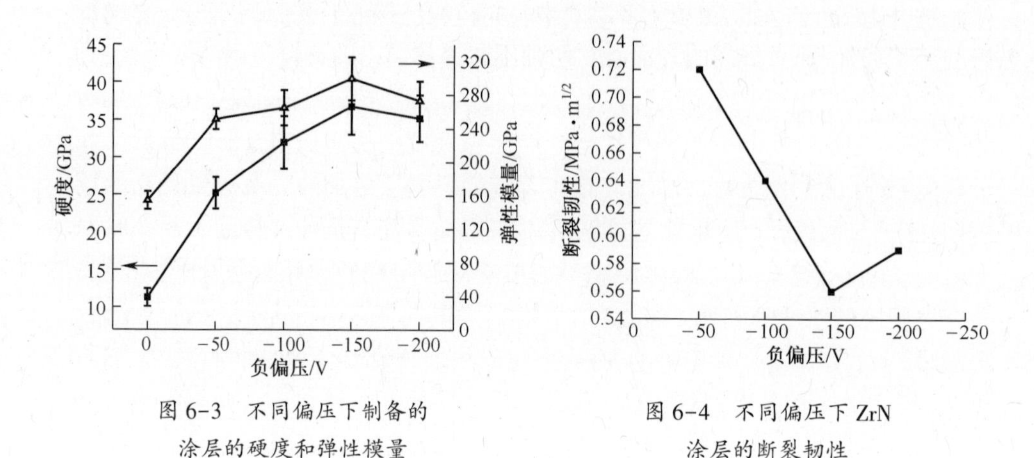

图 6-3 不同偏压下制备的涂层的硬度和弹性模量

图 6-4 不同偏压下 ZrN 涂层的断裂韧性

2. 温度的影响

等离子体中的原子沉积到基体表面后会在表面扩散，其能量来源：一是在等离子内获得的初始动能；二是轰击粒子通过碰撞传递能量；三是基体温度提供的热能。因此，基体温度影响原子的热运动导致的形核和长大过程，最终影响涂层的微观结构。如图 6-5 和图 6-6 所示，未加热情况下，涂层硬度值约 35GPa。加热温度 200℃时，硬度值最大。但随着加热温度升高，硬度值反而降低。当温度升高到 400℃时硬度值显著下降。薄膜的韧性随温度升高而增大。

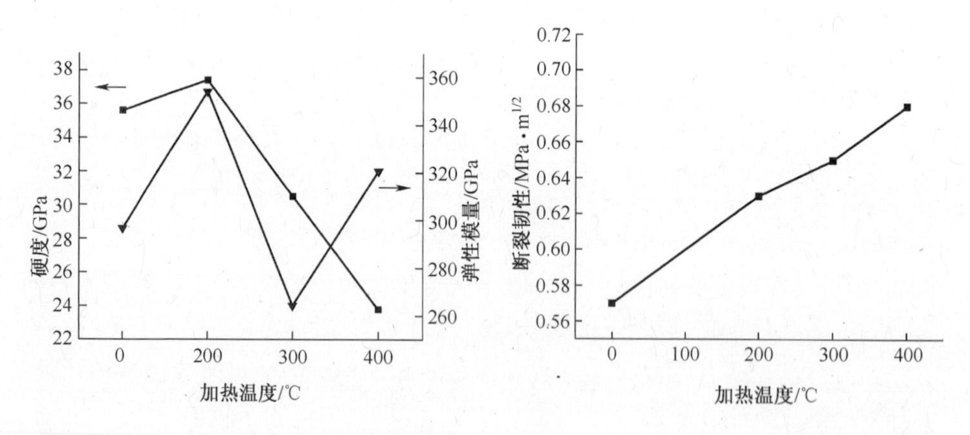

图 6-5 不同加热温度硬度值和弹性模量值

图 6-6 加热温度对涂层断裂韧性的影响

6.2.2 多层结构提高强韧性能

纳米硬质多层膜主要有金属—金属、金属—氮化物和氮化物—氮化物三类。与 ZrN 薄膜有关的研究主要集中在氮化物 ZrN 这一类，金属与 ZrN 组成多层膜体系也有报道。在氮化物 ZrN 多层膜中,由于单层膜的结构差异,会出现亚稳态的界面结构,因而有很高的界面能。两种不同晶体结构的材料组成多层膜,一种单层膜结构会影响其上生长的另一种膜层的结构,使该膜层的某些性能发生改变。在 ZrN/AlN 和 TiN/AlN 两种多层体系的对比中[267], TiN/AlN 体系出现(111)晶面上的择优取向,AlN 由原来的六方结构相变成了稳定的 NaCl 立方结构,硬度明显提高;而在 ZrN/AlN 体系里,硬度没有发生变化,AlN 也没有出现结构上的差别。作者认为,超晶格结构和晶格匹配对于亚稳定相 AlN 的形成是与其他微观结构归整后所带来的某些性质有关,所以造成两种体系的差别。在金属/ZrN 体系的研究里,利用金属元素在界面处的扩散反应,会得到意想不到的结果。在 Ti/ZrN/Al 薄膜的研究上,由于界面扩散反应,提高了多层膜的结合力。除此之外,有人利用铜在晶界中的扩散,制备了具有可调电阻率的 Cu-Zr/ZrN 薄膜。还有研究者制备了双层的 ZrN-Zr 膜[268],其结构干扰了孔洞的聚集,减少了基体的暴露,有效地防止了腐蚀。多层膜的调制周期不能忽视。许多研究都注意到层数和层厚对多层薄膜性能的影响。总体上讲,层数的增加使膜的硬度提高。根据李成明等对 ZrN/TiN 膜[269]的研究,存在临界单层厚度与超硬效应相联系的事实。

6.2.3 合金化提高强韧性能

合金化主要利用多种元素的复合效应来改善二元膜系的性能不足,例如,改善材料表面的硬度,减小摩擦系数。提高硬度的途径:一是将纳米晶相均匀弥散在非晶相基体中;二是采用两相或更多相组合使晶界复合化来提高硬度。添加的元素可以按照在涂层形成的相分为两类:一类是形成硬质相如添加 Si、Al、Ti、V 等;另一类是形成软质相如 Cu、Ni、Ag 等。膜层的硬度和韧性是对矛盾,设计材料涂层时需在两者间找到平衡点。选用三相、四相或更复杂的薄膜系统是实现高硬度、高韧性的有效途径[270,271]。

1. 掺杂 Al 元素

对氮化物薄膜 TiN、CrN 和 ZrN 而言,Al 是最常见的掺杂元素,可进一步提高其硬度和高温稳定性。Al 掺杂后,基于固溶强化的机理提高了薄膜硬度;Al 在高温下形成致密的 Al_2O_3,提高了 MeN 涂层的抗氧化性能和高温稳定性。尤其是对于机械加工和模具加工,CrAlN、TiAlN 和 ZrAlN 是最为广泛应用的强化涂层。

需要特别提出,Al 在上述薄膜中的相组成形式与其含量密切相关,并直接导致性能具有显著差异。Al 在 TiN、CrN 和 ZrN 中有一定的固溶度,当小于该固溶度时,形成亚稳定的面心立方结构,即 B1(NaCl 型)结构;超过临界固溶度后,形成六方密排结构,即 B4(w-ZnS 型)。w-AlN 是稳定相,但是其强度和弹性模量小于亚稳定的 NaCl 型 AlN。根据第一性原理计算，发现 $x<0.43$[272] 或 0.5[273] 时，立方结构(B1)$Zr_{1-x}Al_xN$ 比密排六方结构(BK)或 w-ZnS 结构(B4)更加稳定。计算值与实验结果吻合。实验发现，$x<0.43$ 时，呈稳定的单相 $Zr_{1-x}Al_xN$结构；当 $0.43<x<0.73$ 时，呈至少两相结构。单相 $Zr_{1-x}Al_xN$ 的硬度最高可达到 46GPa，但一旦形成 ZnS 结构，硬度降低到 28GPa[274]。采用脉冲直流磁控溅射制备 $Zr_{1-x}Al_xN$ 薄膜，$0<x<0.36$。薄膜硬度在 9~18GPa，弹性模量在 235~365GPa。采用电弧离子镀制备 $Zr_{0.52}Al_{0.48}N_{1.11}$ 的薄膜。在 1050~1400℃退火，涂层中出现立方结构 ZrN，导致硬度增加；超过 1300℃后出现六方 AlN 相，薄膜硬度降低[275]。理论计算 AlN 在 TiAlN、ZrAlN 薄膜中的固溶度与实际测试结果吻合较好。对于 TiAlN 薄膜，不同文献报道 AlN 在立方 B1 结构 TiAlN 中的固溶度范围约 0.4~0.9，而绝大部分结果非常接近理论值 0.7。对于 ZrAlN 薄膜，AlN 在 B1 结构 ZrAlN 中的固溶度范围在 0.37~0.43，略小于理论计算值。

一般将 ZrN、TiN 和 CrN 等薄膜称为氮化物陶瓷薄膜，它们具有某些金属薄膜的特性，比如既具有高的硬度(陶瓷特性)，又具有良好的导电性(金属特性)。这与它们的键特性相关[276]：过渡族金属氮化物的键既具有离子键特性，又具有金属键特性。而 AlN 是离子键，不具有金属键特性，因此向 ZrN 薄膜中加入 Al 时，伴随 Al 含量的增多，薄膜金属键特性逐步丧失，而会表现出强烈的离子键特性。其突变往往与 Al 在 ZrN 薄膜中是以固溶体形式存在，还是形成第二相密切相关。如果是 Al 固溶到 ZrN 晶粒中，会保持 ZrN 晶粒的立方结构(B1)，如果 Al 含量超过临界值后形成第二相，即转变成六方结构(B4)，而薄膜键的特性也会随即发生突变。由此，薄膜键特性的改变使得薄膜的力学性能发生很大变化。

实验中一般利用 XRD 等方法判定 ZrAlN 薄膜的相结构。Holec 测定 TiAlN、ZrAlN 和 HfAlN 薄膜的典型 XRD 结果。$Ti_{1-x}Al_xN$ 薄膜直到 $x=0.62$ 一直保持 B1 立方结构；$x=0.67$ 时呈立方 B1、六方 B4 双相共存结构；$x>0.75$ 时呈单相 B4 结构。$Zr_{1-x}Al_xN$ 薄膜直到 $x=0.38$ 保持 B1 立方结构；$x=0.43$ 和 0.52 时，立方相对应的峰明显宽化，强度降低，表明薄膜结晶程度降低，极有可能出现第二相(或单相结构分解)；$x=0.62$ 时呈结晶性非常好的六方 Bk 和 B4 相。$Hf_{1-x}Al_xN$ 在 $x=0.33$ 时保持单相立方 B1 结构，在 $x=0.38$~0.71，成 XRD 非晶或纳米晶结构，而在 $x=0.77$ 时，成单相六方 B4 结构。实验结果表明，具有最大硬度值(H)，最大塑性变形抗力(H^3/E^2)和最好韧性的 ZrAlN 涂层，抗冲蚀性能最好，如图 6-7 所示。

2. 掺杂 Cu 元素

Cu 掺杂 ZrN 属于一种新的硬质涂层，即(nc-MeN)/金属，其中 nc 表示纳米晶，MeN 表示过渡族金属氮化物，Me 包括 Ti、Zr、Cr、Ta、Al 等。可能的 metal 包括 Cu、Ni、Ag 等。这类涂层最初由 J. Musil[277,278] 提出，并逐渐得到研究人员的

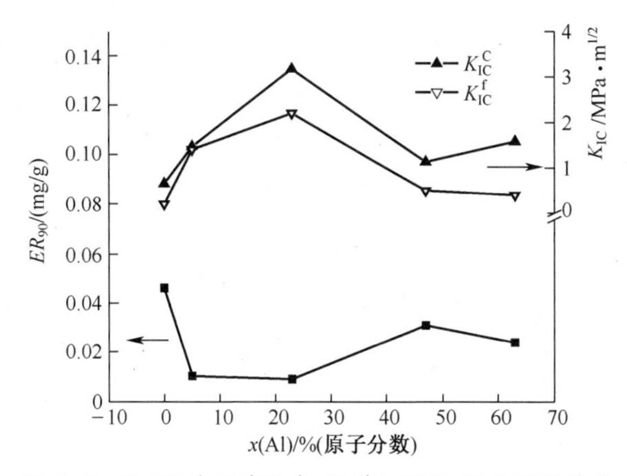

图6-7　ZrAlN涂层冲蚀率,断裂韧性与Al含量的关系

重视。

J. Musil认为,(nc-MeN)/金属是一类可同时获得强、韧性能的薄膜体系。为了提高硬度,nc-MeN应形成10nm尺寸以下的一定择优取向的纳米晶。从提高韧性的角度,Musil提出晶界边界必须足够厚,太薄则起不到韧化作用。为了获得好的韧性,硬质氮化物相晶粒尺寸要小于10nm,同时晶界体积要大于硬质相。从提高硬度的角度,Veprek提出晶界要薄,否则会降低强化效果。可见,界面微结构(晶粒大小,相组成,相界、晶界组成,元素偏聚状态等)与硬度、韧性密切相关,这符合结构决定性能这一材料科学基本原理。少量Cu掺杂条件下,Cu进入ZrN晶格中,由于Cu原子与Zr原子半径的差异造成晶格畸变,基于固溶强化的原理提高了ZrCuN薄膜的硬度。此时ZrCuN仍保持面心立方结构。随Cu含量的增加,超过Cu在ZrN中的固溶度,Cu以单质相的形式独立存在。此时Cu的具体存在形式、存在位置较为复杂,对薄膜性能影响相应复杂,研究结果不尽相同,甚至出现不同的意见。就当前研究来看,部分研究者认为ZrCuN薄膜中形成纳米复合结构,即薄膜是由ZrN纳米晶和Cu的纳米晶组成的复合结构。在Cu含量较少时,Cu分散在ZrN晶界的位置,导致XRD中没有Cu对应的峰,或者出现馒头峰,部分学者称为XRD非晶/纳米晶形态。ZrN的晶粒取向、晶粒大小、晶粒形态都会受到Cu的影响。由此导致ZrN-Cu薄膜的性能在很大范围变动。但整体来看,形成纳米复合结构后ZrCuN薄膜硬度增加。部分研究者认为ZrCuN不会形成纳米复合结构,Cu以单质的形式独立存在,由于Cu是面心立方结构,可开动的滑移系较多,塑形变形能力强,由此导致薄膜的强度降低,相应的薄膜的韧性变好。

上述讨论对MeN/metal体系的薄膜基本成立,包括TiN/Cu、ZrN/Cu、AlN/Cu、TaN/Ni等。掺杂Cu原子可以一定程度地提高薄膜的硬度和强度,但需要指出掺杂效应与Cu原子的掺杂量密切相关,过量的Cu掺杂会改变薄膜结构,恶化薄膜性能。Musil 最初提出(nc-MeN)/金属概念并研究了其性能。从 1999 年提出的 ZrN-Cu、ZrN-Ni,到后来研究的 AlN-Cu 等,均发现形成纳米复合结构后,薄膜出现强韧化的现象。Musil 制备的典型纳米复合 nc-ZrN/a-Cu 涂层硬度可高达 55GPa,Cu 的加入增加了涂层的韧性。Musil 这样描述涂层的微观结构:少量 Cu 以非晶的形式在晶界偏析,类似杂质原子强化晶界的作用提高了涂层硬度,并且仅当 ZrN 纳米晶取向一致,且晶粒小于 35nm 时才能得到最高硬度。其后不断有人开展这类涂层的研究,得到的结果不尽相同。Audronis[279]制备含 8%(原子分数)Cu 的 ZrN 涂层硬度为 22.5GPa,并用 Zr-Cu-N 表示,因为其中的 Cu 没有形成第二相,而是“Cu 替换固溶到 ZrN 晶粒中,或随机位于晶界等缺陷处”。既然不是(相)复合涂层,也就没有强化效果,因此硬度低。为何更多含量的 Cu 没有形成第二相,则可能与制备工艺参数有关,动力学因素影响了微观组织结构。由于 Cu 与 N 不结合,因此 Cu(Fcc)要么固溶到 ZrN(Fcc)中,要么以晶态或非晶态在晶界偏聚,随着 Cu 含量的改变,涂层界面微结构逐渐发生变化,导致性能发生改变。

Musil 研究了 Cu 掺杂 AlN 薄膜的性能。Al-Cu-N 薄膜形成了纳米晶 AlN 和 Cu 的纳米复合结构,硬度最高达 48GPa。该纳米复合结构中 AlN 纳米晶的尺寸小于 10nm,内应力小于 0.5GPa,由于 Cu 掺杂可以调控薄膜的弹性模量,提高硬度的同时降低了弹性模量,因此提高了薄膜的塑性变形抗力。J Suna[280]发现少量 Ni(<10%(原子分数))掺杂提高 ZrN 薄膜的硬度。认为强化机理为:①形成不同晶体取向纳米晶复合结构;②形成垂直于膜基界面的柱状纳米晶。

ZrCuN 的结构表征主要采用 XRD 物相分析、XPS 成分分析、SEM 和 TEM 微观结构分析。主要目的在于确定 Cu 在 ZrN 薄膜内的存在形式、位置,是否形成纳米复合结构。

一般来说,磁控溅射制备的 ZrN 薄膜成柱状晶。在工艺参数相同的情况下,向 ZrN 涂层中添加少量 Cu 元素,抑制了柱状晶,涂层结构由 T 区向Ⅱ区转变。ZrCuN 致密,而且由于抑制了柱状晶,涂层表面更加平整。图 68 是 $Zr_{0.80}Cu_{0.20}N$ 薄膜的透射电镜截面照片。可以看到薄膜没有显著的柱状晶特征(图 6-8(a)),在基体中均匀弥散分布大小约 5nm 的晶粒((图 6-8(d)),分析表明这是基体中的 Cu 的团聚晶粒。表明 14%(原子分数)Cu 在 ZrCuN 薄膜中一部分以 Cu 单质的形式存在。这解释了 XRD 中没有观察到 Cu 对应的衍射峰。

向 ZrN 中加入 Cu 后涂层硬度的变化与 Cu 含量密切相关:Cu 较少时硬度高,较多时硬度低。加入 Cu 后显著提高了 ZrN 涂层的断裂韧性,ZrCuN 涂层的断裂韧性值约为 ZrN 涂层的 2 倍。采用划痕仪测定涂层结合强度。加入 Cu 后显著提高了 ZrN 涂层的结合强度。划痕边缘没有发现涂层的剥落,表明涂层与基体结合强度好。

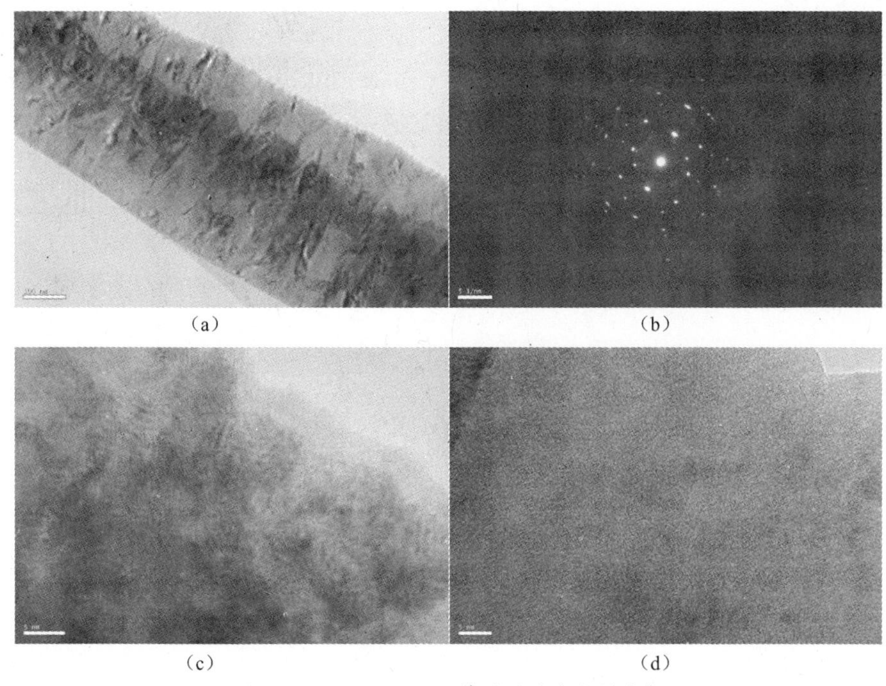

（a） （b）

（c） （d）

图 6-8 $Zr_{0.80}Cu_{0.20}N$ 薄膜的透射电镜分析

3. 掺杂 Al、Cu 元素

为了进一步提高 ZrN 涂层的性能，将 Al 和 Cu 元素同时加入到 ZrN 涂层中，可以实现对硬质 ZrN 涂层的强韧化。ZrN 属于典型二元过渡族金属氮化物，ZrN 涂层本身具有较高的硬度和较好的耐冲蚀性能。Al 是 ZrN 及 TiN 基涂层常用合金化元素，能提高涂层的硬度和抵抗高温氧化能力，面心立方结构（FCC）的 Al 可在涂层内固溶或形成晶态、非晶 AlN，形成多相界面结构。Cu 不与 N 结合，一般以非晶的形式在晶界聚集，是纳米晶/金属非晶复合涂层常用金属元素，具有典型意义。

通过调整工艺参数，制备不同 Cu 含量的 Zr-Al-Cu-N 涂层（Cu 含量极少时，涂层不会形成 ZrAlN 纳米晶被非晶 Cu 包围的结构，故用 Zr-Al-Cu-N 表示可能存在多种微观结构）。极少量的 Cu 会固溶到 ZrAlN 涂层中，形成在 ZrAlN 晶格中弥散分布着 Cu 的复合涂层；随着 Cu 含量增加，Cu 逐渐在 ZrAlN 晶界聚集；随着 Cu 含量进一步增加，最终形成 nc-ZrAlN/a-Cu 这种纳米晶/金属非晶复合涂层结构。改变纳米晶相、非晶相的尺寸和分布形态，调整相界面结构，按照超硬涂层的结构模型，制备出纳米晶相尺寸为 3~10nm，间隔小于 10nm，被非晶 Cu 包围的纳米复合涂层。

采用扫描电镜观察表面形貌，如图 6-9 所示。涂层致密，柱状晶特征不明显。

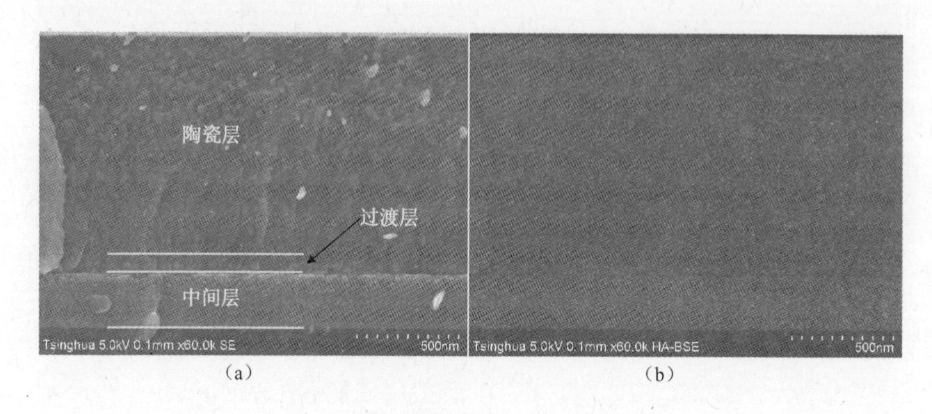

(a)　　　　(b)

图 6-9　典型 ZrAlCuN 薄膜的高分辨扫描电镜截面形貌

(a)二次电子像;(b)背散射像。

图 6-10 对比了钛合金,ZrN、ZrCuN、ZrAlN 和 ZrAlN/Cu 涂层在攻角 30°、60°和 90°时冲蚀率变化。Ti 合金具有最大的冲蚀率,通过 PVD 的方法在其上沉积 ZrN 和 ZrCuN 涂层后冲蚀率减小到原来的 1/2,由于 TC6、ZrN 和 ZrCuN 的硬度较低,因此三者冲蚀率均较高,且均表现出塑性材料的冲蚀特性。ZrAlN 涂层的硬度高(如 Zr0. 77Al0. 23N 硬度 40. 1GPa),达到超硬涂层水平,同时通过结构设计保证 ZrAlN 涂层的韧性较好,因此大大降低了冲蚀率,表现出脆性材料的冲蚀特性。ZrAlN/Cu 涂层的冲蚀率最小。一方面其硬度最高(41. 7GPa),另一方面因其具有最好的韧性,两者的综合作用使得 ZrAlN/Cu 涂层具有本研究中最好的抗冲蚀性能。并且在不同攻角下,涂层的冲蚀率相差不大,表明涂层能够均匀的抵抗来自不同方向的粒子的冲蚀。

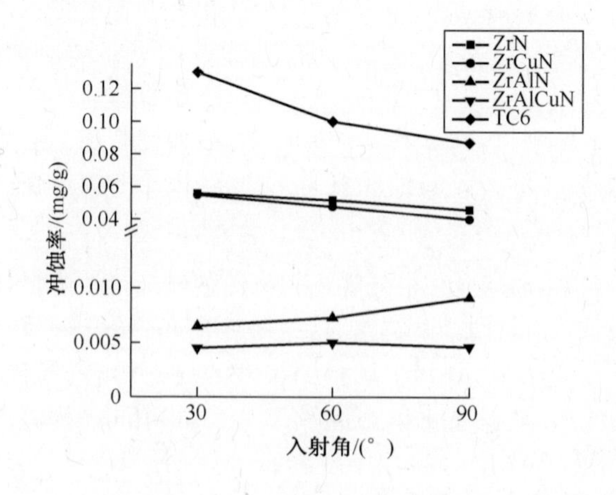

图 6-10　不同涂层冲蚀率的对比

6.3 非晶碳膜强韧化

很多研究者将非晶碳膜称为类金刚石碳膜(DLC)。DLC 的叫法获得广泛认可。也有部分学者认为根据 sp^3 与 sp^2 的比例,非晶碳膜分为类金刚石碳膜(sp^3为主,DLC)和类石墨碳膜(sp^2为主,GLC)。尽管类石墨碳膜的叫法没有广泛应用,但该名称说明存在这样一类碳膜,其内部碳键结构以 sp^2 为主,显著区别于以 sp^3 为主的类金刚石碳膜。不论是 DLC,还是 GLC,两者都可以统一称为非晶碳薄膜。本书中,沿用获得广泛认可的说法,即将非晶碳膜称为 DLC 薄膜。但强调 sp^3 与 sp^2 碳键结构比例的差异导致薄膜性能存在显著区别。

研究表明,在类金刚石碳膜中加入不同的元素(如 H、N、Ti、Cr 等)可以改变其结构和性能。例如,富氢的反应气体,如甲烷,作为辅助气体时易于形成 sp^3 结构但却可能导致 DLC 中原子氢含量的增加从而降低其硬度。对于类石墨碳膜,不同的辅助气体(如 Ar、N_2 和 CH_4 等)对其结构和性能影响的研究还较少。Yang 和 Teer 在类石墨碳膜中添加金属元素 Cr,认为 Cr 的加入会降低膜层的硬度,这一结果有利于减小膜层的内应力,增加膜层的韧性。

6.3.1 典型强韧非晶碳膜的力学性能及影响因素

1. 硬度

工作气体的影响。沉积过程中无辅助轰击粒子作用时,膜层结构较疏松,表面形貌粗糙,碳颗粒露头比较粗大,碳膜样品的硬度(H)与弹性模量(E)均较低,分别为 5.5GPa 和 80GPa;通入辅助轰击气体后,H 和 E 值不同程度得到提高。N 的轰击作用明显,使 H 增加,对 E 有较小的提高。三种气体中,Ar 的轰击效果最为明显,Ar^+荷能粒子一方面在界面制备时,能将与基体结合较弱的碳粒子溅射掉,提高膜基结合强度;另一方面在碳膜沉积过程中 Ar^+不断地轰击能有效改善碳膜的组织结构,使其细化和致密化,从而充分利用了离子束辅助轰击这一有力手段,大大提高其硬度和弹性模量。此外,以 CH_4气体辅助轰击时效果也很显著,H 为 11.1GPa,E 为 104GPa,但与 Ar 相比,其提高幅度要小,尤其是弹性模量值。这是由于 CH_4辅助轰击时在碳膜中形成了一定量的 C—H 键,而这些键能较弱的键在宏观上表现为硬度尤其是弹性模量值降低。FTIR 的实验结果表明该试样中确实存在 C—H 键。B. H. Lung 在 ECR-PCVD 沉积 DLC 研究中也发现了类似的情况:含氢碳膜在 FTIR 谱 $2900cm^{-1}$附近出现 sp^3-CH_2峰,其硬度值为 HV=13GPa,并认为其为类石墨膜。另外,有很多研究者也注意到了氢的加入使碳膜硬度下降的现象。

元素掺杂的影响。添加金属元素 Ti 后形成了 TiC 相,使碳膜的硬度进一步提高至15.9GPa,弹性模量182GPa。添加金属Cr后,碳膜的H和E值变为8.2GPa和91.3GPa。原因是Cr在碳膜中虽有少量以$Cr_{23}C_6$的形式存在,但更多以金属Cr单质出现而使碳膜的硬度下降。在类金刚石碳膜的研究中,一般认为由于所加入金属含量的不同,在DLC膜中这些金属既可以细小的纳米微晶的金属单质存在,也可能以金属碳化物存在。

不同靶—试样距离的影响。一般地,近距离(85 mm)石墨磁控靶所制得的碳膜H和E都比较高。主要原因应该在于沉积距离较小时,从石墨靶上溅射下来的碳粒子与气氛中其他粒子碰撞的概率减少,损失的能量也较少,这些能量较高的碳原子(团)易于形成结构更致密的碳膜,从而提高硬度与弹性模量。在较短的靶—试样间距条件下,Ar^+辅助轰击时增加H、E值,分别达到19.5GPa和195GPa,而与沉积距离为160 mm时一样,CH_4辅助时H、E值下降,Cr的加入其值下降更多。

综上可见,Ar^+离子的辅助轰击作用可以明显提高碳膜的硬度和弹性模量,Ti的加入能形成TiC相,提高H和E值,而CH_4辅助和加入Cr时,碳膜的H、E将下降。

2. 结合强度

DLC薄膜的内应力和结合强度是决定薄膜稳定性、使用寿命和影响薄膜综合性能的两个重要因素。作为机械防护涂层,又需要DLC薄膜具有低的内应力和高的结合强度。然而,由于DLC薄膜的沉积过程和其结构特点,决定了薄膜中含有很高的内应力。高的内应力降低了薄膜与基材的结合强度,限制了薄膜的厚度。同时,在某些外界因素如摩擦力、高湿度、介质腐蚀等因素的影响下,由于应力释放还会导致薄膜的起皱、开裂甚至剥落,极大地降低了薄膜的使用寿命。因此,DLC薄膜的膜基结合强度的研究和分析对于防止薄膜失效,理解并解释界面失效和损伤以及拓宽薄膜的应用都具有十分重要的意义。

(1) 过渡层设计提高DLC薄膜的结合力。在各种实际应用中,需要厚的DLC薄膜,特别是对于提高薄膜的摩擦寿命,薄膜的厚度尤为重要。剥离薄膜的临界厚度可以通过增加分离功(γ_d)和减小残余应力(σ)的方式来实现。具有一定应力DLC薄膜的膜基结合力可以通过各种方法提高。最常用的方法就是在基底与薄膜之间加入过渡层。过渡金属或者化合物(Ti、Zr、W、Nb、Si、Cr或WC)作为过渡层能够很好地提高薄膜的结合力。

为了提高DLC薄膜在钢基底上的结合力,在沉积铬过渡层之前,通过离子注入获得铬基中间层。用W或WC做过渡层在不锈钢上沉积DLC薄膜的时候,结合力强烈依赖于溅射W的厚度和沉积WC过程中CH_4的量。随着W过渡层厚度的增加,结构从等轴晶向柱状晶转变,随着厚度的增加,W层的表面变得更加粗糙。这种微结构随着W层厚度的变化可能导致更好的结合力。此外,

Ti 过渡层、Ti/TiN/TiCN 梯度层也可作为过渡层提高 DLC 薄膜和不锈钢基底的结合力。Ti 过渡层不能显著地提高 DLC 薄膜与基底的结合力,而 Ti/TiN/TiCN 能够显著地提高膜基结合力。

通过射频 PECVD 在玻璃基底上制备 DLC 薄膜,可以用梯度 a-SiC_x作为过渡层,通过划痕法测得的临界载荷显著提高。结合力的提高可能源于 SiC 和 SiO_x的混合在化学上更加匹配。在 DLC 薄膜和富碳 a-SiC_x界面之间,以及富硅 a-SiC_x和玻璃基底界面间可能形成很强的共价键网络。

对于表面声波装置,DLC 薄膜沉积在 $LiTaO_3$基底上。沉积 DLC 薄膜后,基底表面变得更加刚性,声波的传播速度由于 DLC 薄膜高的弹性常数和低的密度而增加。SiO_2过渡层的引入能够有效地增强 DLC 薄膜在 $LiTaO_3$基底上的结合力。随着 SiO_2的过渡层厚度的增加,临界载荷(L_c)和结合力增加,当 SiO_2过渡层达到 30nm 厚的时候,L_c 可达到 19.5N 的最大值。

(2) 基底材料的前处理提高结合强度。为了提高 DLC 薄膜与基底的结合力,可在镀膜之前对基底进行表面处理。这些处理的主要作用是激活基底表面。为了提高 DLC 薄膜和不锈钢基底的结合力,激活过程可以通过离子刻蚀以后进行渗氮处理。在激活过程中非常细的凸起的形成有利于提高结合力,而不需要过渡层。对于 Ti 合金,一种改善结合力的表面处理方法是在低能(100 eV) 沉积 ta-C 薄膜前,用 1 keV 的 C^+轰击基底表面。最初的高能离子轰击形成一层非常薄的界面,能够支持 ta-C 薄膜长到 6μm 的厚度。虽然压缩残余应力仍然很高(接近 10GPa),但是这个非常薄的界面能够承受。在外科整形生物材料(不锈钢、Co、Cr 和 Ti 合金)表面沉积 DLC 薄膜的结合力与氢离子轰击基底表面的刻蚀时间有密切的关系。大量的实验证明无论什么合金,存在一个最佳刻蚀时间来获得最高的结合力。提高结合力的最优时间与在刻蚀过程中基底的温度相关,当温度接近 75℃时存在一个获得最佳结合力的窗口。表面喷砂处理能够适当地提高 DLC 薄膜和 Mg 合金基底的结合力。喷砂处理以直径 20μm 左右的 SiC 和石墨颗粒作为喷砂剂,在空气压缩机上进行喷砂处理。为了有效地提高 DLC 薄膜的结合力,喷砂处理应该达到 3 个效果:①清洁基底表面;②增加表面粗糙度;③嵌入喷砂材料。SiC 材料对于以上三点都是有帮助的,因此能够有效提高膜基结合力,而碳颗粒嵌入基底中对提高结合力没有作用。另外,在非金属底材如橡胶、聚合物等软质材料表面制备结合强度良好的 DLC 薄膜仍然存在很多挑战和问题,这都需要特殊的表面前处理和过渡层优化设计,才能获得合格的薄膜材料。

6.3.2　合金化实现碳基薄膜的强韧化

在非晶碳基薄膜中掺入异质元素可有效改善 DLC 薄膜的综合性能,增强

DLC 薄膜恶劣服役条件下的摩擦学适应性,因此掺杂异质元素是 DLC 薄膜研究的热点领域之一。研究表明,通过合理控制掺杂元素与 DLC 薄膜中相互交联碳基网络的成键方式、薄膜表面化学状态、sp^3和 sp^2杂化键的比例及活性 σ 悬键的数量,可有效缓解 DLC 薄膜内应力积累和降低薄膜脆性,提高膜基结合强度及机械强度,大幅度增强薄膜减摩耐磨性能,进而提高 DLC 薄膜苛刻服役工况摩擦学行为稳定性、耐久性和适应性。首先,对于金属掺杂 DLC 薄膜而言,在薄膜中可形成具有大量纳米晶界的纳米晶/非晶复合结构,通过晶界扩散或滑移的方式释放薄膜内应力,同时非晶碳基体可钝化微裂纹尖端、降低应力集中,进而改善 DLC 薄膜的高脆性,即利用界面强化实现 DLC 薄膜机械强度增强和 DLC 薄膜增韧;对于非金属掺杂 DLC 薄膜而言,掺杂原子均可与薄膜中碳原子(或氢原子)发生不同程度地键合,取代非晶碳基网络中的部分碳原子或氢原子,改变薄膜中碳的 sp^3/sp^2比例及 H 含量,促使非晶碳基网络结构重排,进而缓解薄膜内应力集中,降低薄膜脆性。其次,通过添加过渡层缓解由于膜基界面物理性能突变而引起的 DLC 薄膜与基底晶格、热力学失配度,有效降低应力集中,同时提高 DLC 薄膜与过渡层之间的界面结合强度。再次,DLC 薄膜中引入高热稳定性化学元素或化合物,有效地减少由于热激发而引起的 C-H 键断裂和延缓非晶碳基薄膜材料石墨化速率,极大地提高 DLC 薄膜的热稳定性,同时利用掺杂元素的高化学活性可实现 DLC 薄膜抗氧化性能的大幅度提高。最后,掺杂可有效地整体优化 DLC 薄膜摩擦学性能,增强 DLC 薄膜在特殊环境下的摩擦学适应性。然而,不同薄膜沉积技术及不同金属掺杂对 DLC 薄膜结构影响很大,导致其摩擦学性能存在较大差异,因此我们在给出金属掺杂 DLC 薄膜摩擦学的一些共性规律时必须极其谨慎。非金属元素,特别是 Si、F 的掺杂可有效钝化 DLC 薄膜摩擦界面,提高潮湿环境下 DLC 薄膜摩擦学适应性。可见,随着对掺杂 DLC 薄膜研究的广泛和深入,通过合理调整薄膜沉积工艺参数,实现掺杂 DLC 薄膜最佳结构的可控,即可获得膜基结合强度好、低应力高韧性、良好减摩耐磨性能的掺杂 DLC 复合薄膜,使其在光电武器装备与材料、光学和电子部件、机械摩擦运动部件、人工关节和生物医学保护膜等领域发挥越来越大的作用。

关于金属掺杂 DLC 复合薄膜的研究颇多,且主要为第 4~7 族金属元素。这类薄膜主要通过 PVD 技术,如磁控溅射、阴极磁过滤、多弧离子镀等工艺及 CVD 结合溅射工艺的方法来得到。其中,根据金属元素在非晶碳基质中的存在形态,掺杂过渡族金属的 DLC 薄膜可分为 Me-DLC 复合薄膜(金属主要以纳米单晶的形式存在于非晶碳基网络结构中,同时薄膜中可能存在部分亚稳态金属碳化物)和 MeC-DLC 复合薄膜(金属与碳原子键合形成热力学稳定的金属碳化物纳米晶嵌埋在非晶碳基质中)。

金属掺杂 DLC 复合薄膜性能优劣与薄膜中化学组成及其微观结构密切相

关,如薄膜中 sp^2/sp^3 杂化碳比例、碳团簇大小及含量高低、H 含量及薄膜中金属键合形式、存在状态、含量高低以及晶粒尺寸大小等,而这些主要取决于所选择DLC 薄膜沉积技术及其相应沉积工艺参数。特别是 DLC 薄膜的摩擦磨损过程除了与所选择薄膜沉积技术、掺杂金属有关外,摩擦部件服役环境、基体及对偶摩擦材料等均对金属掺杂 DLC 薄膜摩擦行为存在不同程度的影响。

Ti-DLC 薄膜是 DLC 纳米复合薄膜中研究最多的一类碳基复合薄膜,这类薄膜主要通过反应磁控溅射的方法得到。根据反应气体中是否有 H 原子参与,可以分为含氢(TiC/a-C:H)和不含氢(TiC/ta-C) 两大类:TiC/ta-C 膜通过在Ar 气中磁控溅射、阴极磁过滤或者激光熔覆金属 Ti 与石墨混合靶的方法实现,超硬是这类薄膜追求的主要目标;TiC/ a-C:H 膜主要通过磁控溅射方法在 CH_4 等碳源气氛下实现反应沉积,低摩擦与低磨损则是这类薄膜的主要特性。薄膜中 TiC 相的形成对于改善 DLC 薄膜力学性能、摩擦界面润滑性及其耐磨性能至关重要。

与 PVD 薄膜沉积工艺相比,采用等离子体辅助化学气相沉积(PACVD)技术制备的 Ti-DLC 复合薄膜的应力释放作用机制有所不同,高压应力的 TiC 纳米晶粒掺入非晶碳基网络中,可有效抵消 DLC 薄膜高张应力。由于 PACVD 制备的非晶碳膜初始应力较低,随着薄膜厚度增加其张应力将达到相当高的数值,当薄膜厚度处于某一临界值时,薄膜中微裂纹的衍生及形成促使薄膜应力得到释放,TEM 分析也证实了薄膜中微裂纹的存在,薄膜中裂纹衍生及形成主要与CVD 技术高的沉积温度有关。早期 Veprek 超硬复合薄膜的设计提高了薄膜整体弹性模量和硬度,但并未充分考虑到薄膜的韧性。在超硬复合薄膜设计理论中,由于位错的生成与运动在纳米复合体系中不能发生,不可能通过位错运动产生变形。因此,外力作用下产生的应力超过材料屈服强度时,只能通过裂纹衍生产生变形。从裂纹能量角度来考虑,高径向应力的积聚将导致生长过程中裂纹势能的释放,促使裂纹形成、增殖及扩展,最终导致材料的脆性断裂及疲劳剥落。而超塑性材料研究表明,晶界扩散原子的流动、晶界之间的滑动、大角度晶界及存在非晶界面均能大幅度提高薄膜塑性。Voevodin 和 Zabinski 等提出并发展了超韧纳米复合薄膜的概念,认为硬质纳米晶复合软质基体是提高复合薄膜韧性的可行方法之一,超韧纳米复合薄膜与超硬纳米复合薄膜设计理论相比,最大区别在于用最大韧性替代了最大硬度。

6.3.3　膜层结构设计实现碳基薄膜强韧化

单层 DLC 薄膜在低载荷下(接触应力小于 1GPa)能表现出良好的低摩擦和高耐磨特点。然而当处于高载荷等苛刻条件下(接触应力大于 1GPa),单层薄膜很容易出现大量脆性破裂甚至与基底脱层的失效行为。对单层 DLC 薄膜在高载荷作用下的失效原因可以归纳为以下几点：①基底屈服导致碳膜的变形和破裂；②碳膜与基底尤其是不锈钢之间的结合力不强；③碳膜的韧性差导致裂纹沿横截面扩展。如前面所述，通过掺入某种元素可以在一定程度上降低DLC薄膜中的内应力，提高碳膜与基体材料的结合强度，增强碳膜的韧性，使DLC薄膜获得较好的力学性能而延长其使用寿命。近年来，研究者发明了通过功能化梯度多层的方法来构筑DLC薄膜，大量的研究表明这种构筑体系可以使DLC薄膜获得更加优异的力学和摩擦学性能。在功能化梯度和多层构筑体系中，过渡金属的碳化物和氮化物（如TiC、TiN和CrN等）因具有高硬度、低摩擦、高耐磨和高温稳定性等优点而被广泛用于功能化梯度多层结构中。

另外，近年来纳米尺度的多层薄膜体系越来越受到广大研究者的关注。由于这种多层薄膜的性能会随调制周期的变化而发生变化，从而在某一范围内出现超硬等异常效应。因此，对纳米尺度多层薄膜的研究具有潜在的实际应用价值及理论意义。

6.3.3.1 功能化梯度多层构筑碳基复合薄膜

功能化梯度是指薄膜通过结构或组分逐渐改变实现从一层向另一层过渡的系统。目前，研究者们最常用的梯度过渡体系为金属→金属碳化物/氮化物（如TiC或TiN等）→类金刚石，即Ti/TiC/DLC和Ti/TiN/TiNC/DLC两种构筑体系。Voevodin在1997年提出了沉积超硬DLC薄膜的结构设计，通过Ti/TiC/DLC梯度设计，实现将硬度由较软的钢基体逐渐提高到表层超硬（60～70GPa）的DLC薄膜。由于这种梯度构筑综合利用了金属碳化物梯度过渡，因此提高了与类金刚石碳基薄膜及基体的结合力，且碳化物层可提高膜的承载力，同时具有类金刚石顶层的减摩自润滑作用效果。摩擦磨损测试结果显示：薄膜在接触应力为2.2GPa的条件下，摩擦系数能够小于0.1，且磨痕表面没有出现脆性破裂或脱层的失效行为。因此，这种功能化梯度多层薄膜既保持了高硬度、低摩擦，又降低了脆性，提高了承载力、膜基结合力及磨损抗力。Choy和Felix采用磁控溅射离子镀技术在304钢以及Ti-6Al-4V钛合金基底上制备了Ti/TiN/TiNC/DLC梯度多层薄膜。力学性能测试结果显示，表层的DLC薄膜由于梯度多层构筑使其与金属基体之间的结合力得到了显著提高；摩擦磨损测试结果表明Ti/TiN/TiNC/DLC梯度薄膜具有优异的低摩擦和抗磨特性。

DLC多层构筑一般是指结合多种不同性质材料层所叠加或者两种不同材料按照一定周期交替叠加所形成的系统。研究表明，多层DLC薄膜可获得比单层薄膜更加优越的性能。例如，Rincon报道了WC/DLC多层膜在钢基底上的摩擦学性能特征。摩擦磨损性能结果表明：当对偶为钢球时，多层薄膜和单层的DLC薄膜的稳定摩擦系数都为0.12左右；当对偶为铝球时，其稳定的薄膜摩擦系数为0.08左右。然而，薄膜与铝球对磨时更容易出现失效现象，与钢球对磨时表现出更好的耐磨特征。同时,多层 WC/DLC 与单层 DLC 的薄膜相比,WC/DLC 多层膜的磨损寿命大大提高。因此,多层构筑 DLC 薄膜可以有效地提高力学性能,同时表层的 DLC 薄膜可以保持润滑性能,从而使薄膜的耐磨寿命得到大大提高。

功能梯度和多层设计都能改善 DLC 薄膜的力学和摩擦学性能。因此,Voevodin 进一步发展了 DLC 薄膜结构设计,提出了功能梯度多层构筑方式,即在 Ti/TiC/DLC 梯度层上交替沉积 Ti 与 DLC 层,从而共同构成复合的结构层,得到 Ti/TiC/DLC/$[Ti/DLC]_n$ 梯度多层复合膜。由多个具有低弹性模量的金属(Ti)过渡层形成的复合结构层虽然降低了一定的硬度,但却起到了缓冲应力、阻止截面微裂纹萌生、进而提高膜基结合力及膜的整体韧性的作用。中国地质大学陈新春等利用阴极电弧结合离子源辅助磁控溅射复合技术制备了以多元素多相梯度过渡层作为缓冲层,W 元素梯度掺杂和 Cr 纳米多层调制的 DLC 薄膜。膜基结合力增强,划痕实验临界载荷介于 80~100 N,且薄膜的摩擦系数和磨损率显著降低,综合耐磨损性能大幅度提高,具有潜在的工业应用前景。

中国科学院兰州化学物理研究所开展了一系列关于功能化梯度多层类金刚石碳基薄膜的研究。

(1) 交替多层设计优化 DLC 薄膜的摩擦学行为。结合 DLC 和层状 MoS_2 这两种固体润滑材料的特征,在钢基底上制备了 DLC/MoS_2 交替多层薄膜。划痕测试结果显示膜基结合力能到达 50 N 左右。摩擦磨损测试结果表明,多层薄膜与钢球对磨时表现出非常好的低摩擦和高耐磨特征,其摩擦系数低至 0.04,磨损率只有 $8.7\times 10^{-18}\ m^3/(N\cdot m)$。与单层的 DLC 和 MoS_2 薄膜相比,多层膜的磨损寿命大大提高。同时,他们在真空条件下测试了这种多层膜的摩擦学性能,由于结合了真空润滑材料 MoS_2,多层膜有效地克服了单一 DLC 薄膜在真空环境中容易失效的缺点,结果显示这种多层薄膜在真空环境下同样具有非常好的耐磨特性。因此,DLC/MoS_2 交替多层薄膜可作为一种真空环境下机械运动部件润滑材料,具有重要的价值。

(2) 梯度多层设计改进轻合金底材表面与 DLC 界面的结合及性能。铝合金具有强度高、密度小、耐腐蚀、不会磁化、美观、可塑性好、易于维护等特点,因此广泛应用在机械、汽车、航空航天、舰船等众多产业。但是,由于较差的摩擦磨损性能限制了其在机械运动部件上的直接使用。通过功能化梯度多层技术在铝合金表面构筑 Ti/TiN/Si/(TiC/a-C:H)薄膜可以有效提高其摩擦学性能。干摩擦下铝合金的摩擦系数达到 0.38 且单层薄膜镀铝合金也达到 0.16,而且铝合金和只有单层 DLC 镀铝合金的磨损非常严重。与之相反,梯度多层 Ti/TiN/Si/(TiC/a-C:H)薄膜构筑的铝合金的摩擦系数仅为 0.05,且表现出非常好的抗磨特性。

钛合金由于强度高、良好的耐高温和耐低温性能以及生物相容性等优点而广泛应用于航空航天、造船、化工、石油、冶金、医学等领域。同样其较差的摩擦学性能限制了其在机械运动部件上的直接使用。通过在 Ti-6Al-4V 合金表面构筑梯度多层薄膜可以有效地提高其摩擦学性能。在前处理方面,对比了注入氮与未注入氮的薄膜。可以看出未注氮的多层薄膜与基底之间有微小的空隙,而经注氮前处理的双重薄膜与基底之间结合紧密,没有微空隙。先在钛合金表面注入 N 元素再通过功能化梯度多层构筑的 N/Cr/CrN/GLC 薄膜与其他三种多层体系相比具有更加优异的摩擦学性能。因此,结合 N 离子注入并选择最佳的多层结构材料更有助于获得优异的摩擦学性能。

(3) 梯度多层提高碳基薄膜的承载能力。研究表明,多元掺杂碳基纳米复合薄膜较纯 DLC 薄膜的力学和摩擦学特性有明显的改善。但是,在高载高速等苛刻环境下,这类薄膜仍然容易出现失效行为。因此,结合功能化梯度多层构筑的优势,可以进一步提高这类多元掺杂碳基纳米复合薄膜力学和摩擦学性能。制备 nc-TiC/ a-C(Al)、nc-CrC/ a-C(Al)和 nc-WC/ a-C (Al)三种多元掺杂碳基纳米复合薄膜,并通过 Cr/CrN/CrCN 梯度多层构筑过渡层。结合力测试表明,相比于单层薄膜的结合力有着明显的提高,其摩擦磨损测试结果表明梯度多层构筑的碳基纳米复合薄膜在高载条件下(接触应力大于 2.0GPa)仍保持优异的摩擦学性能,而在同样的条件下,单层的碳基薄膜则出现脆性破裂或脱层等失效行为。

一般来说,DLC 薄膜具有较高的硬度和残余压应力。DLC 薄膜与基体(尤其是钢制基体)的结合强度较差,成为其实际应用的瓶颈。通过设计梯度层,有效地解决了膜基结合差的问题。

图 6-11 是未掺杂氢 Ti-TiC-DLC 薄膜梯度结构的弹性模量的变化过程。从基体的 220GPa 逐步变化到最外层 DLC 的 650GPa。这种逐步构建弹性模量梯度变化的过程,由于没有形成尖锐的界面,由此减少了裂纹萌生的概率;提供了非常好的化学连续性;获得高承载的硬质 DLC 膜层。

6.3.3.2 纳米多层构筑碳基复合薄膜

陈新春利用阴极电弧结合离子源辅助磁控溅射复合技术制备了纳米多层调制类金刚石碳基薄膜。通过控制 Cr 调制层和 DLC 膜交替沉积的次数调制薄膜的总厚度;通过改变 Cr 调制层的沉积时间(30s、60s、120s 和 240s),分别得到了总膜厚为 1.1μm、1.14μm、1.42μm 和 1.66μm 的 Cr 调制多层 DLC 薄膜,其中过渡层厚度为 1μm 左右,DLC 调制层的厚度为 18.5nm,Cr 调制层的厚度分别为 11.1nm、15nm、40nm 和 55.1nm。薄膜由过渡层和 Cr 纳米多层调制 DLC 膜两部分组成。过渡层有典型柱状晶结构,均匀致密;多层部分由脆性 DLC 调制层和延展性较好的 Cr 金属调制层交替沉积而成,增强了 DLC 薄膜的韧性。不同 Cr

材料	硬度	弹性模量	厚度
DLC at 10^{-5} Pa	70GPa	650GPa	400nm
DLC at 2×10^{-1} Pa	43GPa	450GPa	100nm
$Ti_{0.10}C_{0.90}$	25GPa	290GPa	25nm
$Ti_{0.25}C_{0.75}$	27GPa	350GPa	25nm
$Ti_{0.30}C_{0.70}$	29GPa	370GPa	100nm
$Ti_{0.50}C_{0.50}$	20GPa	290GPa	100nm
$Ti_{0.70}C_{0.30}$	14GPa	230GPa	100nm
$Ti_{0.90}C_{0.10}$	6GPa	150GPa	50nm
α-Ti	4GPa	140GPa	50nm
440C 钢	11GPa	220GPa	

图 6-11　Ti-TiC-DLC 薄膜的梯度结构设计示意图

调制层厚度的 Cr 纳米尺度 DLC 多层薄膜的力学和摩擦学性能测试结果表明，纳米多层 DLC 薄膜的纳米硬度和弹性模量随 Cr 调制层厚度的增加呈先增大后减小的趋势，Cr 调制层厚度为 40nm 时纳米硬度和弹性模量分别得到最大值 13.58GPa 和 164.78GPa，这是由于 Cr 调制层厚度的增加使弥散进入非晶碳基相的 Cr 原子增多，纳米晶硬质相 CrC_x 的形成使薄膜的硬度增加，而过量 Cr 掺入又使薄膜的硬度有所下降。同时，多元素多相优化过渡层的引入和交替多层结构的设计使纳米尺度 DLC 多层膜的韧性有明显的提高。

最近，DLC 薄膜通过高应力（较硬，高 sp^3 杂化键含量）和低应力（较软，低 sp^3 杂化键含量）碳层交替构筑方法制备纳米多层类金刚石碳基薄膜受到研究者们的关注。这种调制方法所制备的纳米多层 DLC 薄膜具有内应力低的特点。而且，相比富含 sp^3 杂化键的单层碳膜，多层膜更具弹性，硬度更大。例如，新加坡 Li 等通过交替改变偏压的方法成功制备了 5nm/层×30 的硬/软交替纳米多层 DLC 薄膜。测试结果表明，这种纳米多层调制方法可以获得高质量的 DLC 薄膜，薄膜能够得到低应力、高硬度和强韧性相结合的综合力学性能[281]。

6.3.3.3　超韧“变色龙”式 DLC 涂层

现代的真空沉积技术为操控材料化学组成和结构以制得优异性能的薄膜和涂层提供了一种行之有效的方法。在耐磨涂层领域，出现了一个大的突破就是超硬材料,它通过超晶格和纳米晶/非晶镶嵌结构获得超高的硬度。这些结构都是从纳米水平上进行设计以阻止位错源的移动,促使已经存在的位错在不同弹性模量的单层或相间进行调整,并通过晶界非连续应变逐渐积累内能。这种超硬涂层广泛应用于需要高韧性、低摩擦的摩擦部件上,如切削刀具等。如果一种材料能够禁得住高载荷(拉伸、压缩、剪切等),并且能够耗散掉应变能而不发生脆性断裂,则这种材料可以被看成韧性好的材料。而对超韧涂层来说,其必须具有高弹性模量、高硬度,并且能够发生应力松弛和断裂终止。此外,超韧涂层还必须具有高承载能力、低摩擦、优异的化学稳定性和热稳定性等。对于超韧纳米涂层结构的制备,遵循以下设计理念:

(1) 复合碳化物纳米晶和高弹性模量非晶 DLC 以达到相应的高硬度。

(2) 保持纳米晶粒尺寸在 10~20nm 以限制初始裂纹尺寸,并制造大量的晶界。

(3) 把纳米晶颗粒分散到非晶基体中,并保持纳米晶面间距大于 2nm 以阻止调整后的纳米晶原子面间的相互作用而促使晶界的滑移,但是要使其间距小于 10nm 以限制裂纹的直线路径。

(4) 制得的纳米晶颗粒要保持无规取向(大角度晶界)以减小晶粒的无序应变并促进晶界消移。

(5) 当载荷超过材料的弹性强度时通过晶界滑移释放过量应变,以此响应施加载荷的大小来提供高硬度和高延展性能。

(6) 通过晶界处挠曲和非晶基体内的能量耗散终止纳米裂纹。

根据上述理念,Voevodin 等制得了 WC-DLC、TiC-DLC 和 WC-DLC-WS_2 等超韧涂层,其硬度为 27~32GPa,并且其划痕韧性是碳化物纳米晶的 4~5 倍之多。Voevodin 等提出利用金属掺杂来制备超韧抗磨且具有变色龙性质的纳米复合 DLC 薄膜,如图 6-12 所示,其主要观点可以概括为:将一种或多种金属元素复合到 DLC 薄膜中,形成纳米晶/非晶碳的复合结构,利用晶界滑动使薄膜的韧性增加,利用 DLC 薄膜的 sp^3 杂化碳相向 sp^2 杂化碳相转化提高其在湿环境中的润滑性能,利用纳米晶粒的重结晶和各元素之间的重组装来提高其在高真空中的摩擦性能,利用摩擦环境或环境作用调整薄膜结构和表面化学状态,使其具有环境自适应和自调节性能。随着研究的进行,涌现出多种多样的机理以期望实现材料能够随着外界环境的改变而进行表面自我调整从而得到超韧特性,其机理主要包括:①当载荷超过弹性极限时能够通过晶界滑移来实现力学性能从高硬度向高塑性的转变;②摩擦引起 DLC 的 $sp^3 \rightarrow sp^2$ 杂化碳相转变;③二硫化物相的重结晶和再取向;④表面化学状态和结构从在潮湿空气中的非晶碳转变成干燥氮气和高真空下的六方结构的二硫化物晶体;⑤密封二硫化物相以阻止氧化。WC-DLC、TiC-DLC 和 WC-DLC-WS_2 三种超韧涂层很好地诠释了上面这几种机理。

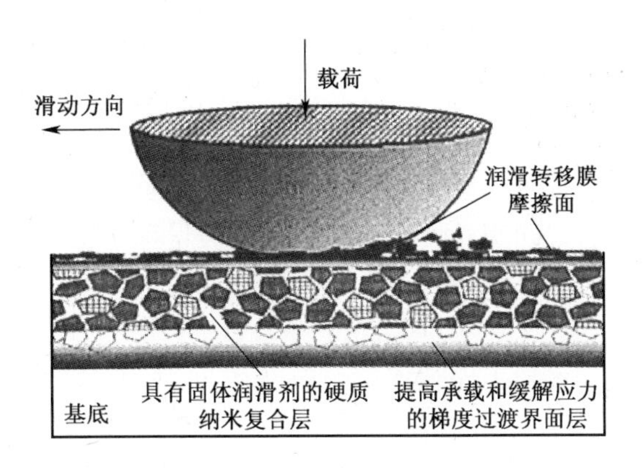

图6-12　具有梯度界面的纳米晶/非晶镶嵌结构的变色龙纳米复合薄膜涂层示意图

WC-DLC-WS_2涂层是在WC-DLC超韧涂层的基础上加入WS_2相以获得随着外界环境变化可以进行自我调整的能力，如大气、干燥氮气或者高真空下。其中，DLC相用来在潮湿大气下提供润滑，而WS_2相在干燥氮气气氛和真空下提供润滑。摩擦行为和外界环境的变化习惯于引发可逆的非晶DLC和WS_2相的结构转变，这种摩擦表面的结构-化学的自我调整能够使涂层在干燥/潮湿变换环境中获得低摩擦和长寿命。

综上所述，变色龙涂层的设计综合了纳米晶—非晶结构体系和功能梯度界面以改善其韧性，加入纳米级的掺杂物以提供其在外界环境变化中的摩擦自适应性能。变色龙涂层的摩擦学性能基于以下多种表面自适应机理：①在干燥氮气和高真空环境中形成一种具有像MoS_2或WS_2等六方点阵的转移膜；②潮湿环境中在DLC摩擦表面形成石墨化转移膜；③在500~600℃的大气中，形成一种软金属或者低熔点陶瓷的玻璃相转移膜；④把固体润滑纳米颗粒密封在陶瓷基体里以避免高温氧化，并能在摩擦过程中按需求把润滑剂释放出来。这些机理能够控制摩擦重复地、可逆地转换，以及在循环变化的环境中均能获得优异的摩擦学性能，如地面环境与空间环境的转变。

6.4　小　　结

本章列举了三类典型强韧化薄膜，分别是用于耐磨损场合的CrN、耐冲蚀场合的ZrN和广泛应用的非晶碳膜。这些场合的工况要求薄膜具备高的硬度、结合强度和韧性。这三个性能是保证材料具备优异承载能力。

如果说薄膜的断裂韧性在摩擦磨损场合的重要作用是逐渐被认知的一个过程，那么它在冲蚀场合和冲击场合的作用从一开始就是显而易见的。研究人员很早就意识到,硬度和弹性模量是决定材料抗冲蚀性能的重要因素,小冲蚀角、小颗粒冲蚀条件下,硬质涂层能有效增加抗冲蚀性能。而大冲蚀角、大颗粒冲蚀条件下,涂层的断裂韧性以及组织结构的致密程度,成为决定冲蚀率的重要因素。ZrN 薄膜具有较好的抗冲蚀能力,通过优化偏压、温度、氮气分压等参数,通过膜层结构设计,或者通过掺杂 Al、Cu 等元素,实现了 ZrN 组织结构和强韧性能的优化,提高了抗冲蚀性能。膜层的硬度和韧性是对矛盾,设计材料涂层时需在两者间找到平衡点。选用三相、四相或更复杂的薄膜系统是实现高硬度、高韧性的有效途径。

非晶碳膜包括 sp^3 为主的类金刚石薄膜和 sp^2 为主的类石墨碳膜。与类石墨碳膜不同,类金刚石碳膜获得了普遍认可并得到广泛应用。本书将非晶碳膜与 DLC 归为一类物质,但强调 sp^3 与 sp^2 碳键结构比例的差异导致薄膜性能存在显著区别。非晶碳膜发展至今,采用合金化调整碳膜的性能已成为常态。根据金属元素在非晶碳基质中的存在形态,掺杂过渡族金属的 DLC 薄膜可分为 Me-DLC 复合薄膜和 MeC-DLC 复合薄膜。超韧纳米复合薄膜的获得强韧性能的原因在于晶界扩散原子的流动、晶界之间的滑动、大角度晶界及存在非晶界面。单层 DLC 薄膜在高载荷下很容易出现大量脆性破裂甚至与基底脱层的失效行为。因此,功能化梯度多层构筑碳基复合薄膜、纳米多层构筑碳基复合薄膜、超韧"变色龙"式复合碳基薄膜成为非晶碳膜发展的方向。

参考文献

[1] 田民波, 李正操. 薄膜技术与薄膜材料[M].北京:清华大学出版社, 2011.

[2] 唐伟忠.薄膜材料制备原理、技术及应用[M].北京:冶金工业出版社, 2003.

[3] Tabata O, Tsuchiya T, 宋竞. MEMS 可靠性[M]. 南京:东南大学出版社, 2009.

[4] 肖定全, 朱建国, 朱基亮, 等. 薄膜物理与器件[M]. 北京:国防工业出版社, 2011.

[5] 迈克尔·A. 力伯曼. 等离子体放电原理与材料处理[M]. 北京:科学出版社, 2007.

[6] Milton O. 薄膜材料科学[M].2 版.刘卫国,译. 北京:国防工业出版社, 2013.

[7] Sveen S, Andersson J M, Saoubi RM. Scratch adhesion characteristics of PVD TiAlN deposited on high speed steel, cemented carbide and PCBN substrates[J]. Wear, 2013,308(1/2): 133-141.

[8] 宋贵宏, 杜昊, 贺春林. 硬质与超硬涂层-结构、性能、制备与表征[M]. 北京:化学工业出版社, 2007.

[9] Zhang S. Thin film and coating-toughening and toughness characterization[M]. Boca Raton: CRC Press, 2015.

[10] Meyers M A, Mishra A, Benson D J. Mechanical properties of nanocrystalline materials[J]. Progress in Materials Science, 2006, 51(4): 427-556.

[11] Koch C C. Optimization of strength and ductility in nanocrystalline and ultrafine grained metals[J]. Scripta Materialia, 2003, 49(7): 657-662.

[12] 姚可夫, 翟桂东. 纳米晶材料的力学性能与研究进展[J]. 机械工程材料, 2004,28(1): 26-28.

[13] Schiotz J, Di Tolla F D, Jacobsen K W. Softening of nanocrystalline metals at very small grain sizes[J]. Nature, 1998, 391(6667): 561-563.

[14] Gurtin M E, Weissmuller J, Larche F. A general theory of curved deformable interfaces in solids at equilibrium[J]. Philosophical Magazine a-Physics of Condensed Matter Structure Defects and Mechanical Properties, 1998, 78(5): 1093-1109.

[15] Sharma P, Ganti S. Interfacial elasticity corrections to size-dependent strain-state of embedded quantum dots[J]. Physica Status Solidi B-Basic Research, 2002, 234(3): 10-12.

[16] Misra A, Kung H. Deformation behavior of nanostructured metallic multilayers[J]. Advanced Engineering Materials, 2001, 3(4): 217-222.

[17] 文胜平. 若干金属多层膜的微结构及力学性能研究[D]. 北京: 清华大学, 2007.

[18] Milton O. 薄膜材料科学[M]. 刘卫国,译.北京:国防工业出版社, 2013.

[19] Misra A, Hirth J P, Hoagland R G. Length-scale-dependent deformation mechanisms in incoherent metallic multilayered composites[J]. Acta Materialia, 2005, 53(18): 4817-4824.

[20] Kim H S, Estrin Y, Bush M B. Plastic deformation behaviour of fine-grained materials[J]. Acta Materialia, 2000, 48(2): 493-504.

[21] Ashby M F. Criteria for selecting the components of composites[J]. Acta Metallurgica Et Materialia, 1993, 41(5): 1313-1335.

[22] Jankowski A F, Tsakalakos T. The effect of strain on the elastic-constants of noble-metals[J]. Journal of Physics F-Metal Physics,1985, 15(6): 1279-1292.
[23] Cammarata R C, Sieradzki K. Effects of surface stress on the elastic-moduli of thin-films and superlattices [J]. Physical Review Letters, 1989, 62(17): 2005-2008.
[24] Hoagland R G, Kurtz R J, Henager C H. Slip resistance of interfaces and the strength of metallic multilayer composites[J]. Scripta Materialia, 2004, 50(6): 775-779.
[25] Rao S I, Hazzledine P M. Atomistic simulations of dislocation - interface interactions in the Cu - Ni multilayer system[J]. Philosophical Magazine a-Physics of Condensed Matter Structure Defects and Mechanical Properties, 2000, 80(9): 2011-2040.
[26] Hoagland R G, Mitchell T E, Hirth J P, et al. On the strengthening effects of interfaces in multilayer fcc metallic composites[J]. Philosophical Magazine a-Physics of Condensed Matter Structure Defects and Mechanical Properties, 2002, 82(4): 643-664.
[27] Bauer E, Vandermerwe J H. Structure and growth of crystalline superlattices-from monolayer to superlattice [J]. Physical Review B, 1986, 33(6): 3657-3671.
[28] 朱晓莹. 若干金属纳米多层膜界面结构及力学性能研究[D]. 北京: 清华大学, 2012
[29] Zhang S. 纳米结构的薄膜和涂层—力学性能(英文)[M]. 北京:科学出版社,2012.
[30] Veprek S, Veprek H,Karvankova P,et al. Different approaches to superhard coatings and nanocomposites [J]. Thin Solid Films,2005, 476 (1): 1-29.
[31] Veprek S, Veprek H. The formation and role of interfaces in superhard nc-MeN/a-Si_3N_4 nanocomposites [J]. Surf. Coat. Technol, 2007, 201 (13): 6064-6070.
[32] Veprek S, Veprek H, Zhang R F. Chemistry physics and fracture mechanics in search for superhard materials, and the origin of superhardness in nc-TiN/a-Si_3N_4 and related nanocomposites[J]. Journal of Physics & Chemistry of Solids, 2007, 68 (5/6): 1161-1168.
[33] Hao S Q, Delley B,Veprek S,et al. Superhard nitride-based nanocomposites: Role of interfaces and effect of impurities[J]. Physical. Review. Letters, 2006, 97 (8): 1-4.
[34] 石玉龙,闫凤英. 薄膜技术与薄膜材料[M]. 北京:化学工业出版社, 2015.
[35] Voevodin A A, Zabinski J S. Supertough wear-resistant coatings with 'chameleon' surface adaptation[J]. Thin Solid Films, 2000, 370(1/2): 223-231.
[36] Wieci'nski P, Smolik J, Garbacz H, et al. Erosion resistance of the nanostructured Cr/CrN multilayer coatings on Ti6Al4V alloy[J]. Vacuum, 2014,107(18):277-283.
[37] Maurer C, Schulz U. Solid particle erosion of thick PVD coatings on CFRP[J]. Wear, 2014, 317(1/2): 246-253.
[38] Tabata O, Tsuchiya T. MEMS 可靠性[M]. 南京: 东南大学出版社, 2009.
[39] 裴晨蕊, 孙德恩, ZHANG S, 等. 硬质陶瓷涂层增韧及其评估研究进展[J]. 中国表面工程,2016,29(2):1-8.
[40] Wang Y X, Zhang S. Toward hard yet tough ceramic coatings[J]. Surface and Coating Technology, 2014, 258(1):1-16.
[41] Dieter G.E. Cechanical Metallurgy[M]. London: MCGraw-Hill, 1988.
[42] Musil J. Hard nanocomposite coatings: Thermal stability, oxidation resistance and toughness[J]. Surface and Coatings Technology, 2013,207(9):50-65.

[43] Zhang S, Sun D, Fu Y Q, et al. Toughening of hard nanostructural thin films: a critical review[J]. Surface and Coatings Technology, 2005, 198(1):2-8.

[44] Hsieh J H, Liu P C, Li C, et al. Mechanical properties of TaN-Cu nanocomposite thin films[J]. Surface and Coatings Technology, 2008,202(22/23):5530-5534.

[45] Jirout M, Musil J. Effect of addition of Cu into ZrOx film on its properties[J]. Surface and Coatings Technology, 2006,200(24):6792-6800.

[46] Zhang S, Sun D, Fu Y, et al. Ni-toughened nc-TiN/a-SiNx nanocomposite thin films[J]. Surface and Coatings Technology, 2005,200(5/6):1530-1534.

[47] Wang Y X, Zhang S, Lee J W, et al. Toughening effect of Ni on nc-CrAlN/a-SiNx hard nanocomposite [J]. Applied Surface Science, 2013,265(1):418-423.

[48] Pei Y T, Chen C Q, Shaha K P, et al. Microstructural control of TiC/a-C nanocomposite coatings with pulsed magnetron sputtering[J]. Acta Materialia, 2008,56(4):696-709.

[49] Wang H Y, Wang B, Li S Z, et al. Toughenging magnetron sputtered TiB2 coating by Ni addition[J]. Surface and Coating Technology, 2013,232(232):767-774.

[50] Zhang S, Lam B X, Zeng X T, et al. Towards high adherent and tough a-C coatings[J]. Thin Solid Films, 2005,482(1/2):138-144.

[51] Zhang S, Bui X L, Fu Y, et al. Bias-graded deposition of diamond-like carbon for tribological applications [J]. Diamond and Related Materials, 2004,13(4/5/6/7/8):867-871.

[52] Zhao Y H, Hu L, Lin G Q. Deposition, microstructure and hardness of TiN/(Ti,Al)N multilayer films [J]. Int. Journal of Refractory Metals and Hard Materials, 2012, 32(5): 27-32.

[53] Caicedo J C, Cabrera G, Caicedo H H. Nature in corrosion-erosion surface for [TiN/TiAlN]n nanometric multilayers growth on AISI 1045 steel[J]. Thin Solid Films, 2012, 520(13): 4350-4361.

[54] Caicedo J C, Amaya C, Yate L, et al. Hard coating performance enhancement by using TiN/TiN, Zr/ZrN and TiN/ZrN multilayer system[J]. Materials Science & Engineering B, 2010, 171(1/2/3): 56-61.

[55] Roa J J, Jiménez-Piqu E, Martnez R. Contact damage and fracture micro mechanisms of multilayered TiN/CrN coatings at micro- and nano-length scales[J]. Thin Solid Film, 2014, 571(2): 308-315.

[56] Lin J, Moore J J, Moerbe W C, et al. Structure and properties of selected (Cr-Al-N, TiC-C, Cr-B-N) nanostructured tribological coatings[J]. International Journal of Refractory Metals and Hard Materials, 2010, 28(1): 2-14.

[57] Arias D F, Gomez A, Velez J M, et al. A mechanical and tribological study of Cr/CrN multilayer coatings [J]. Materials Chemistry and Physics, 2015, 160: 131-140.

[58] Wiecinski P, Smolik J, Garbacz H. Microstructure and mechanical properties of nanostructure multilayer CrN/Cr coatings on titanium alloy[J]. Thin Solid Films, 2011, 519(12): 4069-4073.

[59] Wiecinski P, Smolik J, Garbacz H. Failure and deformation mechanisms during indentation in nanostructured Cr/CrN multilayer coatings[J]. Surface & Coatings Technology, 2014, 240(1): 23-31.

[60] Borawski B, Singh J, Todd J A, et al. Multi-layer coating design architecture for optimum particulate erosion resistance[J]. Wear, 2011, 271(11/12):2782-2792.

[61] Ali R, Sebastiani M, Bemporad E. Influence of Ti-TiN multilayer PVD-coatings design on residual stresses and adhesion[J]. Materials and Design, 2015, 75(15): 47-56.

[62] 蒲吉斌, 王立平, 薛群基. 多尺度强韧化碳基润滑薄膜的研究进展[J]. 中国表面工程, 2014, 27

(6): 4-27.

[63] Zhao Y X, Sun H, Leng Y X. Effect of modulation periods on the microstructure and mechanicalproperties of DLC/TiC multilayer films deposited by filtered cathodicvacuμm arc method [J]. Applied Surface Science, 2015, 328(1): 319-324.

[64] Bai W Q, Cai J B, Wang X L. Mechanical and tribological properties of a-C/a-C:Ti multilayer films with various bilayer periods[J]. Thin Solid Films, 2014, 558(19): 176-183.

[65] Li F J, Zhang S, Kong J H, et al. Multilayer DLC coating via alternating bias during magnetron sputtering [J]. Thin Solid Films, 2011, 519(15): 4910-4916.

[66] Zhao Y X, Zheng Y J, Jiang F. The microstructure and mechanical properties of multilayer diamond-like carbon films with different modulation ratios[J]. Applied Surface Science, 2013, 264(1): 207-212.

[67] Li F, Zhang S, Kong J, et al. Multilayer DLC coatings via alternating bias during magnetron sputtering[J]. Thin Solid Films, 2011, 519(15): 4910-4916.

[68] Wang J J, Pu J B, Zhang G A. Architec ture of super thick diamond-like carbon films with excellent high temperature wear resistance[J]. Tribology International, 2015,81: 129-138.

[69] Feuerstein A, Kleyman A. Ti-N multilayer systems for compressor airfoil sand erosion protection[J]. Surface & Coatings Technology, 2009, 204(6): 1092-1096

[70] Braic V, Zoita C N, Balaceanu M. TiAlN/TiAlZrN multilayered hard coatings for enhanced performance of HSS drilling tools[J]. Surface & Coatings Technology, 2010, 204(12/13): 1925-1928.

[71] Ibrahim R N, Rahmat M A, Oskouei R H. Monolayer TiAlN and multilayer TiAlN/CrN PVD coatings as surface modifiers to mitigate fretting fatigue of AISI P20 steel[J]. Engineering Fracture Mechanics, 2015, 137: 64-78.

[72] Yalamanchili K, Schramm I C, Jimé N E. Tuning hardness and fracture resistance of ZrN/Zr0.63Al0.37N nanoscale multilayers by stress-induced transformation toughening[J]. Acta Materialia, 2015, 89(1): 22-31.

[73] Borawskia B, Todd J A, Singh J. The influence of ductile interlayer material on the particle erosion resistance of multilayered TiN based coatings[J]. Wear, 2011, 271(11/12): 2890-2898.

[74] Naveed M, Obrosov A, Wei S. Investigation of the wear resistance properties of Cr/CrN multilayer coatings against sand erosion. european symposium on friction[C]. Wear, and Wear Protection, 2014, Germany.

[75] Almeida F A, Amaral M, Oliveira F J, et al. Nano to micrometric HFCVD diamond adhesion strength to Si3N4[J]. Vacuum, 2007, 81(11/12): 1443-1447.

[76] Zhang S. Thin films and coatings -toughess and toughening characterization [M]. Boca Raton: CRC Press, 2015.

[77] Matthews A, Jones R, Dowey S. Modelling the deformation behaviour of multilayer coatings[J]. Tribology Letters, 2001, 11(2): 103-106.

[78] Cheng Y Y, Pang X L, Gao K W. Cor rosion resistance and friction of sintered NdFeB coated with Ti/TiN multilayers[J]. Thin Solid Films, 2014, 550(1): 428-434.

[79] Yau B S, Huang J L, Lu H H, S et al. Investigation of nanocrystal-(Ti1-xAlx)Ny /amorphous-Si_3N_4 nanolaminate films[J]. Surface and Coatings Technology, 2005, 194(1):119-127.

[80] Guo L C, Kitamura T, Yan Y. Fracture mechanics investigation on crack propagation in the nano-multilayered materials[J].International Journal of Solids and Structures, 2015, 64/65(1):208-220.

[81] Wieciński P, Smolik J, Garbacz H. Failure and deformation mechanisms during indentation in nanostructured Cr/CrN multilayer coatings[J]. Surface & Coatings Technology, 2014, 240(1): 23-31.

[82] 徐雪波. 磁控溅射 Cr-Me-N 薄膜微结构调控及增韧机制研究[D].杭州:浙江大学, 2013.

[83] Zhang J Y, Liu G, Zhang X. A maximum in ductility and fracture toughness in nanostructured Cu/Cr multilayer films[J]. Scripta Materialia, 2009, 62(6): 333-336.

[84] Song G H, Luo Z, LI F. Microstructure and indentation toughness of Cr/CrN multilayer coatings by arc ion plating[J]. Trans. Nonferrous Met. Soc. China, 2015, 25(3): 811-816.

[85] Suresha S J, Math S, Jayaram V, et al. Toughening through multilayering in TiN-AlTiN films[J]. Philosophical Magazine, 2007, 87(17): 2521-2539.

[86] Lee D K, Lee S H, Lee J J. The structure and mechanical properties of multilayer TiN/(Ti0.5Al0.5)N coatings deposited by plasma enchanced chemical vapor depsition[J]. Surface and Coatings Technology, 2003, 169/170(1): 433-437.

[87] Karimi A, Wang Y, Cselle T, et al. Fracture mechanisms in nanoscale layered hard thin film[J]. Thin Solid Films, 2002, 420/421 (1): 275-280.

[88] Kong M, Zhao W, Wei L, et al. Investi gations on the microstructure and hardening mechanism of TiN/Si3N4 nanocomposite coatings[J]. Journal of Physics D: Applied Physics, 2007, 40(9): 2858-2863.

[89] Lin C H, Tsai Y Z, Duh J G. Effect of grain size on mechanical properties in CrAlN/SiNx multilayer coatings[J]. Thin Solid Films, 2010, 518(24): 7312-7315.

[90] Wang T, Zhang G J, Jiang B L. Micro structure, mechanical and tribological properties of TiMoN/Si3N4 nano-multilayer films deposited by magnetron sputtering[J]. Applied Surface Science, 2015, 326(1): 162-167.

[91] Wang Y X, Zhang S, Lee J W, et al. Toward hard yet tough CrAlSiN coatings via compositional grading[J]. Surface and Coatings Technology, 2013, 213(1): 346-352.

[92] Wang Y X, Zhang S, Lee J W, et al. Influence of bias voltage on the hardness and toughness of CrAlN coatings via magnetron sputtering[J]. Surface and Coatings Technology, 2012, 206(24): 5103-51073.

[93] Schlogl M, Kirchlechner C, Paulit S J. Effects of structure and interfaces on fracture toughness of CrN/AlN multilayer coatings[J]. Scripta Materialia, 2013, 68(12): 917-920.

[94] 龚海飞, 邵天敏. TiN/Ti 多层膜韧性对摩擦学性能的影响[J]. 材料工程, 2009, 2009(10): 26-31.

[95] Azadi Z M, Rouhaghdam A S, Ahang A S. Mechanical behavior of TiN/TiC multilayer coatings fabricated by plasma assisted chemical vapor deposition on AISI H13 hot work tool steel[J]. Surface and Coatings Technology, 2014, 245(5): 156-166.

[96] 宋贵宏. 硬质与超硬涂层—结构、性能、制备与表征[M]. 北京:化学工业出版社, 2007.

[97] Hutchings I M. Some comments on the theoritical treatment of erosive particle impacts[C]. Proce eding of the 5th International Conference on Erosion by Solid and Liquid Impact, Newnham College, Cambridge, 1979, 36-40.

[98] Tilly G P. Erosion caused by airborne particles[J]. Wear, 1969, 14(1): 63-79.

[99] Afrasiabi A, Saremi M, Kobayashi A. A comparative study on hot corrosion resistance of three types of thermal barrier coatings YSZ, YSZ+Al_2O_3 and YSZ/Al_2O_3[J]. Materials Science & Engineering A, 2008, 478(1/2): 264-269.

[100] Wheeler D W, Wood R J K. Solid particle erosion of CVD diamond coatings[J]. Wear, 1999, 233-235:

306-318.

[101] Borawskia B, Singh J, Todd J A, et al. Multi-layer coating design architecture for optimum particulate erosion resistance[J]. Wear, 2011, 271(11/12): 2782-2792.

[102] Chai H, Lawn B R. Cracking in brittle laminates from concentrated loads[J]. Acta Mater, 2002, 50(10): 2613-2625.

[103] Wang H, Zhang S, Li Y, et al. Bias effect on microstructure and mechanical properties of magnetron sputtered nanocrystalline titanium carbide thin films[J]. Thin Solid Films, 2008, 516(16): 5419-5423.

[104] Balani K, Zhang T, Karakoti A, et al. In situ nanotube reinforcement in a plasma-sprayed aluminum oxide nanocomposite coating[J]. Acta Materialia, 2008, 56(3): 571-579.

[105] Xia Z, Riester L, Curtin W A, et al. Direct observation of toughening mechanism in carbon nanotube ceramic composite[J]. Acta Materialia, 2004, 52(4): 931-944.

[106] Musil J. Relation of deposition conditions of Ti-N films prepared by dc magnetron sputtering to their microstructure and macrostress[J]. Surface & Coatings Technology, 1993, 60(1/2/3): 484-488.

[107] Kang M C, Kim J S, Kim K H. Cutting performance using high reliable device of Ti-Si-N-coated cutting tool for high-speed interrupted machining[J]. Surface & Coatings Technology, 2005, 200(5/6): 1939-1944.

[108] 黄克智, 肖纪美. 材料的损伤断裂机理和宏微观力学理论[M]. 北京:清华大学出版社, 1999.

[109] 卢柯, 张哲峰, 卢磊, 等. 国家自然科学基金重大项目“金属材料强韧化的多尺度结构设计与制备”结题综述[J]. 中国科学基金, 2013(2): 70-74.

[110] Audronis M, Jimenez O, Leyland A, et al. The morphology and structure of PVD ZrN-Cu thin films[J]. Journal of Physics D-Applied Physics, 2009, 42(8): 85308-85317.

[111] Ehiasarian A P, Hovsepian P E, Hultman L, et al. Comparison of microstructure and mechanical properties of chromium nitride-based coatings deposited by high power impulse magnetron sputtering and by the combined steered cathodic arc/unbalanced magnetron technique[J]. Thin Solid Films, 2004, 457(2): 270-277.

[112] Ge F F, Zhu P, Huang F. Achieving very low wear rates in binary transition-metal nitirides: the case of magnetron sputtered dense and highly oriented VN coatings[J]. Surface and Coatings Technology, 2014, 248(1): 81-90.

[113] Cairney J M, Hoffman M J, Munroe P R, et al. Deformation and fracture of Ti-Si-N nanocomposite films[J]. Thin Solid Films, 2005, 479(1/2): 193-200.

[114] Ge F F, Zhu P, Huang F. Enhancing the wear resistance of magnetron sputtered VN coating by Si addition[J]. Wear, 2016, 354-355(1): 32-40.

[115] Greczynski G, Lu J, Tengstrand O. Nitrogen-doped bcc-Cr films: Combining ceramic hardness with metallic toughness and conductivity[J]. Scripta Materialia, 2016,122(1): 40-44.

[116] Musil J. Hard nanocomposite coatings: Thermal stability, oxidation resistance and toughness [J]. Surface & Coatings Technology, 2012, 207(1): 50-65.

[117] 王磊, 涂善东. 材料强韧学基础[M]. 上海: 上海交通大学出版社, 2012.

[118] Zhang Y, Tao N R, Lu K. Effects of stacking fault energy, strain rate and temperature on microstructure and strength of nanostructured Cu-Al alloys subjected to plastic deformation[J]. Acta Materialia, 2011, 59(15): 6048-6058.

[119] Wu G, Chan K C, Zhu L L, et al. Dual-phase nanostructuring as a route to high-stength magnesium alloys[J]. Nature, 2017.

[120] 张金钰，刘刚，孙军. 纳米金属多层膜的强韧化及其尺寸效应[J]. 中国材料进展，2016，35(5)：374-381.

[121] 孙军，张金钰，吴凯. Cu 系纳米金属多层膜微柱体的形变与损伤及其尺寸效应[J]. 金属学报，2016，52(10)：1249-1258.

[122] 张欣，张金钰，孙军. Cu/Nb 纳米金属多层膜延性及断裂行为[J]. 金属学报，2011，47(2)：246-250.

[123] Musil J, Jirout M. Toughness of hard nanostructured ceramic thin films[J]. Surface & Coatings Technology, 2007, 201(9/10/11): 5148-5152.

[124] Musil J, Zeman P, Baroch P. Hard nanocomposite coatings[J]. Comprehensive Materials Processing, 2014, 4(1): 325-353.

[125] Musil J, Sklenka J, Čerstvý R, et al. The effect of addition of Al in ZrO_2, thin film on its resistance to cracking[J]. Surface & Coatings Technology, 2012, 207(21): 355-360.

[126] Musil J. Mechanical and tribological properties of Sn-Cu-O films prepared by reactive magnetron sputtering[J]. Journal of Vacuum Science & Technology A Vacuum Surfaces & Films, 2014, 32(2): 021504-021510.

[127] Musil J, Vlcek J, Baroch P. Materials Surface Processing by Directed Energy Techniques[M].Oxford UK,European Materids Research society,2006.

[128] Musil, Jindřich. The role of energy in formation of sputtered nanocomposite films[J]. Materials Science Forum, 2005, 502: 291-296.

[129] Musil J, Poláková H, Šuna J, et al. Effect of ion bombardment on properties of hard reactively sputtered Ti(Fe)Nx films[J]. Surface & Coatings Technology, 2004, 177/178: 289-298.

[130] Musil J, Šašek M, Zeman P, et al. Properties of magnetron sputtered Al-Si-N thin films with a low and high Si content[J]. Surface & Coatings Technology, 2008, 202(202): 3485-3493.

[131] Musil J, Jílek R, Cerstvý R. Flexible Ti-Ni-N thin films prepared by magnetron sputtering[J]. Journal of Materials Science and Engineering A, 2014, 1: 27-33.

[132] 张泰华. 微/纳米力学测试技术：仪器化压入的测量、分析、应用及其标准化[M]. 北京：科学出版社，2013.

[133] Sveen S, Anderson J M. Scratch adhesion characteristics of PVD TiAlN deposited on high speed steel, cemented carbide and PCBN substrates[J]. Wear, 2013, 308(1/2): 30-35.

[134] 朱晓东，米彦郁，胡奈赛，等. 膜基结合强度评定方法的探讨[J]. 中国表面工程，2002，4(1)：28-32.

[135] Cheng H S,Chang T P,Sproal W. Study of contact fatigue of TiN coated rollers mechanics of coatings[M]. Netherlands:Elservier Press, 1990.

[136] 朱晓东，黄鹤，胡奈赛，等. 用球滚接触疲劳法评定硬质薄膜的结合强度[J]. 金属学报，1999，35(5)：523-527.

[137] 朱晓东，胡奈赛，何家文. 滚动接触法评定硬质薄膜的结合强度[J]. 中国表面工程，1999，12(3)：15-18.

[138] 易茂中，陈广超，胡奈赛，等. 用涂层压入仪测定薄膜与基体结合强度的探讨[J]. 真科学与技术，

1999, 19(2): 89-95.

[139] 陈坚, 朱晓东, 何家文. 动态结合强度试验机的研制及应用[J]. 理化检验-物理分册, 2003, 39(6): 304-308.

[140] Spies H J, Larisch B, Hock K, et al. Adhesion and wear resistance of nitrided and TiN coated low alloy steels[J]. Surface & Coatings Technology, 1995, 74/75(1): 178-182.

[141] Chen J, Bull S J. Modelling the limits of coating toughness in brittle coated systems[J]. Thin Solid Films, 2009, 517(9): 2945-2952.

[142] Michel M D, Muhlen L V, Achete C A, et al. Fracture toughness, hardness and elastic modulus of hydrogenated amorphous carbon films deposited by chemical vapor deposition[J]. Thin Solid Films, 2006, 496(2): 481-488.

[143] Malzbender J, Toonder J, Balkenende A R. Measuring mechanical properties of coatings: a methodology applied to nano-particle-filled sol-gel coatings on glass[J]. Materials Science and Engineering: R: Reports, 2002, 36 (2/3): 47-104.

[144] Malzbender J, With G D. The use of the indentation loading curve to detect fracture of coatings[J]. Surface & Coatings Technology, 2001, 137(1): 72-76.

[145] Chen J, Bull S J. Assessment of the toughness of thin coatings using nanoindentation under displacement control[J]. Thin Solid Films, 2005, 494(1): 1-7.

[146] Beuth J L, Klingbeil N W. Cracking of thin films bonded to elastic-plastic substrates[J]. Journal of the Mechanics & Physics of Solids, 1996, 44(9): 1411-1428.

[147] Leung D K, He M Y, Evans A G. The cracking resistance of nanoscale layers and films[J]. Journal of Materials Research, 1995, 10(7): 1693-1699.

[148] Jonnalagadda K, Cho S W, Chasiotis I, et al. Effect of intrinsic stress gradient on the effective mode-I fracture toughness of amorphous diamond-like carbon films for MEMS[J]. Journal of the Mechanics & Physics of Solids, 2008, 56(2): 388-401.

[149] Espinosa H D, Prorok B C, Fischer M. A methodology for determining mechanical properties of freestanding thin films and MEMS materials[J]. Journal of the Mechanics & Physics of Solids, 2003, 51(1): 47-67.

[150] Xiang Y, Mckinnell J, Ang W M, et al. Measuring the fracture toughness of ultra-thin films with application to AlTa coatings[J]. International Journal of Fracture, 2007, 144(3): 173-179.

[151] 李河清, 蔡珣, 马峰, 等. 影响薄膜(涂层)硬度测试的因素[J]. 材料保护, 2001, 34(9): 45-48.

[152] Knotek O, Lugscheider E, Löffler F, et al. Behavior of CVD and PVD coatings under impact load[J]. Surface and coatings Technology, 1994, 68-69: 253-258.

[153] Voevodin A A, Zabinski J S. Supertough wear-resistant coatings with ‘chameleon’ surface adaptation [J]. Thin Solid Films, 2000, 370(1/2): 223-231.

[154] Ligot J, Benayoun S, Hantzpergue J J. Analysis of cracking induced by scratching of tungsten coatings on polyimide substrate[J]. Wear, 2000, 243(1): 85-91.

[155] Zhang S, Sun D, Fu Y, et al. Effect of sputtering target power on microstructure and mechanical properties of nanocomposite nc-TiN/a-SiNx, thin films[J]. Thin Solid Films, 2004, 447/448(3): 462-467.

[156] Hoehn J W, Venkataraman S K, Huang H, et al. Micromechanical toughness test applied to NiAl[J]. Materials Science & Engineering A, 1995, 192(94): 301-308.

[157] Holmberg K, Laukkanen A, Ronkainen H, et al. A model for stresses, crack generation and fracture toughness calculation in scratched TiN-coated steel surfaces[J]. Wear, 2003, 254(3/4): 278-291.

[158] Massl S, Thomma W, Keckes J, et al. Investigation of fracture properties of magnetron-sputtered TiN films by means of a FIB-based cantilever bending technique[J]. Acta Materialia, 2009, 57(6): 1768-1776.

[159] Riedl A, Daniel R, Stefenelli M. A novel approach for determine fracture toughness of hard coatings on the micrometer scale[J]. Scipta Materialia, 2012, 67(7/8): 708-711.

[160] Maio D D, Roberts S G. Measuring fracture toughness of coatings using focused-ion-beam- machined microbeams[J]. Journal of Materials Research, 2005, 20(2): 299-302.

[161] Matoy K, Schönherr H, Detzel T, et al. A comparative micro-cantilever study of the mechanical behavior of silicon based passivation films[J]. Thin Solid Films, 2009, 518(1): 247-256.

[162] 张定铨, 何家文. 材料中残余应力的 X 射线衍射分析和作用[M]. 西安:西安交通大学出版社, 1999.

[163] Freund L B, Suresh S, 卢磊. 薄膜材料:应力缺陷的形成和表面演化[M]. 北京:科学出版社, 2007.

[164] Milton O. 薄膜材料科学[M]. 北京:世界图书出版公司, 2006.

[165] Koch R. The intrinsic stress of polycrystalline and epitaxial thin metal films[J]. Journal of Physics Condensed Matter, 1998, 6(45): 9519-9524.

[166] Ferreira N G, Abramof E, Corat E J, et al. Residual stresses and crystalline quality of heavily boron-dopeddiamond films analysed by micro-Raman spectroscopy and X-raydiffraction[J]. Carbon, 2003, 41(6): 1301-1308.

[167] Li R B. Study of the stress in doped CVD diamond films[J]. Acta Physica Sinica, 2007, 56(6): 3428-3434.

[168] Chen S L, Shen B, Zhang J G, et al. Evaluation on residual stresses of silicon-doped CVD diamond films using X-ray diffraction and Raman spectroscopy[J]. Transactions of Nonferrous Metals Society of China, 2012, 22(12): 3021-3026.

[169] 卓国海, 柯培玲, 李晓伟, 等. 不同过渡层对 DLC 薄膜力学性能和摩擦性能的影响[J]. 中国表面工程, 2015, 28(6): 39-47.

[170] Janssen G C A M, Abdalla M M, Keulen F V, et al. Celebrating the 100th anniversary of the Stoney equationfor film stress: Developments from polycrystalline steel strips to single crystal silicon wafers[J]. Thin Solid Films, 2009, 517(6): 1858-1867.

[171] 田民波. 薄膜科学与技术手册[M]. 北京:机械工业出版社, 1991.

[172] 安兵, 张同俊, 袁超, 等. 用基片曲率法测量薄膜应力[J]. 材料保护, 2003, 36(7): 13-15.

[173] 洪波. 电沉积铜薄膜中织构与内应力的关系[D]. 上海:上海交通大学, 2008.

[174] Zhu L N, Xu B S, Wang H D. On the evaluation of residual stress and mechanical properties of FeCrBSi coatings by nanoindentation[J]. Materials Science and Engineering A, 2012, 536: 98-102.

[175] Hsueh C H, Lee S. Modeling of elastic thermal stresses in two materials joined by a graded layer[J]. Composites Part B Engineering, 2003, 34(8): 747-752.

[176] Miki Y, Nishimoto A, Sone T, et al. Residual stress measurement in DLC films deposited by PBIID method using Raman microprobe spectroscopy[J]. Surface & Coatings Technology, 2015, 283: 274-280.

[177] Alhomoudi I A, Newaz G. Residual stresses and Raman shift relation in anatase TiO_2 thin film[J]. Thin

Solid Films, 2009, 517(15): 4372-4378.

[178] Pobedinskas P, Bolsée J C, Dexters W, et al. Thickness dependent residual stress in sputtered AlN thin films[J]. Thin Solid Films, 2012, 522(10): 180-185.

[179] Schöngrundner, Treml R, Antretter T. Critical assessment of the determination of residual stress profiles in thinfilms by means of the ion beam layer removal method[J]. Thin Solid Film, 2014, 564: 321-330.

[180] Bemporad, Brisotto M, Depero L E. A critical comparison between XRD and FIB residual stress measurement techniques in thin films[J].Thin Solid films, 2014, 572(1): 224-231.

[181] Chason E. A kinetic analysis of residual stress evolution in polycrystalline thin films[J]. Thin Solid Films, 2012, 56(1): 1-14.

[182] Nakano, S. Baba. Gas pressure effects on thickness uniformity and circumvented deposition during sputter deposition process[J]. Vacuum, 2006, 80(7): 647-649.

[183] Inoue S, Ohba T, Takata H, et al. Effects of partial pressure on the internal stress and the crystallographic structure of RF reactive sputtered Ti-N films[J]. Thin Solid Films, 1999, 343/344(1): 230-233.

[184] Hoffman D W. Perspective on stresses in magnetron-sputtered thin films[J]. Journal of Vacuum Science and Technology A Vacuum Surface and Film, 1994, 12(4): 953-961.

[185] Thornton J A, Tabock J, Hoffman D W. Internal stresses in metallic films deposited by cylindrical magnetron sputtering[J]. Thin Solid Films, 1979, 64(1): 111-119.

[186] Windischmann H. Intrinsic stress in sputter-deposited thin films[J]. Critical Reviews in Solid State and Materials Sciences, 1992, 17(6): 547-596.

[187] Hoffman W, Thornton J A. Internal stresses in sputtered chromium[J]. Thin Solid Films, 1977, 40(1): 355-363.

[188] Waters P. Stress analysis and mechanical characterization of thin films for microelectronics and MEMS applications[D]. South Forida u.s,university of South Forida 2008.

[189] Thornton J A, Hoffman D W. The influence of discharge current on the intrinsic stress in Mo films deposited using cylindrical and planar magnetron sputtering sources[J]. Journal of Vacuum Science & Technology A Vacuum Surfaces & Films, 1985, 3(3): 576-579.

[190] Aissa K A, Achour A, Camus J. Comparison of the structural properties and residual stress of AlN films deposited by dc magnetron sputtering and high power impulse magnetron sputtering at different working pressures[J]. Thin Solid Films, 2014, 550(1): 264-267.

[191] Kong Q, Li J, Li H, et al. Influence of substrate bias voltage on the microstructure and residual stress of CrN films deposited by medium frequency magnetron sputtering[J]. Materials Science & Engineering B, 2011, 176(11): 850-854.

[192] Jong K P, Jung H L, Wook S L. Effect of substrate bias and hydrogen addition on the residualstress of BCN film with hexagonal structure prepared bysputtering of a B4C target with Ar/N2 reactive gas[J]. Thin Solid Film, 2013, 549(1): 276-280.

[193] Dong M L, Cui X F, Wang H D. Effect of different substrate temperatures on microstru- cture and residual stress of Ti films[J]. Rare metal materials and engineering, 2016, 45(4): 843-848.

[194] Inamdar S, Ramudu M, Raja M M. Effect of process temperature on structure, microstructure, residual stresses and soft magnetic properties of sputtered Fe70Co30 thin films[J]. Jounal of Magnetism and Magnetic Materials, 2016, 418(1): 175-180.

[195] Wan H Y, Wang W L, Yang W J. Effect of residual stress on the microstructure of GaN epitaxial films grown by pulsed laser deposition[J].Applied Surface Science, 2016, 369(1): 414-421.

[196] Liu G, Yan Y Q, huan B. Effect of substrate temperature on the structure, residual stress and nanohardness of Ti6Al4V films prepared by magnetron sputtering[J]. Applied Surface Science, 2016, 370 (1): 53-58.

[197] Qi Z B, Sun P, Zhu F P, et al. The inverse Hall-Petcheffect in nanocrystalline ZrN coatings[J]. Surface & Coatings Technology, 2011, 205(12): 3692-3697.

[198] Wang H, Zhang S, Li Y, et al. Bias effect on microstructure and mechanicalproperties of magnetron sputtered nanocrystalline titanium carbide thin films[J]. Thin Solid Films, 2008, 516(16): 5419-5423.

[199] Hultman L, Stafström S, Czigány Z, et al.Cross-linked nano-onions of carbon nitride in the solid phase: existence of a novel C48N12 Aza-Fullerene[J]. Physical Review Letters, 2001, 87(22): 225503.

[200] Kumari T P, Raja M M, Kumar A. Effect of thickness on structure, micro structure, residual stress and soft magnetic properties of DC sputtered Fe65Co35 soft magnetic thin films[J]. Journal of magnetism and magnetic materials, 2014, 365(6): 93-99.

[201] Liu H X, Xu Q, Zhang X W. Residual stress analysis 38 of TiN film fabricated by plasma immersion ion implantation and deposition process[J]. Nuclear Instruments and Methods in Physics Research B, 2013, 297(1): 1-6.

[202] Moridi A, Ruan H H, Zhang L C. Residual stress in thin film system: effects of lattice mismatch thermal mismatch and interface dislocations[J]. International Journal of Solids and Structures, 2013, 50(22/23): 3562-3569.

[203] Pandey A, Dutta S, Prakash R. Growth and evolution of residual stress of AlN films on silicon(100) wafer[J]. Materials Science in Semiconductor Processing, 2016, 52(1): 16-23.

[204] Gioti M, Logothetidis S, Charitidis C. Stress relaxation and stability in thick amorphouscarbon films deposited in layer structure[J]. Applied Physics Letter, 1998, 73 (2): 184-186.

[205] Mathioudakis C, Kelires P C, Panagiotatos Y, et al. Nanomechanical properties of multilayered amorphous carbon structures[J]. Physics Review B, 2002, 65 (20): 205203.

[206] McCulloch D G, Peng J L, McKenzie D R, et al. Mechanisms for the behavior of carbon films during annealing[J]. Physics Review B Condensed Matter, 2004, 70 (8): 5406.

[207] Ali R, Sebastiani M, Bemporad E. Influence of Ti-TiN multilayer PVD-coatings design on residual stresses and adhesion[J]. Materials & Design, 2015, 75(1): 47-56.

[208] Guo C Q, Pei Z L, Fan D, et al. Predicting multilayer film's residual stress from its monolayers[J]. Materials & Design, 2016, 110(1): 858-864.

[209] 刘东光. 纳米结构碳氮薄膜的设计与机械性能[D]. 杭州:浙江大学, 2011.

[210] Meng Q N, Wen M, Hu C Q. Influence of the residual stress on the nanoindentation- evaluated hardness forzirconium nitride films[J]. Surface and Coatings Technoloy, 2012, 206(14): 3250-3257.

[211] Li X W, Guo P, Sun L L. Ti/Al co-doping induced residual stress reduction and bond structure evolutioin of amorphous carbon films: An experimental and ab initio study[J]. Carbon, 2017, 111(1): 467-475.

[212] Bouaouina B, Besnard A, Abaidia S E. Residual stress mechanical and microstructure properties of multilayer Mo2N/CrN coating produced by R.F Magnetron discharge[J]. Applied Surface Science, 2017, 395 (1): 117-121.

[213] Ghosh S K, Limaye P K, Swain B P. Tribological behaviour and residual stress of electrodeposited Ni/Cu multilayer films on stainless steel substrate[J]. Surface and Coating Techhnologgy, 2007, 201(8): 4609-4618.

[214] Wang T G, Zhao S S, Hua W G. Estimation of residual stress and its effects on the mechanical properties of detonation gun sprayed WC-Co coatings[J]. Materials Science and Engineering A, 2010, 527(3): 454-461.

[215] 王惠, 马德军. 残余压应力场中薄膜纳米测量硬度的变化与校正[J]. 机械工程师, 2005, 7(1): 70-73.

[216] Bull S J, Rice-Evans P C, Saleh A, et al. Slow positron annihilation studies of defects in metal implanted TiN coatings[J]. Surface & Coatings Technology, 1997, 91(91): 7-12.

[217] Burnett P J, Rickerby D S. The scratch adhesion test: An elastic-plastic indentation analysis[J]. Thin Solid Films, 1988, 157(2): 233-254.

[218] Xie Y, Hawthorne H M. A model for compressive coating stresses in the scratch adhesion test[J]. Surface & Coatings Technology, 2001, 141(1): 15-25.

[219] Pappacena K E, Singh D, Ajayi O O. Residual stresses, interfacial adhesion and tribological properties of MoN/Cu composited coatings[J]. Wear, 2012, 278/279(5): 62-70.

[220] 杨班权, 董钊, 陈学军, 等. 4点弯曲载荷作用下残余应力与弹性模量比对涂层/基体材料界面能量释放率的影响[J]. 装甲兵工程学院学报, 2014(4): 99-102.

[221] Renzelli M, Mughal M Z, Sebastiani M, et al. Design, fabrication and characterization of multilayer Cr-CrN thin coatings with tailored residual stress profiles[J]. Materials & Design, 2016, 112: 162-171.

[222] Sebastiani M, Johanns K E, Herbert E G, et al. A novel pillar indentation splitting test for measuring fracture toughness of thin ceramic coatings[J]. Philosophical. Magazine, 2015, 95 (16/17/18): 1928-1944.

[223] Martinschitz K J, Daniel R, Mitterer C, et al. Stress evolution in CrN/Cr coating systems during thermal straining[J]. Thin Solid Films, 2008, 516(8): 1972-1976.

[224] Bhowmick S, Jayaram V, Biswas S K. Deconvolution of fracture properties of TiN films on steels from nanoindentation load-displacement curves[J]. Acta Materalia, 2005, 53(8): 2459-2467.

[225] Suresha S J, Gunda R, Biswas V. Effect of residual stress on the fracture strength of columnar TiN films [J]. Journal of Materials Research, 2008, 23(4): 1186-1191.

[226] Mohammad S A, Zhou Z F, Munroe P. Control of the damage resistance of nanocomposite TiSiN coatings on steels: roles of residual stress[J]. Thin Solid Films, 2011, 519(15): 5007-5012.

[227] Heinke W, Leyland A, Matthews A, et al. Evaluation of PVD nitride coatings, using impact, scratch and Rockwell-C adhesion tests[J]. Thin Solid Films, 1995, 270(1): 431-438.

[228] Frutos E, González-Carrasco J L. A method to assess the fracture toughness of intermetallic coatings by ultramicroindentation techniques: Applicability to coated medical stainless steel[J]. Acta Materialia, 2013, 61(6): 1886-1894.

[229] Chen Y, Balani K, Agarwal A. Do thermal residual stresses contribute to the improved fracture toughness of carbon nanotube/alumina nanocomposites[J]. Scripta Materialia, 2012, 66(6): 347-350.

[230] Khan A N, Lu J, Liao H. Effect of residual stresses on air plasma sprayed thermal barrier coatings[J]. Surface & Coatings Technology, 2003, 168(2/3): 291-299.

[231] Zhang X C, Watanabe M, Kuroda S. Effects of residual stress on the mechanical properties of plasma-

sprayed thermal barrier coatings[J]. Engineering Fracture Mechanics, 2013, 110(3): 314-327.

[232] Mao W G, Wan J, Dai C Y, et al. Evaluation of microhardness, fracture toughness and residual stress in a thermal barrier coating system: A modified Vickers indentation technique[J]. Surface and Coating Technology, 2012, 206(21): 4455-4461.

[233] King S, Chu R, Xu G H. Intrinsic stress effect on fracture toughness of plasma enhanced chemical vapor deposited SiNx:H films[J]. Thin Solid Films, 2010, 518: 4898-4907.

[234] Machunze R, Janssen G C A M. Stress gradients in titanium nitride thin films[J]. Surface & Coatings Technology, 2008, 203(5/6/7): 550-553.

[235] Daniel R, Martinschitz K J, Keckes J, et al. The origin of stresses in magnetron-sputtered thin films with zone T structures[J]. Acta Materialia, 2010, 58(7): 2621-2633.

[236] Janssen G C. Stress and strain in polycrystalline thin films[J]. Thin Solid Films, 2007, 515(17): 6654-6664.

[237] Zhang L Q, Yang H S, Pang X L. Microstructure, residual stress and fracture of sputtered TiN films[J]. Surface and Coating Technology, 2013, 224(7): 120-125.

[238] Chaudhart P. Grain growth and stress relief in thin films[J]. Journal of Vacuum Science & Technology, 1972, 9(1): 520-522.

[239] Chang C L, Jao J Y, Ho W Y, et al. Effects of titanium-implanted pre-treatments on the residual stress of TiN coatings on high-speed steel substrates[J]. Surface & Coatings Technology, 2007, 201(15): 6702-6706.

[240] Valiev R. Nanostructuring of metals by severe plastic deformation for advanced properties[J]. Nature Materias, 2004, 3(1): 511-516.

[241] Chen Y, Balani K, Agarwal A. Do thermal residual stresses contribute to the improved fracture toughness of carbon nanotube/alumina nanocomposites[J]. Scripta Materialia, 2012, 66(6): 347-350.

[242] Kohout J, Bousser E, Schmitt T. Stable reactive deposition of armorphous Al_2O_3 films with low residual stress and enhanced toughness using pulsed dc magnetron sputtering with very low duty cycle[J]. Vacuum, 2016, 124(1): 96-100.

[243] Holmberg K, Ronkainen h, Laukkanen A. Residual stresses in TiN, DLC and MoS_2 coated surfaces with regard to their tribological fracture behaviour[J]. Wear, 2009, 267(12): 2142-2156.

[244] Engwall A M, Rao Z, Chason E. Origins of residual stress in thin films: Interaction between microstructure and growth kinetics[J]. Material and Design, 2016,110(1): 616-623.

[245] Skordaris G, Bouzakis K D, Kotsanis T. Effect of PVD film's residual stresses on their mechanical properties brittleness, adhesion and cutting performance of coated tools[J]. CIRP Journal of Manufacturing Science and Technology, 2017,18:145-151.

[246] Skordaris G, Bouzakis K D, Charalampous P, et al. Brittleness and fatigue effect of mono-and multi-layer PVD films on the cutting performance of coated cemented carbide inserts[J]. CIRP Annals - Manufacturing Technology, 2014, 63(1): 93-96.

[247] Chen J, Bull S J. Assessment of the toughness of thin coatings using nanoindentation under displacement control[J]. Thin Solid Films, 2005, 494(1): 1-7.

[248] Michel M D, Muhlen L V, Achete C A, et al. Fracture toughness, hardness and elastic modulus of hydrogenated amorphous carbon films deposited by chemical vapor deposition[J]. Thin Solid Films, 2006, 496

(2): 481-488.

[249] Quinn G D, Bradt R C. On the vickers indentation fracture toughness test[J]. Journal of the American Ceramic Society, 2007, 90(3): 673-680.

[250] King S, Chu R, Xu G H. Intrinsic stress effect on fracture toughness of plasma enhanced chemical vapor deposited SiNx:H films[J]. Thin Solid Films, 2010, 518(17): 4898-4907.

[251] Harding D S, Oliver W C, Pharr G M. Cracking During Nanoindentation and its Use in the Measurement of Fracture Toughness[J]. Mrs Online Proceedings Library Archive, 1994, 356:663-671.

[252] Jungk J, Boyce B, Buchheit T, et al. Indentation fracture toughness and acoustic energy release in tetrahedral amorphous carbon diamond-like thin films[J]. Acta Materalia, 2006, 54(15): 4043-4052.

[253] Taylor J A, The mechanical properties and microstructure of plasma enhanced chemical vapor deposited silicon nitride thin films[J]. Journal of Vacuum Science & Technology A, 1991, 9(4): 2464-2468.

[254] Beuth J L. Cracking of thin bonded films in residual tension[J]. International Journal of Solids & Structures, 1992, 29(13): 1657-1675.

[255] Ye T, Suo Z, Evans A. Thin film cracking and the roles of substrate and interface[J]. International Journal of Solids & Structures, 1992, 29(21): 2639-2648.

[256] Nastasi M, Kodali P, Walter K, et al. Fracture toughness of DLC coatings[J]. Journal of Materials Research, 1999, 14 (5): 2173-2180.

[257] Jonnalagadda K, Cho S W, Chasiotis I, et al. Effect of intrinsic stress gradient on the effective mode-I fracture toughness of amorphous diamond-like carbon films for MEMS[J]. Journal of the Mechanics & Physics of Solids, 2008, 56(2): 388-401.

[258] 潘牧, 罗志平. 材料的冲蚀问题[J]. 材料科学与工程, 1999,17(3):92-97.

[259] 魏荣华. 适用于涡轮叶片硬质颗粒冲蚀保护的磁控溅射厚氮化物层及纳米复合镀层研究[J]. 中国表面工程, 2007,20(3):1-8.

[260] 奚运涛, 刘道新, 韩栋. ZrN 单层、多层、梯度层及复合处理层对不锈钢固体粒子冲蚀行为的影响[J]. 摩擦学学报, 2008,28(4):293-299.

[261] 王立平, 万善宏, 曾志翔. 代硬铬镀层材料及工艺[M].北京:科学出版社, 2015.

[262] Yang Q, Seo D Y, Zhao L R, et al. Erosion resistance performance of magnetron sputtering deposited TiAlN coating[J]. Surface & Coatings Technology, 2004, 188(307): 168-173.

[263] 吴小梅, 李光伟, 陆峰. 固体颗粒冲蚀对钛合金 ZrN 涂层抗冲蚀性能的影响[J]. 航空材料学报, 2006,26(6):26-30.

[264] 吴小梅, 李光伟, 陆峰.压气机叶片抗冲蚀涂层的研究及应用进展[J]. 材料保护, 2007,40(10): 54-59.

[265] Kim G S, Lee S Y, Hahn J H, et al. Effects of the thickness of Ti buffer layer on the mechanical properties of TiN coatings[J]. Surface and Coating Technology, 2003, 171(1):83-90.

[266] Shum P W, Li K Y, Shen Y G. Improvement of high-speed turning performance of TiAlN coatings by using a pretreatment of high-energy Ion implantation[J]. Surface and CoatingTechnology, 2005, 198(3): 414-419.

[267] Wong M S. Preparation and characterization of AlN/ZrN and AlN/TiN nanolaminate coatings[J]. Surface & Coatings Technology,2000, 133/134: 160-165.

[268] Chou W J. Corrosion resistance of ZrN films on AISI 304 stainless steel substrate[J]. Surface and Coatings

Technology,2003, 167(1): 59-67.

[269] 李成明, 孙晓军, 张增毅, 等.ZrN 及其多层膜的性质和耐腐蚀性能[J]. 材料热处理学报, 2003, 24(4): 55-58.

[270] Hoerling A, Sjölén J, Willmann H, et al. Thermal stability, microstructure and mechanical properties of Ti1-xZrxN thin films[J]. Thin Solid Films, 2008, 516(18): 6421-6431.

[271] Kim Y J, Lee H Y, Byun T J, et al. Microstructure and mechanical properties of TiZrAlN nanocomposite thin films by CFUBMS[J]. Thin Solid Films, 2008, 516(11): 3651-3655.

[272] Holec D, Rachbauer R, Chen L, et al. Phase stability and alloy-related trends in Ti-Al-N, Zr-Al-N and HfAl-N systems from first principles[J]. Surface & Coatings Technology, 2011, 206 (7): 1698-1704.

[273] Sheng S H, Zhang R F, Veprek S. Phase stabilities and thermal decomposition in the Zr1-xAlxN system studied by ab initio calculation and thermodynamic modeling[J]. Acta Mater, 2008, 56 (5):968-976.

[274] Makino Y, Mori M, Miyake S, et al. Characterization of Zr-Al-N films synthesized by a magnetron sputtering method[J].Surface & Coatings Technology, 2005,193(1/2/3): 219-222.

[275] Rogström L, Ahlgren M, Almer J, et al. Phase transformations in nanocomposite ZrAlN thin films during annealing[J]. Journal of Materials Research, 2012,27(13):1716-1724.

[276] Benia H M, Guemmaz M, Schmerber G. Optical and electrical properties of sputtered ZrN compounds[J]. Catalysis Today, 2004,89(3):307-312.

[277] Musil J. Hard and superhard nanocompoiste coatings [J]. Surface and Coatings Technology, 2000,125 (1/2/3): 322-330.

[278] Musil J, Karvankova P, Kasl J. Hard and superhard Zr-Ni-N nanocomposite films[J]. Surface & Coatings Technology, 2001,139(1):101-109.

[279] Audronis M, Jimenez O, Leyland A, et al. The morphology and structure of PVD ZrN-Cu thin films[J]. Journal of Physics D Applied Physics, 2009,42(8):1-10.

[280] Suna J, Musil J, Ondok V. Enhanced hardness in sputtered Zr-Ni-N films[J]. Surface & Coatings Technology,2006, 200(22/23): 6293-6297.

[281] Li F, Zhang S, Kong J, et al. Multilayer DLC coating via alternating bias during magnetron sputtering[J]. Thin Solid Film, 2011,519(15):4910-4916.

内 容 简 介

本书主要介绍了国内外硬质薄膜、韧化薄膜的最新研究进展，对薄膜强韧化的方法、机理，强韧性能表征方法进行了较为系统的总结和梳理。同时，虽然本书主要论述了气相沉积技术制备的厚度为若干微米以下薄膜的强韧化，但本书所论述的强韧化方法、机理、表征方法对于喷涂、刷镀、堆焊等其他厚涂层制备技术同样适用。

本书对于强韧薄膜的研究具有重要的参考意义，可供从事气相沉积硬质薄膜领域研究的科研人员参考，也适合各高校、研究所、企业相关专业的教师、研究生和技术人员阅读。

Research progress on hard-yet-tough vapor deposition coatings are introduced and discussed in this book, the strengthening and toughening techniques, mechanism and property characterization are reviewed. Although this book mainly describes the micro-meter other than milli-meter thickness coating, it still has important reference value for thick coatings e. g. spraying, brushplating, overlaying etc.

This book has important reference significance for hard-yet-tough thin films, it is written in the way that researcher and engineers dealing with vapor deposition hard coating will find it useful. Readers in surface engineering field from universities, institutes and enterprises will also find it helpful.